내가 뽑은 원픽! 최신 출제경향에 맞춘 최고의 수험서

2025 선박안전관리사 2·3급

초단기완성

해사행정사 이정욱 편저

필기+면접

이정욱

- 해사행정사
- 감정사(Surveyor, 해양수산부)
- 수산물품질관리사
- 원산지관리사
- 보세사
- 어선중개인

- 경희대학교 법학과
- 대기업, 외국계기업 법무/감사/대관/해무일반
- 어촌계, 어업·영어법인, 해운사 등 다수 자문/교육
- 대한행정사회 제1대 감사
- 한국어촌어항공단 컨설턴트(행정)
- 강원경제진흥원 전문가 멘토(행정/법률)
- (현) 더바다(TheBADA)행정사사무소 대표행정사

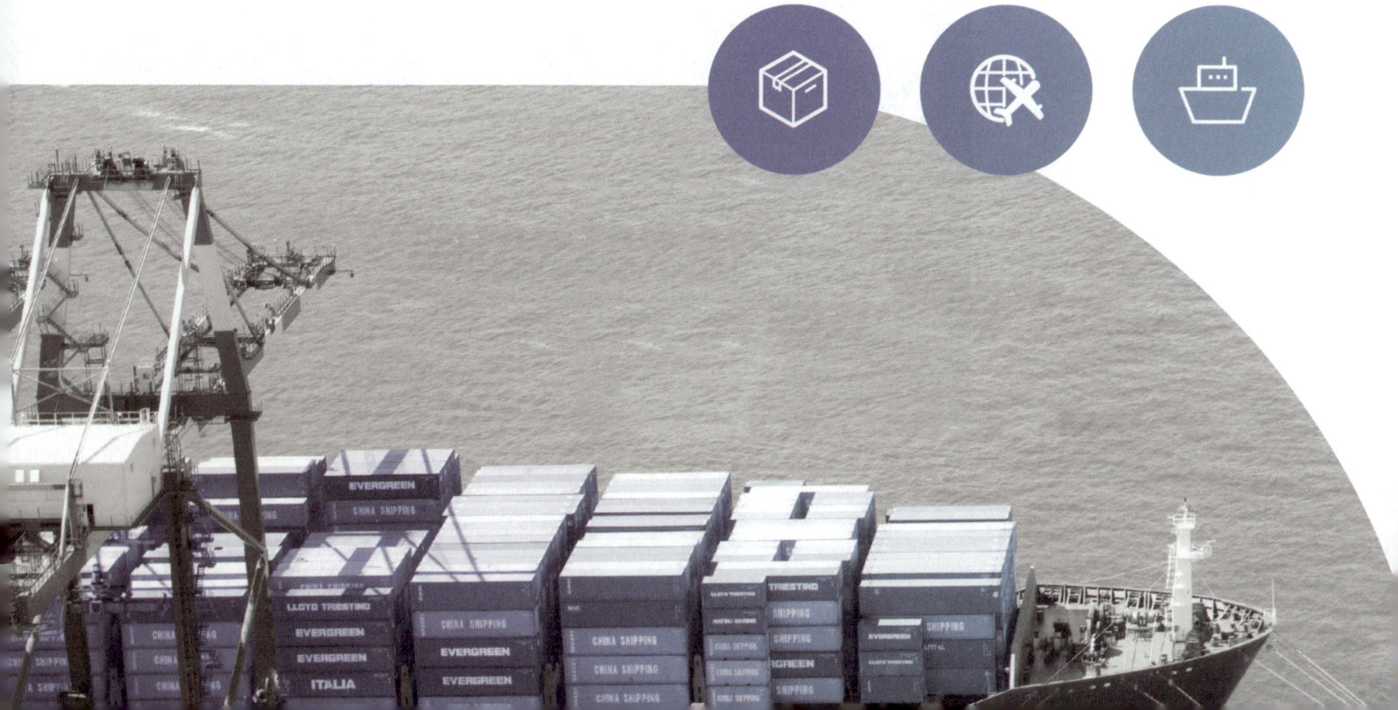

머리말 PREFACE

해사안전법에 따라 선박 및 사업장 안전관리체제 수립·시행 의무가 있는 선박소유자는 해기사 면허 소지자에 한정해 안전관리(책임)자를 선임할 수 있었으나, 법 개정으로 2024년 1월 5일부터는 「선박안전관리사」 자격 보유자만을 선임 가능하게 되어 이제는 일반인에게도 그 문호가 개방되었습니다. 다양한 경력을 갖춘 전문인력 유입에 따른 선박안전관리 업무의 질적 제고가 기대됩니다.

본서는 위 선박안전관리사 자격시험의 효율적 준비를 목적으로 편찬되었으며 주요 특징은 다음과 같습니다. 비록 각 급수(1~3급)에 따른 출제유형과 출제문항 수 등의 차이가 있지만, 기본적으로 출제범위가 모두 동일하기에 본서만으로도 모든 급수의 시험 대비에는 충분할 것으로 생각됩니다.

첫째, 분량상의 부담을 고려해 출제 가능한 부분을 선별하여 최대한 압축 기술하였고, 지엽적인 부분이나 출제 가능성이 없다고 보여지는 부분은 과감히 삭제하였습니다. 다른 시험의 관련 과목에 대한 최종 정리용으로도 충분히 활용 가능할 것입니다.

둘째, 유사시험 기출문제를 분석하여 본문에 적절히 반영하였고 중요한 문제들은 각 파트별 이론에 이어 수록해 두었습니다.

셋째, 최근 실시된 제1~3회 기출문제를 공통과목 위주로 최대한 복원하여 수록하였습니다. 복원문제이다보니 실제 기출문제 문항 수와는 다를 수 있지만, 출제 경향을 파악하는데 도움이 될 수 있도록 하였습니다. 특히 문제의 반복 출제 경향이 나타나고 있어, 관련 이론 부분의 확실한 숙지를 통한 중요 주제의 반복 학습이 필요할 것으로 보여집니다. 이를 고려하여 해설을 풍부하게 실어 두었으므로 적극 활용바랍니다.

넷째, 도서의 말미에는 예문에듀만의 면접 족보까지 특별 부록으로 수록하여 한 권으로 필기시험과 면접시험 모두 준비할 수 있도록 하였습니다.

아울러 교재 또는 시험관련 문의, 핵심정리 동영상 강의수강은 '다솔유캠퍼스(dasol2001.co.kr)' 홈페이지를 활용하여 주시기 바랍니다.

모쪼록 본서가 선박안전관리사 필기시험을 준비하는 분들께 조금이나마 도움이 되기를 바랍니다.

본서 출간의 기회를 주신 예문에듀 관계자분들과 본서 출간 과정에서 응원을 아끼지 않은 가족들에게도 함께 감사의 마음을 전합니다.

저자 **이정욱**

시험안내 INFORMATION

※ 선박안전관리사

「해상교통안전법」 개정에 따라 선박안전관리사 국가전문자격시험에 합격하여 선박안전관리사 자격을 취득한 자

※ 선박안전관리사의 업무

- 선박과 사업장에 대한 안전관리체제의 수립·시행 및 개선·지도
- 선박에 대한 안전관리 점검·개선 및 지도·조언
- 선박과 사업장 종사자의 안전을 위한 교육 및 점검
- 선박과 사업장에 대한 작업환경의 점검 및 개선
- 해양사고 예방 및 재발방지에 관한 지도·조언
- 여객관리 및 화물관리에 관한 업무
- 선박안전·보안기술의 연구개발 및 해상교통안전진단에 관한 참여·조언
- 그 밖에 해사안전관리 및 보안관리에 필요한 업무

※ 응시자격

선박안전관리사 등급	자격시험 응시자격
1급	다음 각 호의 어느 하나에 해당하는 사람 • 2급 선박안전관리사 자격을 취득한 후 선박안전 관련 직무분야에서 4년 이상 실무에 종사한 사람 • 「선박직원법」 제4조제2항에 따른 2급 항해사, 2급 기관사 또는 2급 운항사 이상의 면허를 받은 후 선박안전 관련 직무 분야에서 5년 이상 실무에 종사한 사람
2급	다음 각 호의 어느 하나에 해당하는 사람 • 3급 선박안전관리사 자격을 취득한 후 선박안전 관련 직무분야에서 2년 이상 실무에 종사한 사람 • 「선박직원법」 제4조제2항에 따른 3급 항해사, 3급 기관사 또는 3급 운항사 이상의 면허를 받은 후 선박안전 관련 직무 분야에서 3년 이상 실무에 종사한 사람
3급	제한 없음

※ 2025년 시험일정

구분	원서 접수	필기시험	합격 발표	면접시험	최종 합격
1회	3.12.~3.14.	4.5.	4.8.	4.12.	4.14.
2회	8.27.~8.29.	9.13.	9.16.	9.20.	9.22.

※ 시험일정은 불가피한 사정에 의하여 변경될 수 있으며, 시험 전 홈페이지 확인 바람

시험과목

필기시험

등급	시험과목	문제수	시험방법
1급	• 공통과목 ① 선박관계법규 ② 해사안전관리론 ③ 해사안전경영론 ④ 선박자원관리론	과목당 24문항 (객관식 20문항 및 주관식 4문항)	객관식(4지 택일형) 및 주관식
2급 · 3급	• 선택과목(택일) ① 항해 ② 기관 ③ 산업안전관리	과목당 25문항	객관식(4지 택일형)

면접시험(1 · 2급에 한함)

평가항목	시험시간	문제 수	비고
필기시험 응시과목과 동일 (선택과목 면제자의 경우 해당 과목은 면제)	수험자별 15분 내외	과목당 각 1문항 내외	수험자별 시험일시 등 수험사항은 SMS 문자전송 예정

시험의 면제

구분		시험장소
선택 과목	항해	• 「선박직원법」 제4조제2항제1호에 따른 3급 이상의 항해사(한정면허는 같은 법 시행령 제4조제1항제1호에 따른 상선면허만 해당함) • 「선박직원법」 제10조의2제2항에 따라 3급 이상의 항해사 자격과 동일한 직종 · 등급으로 인정된 승무자격증을 발급받은 사람(한정면허는 같은 법 시행령 제4조제1항제1호에 따른 상선면허만 해당함)
	기관	• 「선박직원법」 제4조제2항제2호에 따른 3급 이상의 기관사 • 「선박직원법」 제10조의2제2항에 따라 3급 이상의 기관사의 자격과 동일한 직종 · 등급으로 인정된 승무자격증을 발급받은 사람
	산업안전관리	• 「국가기술자격법」에 따른 산업안전기사 • 「산업안전보건법」 제142조제1항에 따른 산업안전지도사
필기시험		2급 이상의 필기시험에 합격한 사람 중 필기시험에 합격한 날부터 4년이 지나지 아니한 사람

합격 기준

- 필기시험 : 과목당 100점을 만점으로 하여 각 과목의 점수가 40점 이상이고, 전 과목 평균점수가 60점 이상일 것
- 면접시험 : 100점을 만점으로 하여 60점 이상일 것
- 관리청의 결격사유 조회를 거쳐 결격사유에 해당되지 않는 사람을 합격자로 결정

구성과 특징 FEATURE

01 시험에만 나올 핵심 이론만을 정리한 초단기 합격서

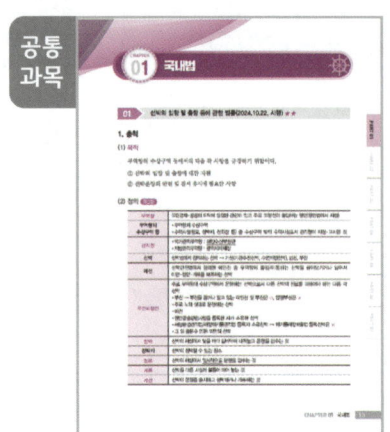
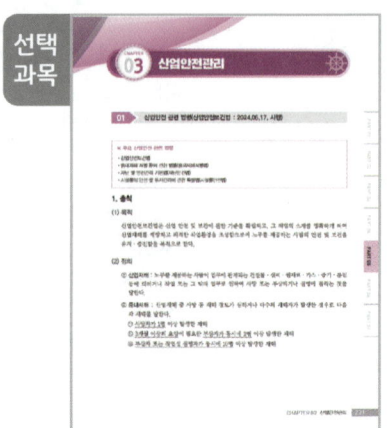

- 전문성 있는 저자가 선박안전관리사 필기 과목의 핵심 이론만을 선별하였고, 제1~3회 시험에 출제된 부분은 별도로 표시하여 빠르게 합격할 수 있도록 구성하였습니다.
- 시험일 기준 시행 중인 법만을 모아 수록하였고, 시행일도 같이 기재하여 빠르게 확인할 수 있습니다.

- 실제로 출제되는 문항 수 및 중요도를 ★로 표현하여 한눈에 난이도를 파악할 수 있습니다.
- 핵심 이론 중 밑줄은 각 과목과 관련된 기출문제의 보기에 사용된 부분을 표시하였습니다.
- 각 과목과 관련된 기출문제 키워드를 별색으로 표시하여 효율적으로 학습할 수 있도록 구성하였습니다.

02 과목별 기출예상문제와 꼭 풀어봐야 할 실전모의고사

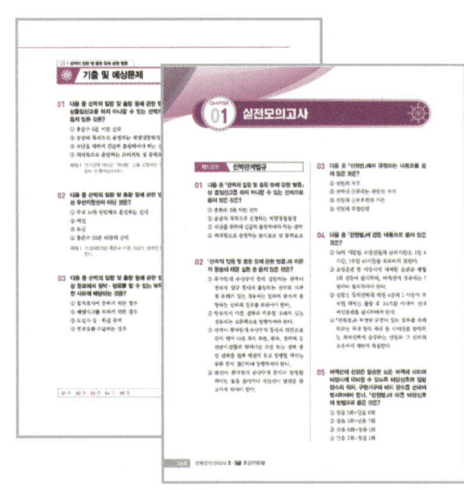

- 과목별로 기출 및 예상문제를 수록하여 학습과 복습을 동시에 할 수 있습니다.
- 시험 직전 자신의 실력을 체크할 수 있는 실전모의고사를 수록하여 실제 시험처럼 연습할 수 있습니다.

03 제1~3회 기출복원문제 최초 수록

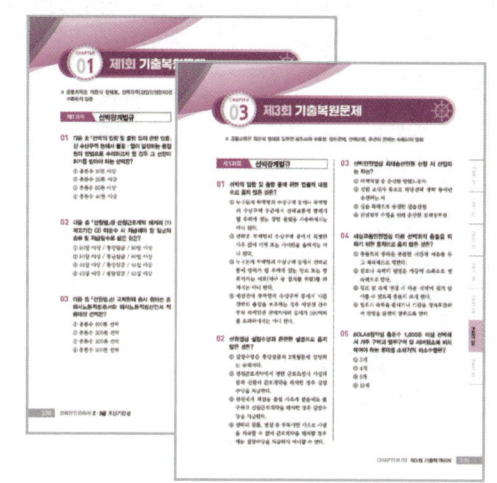

- 제1~3회 기출문제를 복원하여 최초로 수록하였습니다.
- 공통과목은 객관식 형태로, 선택과목(산업안전관리)은 키워드 형태로 복원하였습니다.
- 전체적인 출제 흐름을 파악할 수 있고, 꼼꼼한 해설을 통해 관련 이론도 한 번 더 학습할 수 있습니다.

04 예문에듀만의 특별 부록! 면접 족보 무료 제공

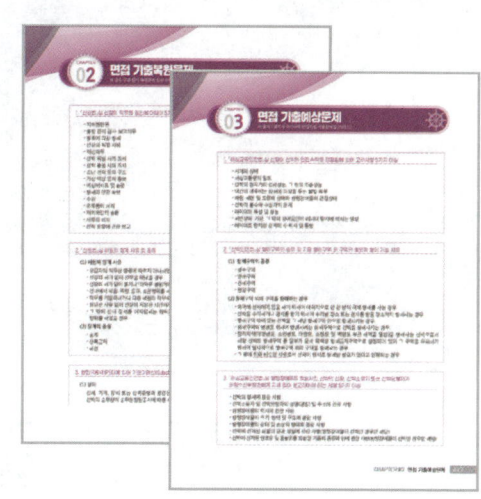

- 필기시험이 끝난 후 면접시험도 준비할 수 있는 '면접 족보'를 특별 부록에 수록하였습니다.
- 면접 시험까지 대비할 수 있는 예문에듀만의 특별한 혜택 확인해보세요.

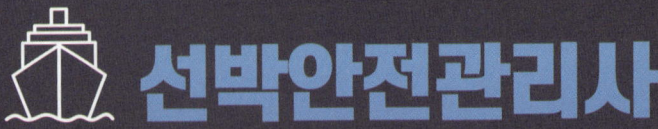

이 책의 차례 CONTENTS

PART 01 선박관계법규

CHAPTER 01 | 국내법   015
CHAPTER 02 | 국제협약   092

PART 02 해사안전관리론

CHAPTER 01 | 항만국통제제도 및 해사안전감독   114
CHAPTER 02 | 안전관리 · 비상대응 절차   131
CHAPTER 03 | 해양사고 발생원인 분석 및 재발방지   153
CHAPTER 04 | 해양관할권 및 항행권   156

PART 03 해사안전경영론

CHAPTER 01 | 안전에 대한 법적 책임   166
CHAPTER 02 | 안전정보의 확인   173
CHAPTER 03 | 안전경영정책의 수립 · 계획 · 측정 · 검사   177
CHAPTER 04 | 안전조직 구성 · 운영   195
CHAPTER 05 | 안전경영정책 환류   203

PART 04 선박자원관리론

CHAPTER 01 | 인적자원관리   213
CHAPTER 02 | 선박관리   235

PART 05 선택과목

CHAPTER 01 | 항 해   254
CHAPTER 02 | 기 관   262
CHAPTER 03 | 산업안전관리   271

PART 06 최신 기출복원문제

CHAPTER 01 | 제1회 기출복원문제   300
CHAPTER 02 | 제2회 기출복원문제   321
CHAPTER 03 | 제3회 기출복원문제   339
CHAPTER 04 | 제1회 기출복원문제 정답 및 해설   343
CHAPTER 05 | 제2회 기출복원문제 정답 및 해설   353
CHAPTER 06 | 제3회 기출복원문제 정답 및 해설   362

PART 07 실전모의고사

CHAPTER 01 | 실전모의고사   368
CHAPTER 02 | 실전모의고사 정답 및 해설   394

특별부록 선박안전관리사 자격시험 면접 족보

408

선박안전관리사

과목	내용	1급 객관식	1급 주관식	2급 객관식	3급 객관식
선박관계 법규	1. 선박의 입항 및 출항 등에 관한 법률	2	1	2	2
	2. 선원법	2		3	3
	3. 선박직원법	1		1	1
	4. 선박안전법	1		2	2
	5. 해양사고의 조사 및 심판에 관한 법률	1	1	1	1
	6. 해운법	1		1	1
	7. 해사안전기본법 및 해상교통안전법	2		3	3
	8. 국제항해선박 및 항만시설의 보안에 관한 법률	1		2	2
	9. 해상에서의 인명 안전을 위한 국제협약(SOLAS)	2		3	3
	10. 선박으로부터의 오염방지를 위한 국제협약(MARPOL)	2	1	2	2
	11. 선원의 훈련, 자격증명 및 당직근무의 기준에 관한 국제협약(STCW)	1		1	1
	12. 국제 만재흘수선 협약(LL)	1		1	1
	13. 선박톤수 측정에 관한 국제협약(TONNAGE)	1	1	1	1
	14. 해사노동협약(MLC)	2		2	2
	합계	20	4	25	25

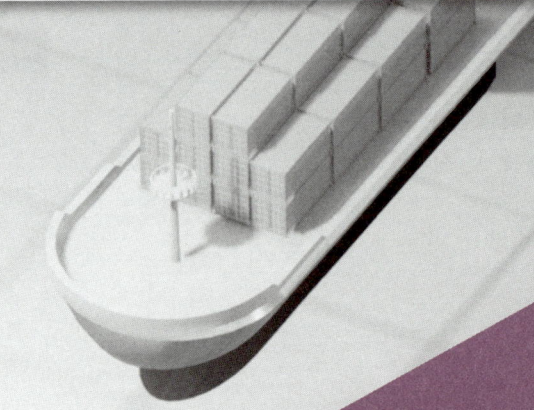

PART 01

선박관계법규

CHAPTER 01 | 국내법
CHAPTER 02 | 국제협약

PART 01 기출분석

제1회

출제 영역	기출 사항
선박입출항법	• 선박수리 허가 : 요건 • 수로의 보전 : 폐기물 투기금지 범위
선원법	• 선원근로계약 해지의 예고 : 기간, 해지 시 보상범위 • 퇴직금제도 : 금액산정 • 예비원 : 확보비율, 임금 • 해사노동적합증서/해사노동적합선언서 : 적용대상
선박직원법	해기사 면허 : 요건
선박안전법	• 중간검사 : 생략가능 대상 • 국제협약검사 : 종류 • 임시검사 : 실시사유 • 항만국통제 : 의의(공통문제) • 임시항해검사 : 실시사유
해양사고조사심판법	• 조사관의 직무 • 심판의 기본원칙
해운법	여객운송사업 : 면허기준
해사안전기본법, 해상교통안전법	• 국가해사안전기본계획, 해사안전시행계획 : 시행주기 • 교통안전 특정해역 : 설정가능 해역 • 거대선 등의 항행안전 확보조치 : 조치사항 • 유조선 통항 금지해역 : 예외적 항행 가능사유 • 선박의 안전관리체제 수립 : 대상
국제선박항만보안법	선박보안심사 : 검사사유
SOLAS	• 선박의 방화구역 : 각 구획 • 비상훈련 및 연습 : 실시 사유 • 항해 선교의 시야 : 확보 범위 • 안전운항 관리 : ISM Code 개념/의의(공통문제) • 해상보안강화 특별관리 : ISPS Code 개념/의의(공통문제)
MARPOL	• 기름 배출 : 가능 사유 • 유해물질 배출 : 배출 시 선박 속력 • 폐기물 배출 : 음식찌꺼기 • 국제 대기오염 방지증서 : 발행 및 적용대상
STCW	근로시간 및 휴식시간 : 최소 부여시간(선원법, MCL과 중첩)
LL(LOADLINES)	만재 흘수선 : 흘수 표기
TONNAGE	총톤수 : 개념
MLC	• 건강진단서 : 유효기간 • 근로시간 및 휴식시간 : 최소 부여시간
KR(한국선급 규칙)	선급검사 : 정기검사, 입거검사 등 검사 주기

제2회

출제 영역	기출 사항
선박입출항법	• 용어정의 : 정박, 정류 등 • 수로의 보전 : 폐기물 투기금지 범위
선원법	• 근로시간 및 휴식시간 : 최소 부여시간(STCW, MCL 각 중복) • 쟁의행위 • 선원근로계약 해지의 예고 : 기간, 해지 시 보상금액 • 퇴직금제도 : 금액산정 • 예비원 : 확보비율, 임금 • 의사 승무대상 • 해사노동적합증서 : 적용대상, 유효기간 • 해사노동적합선언서 : 인증검사
선박직원법	해기사 면허 : 요건
선박안전법	• 선박검사증서 : 유효기간 • 임시검사 : 실시사유 • 임시항해검사 : 실시사유 • 국제협약검사 등 각종검사 : 종류 • 선박위치발신장치 : 설치 대상선박 • 항만국통제 : 의의
해양사고조사심판법	• 조사관의 직무 • 징계 종류
해운법	여객선 운항명령 : 사유
해사안전기본법, 해상교통안전법	• 용어정의 : 통항로 등 • 국가해사안전기본계획 : 시행주기 • 해사안전시행계획 : 시행주기 • 교통안전 특정해역 : 설정가능 해역 • 거대선 등의 항행안전 확보조치 : 명령 주체 • 항로 등 보전 : 항로상 금지행위 명령 주체
국제선박 항만보안법	• 임시선박보안심사 : 실시사유 • 총괄보안책임자 : 자격
SOLAS	• 용어정의 : 여객선 • 선원교체 시 비상훈련 : 사유 및 주기(선원법 중복)
MARPOL	• 기름 배출 : 가능 사유 • 부속서 1 관련 문서 : Oil Record Book
STCW	근로시간 및 휴식시간 : 최소 부여시간(선원법, MCL 각 중복)
LL(LOADLINES)	만재 흘수선 : 흘수 표기
TONNAGE	총톤수, 순톤수 : 개념
MLC	근로시간 및 휴식시간 : 최소 부여시간(선원법, STCW 각 중복)

제3회

출제 영역	기출 사항
선박입출항법	무역항의 수상구역 : 금지행위 등
선원법	• 근로시간 및 휴식시간 : 최소 부여시간(STCW, MCL 각 중복) • 실업수당
선박직원법	• 해기사 면허
선박안전법	• 최대승선인원 산정 • 각종 검사 • 항만국통제
해양사고조사심판법	징계 종류
해사안전기본법 및 해상교통안전법	• 용어정의 • 충돌 피항동작 등
SOLAS	휴대용 소화기 : 최소비치 요구수량
MARPOL	부속서 1, 부속서 6 관련내용

CHAPTER 01 국내법

01 ▶ 선박의 입항 및 출항 등에 관한 법률(2024.10.22. 시행) ★★

1. 총칙

(1) 목적

무역항의 수상구역 등에서의 다음 각 사항을 규정하기 위함이다.

① 선박의 입항 및 출항에 대한 지원
② 선박운항의 안전 및 질서 유지에 필요한 사항

(2) 정의 제2회

무역항	국민경제·공공의 이익에 밀접한 관련이 있고 주로 외항선이 출입하는 항만(항만법에서 지정)
무역항의 수상구역 등	• 무역항의 수상구역 • 수역시설(항로, 정박지, 선회장 등) 중 수상구역 밖의 수역시설로서 관리청이 지정·고시한 것
관리청	• 국가관리무역항 : 해양수산부장관 • 지방관리무역항 : 광역지자체장
선박	선박법에서 정의하는 선박 → 기선(기관추진선박, 수면비행선박), 범선, 부선
예선	선박안전법에서 정의한 예인선 중 무역항에 출입/이동하는 선박을 끌어당기거나 밀어서 이안·접안·계류를 보조하는 선박
우선피항선	주로 무역항의 수상구역에서 운항하는 선박으로서 다른 선박의 진로를 피하여야 하는 다음 각 선박 • 부선 → 부선을 끌거나 밀고 있는 예인선 및 부선은 ○, 압항부선은 × • 주로 노와 삿대로 운전하는 선박 • 예선 • 항만운송관련사업을 등록한 자가 소유한 선박 • 해양환경관리업/해양폐기물관리업 등록자 소유선박 → 폐기물해양배출업 등록선박은 × • 그 외 총톤수 20톤 미만의 선박
정박	선박이 해상에서 닻을 바다 밑바닥에 내려놓고 운항을 멈추는 것
정박지	선박이 정박할 수 있는 장소
정류	선박이 해상에서 일시적으로 운항을 멈추는 것
계류	선박을 다른 시설에 붙들어 매어 놓는 것
계선	선박이 운항을 중지하고 정박하거나 계류하는 것

항로	선박의 출입통로 이용을 위해 지정·고시된 수로
위험물	화재, 폭발 등의 위험이 있거나 인체, 해양환경에 해를 끼치는 물질로 해양수산부령으로 정하는 것 → 선박항행 또는 인명안전 유지를 위해 해당 선박에서 사용하는 위험물은 ×
위험물취급자	위험물운송선박의 선장 및 위험물 취급자

2. 입항 · 출항 및 정박

(1) 출입신고

의의	무역항 출입 시 선장의 신고의무 → 관리청의 검토·수리의무
제외	• 총톤수 5톤 미만 • 해양사고구조 사용선박 • 국내항 간을 운항하는 모터보트 및 동력보트 • 출입항 신고 대상이 되는 어선 • 관공선, 군함, 해양경찰함정 등 공공목적선박 • 도선선·예선 등 선박출입 지원선박 • 피난을 위해 긴급히 출항해야 하는 선박 • 그 밖에 관리청 등이 신고의무를 면제한 선박
허가	선장은 다음 각 경우에는 관리청의 허가를 받아야 함 • 외국국적&출항 직후 기항 예정지가 북한인 선박 • 외국국적&북한기항 후 1년 이내 무역항 최초입항 선박 • 항만 무단출입행위를 한 선원이 승선하였던 국제항해선박으로서, 해양수산부장관이 국가안전보장 목적으로 무역항 출입에 특별관리가 필요하다고 인정한 선박 • 전시·사변, 국가비상사태·국가안전보장에 필요한 경우로서 관계 중앙행정기관의 장 또는 국가보안기관의 장이 무역항 출입에 특별관리가 필요하다고 인정한 선박

(2) 정박지 사용

의의	관리청은 선박종류, 톤수, 흘수 또는 적재물 종류에 따른 정박구역 또는 정박지를 지정·고시할 수 있음 → 선박의 준수의무
제외	• 해양사고를 피하기 위한 경우 • 선박고장 등에 따라 조종할 수 없는 경우 • 인명구조 또는 위급선박 구조 • 해양오염 등의 발생 또는 확산방지 • 그 밖에 관리청이 등이 필요하다고 인정한 경우 ※ 선장은 즉시 위 내역을 관리청에 신고하여야 함
우선피항선 특례	우선피항선은 정박지 관련규정 적용 제외 → 다만 타 선박항행 방해 우려 장소에 정박·정류는 ×

(3) 정박의 제한

의의	다음 각 장소에서의 정박 및 정류는 금지됨 • 부두·잔교·안벽·계선부표·돌핀 및 선거 부근 수역 • 하천, 운하 및 기타 좁은 수로와 계류장 입구 부근 수역
제외	• 해양사고를 피하기 위한 경우 • 선박고장 등에 따라 조종할 수 없는 경우(조종불능선 등화, 형상물 표시) • 인명구조 또는 위급선박 구조 • 허가받은 공사 또는 작업에 사용하는 경우
안전조치 등	정박하는 선박은 다음 조치의무를 부담함 • 지체없이 예비용 닻을 내릴 수 있도록 닻 고정장치 해제 • 동력선은 즉시 운항가능한 기관상태 유지 ※ 관리청은 선박안전을 위해 정박장소·방법 변경명령 가능

(4) 기타

계선신고	• 신고대상 : 총톤수 20톤 이상의 선박을 계선하려는 자 → 관리청의 검토 및 신고수리의무 • 안전조치 : 관리청이 지정한 장소에 계선하여야 하며, 관리청은 선박안전을 위해 선박소유자나 임차인에게 안전유지에 필요한 인원의 선원 승선을 명할 수 있음
이동명령	관리청은 다음 각 경우 이동명령을 할 수 있음 • 무역항의 효율적 운영을 위해 필요한 경우 • 전시·사변, 국가비상사태·국가안전보장을 위해 필요하다고 판단되는 경우
피항명령	• 관리청은 자연재난 발생 또는 발생 우려 시 다른 구역으로 피항할 것을 선박소유자 또는 선장에게 명할 수 있음 • 선박대피협의체 　- 구성 : 해운업자, 관리청이 필요하다고 인정하는 자 　- 협의사항 : 접안·정박 금지구역설정, 선박대피 개시/완료 시점, 항만운영 중단/재개시점, 기타 선박대피 필요사항
교통제한	선박교통의 안전을 위해 필요하다고 인정되는 경우, 관리청은 항로 또는 구역을 지정해 선박교통을 제한·금지할 수 있으며 항로 또는 구역의 위치, 제한·금지기간을 공고해야 함
선박귀항	출항선박이 피난, 수리 그 밖의 사유로 출항 후 12시간 이내에 귀항 시 해당 사실을 적은 서명을 관리청에 제출

3. 항로 · 항법

(1) 항로

지정 및 준수	• 관리청은 선박교통 안전을 위해 무역항, 무역항 수상구역 밖의 수로를 항로로 지정·고시할 수 있음 • 우선피항선 외 선박은 지정·고시 항로를 따라 항행 • 지정·고시 항로 항행의 예외 　- 해양사고를 피하기 위한 경우 　- 선박고장 등에 따라 조종할 수 없는 경우 　- 인명구조 또는 위급선박 구조 　- 해양오염 등의 발생 또는 확산방지

정박 등 금지	• 선장은 항로에 선박은 정박 또는 정류시키거나 예인선 또는 부유물을 방치하여서는 아니 됨 • 다만 다음 각 경우는 예외 → 발생 시 관리청 신고 필요 　– 해양사고를 피하기 위한 경우 　– 선박고장 등에 따라 조종할 수 없는 경우(조종불능선 표시 요함) 　– 인명구조 또는 위급선박 구조 　– 허가받은 공사 또는 작업에 사용하는 경우(신고 불요)
속력 등 제한	• 무역항의 수상구역 등이나 부근 항행 시, 타 선박에 위험이 없는 속력으로 항행하여야 함 • 해양경찰청장은 선박이 빠른 속도로 항행하여 타 선박의 안전 운항에 지장을 초래할 우려가 있다고 인정하는 무역항의 수상구역 등에 대해 관리청에 항행 최고속력을 지정할 것을 요청할 수 있음 • 요청을 받은 관리청은 특별한 사유가 없으면 항행 최고속력을 지정·고시해야 하며, 선박은 고시된 항행 최고속력 범위에서 항행해야 함

(2) 항법

선박 간 거리	2척 이상 선박 항행 시, 상호 충돌을 예방할 수 있는 상당한 거리를 유지해야 함
진로방해 금지	다음 선박은 타 선박진로를 방해하여서는 아니 됨 • 우선피항선 : 수상구역, 수상구역 부근 • 공사 등 허가선박, 선박경기 등 행사 허가선박 : 수상구역
기본 항법	• 항로 밖에서 항로에 들어오거나 항로에서 항로 밖으로 나가는 선박 : 타 선박 진로를 피해 항행 • 타 선박과 나란히 항행 × • 타 선박과 마주칠 우려 : 오른쪽으로 항행 • 타 선박 추월 ×. 다만 추월선박을 눈으로 볼 수 있고 안전하게 추월할 수 있다고 판단 시, 해상교통안전법상 좁은 수로에서의 추월신호 및 추월항법 규정에 따라 추월 • 위험물운송선(급유선 제외) 또는 흘수제약선 진로방해 × • 범선은 지그재그 항행 × • 그 외 관리청이 선박교통 안전을 위해 고시하는 항법
특수 항법 (예인선, 범선) 제3회	• 예인선 　– 예인선 선수부터 피예인선 선미(船尾)까지 길이가 200미터를 초과하지 아니할 것. 다만 타 선박 출입보조 시는 × 　– 한꺼번에 피예인선 3척 이상을 끌지 아니할 것 • 범선 : 돛을 줄이거나 예인선이 범선을 끌 것
특수 항법 (방파제 부근)	입항선박이 방파제 입구 등에서 선박과 마주칠 우려가 있을 시, 방파제 밖에서 출항하는 선박 진로를 피하여야 함
특수 항법 (부두 등 부근)	• 부두 등 : 해안으로 길게 뻗어 나온 육지 부분, 부두·방파제 등 인공시설물의 튀어나온 부분, 정박 중 선박 • 관련 항법 : 부두 등을 오른쪽 뱃전에 두고 항행할 때에는 부두 등에 접근하여 항행, 부두 등을 왼쪽 뱃전에 두고 항행할 때에는 멀리 떨어져서 항행하여야 함

4. 위험물의 관리

(1) 위험물운송선박

① 위험물을 저장·운송하는 선박
② 위험물 하역 후에도 인화성물질 또는 폭발성가스가 잔존해 화재 또는 폭발위험이 있는 선박
※ 관리청이 지정하지 않은 장소에 정박·정류하여서는 아니 된다.

(2) 위험물 반입

통지 및 수리	위험물의 수상구역 등으로 반입 시 신고의무 존재 → 관리청의 검토 및 수리
안전조치 명령	무역항과 수상구역 등의 안전, 오염방지 및 저장능력을 고려해, 관리청은 반입 위험물의 종류·수량을 제한하거나 안전 필요조치를 취할 것을 명할 수 있음
위험물 통지	다음에 해당하는 자는 반입신고를 하려는 자에게 위험물을 통지하여야 함 • 해상화물운송사업 등록인 • 국제물류주선업 등록인 • 해운대리점업 등록인 • 수출·수입 신고대상물품 화주

(3) 위험물 하역

안전관리계획	• 수상구역 등에서 위험물을 하역하려는 자는, 다음 각 관련 사항을 포함하는 자체안전 관리계획을 수립해 관리청의 승인을 받아야 함(유효기간 : 승인일로부터 5년) 　- 최고경영책임자의 안전 및 환경보호방침 　- 위험물 취급 안전관리 전담조직 운영·업무 　- 위험물 안전관리자의 선임 및 임무 　- 위험물하역시설(급유선 포함) 명칭·규격·수량 등 명세 　- 위험물취급자에 대한 안전교육 및 훈련 　- 소방시설, 안전장비 및 오염방제장비 등 안전시설 　- 위험물 취급 작업기준 및 안전작업요령 　- 부두 및 선박에 대한 안전점검계획 및 안전점검실시 　- 종합적인 비상대응훈련 내용 및 실시방범 　- 비상사태 발생 시 지휘체계 및 비상조치계획 　- 불안전 요소 발견 시 보고체계 및 처리방법 　- 기타 관리청 고시사항 • 관리청은 무역항 안전을 위해 위 계획변경을 명할 수 있음 • 수상구역 등이 아닌 장소로서, 해양수산부령으로 정하는 장소에서 위험물을 하역하려는 자는 수상구역 등에 있는 것으로 봄
하역금지· 중지·이동	관리청은 기상악화 등 불가피한 사유로 수상구역 등에서 위험물 하역이 부적당하다고 인정하는 경우, 승인을 받은 자에 대하여 그 하역을 금지 또는 중지하게 하거나 그 외의 장소를 지정하여 하역하게 할 수 있음

(4) 위험물 취급 시 안전조치 등

안전조치	• 수상구역 등에서의 위험물 취급자는 다음 각 안전조치를 취해야 함. 관리청은 해당 조치를 하지 아니한 자에게 시설 등의 보강 또는 개선을 명할 수 있음 　- 위험물 안전관리자의 확보 및 배치 　- 위험물 운송선박의 부두 이안·접안 시 위험물 안전관리자의 현장 배치 　- 위험물 특성에 맞는 소화장비 비치 　- 위험표지 및 출입통제시설 설치 　- 선박/육상 간 통신수단 확보 　- 작업자에 대한 안전교육 기타 안전필요 조치 • 산적액체위험물을 운송하는 총톤수 5만 톤 이상 선박이 접안하는 돌핀 계류시설 운영자는 선박접안속도계, 자동경보시스템, 자동차단벨브 각 안전장비를 갖추어야 함
안전관리자 교육	• 교육수강 의무 • 위험물 취급자가 안전관리자 고용 시 교육을 받도록 하고 소요 경비도 부담해야 함
자료제출 요청	관리청은 위험물 관리를 위해 필요하다고 인정 시 관계행정기관 장에게 위험물 및 위험물 수입선박의 국내 입항일 등 필요자료 제출을 요청할 수 있고, 요청받은 관계기관장은 특별한 사유가 없으면 요청에 응해야 함

(5) 선박수리 허가 등

대상 제1회	수상구역 등에서 불꽃·열이 발생하는 용접 등 방법으로 수리하려는 경우, 다음 선박의 선장은 허가를 받아야 함 • 위험물운송선박 • <u>총톤수 20톤 이상 선박</u> : 위험물운송선박 제외, 기관실·연료탱크 등 위험구역 수리작업만 적용, 그 외는 신고
불허 사유	• 화재·폭발 등을 일으킬 우려가 있는 방식으로 수리 • 용접공 등 작업자의 자격이 부적절한 경우 • 화재·폭발 등의 사고예방 필요조치 미흡으로 판단되는 경우 • 선박수리로 인해 인근선박 및 항만시설 안전에 지장을 초래할 우려가 있다고 판단되는 경우 • 수리장소 및 수리시기 등이 항만운영에 지장을 줄 우려가 있다고 판단되는 경우 • 위험물운송선박의 경우 수리구역에 인화성물질 또는 폭발성가스가 없다는 것을 증명하지 못한 경우
후속 절차	• 관리청 지정 장소에 정박·계류 • 관리청은 필요시 선박소유자나 임차인에게 안전필요 조치를 명할 수 있음

5. 수로의 보전

(1) 폐기물 투기금지 등

금지 제1회 제2회	수상구역 등 또는 수상구역 밖 10km 이내의 수면 안전운항을 해질 우려가 있는 폐기물 투하 금지
방지 조치	수상구역 등 또는 그 부근에서 흩어지기 쉬운 물건 하역 시, 수면에 떨어짐을 방지하기 위해 다음 각 조치를 취해야 함 • 덮개 사용 또는 추락방지시설 설치 • 떨어진 물건의 떠돌아다님 또는 흩어짐 방지시설 설치
제거 명령	관리청은 금지 사항 또는 방지 조치를 위반한 자에게 해당 폐기물 또는 물건을 제거할 것을 명할 수 있음
어로 제한	수상구역 등에서 선박교통에 방해가 될 우려가 있는 장소 또는 항로에서 어로(어구설치 포함)행위 금지

(2) 해양사고 발생 시 조치

조치 의무	수상구역 등이나 그 부근에서, 해양사고·화재 등 재난으로 타 선박항행이나 무역항 안전을 해칠 우려가 있는 조난선 선장은, 즉시 항로표지 설치 등의 필요조치를 해야 함 ※ 조치비용 : 선박소유자 또는 임차인은 해당 비용을 조치종료 5일 이내에 지방해수청장 또는 시도지사에게 납부
조치 요청	조난선 선장의 위 조치 불능 시, 해양수산부장관에게 필요조치 요청 가능, 이 경우 선박소유자·임차인은 해당 조치비용을 납부해야 되며 미납부 시 국세체납처분 예에 따른 비용을 징수할 수 있음

(3) 장애물 제거

제거 명령	• 관리청은 수상구역 등이나 그 부근에서 선박항행을 방해하거나 방해할 우려가 있는 물건 발견 시 해당 장애물의 소유자 또는 점유자에게 제거를 명할 수 있음 • 위 제거 명령 미이행 시 행정대집행 가능함
직접 조치	• 관리청은 다음의 경우로 대집행으로는 목적 달성이 곤란한 경우, 이를 거치치 않고 장애물 제거 등 필요한 조치를 할 수 있음 　- 소유자 또는 점유자를 알 수 없는 경우 　- 반복·상습적으로 불법 점용하는 경우 　- 기타 선박항행 방해 또는 방해우려가 있어 신속한 제거 필요성이 있는 경우 • 조치비용은 소유자 또는 점유자가 부담함 • 선박교통안전 및 질서유지에 필요한 최소한도에 그칠 것 • 제거 장애물을 보관·처리할 것, 직접 처리 부적절 시 한국자산관리공사에 그 처리를 대행시킬 수 있음

(4) 허가

공사 등	• 사람이나 장비를 수중에 투입하는 공사 또는 작업 • 항만법상 항만시설 외 시설물·인공구조물을 신축·개축 또는 변경·제거하는 공사 또는 작업 • 기타 무역항 안전을 위해 해양수산부령으로 정하는 공사 또는 작업
부유물	목재 등 선박안전에 장애가 되는 부유물 • 수상에 띄워 놓으려는 경우 • 선박 등 타 시설에 붙들어매거나 운반하려는 경우

선박경기 등 행사	• 대상 : 수상구역 등에서의 선박경기, 해양환경 정화활동, 축제 행사 등의 행사
	• 통보 : 관리청은 허가 사실을 해양경찰청장에게 통보
	• 불허 사유
	  - 행사로 인한 선박충돌·좌초·침몰 등의 안전사고 우려
	  - 행사장소·시간 등이 항만운영에 지장을 줄 우려
	  - 타 선박출입 등 항행방해 우려가 있다고 판단되는 경우
	  - 타 선박의 화물 적양하 및 보존에 지장을 줄 우려가 있다고 판단되는 경우

6. 기타

불빛, 신호	불빛의 제한	• 수상구역 등 또는 그 부근에서 선박교통에 방해될 우려가 있는 강력한 불빛을 사용하여서는 아니 됨 • 관리청은 위 불빛 사용자에게 빛을 줄이거나 가리개를 씌우도록 명할 수 있음
	기적 등의 제한	• 수상구역 등에서 특별한 사유없이 기적, 사이렌을 울려서는 아니 됨 • 수상구역 등에서 기적이나 사이렌을 갖춘 선박에 화재가 발생 시, 해당 선박은 화재경보를 울려야 함 → 기적이나 사이렌을 장음(4~6초 동안 계속 울림)으로 5회, 적당한 간격을 두고 이를 반복
예선	예선업	예선업을 하고자 하는 자는 관리청에 등록하여야 함

01 | 선박의 입항 및 출항 등에 관한 법률

기출 및 예상문제

01 다음 중 선박의 입항 및 출항 등에 관한 법률상 출입신고를 하지 아니할 수 있는 선박으로 옳지 않은 것은?

① 총톤수 5톤 미만 선박
② 공공의 목적으로 운영하는 해양경찰함정
③ 피난을 위하여 긴급히 출항하여야 하는 선박
④ 외국항으로 운항하는 모터보트 및 동력요트

해설 | 신고면제 대상은 "국내항" 간을 운항하는 모터보트 및 동력요트이다.

02 다음 중 선박의 입항 및 출항 등에 관한 법률상 우선피항선이 아닌 것은?

① 주로 노와 상앗대로 운전하는 선박
② 예선
③ 부선
④ 총톤수 25톤 미만의 선박

해설 | 우선피항선은 총톤수 20톤 미만의 선박만 해당한다.

03 다음 중 선박의 입항 및 출항 등에 관한 법률상 항로에서 정박·정류를 할 수 있는 부득이한 사유에 해당하는 것은?

① 검역조사에 응하기 위한 경우
② 해양사고를 피하기 위한 경우
③ 도선사 승·하선 목적
④ 연료유를 수급하는 경우

04 선박의 입항 및 출항 등에 관한 법률상 괄호 안에 들어갈 내용으로 옳은 것은?

> 총톤수 (   )톤 이상의 선박을 무역항의 수상구역 등에 계선하려는 자는 해양수산부령으로 정하는 바에 따라 관리청에 신고하여야 한다.

① 20
② 30
③ 50
④ 100

05 선박의 입항 및 출항 등에 관한 법률에 따른 각 항법에 대한 설명 중 옳지 않은 것은?

① 무역항의 수상구역 등에 입항하는 선박이 방파제 입구 등에서 출항하는 선박과 마주칠 우려가 있는 경우에는 방파제 밖에서 출항하는 선박의 진로를 피하여야 한다.
② 항로에서 다른 선박과 마주칠 우려가 있는 경우에는 오른쪽으로 항행하여야 한다.
③ 선박이 무역항의 수상구역 등에서 해안으로 길게 뻗어 나온 육지 부분, 부두, 방파제 등 인공시설물의 튀어나온 부분 또는 정박 중인 선박을 왼쪽 뱃전에 두고 항행할 때에는 부두등에 접근하여 항행하여야 한다.
④ 범선이 무역항의 수상구역 등에서 항행할 때에는 돛을 줄이거나 예인선이 범선을 끌고가게 하여야 한다.

해설 | 내용상 "오른쪽" 뱃전이 옳다.

01 ④ 02 ④ 03 ② 04 ① 05 ③

06 다음 중 무역항에서 예선업 관련한 내용으로 옳은 것은?

① 예선업은 해운법에 의해 관리청에 신고하여야 한다.
② 예선업은 해운법에 의해 해양경찰청에게 등록하여야 한다.
③ 예선업은 선박의 입항 및 출항 등에 관한 법률에 의해 관리청에 등록하여야 한다.
④ 예선업은 항만법에 의해 해양경찰청장에게 신고하여야 한다.

해설 | 예선업 규율 법령과 "등록제" 성격을 유의할 필요가 있다.

07 다음 중 선박의 입항 및 출항 등에 관한 법률상 무역항의 수상구역 등에서 선박 항행 최고 속력 지정 시 요청권자/지정권자가 바르게 나열된 것은?

① 해양경찰청장/관리청
② 해양경찰청장/시·도지사
③ 해양경찰청장/지방해양수산청장
④ 해양수산부장관/해양경찰청장

08 선박의 입항 및 출항 등에 관한 법률상 괄호 안에 들어갈 내용으로 옳은 것은?

> 모든 선박은 항로에서 항행하는 위험물운송 선박 또는 해상교통안전법에 따른 (   )의 진로를 방해하여서는 아니 된다.

① 여객선   ② 흘수제약선
③ 범선   ④ 조종불능선

09 선박의 입항 및 출항 등에 관한 법률상 괄호 안에 들어갈 내용으로 옳은 것은?

> 무역항의 수상구역 등에서 선박에 화재가 발생하였을 경우 기적이나 사이렌을 적당한 간격을 두고 장음 (   )회 반복하여 울려야 한다.

① 2   ② 3
③ 4   ④ 5

10 선박의 입항 및 출항 등에 관한 법률상 예인선은 한꺼번에 최대 몇 척의 피예인선을 끌 수 있는가?

① 1   ② 2
③ 3   ④ 4

해설 | 선박입출항법 제15조 및 시행규칙 제9조 제1항 제2호에 따라 예인선은 무역항의 수상구역 등에서 한꺼번에 3척 이상의 피예인선을 끌 수 없다. 따라서 해당 구역에서의 피예인선 수는 1회 최대 2척까지 허용되는 것으로 해석할 수 있다.

---

06 ③   07 ①   08 ②   09 ④   10 ②

02 선원법(2025.01.23. 시행) ★★★

■ 조문 목차

제1장	총칙
제2장	선장의 직무와 권한
제3장	선내 질서의 유지
제4장	선원근로계약
제5장	임금
제6장	근로시간 및 승무정원
제7장	유급휴가
제8장	선내 급식과 안전 및 보건
제9장	소년선원과 여성선원
제10장	재해보상
제11장	복지와 직업안전 및 교육훈련
제12장	취업규칙
제13장	감독 등
제14장	해사노동적합증서와 해사노동적합선언서
제15장	한국선원복지고용센터
제16장	보칙
제17장	벌칙

※ 선원법 규정사항을 묻는 문제가 출제될 수 있으므로 최소 각 장 표제 정도는 암기 요함

1. 총칙

(1) 목적

선원의 직무, 복무, 근로조건 기준, 직업안정, 복지 및 교육훈련에 관한 사항 등을 정하여 선내질서 유지, 선원의 기본적 생활 보장·향상 및 선원자질 향상을 도모한다.

(2) 정의

선박소유자		선주, 선주로부터 선박운항책임을 위탁받아 이 법에 따른 선박소유자의 권리·책임·의무 인수에 동의한 선박관리업자, 대리인, 선체용선자 등
선원	정의	법 적용 선박에서 근로제공 목적으로 고용된 사람. 다만 아래 각 사람은 제외 • 선박검사원　• 수리기술자/작업원 • 도선사　　　• 항만운송사업 근로자 • 실습선원　　• 연예인

선원	선장		해원 지휘·감독 및 선박 운항관리 책임을 지는 선원
	해원	정의	선박에서 근무하는 선장이 아닌 선원
		직원	항해사, 기관장, 기관사, 전자기관사, 통신장, 통신사, 운항장 및 운항사
		부원	직원이 아닌 해원 ※ 유능부원 : 갑판부 또는 기관부 항해당직 담당부원 중 특정한 자격요건을 갖춘 부원
		예비원	선박근무 선원 중 현재 승무가 아닌 자
실습선원			해기사 실습생 포함해 선원이 될 목적으로 선박 승선하여 실습하는 사람
항해선			"내해, 항만구역 내 수역 또는 근접수역 등으로서 영해 내 수역만을 항해하는 선박" 외 선박
선원근로계약			다음 각 사항을 목적으로 체결된 계약 • 선원 : 승선하여 선박소유자에게 근로 제공 • 선박소유자 : 근로에 대한 임금 지급
임금	정의		선박소유자가 근로의 대가로 선원에게 임금, 봉급 기타 명칭 불문하고 지급하는 모든 금전
	통상임금		선원에게 정기·일률적으로 일정/총근로에 대해 지급하기로 정한 시급, 일급, 주급, 월급 또는 도급금액
	승선평균임금		산정사유 발생일 이전 승선기간(3개월을 초과 : 최근 3개월) 지급임금 총액을 승선기간 총일수로 나눈 금액 → 승선평균임금이 통상임금보다 적은 경우 : 통상임금을 승선평균임금으로 봄
	월 고정급		어선소유자가 어선원에게 매월 일정금액을 임금으로 지급하는 것
	생산수당		어선소유자가 어선원에게 지급하는 임금으로 월 고정급 외 단체협약, 취업규칙 또는 선원근로계약에서 정하는 바에 따라 어획금액 또는 어획량 기준으로 지급하는 금액
	비율급		어선소유자가 어선원에게 지급하는 임금으로 어획금액에서 공동경비를 뺀 나머지 금액을 단체협약, 취업규칙 또는 선원근로계약에서 정한 분배방법에 따라 배정한 금액
근로시간			선박을 위하여 선원이 근로하도록 요구되는 시간
휴식시간			근로시간 외의 시간(근로 중 잠시 쉬는 시간은 제외)
해양항만관청			해양수산부장관 기타 해양수산부 소속 기관장 (+) 지방해양수산청장, 제주해양수산관리단장, 해양수산사무소장
선원신분증명서			국제노동기구의 「2003년 선원신분증명서에 관한 협약 제185호」에 따라 발급하는 선원의 신분을 증명하기 위한 문서
선원수첩			선원의 승무경력, 자격증명, 근로계약 등의 내용을 수록한 문서
해사노동적합증서			선원의 근로기준/생활기준 검사 결과, 이 법과 해사노동협약에 따른 인증기준 적합을 증명하는 문서
해사노동적합선언서			해사노동협약 이행 국내기준 수록 및 준수를 위해 선박소유자 채택 조치사항이 이 법과 해사노동협약인증기준 적합함을 승인하는 문서

(3) 적용 범위

대상	다음 각 선박과 그 승무선원 및 선박소유자 • 선박법에 따른 대한민국 선박(어선 포함) • 대한민국 국적취득부 용선 외국선박 • 국내항 사이만을 항해하는 외국선박 • 실습선원(일부 규정만 적용 : 징계, 쟁위행위 제한, 강제근로 금지, 선내 괴롭힘 금지, 선원명부, 공제/재해보상, 소년선원/여자선원, 교육훈련 등)
제외	• 총톤수 5톤 미만&항해선이 아닌 선박 • 호수, 강 또는 항내만을 항행하는 선박(예선 제외) • 평수구역, 연해구역 또는 근해구역에서 어로작업에 종사하는 총톤수 20톤 미만 어선(운반선을 포함) • 선박법에 따른 부선(해상화물운송사업 목적 등록부선 제외)

2. 선장의 직무와 권한

(1) 직무

출항 전 검사	• 선박이 항해에 견딜 수 있는지 여부 • 선박에 화물이 실려 있는 상태 • 항해적합 장비, 인원, 식료품, 연료 등 구비 및 상태 • 그 밖의 안전운항 관련 사항
항로에 의한 항해	–
직접 지휘	• 항구를 출입할 때 • 좁은 수로를 지나갈 때 • 선박충돌·침몰 등 해양사고 빈발해역 통과 시 • 위험우려 : 사계제한, 침로유지 어려움, 어선군 조우·항로 통행량 급증, 설비고장 등으로 운항 곤란 시
재선	• 시작 : 화물을 싣거나 여객이 타기 시작할 때 • 종료 : 화물을 모두 부리거나 여객이 다 내릴 때 • 예외 : 직무대행자 지정 시(기상 이상 등은 선장재선 필요)
선박 위험 시 조치	• 구조 대상 : 인명, 선박, 화물 • 인명조치 다하기 전 선박 이탈 ×
선박 충돌 시 조치	• 구조 대상 : 인명, 선박 • 통보 : 선박명칭 등 일정사항을 상대방에게 통보
조난 선박 구조	–
기상 이상 등 통보	–

비상배치표 및 훈련
제2회
	• 대상
	  – 총톤수 500톤 이상 선박(평수구역 항행선박은 제외)
	  – 여객선
	• 훈련주기 : 매월 1회 선장 지정일, 여객선은 10일마다(국내항 ↔ 외국항 여객선은 7일)
	• 해원교체 : 해원 4분의 1 이상 교체 시 출항 후 24시간 이내 선내비상훈련 실시
	• 비상신호 : 기적 또는 사이렌에 의한 연속 7회의 단음과 계속 1회의 장음

항해 안전 확보	-
사망자 발생 시 인도	-
유류품 처리	유류품 목록 기재사항 • 사망 또는 행방불명된 사람의 성명·주소 • 사망 또는 행방불명이 일시·위치 • 유류품의 품명·수량 • 유류품의 조사 및 목록작성 일자 • 기타처분 시 그 사유 및 처분내용
재외국민 송환	-
서류 비치	• 선박국적증서/선박검사증서 • 선원명부/승무정원증서 • 항해일지/기관일지 • 화물에 관한 서류/속구목록 • 항행해역 해도 • 해사노동협약 내용 포함도서
선박 운항 보고	• 선박충돌 기타 해양사고 발생 • 항해 중 타 선박조난 인지(무선통신 인지는 제외) • 인명·선박구조 종사 • 선박에 있는 사람이 사망·행방불명 • 미리 정해진 항로변경 • 선박 억류·포획 • 기타 선박 중대사고 발생

(2) 권한

지휘명령	-
해원 징계	-
위험물 등 조치	-
행정기관 원조 요청	-
사법경찰권	개별 법률(사법경찰직무법)에 따른 권한

3. 선내 질서의 유지

(1) 해원의 징계

사유	• 상급자의 직무상 명령에 따르지 아니하였을 경우 • 선장의 허가없이 선박을 떠났을 경우 • 선장의 허가없이 흉기·마약류를 선박에 들여왔을 경우 • 선내에서 싸움 등 소란행위를 하거나 고의로 시설물 파손 시 • 직무를 게을리하거나 다른 해원의 직무수행을 방해 • 정당한 사유 없이 선장이 지정시간까지 선박에 미승선 • 그 밖에 선내질서를 어지럽히는 행위로 단체협약, 취업규칙 또는 선원근로계약상 금지행위 시

징계
제2회
	• 징계종류 : 훈계, 상륙금지, 하선
	  – 상륙금지 : 정박 중 10일 이내
	  – 하선 : 폭력 등 현저하게 질서를 문란케 하거나 고의로 선박 운항에 지장을 준 행위가 명백한 경우
	• 징계 전 미리 5인 이상의 해원으로 구성되는 징계위원회의 자문을 받아야 함

(2) 쟁의행위 제한 제2회

다음 각 경우에는 선원근로관계에 관한 선원의 쟁의행위가 금지됨(원칙적 허용/예외적 금지)

① 선박이 외국항에 있는 경우
② 여객선이 승객을 태우고 항해 중인 경우
③ 위험물운송 전용선박이 항해 중인 경우(위험물의 종류별 특정 시)
④ 선장 등이 선박조종을 지휘하여 항해 중인 경우
⑤ 어선이 어장에서 어구를 내릴 때부터 냉동처리 등을 마칠 때까지 일련의 어획작업 중인 경우
⑥ 그 밖에 쟁의행위로 인명·선박안전에 현저한 위해를 줄 우려가 있는 경우

4. 근로시간, 승무정원

(1) 적용 제외

① 범선으로서 항해선이 아닌 것
② 어획물 운반선을 제외한 어선
③ 총톤수 500톤 미만의 선박으로 항해선이 아닌 것
④ 평수구역을 항해구역으로 하는 선박
   ※ 예선은 제외(적용 ○)

(2) 근로시간 및 휴식

원칙 제2회 제3회	• 선박소유자가 선원에게 부여 • 근로시간 : 1일 8시간, 1주 40시간 → 당사자 간 합의로 1주 16시간 한도로 근로시간 연장 가능 • 시간외 근로 : 항해당직근무 해원은 1주 범위 내, 그 밖의 해원은 1주 4시간 • 휴식시간 : 1일 10시간 이상(6시간 이상 연속), 1주 77시간 이상 • 휴일 : 정박 중일 때 1주 1일 이상
예외	• 단체협약 : 입항·출항빈도 등을 고려하여 불가피한 경우 당직선원·단기항해 종사선박 승무선원의 근로시간 기준, 휴식시간 분할 및 부여간격 기준을 달리 정하는 단체협약 승인(해양항만관청) • 예외규정(근로시간↑, 휴식시간↓) 　— 인명, 선박 또는 화물의 안전 도모 　— 해양오염 또는 해상보안 확보 　— 인명, 다른 선박 구조 위해 긴급한 경우 등 부득이한 사유

(3) 연령 제한

사용 제한	• 사용 불가 : 만 16세 미만 → 가족만 승무하는 선박은 제외 • 미성년자 : 법정대리인 동의 필요
소년 선원	• 정의 : 18세 미만인 선원 • 사용 : 해양항만관청의 승인 시 가능 • 근로시간 : 1일 8시간, 1주간 40시간 초과 × • 휴식시간 : 1일 1시간 이상의 식사를 위한 휴식시간, 매 2시간 연속근로 후 즉시 15분 이상의 휴식시간 • 작업 금지 : 위험한 선내작업, 위생상 해로운 작업 • 작업 제한 : 자정부터 오전 5시까지를 포함하는 최소 9시간

(4) 시간외근로수당

다음 각 선원에게 시간외근로·휴일근로에 대하여 통상임금의 100분의 150 상당금액 이상을 시간외근로수당으로 지급하여야 한다.

① 시간외근로를 한 선원(보상휴식을 받은 선원은 제외)

② 휴일근로선원

(5) 선원의 승무 관련

승무 자격요건	다음 선박의 선박소유자는 해당 자격요건을 갖춘 선원을 갑판부나 기관부의 항해당직 부원으로 승무시켜야 함 • 총톤수 500톤 이상 또는 주기관 추진력 750킬로와트 이상 선박(평수구역 항행구역 선박·수면비행선박은 제외) 　※ 총톤수 500톤 이상&1일 항해시간 16시간 이상 : 해당 자격요건을 갖춘 선원 3명 이상을 갑판부의 항해당직 부원으로 승무시켜야 함 • 위험화물 적재선박(평수구역 항행구역 선박은 제외) • 구명정·구명뗏목·구조정 또는 고속구조정을 비치해야 하는 선박 → 구명정 조종사 자격증 보유자 • 여객선(평수구역 항해구역 선박·유선·도선은 제외) → 여객 안전관리에 필요한 자격요건을 갖춘 자 • 가스 등 저인화점연료 사용기관 설치선박
승무정원	선박소유자는 근로시간·휴식시간, 자격을 갖춘 선원승부 및 선내 급식 관련규정 준수를 위해 필요한 선원의 정원을 정해 해양항만관청의 승인을 받아야 함
완화	다음 선박으로 지방해양항만관청의 승인을 받은 경우, 자격요건과 승무정원의 완화 적용이 가능함 • 항해사가 기관실 기관을 원격조정할 수 있는 설비를 갖춘 선박 • 선박의 항해·정박 등을 위한 자동설비를 갖춘 선박 • 압항부선 : 기선과 결합되어 밀려서 추진되는 선박 • 해저조망부선 : 잠수 후 해저조망 가능 시설 설치&자율항행할 수 없는 선박

(6) 기타

적성검사 (여객선 선장)	적성심사 항목 • 선장책임 운항사고 이력 • 해당 항로 운항경력 • 취항항로의 표지 숙지 여부 • 항로특성(조류, 협수로, 암초 등) 숙지 여부 • 출항 전 감항성 검사 능력 • 비상상황 대응 능력 • 비상시 여객대피 및 의사결정 능력 • 조난통신 능력
예비원 제1회 제2회	• 예비원에게는 통상임금의 70%를 임금으로 지급하여야 함 • 선박소유자는 고용 총승선 선원 수의 10% 이상의 예비원을 확보해야 함
선원근로계약 해지예고 제1회 제2회	선박소유자는 선원근로계약을 해지하고자 할 경우, 최소 30일 이상의 예고기간을 두고 해당 선원에게 서면으로 알려야 하며, 미준수 시 30일분 이상의 통상임금을 지급하여야 함
퇴직금제도의 설정 제1회 제2회	선박소유자는 퇴직선원에게 계속근로기간 1년에 대하여 승선평균임금 30일분 상당금액을 지급하는 퇴직금제도를 마련하여야 함

제3회
• 실업수당

5. 기타

(1) 유급휴가

선박소유자(어선의 선박소유자 제외)는 선원이 8개월간 계속 승무 시 그때부터 4개월 이내에 선원에게 유급휴가를 주어야 함 선박이 항해 중일 때는 항해 종료 시까지 유급휴가 연기가 가능하다.

(2) 보건

① **의사 승무대상** 제2회
  ㉠ 3일 이상 국제항해 종사&최대 승선인원 100명 이상 선박(어선 제외)
  ㉡ 모선식 어선 : 총톤수 5천 톤 이상&승선인원 200명 이상 어선
② **의료관리자 승무대상**(의사 미승무 선박의 경우)
  ㉠ 원양구역 항해&총톤수 5천 톤 이상 선박
  ㉡ 원양구역 항해&총톤수 300톤 이상 어선
③ **응급처치 담당자 승무대상**(의사·의료관리자 미승부 선박의 경우)
  ㉠ 연해구역 이상 항해선박(어선 제외)
  ㉡ 여객정원 13명 이상 여객선

(3) 여성선원

① **원칙** : 임신·출산에 해롭거나 위험한 작업 종사 금지
② **임신 중인 여성선원** : 선내 작업 종사 금지, 태아검진 시간 허용
③ **산후 1년 미경과 여성선원** : 위험한 선내 작업·위생상 해로운 작업종사 금지
④ **적용 제외** : 가족만 승무하는 선박

(4) 선원재해보상

① **상병보상** : 선박소유자는 직무상 부상·잘병으로 요양 중인 선원에게 4개월 범위에서 치유 시까지 월 1회 통상임금 상당금액을 보상. 4개월 경과 후 미치유 시, 완치까지 월 1회 통상 임금 100분의 70 상당금액을 보상
② **유족보상** : 선원이 직무상 사망 시(요양 중 사망 포함) 유족에게 승선 평균임금 1천 300일분 상당금액을 보상. 직무 외 원인으로 사망 시 1천일분을 상당금액을 보상
③ **장례비** : 선원 사망 시 유족 중 "장례를 지낸 유족"에게 승선 평균임금 120일분 상당금액을 장례비로 지급
④ **행방불명보상** : 선원이 해상에서 행방불명 시 피부양자에게 통상임금 1개월분과 승선평균임금 3개월분 상당금액을 보상

⑤ 소지품 유실보상 : 선원이 승선하는 동안 해양사고로 소지품을 분실 시 통상임금 2개월분 범위에서 유실품의 가액 상당금액 보상

※ 선원에 대한 양육책임 불이행 : 해양항만관청의 심의를 거쳐 "유족보상", "행방불명보상" 보상금의 전부 또는 일부를 지급하지 아니할 수 있음

(5) 교육훈련

기초안전교육 · 상급안전교육여객선교육 · 당직부원교육 · 유능부원교육 · 전자기관부원교육 · 탱커기초교육 · 탱커보수교육 · 가스연료추진선박교육 · 의료관리자교육 · 고속선교육 · 선박조리사교육 및 선박보안교육

※ 어선기초교육(×)

(6) 해사노동적합증서 해사노동적합선언서

① **적용대상** 제1회 제2회
  ㉠ 총톤수 500톤 이상 국제항해 종사 항해선
  ㉡ 총톤수 500톤 이상 항해선&타국 내항 사이 항해선박
  ㉢ 위 선박 외 선박소유자 요청 선박

② **선내 비치** : 선박소유자는 해사노동적합증서 및 해사노동적합선언서를 선내에 갖추고 사본 각 1부를 선내 잘 보이는 곳에 게시

③ **인증검사 종류** : 최초인증검사, 갱신인증검사, 중간인증검사 제2회

④ **유효기간** : 해사노동적합증서(5년), 임시해사노동적합증서(6개월) 제2회

02 | 선원법

기출 및 예상문제

01 다음 중 선원법에서 규정하는 내용으로 옳지 않은 것은?

① 선원의 직무
② 선박에 근무하는 선원의 자격
③ 선원의 근로조건의 기준
④ 선원의 직업안정

해설 | 선박에 근무하는 선원의 자격은 "선박직원법"에 규정되어 있다.

02 선원법상 요양 보상을 받을 수 있는 경우가 아닌 것은?

① 직무상 부상인 경우
② 직무상 질병인 경우
③ 승선 중 직무 외 질병인 경우
④ 승선 중 행방불명된 경우

03 선원법상 선원의 승선·하선 교대가 적당하지 아니한 항구에서 선원근로계약 종료 시 선박소유자가 선원근로계약을 존속시킬 수 있는 기간은?

① 10일 ② 20일
③ 30일 ④ 50일

04 선원법상 괄호 안에 들어갈 숫자는?

> 총톤수 ( )톤 이상의 선박(평수구역을 항행구역으로 하는 선박은 제외)와 여객선의 선장은 비상배치표를 선내의 보기 쉬운 곳에 걸어두고 선내 훈련을 실시하여야 한다.

① 100 ② 200
③ 300 ④ 500

05 선원법상 선장의 직무와 권한에 해당하지 않는 것은?

① 선박 위험 시의 조치의무 및 조난선박 등의 구조
② 선원 근로계약에 관한 사항
③ 비상훈련 실시 의무 및 항해의 안전 확보 의무
④ 재외국민 송환의무

06 다음 중 선원법에 관한 내용으로 옳지 않은 것은?

① 18세 미만인 소년선원의 근로시간은 1일 8시간, 1주간 40시간을 초과하지 못한다.
② 소방훈련 등 비상시에 대비한 훈련은 매월 1회 선장이 실시하되, 여객선의 경우에는 7일마다 실시하여야 한다.
③ 선장은 당해선박의 해원 4분의 1 이상이 교체된 때에는 출항 후 24시간 이내에 선내 비상훈련을 실시하여야 한다.
④ 선원법은 특별한 규정이 있는 경우를 제외하고는 국내 항과 국내 항 사이만을 항해하는 외국선박에 승무하는 선원과 그 선박의 소유자에 대하여 적용한다.

해설 | 선원법상 여객선의 비상훈련은 10일(국내항과 외국항을 운항하는 여객선은 7일)마다 실시하여야 한다.

07 여객선의 선장은 탑승한 모든 여객에 대하여 비상시에 대비할 수 있도록 비상신호와 집합 장소의 위치, 구명기구의 비치 장소를 선내에 명시하여야 한다. 선원법에 따른 비상신호의 방법으로 옳은 것은?

① 장음 1회+단음 6회
② 장음 1회+단음 7회
③ 단음 6회+장음 1회
④ 단음 7회+장음 1회

08 선원법상 선장의 선박운항에 관한 보고사항에 해당하지 않는 것은?

① 항해 중 다른 선박의 조난을 무선통신에 의해 알게 된 경우
② 선박에 있는 사람이 사망하거나 행방불명이 된 경우
③ 인명이나 선박의 구조에 종사한 경우
④ 선박이 억류되거나 포획된 경우

해설 | 무선통신으로 알게 된 경우는 보고사항 의무에서 제외된다.

09 다음 중 선원법상 선원의 쟁의행위가 제한되는 경우로 가장 옳지 않은 것은?

① 선박이 외국항에 있는 경우
② 여객선이 승객을 태우고 항해 중인 경우
③ 선박이 선거 내에서 수리 중인 경우
④ 어선이 어장에서 어구를 내릴 때부터 냉동 처리 등을 마칠 때까지의 일련의 어획작업 중인 경우

해설 | 선원의 쟁의행위 금지 사유
- 선박이 외국항에 있는 경우
- 여객선이 승객을 태우고 항해 중인 경우
- 위험물운송 전용선박이 항해 중인 경우 (위험물의 종류별 특정 시)
- 선장 등이 선박조종을 지휘하여 항해 중인 경우
- 어선이 어장에서 어구를 내릴 때부터 냉동 처리 등을 마칠 때까지 일련의 어획작업 중인 경우
- 그 밖에 쟁의행위로 인명·선박안전에 현저한 위해를 줄 우려

10 다음 중 선원법상 선원의 쟁의행위가 제한되는 경우로 옳지 않은 것은?

① 선박이 외국항에 있는 경우
② 어선이 어장에서 어구를 내릴 때부터 냉동 처리 등을 마칠 때까지의 일련의 어획작업 중인 경우
③ 선박의 안전에 현저한 위해를 줄 경우가 있는 경우
④ 여객선이 승객을 태우고 정박 중인 경우

해설 | 여객선이 승객을 태우고 "항해" 중인 경우가 선원의 쟁의행위에서 제한된다.

01 ② 02 ④ 03 ③ 04 ④ 05 ② 06 ② 07 ④ 08 ① 09 ③ 10 ④

11 다음 중 선원법상 재해보상에 대한 선박 소유자의 행위 중 옳지 않은 것은?

① 선원이 직무상 사망하였을 때에는 지체 없이 대통령령으로 정하는 유족에게 승선평균임금 1천300일분에 상당하는 금액의 유족보상을 하여야 한다.
② 선원이 사망하였을 때에는 지제 없이 대통령령으로 정하는 유족에게 승선평균임금의 120일분에 상당하는 금액을 장제비로 지급하여야 한다.
③ 선원이 해상에서 행방불명된 경우에는 대통령령으로 정하는 피부양자에게 1개월분의 승선평균임금과 통상임금의 3개월분에 상당하는 금액의 행방불명 보상을 해야 한다.
④ 선원의 행방불명기간이 1개월을 지났을 때에는 유족보상 및 장제비 규정을 적용한다.

해설 | 행방불명 보상은 1개월분의 통상임금과 승선평균임금의 3개월분에 해당한다.

12 다음 중 선원법상 선장이 선박 안에 비치해야 할 서류에 해당하지 않는 것은?

① 선박검사증서
② 속구목록
③ 화물에 관한 서류
④ 승객에 관한 사항

13 선원법상 선원의 사용제한에 대한 내용으로 옳지 않은 것은?

① 선박소유자는 16세 미만인 사람을 선원으로 사용하지 못한다. 다만, 그 가족만 승무하는 선박의 경우에는 그러하지 아니하다.
② 선박소유자는 18세 미만인 사람을 선원으로 사용하려면 해양수산부령으로 정하는 바에 따라 해양항만관청의 승인을 받아야 한다.
③ 선박소유자는 가족만 승무하는 선박의 경우에도 여성선원을 해양수산부령으로 정하는 임신·출산에 해롭거나 위험한 작업에 종사시켜서는 아니 된다.
④ 선박소유자는 18세 미만의 선원을 해양수산부령으로 정하는 위험한 선내 작업과 위생상 해로운 작업에 종사시켜서는 아니 된다.

해설 | 가족만 승무하는 선박의 경우 여성근로자 특례조항이 적용되지 않는다.

14 다음 중 선원법상 선원의 근로계약과 관련한 원칙으로 옳지 않은 것은?

① 전차금 상계 금지의 원칙
② 직접지급의 원칙
③ 정기지급의 원칙
④ 서면계약의 원칙

해설 | 선원법에는 근로조건 명시 원칙만이 규정되어 있을 뿐 서면계약 원칙은 규정되어 있지 않다.

15 다음 중 선원법상 선원 또는 선원이 되고자 하는 자가 받아야 하는 교육·훈련에 해당되지 않는 것은?

① 기초안전교육
② 상급안전교육
③ 당직부원교육
④ 어선기초교육

03 선박직원법(2024.01.26. 시행) ★

1. 총칙

(1) 목적

선박직원으로 선박에 승무할 사람의 자격을 정해 선박항행 안전을 도모한다.

(2) 정의

선박	일반	• 정의 : 「선박안전법」상 선박과 어선 　- 선박 : 수상·수중에서 항해용으로 사용/사용될 수 있는 것 　　(선외기 장착한 것을 포함), 이동식 시추선, 수상호텔 등 부유식 해상구조물 　- 소형선박 : 25톤 미만 • 적용 제외 : 다음 각 선박 　- 총톤수 5톤 미만 선박 : 다만 이에 해당하더라도 다음 각 선박은 적용 　　① 여객 정원이 13명 이상 　　② 낚시어선업 신고 어선 　　③ 영업구역을 바다로 하는 유선·도선 　　④ 수면비행선박 　- 주로 노와 삿대로 운전하는 선박 　- 부선과 계류선박 중 총톤수 500톤 미만 선박
	한국선박	• 국유 또는 공유 선박 • 대한민국 국민 소유 선박 • 대한민국 법률에 따라 설립된 상사법인 소유 선박 • 대한민국에 주된 사무소를 둔 상사법인 외 법인으로, 대표자 전원이 대한민국 국민인 경우 그 법인 소유 선박 ※ 외국선박 : 한국선박 외 선박
선박직원		선장·항해사·기관장·기관사·전자기관사·통신장·통신사·운항장 및 운항사 직무를 선박에서 수행하는 해기사
해기사		「선박직원법」에 따른 해기사 면허를 받은 자 ※ 지정교육기관 : 대학·전문대학 또는 고등학교, 해양경비 안전교육원, 한국해양수산연수원 기타 교육기관
자동화선박		대통령령으로 정하는 자동운항설비를 갖춘 선박

(3) 적용 범위

① 원칙 : 한국선박 및 그 선박소유자, 한국선박 승무 선박직원에 대하여 적용함. <u>다만 별도 규정이 있는 경우는 외국선박 및 그 선박소유자, 외국선박 승무 선박직원에 대하여도 적용한다.</u>

② 선박소유자 관련 규정 : 선박관리인(선박 공유 시), 선박차용인(선박 임대 시)에게 적용한다.

③ 일부 적용 : 국내 조선소에서 건조 또는 개조 선박을 진수 시부터 인도 시까지 시운전하는 경우
→ 승무기준 등 일부 규정만 적용한다.

2. 해기사 자격과 면허 등

(1) 면허 직종 및 등급

① 종류 : 일반면허, 한정면허

② 직종 및 등급

    ㉠ 항해사 : 1급~6급

    ㉡ 기관사 : 1급~6급, 전자기관사

    ㉢ 통신사(전파통신급, 전파전자급) : 1급~4급

    ㉣ 운항사 : 1급~4급 → 각 전문분야별로 항해사/기관사와 동일 등급

    ㉤ 수면비행선박 조종사
- 중형 수면비행선박 조종사(10톤≤최대 이수중량<500톤)
- 소형 수면비행선박 조종사(최대 이수중량<10톤)

    ㉥ 소형선박 조종사 → 6급 항해사 · 6급 기관사 하위등급 해기사

(2) 면허 요건, 결격사유, 유효기간 및 갱신, 실효

구분	내용
요건 제1회 제2회 제3회	• 해기사 시험 합격 및 합격일로부터 3년이 지나지 아니할 것 • 등급별 면허 승무경력 또는 「수상레저안전법」상 조종면허 등 승무경력으로 볼 수 있는 자격·경력 보유 • 「선원법」에 따른 승무 적합 건강상태 확인될 것 • 등급별 면허에 필요한 교육·훈련 이수 • 통신사 면허 : 「전파법」상 무선종사자 자격 보유
결격사유	• 18세 미만 • 면허 취소일부터 2년(「수산업법」 : 1년)이 지나지 아니한 사람

유효기간 및 갱신	• 원칙 : 5년
	• 갱신 요건
	  – 갱신 신청일 전 5년 이내 선박직원 1년 이상 승무경력 또는 동등한 수준 이상 능력이 인정되는 경우
	   ※ 선박직원이 아닌 자격으로 승선 : 최소 2년 이상 승무경력
	  – 면허 유효기간 미경과 및 갱신 신청일 직전 6개월 이내 선박직원 3개월 이상 승무경력 보유(어선 승무경력은 제외)
	  – 법정 교육을 받은 경우

실효	• 상위등급 면허 시 동일직종 하위등급 면허(한정면허는 제외) • 통신사 면허 : 무선종사자 자격 상실

(3) 면허 취소

임의적 취소 및 업무정지	다음 중 어느 하나에 해당 시, 해양수산부장관은 면허취소나 1년 이내 업무정지 또는 견책을 할 수 있음. 다만 해당 사유 관련 해양사고에 대한 해양안전심판 시작 시는 × • 승무기준 위반 • 면허증·승무자격증 미제출 또는 선박 미비치 • 면허증·승무자격증의 대여 또는 부당사용 • 선박직원 직무 수행 시 비행, 인명 또는 재산에 위험초래 또는 해양환경보전 장해행위를 한 경우 • 업무정지처분 통지를 받은 날로부터 30일 내 면허증 미제출 • 업무정지기간 중 선박직원 승무 • 동력수상레저기구 조종면허 취소 또는 효력 정지(한정면허만 해당)
필수적 취소	• 거짓 기타 부정한 방법으로 면허를 받은 경우 • 선상 근무 중 다른 선원을 대상으로 「형법」상 살인죄, 성 등의 범죄로 징역 이상 선고 및 확정 시 • 선상 근무 중 다른 선원을 대상으로 「성폭력처벌법」상 업무상 위력 추행 등의 범죄로 징역 이상 선고 및 확정 시 • 「해적피해예방법」상 조치 미이행으로 벌금 이상 선고 및 확정 시

주취 운항	해양경찰청장 요청 시 각 처분. 다만 해당 사유 관련 해양사고에 대한 해양안전심판 시작 시는 ×
	• 0.03%≤혈중알코올농도<0.08%
	  - 1차 위반 : 업무정지 6개월
	  - 2차 위반 또는 타인 사망/부상 : 면허취소
	• 0.08≤혈중알코올농도 : 면허취소
	• 측정요구 불응 : 면허취소

면허증 제출	면허취소 또는 업무정지처분 통지 수령일로부터 30일 이내 면허증 제출

3. 외국선박의 감독 등

(1) 외국선박의 감독

해양수산부장관은 소속 공무원으로 하여금 대한민국 영해 내 외국선박 승무직원에 대하여 다음 각 검사나 심사를 할 수 있다.

① 선원의 훈련·자격증명 및 당직근무의 기준에 관한 국제협약 또는 어선 훈련·자격증명 및 당직근무의 기준에 관한 국제협약에 적합한 면허증 또는 증서 보유 여부

② 위 각 협약에서 정한 수준의 지식·능력 보유 여부

(2) 선박직원법상 항행구역

연안수역, 원양수역, 무제한수역, 제한수역

(3) 기타

① 외국에서의 선박직원에 대한 사무 : 영사가 수행

② 해양수산부장관은 해기사 수급상 부득이하여 긴급히 도서만을 수송하는 등의 경우에 그 승무기준을 완화하여 허가할 수 있다.

03 | 선박직원법

기출 및 예상문제

01 다음 중 선박직원법에서 규정한 소형선박의 정의는?
① 15톤 이하 선박
② 20톤 이하 선박
③ 25톤 이하 선박
④ 30톤 미만 선박

02 다음 중 선박직원법의 적용범위에 관한 설명으로 옳지 않은 것은?
① 한국선박 및 그 선박소유자, 한국선박에 승무하는 선박직원에 대하여 적용한다.
② 특별한 규정이 있는 경우에도 외국선박 및 그 선박소유자, 외국선박에 승무하는 선박직원에 대해서는 적용하지 않는다.
③ 선박소유자에 관한 규정은 선박을 공유하여 선박관리인을 둔 경우에는 선박관리인에게, 선박임대차의 경우에는 선박차용인에게 적용한다.
④ 국내의 조선소에서 건조 또는 개조되는 선박을 진수 시부터 인수 시까지 시운전하는 경우에는 일부 규정만 적용한다.

해설 | 특별한 규정이 있을 경우 외국선박 등에도 적용한다.

03 다음 중 선박직원법에 규정되지 않은 해기사 면허는?
① 5급 항해사
② 5급 기관사
③ 5급 통신사
④ 소형선박조종사

해설 | 통신사와 운항사는 4급까지만 해당한다.

04 다음은 선박직원법에 대한 설명이다. ( ) 안에 들어가야 할 숫자의 총합은?

• ( )세 미만인 사람은 해기사가 될 수 없다.
• 해기사 면허의 유효기간은 ( )년이다.

① 20   ② 21
③ 23   ④ 24

해설 | 18세 미만인 사람은 해기사가 될 수 없고, 해기사 면허의 유효기간은 5년이다.

05 다음 중 선박직원법상 항행구역의 종류가 아닌 것은?
① 제한구역   ② 무제한구역
③ 원양구역   ④ 연해구역

해설 | ※ 선박직원법상 항행구역 : 연안수역, 원양수역, 무제한수역, 제한수역
↔ 선박안전법상 항해구역 : 평수구역, 연해구역, 근해구역, 원양구역

01 ③ 02 ② 03 ③ 04 ③ 05 ④

04 선박안전법(2023.06.28. 시행) ★★

1. 총칙

(1) 목적

선박 감항성 유지 및 안전운항 필요사항 규정으로 국민의 생명·재산을 보호한다.

(2) 적용범위 등

적용범위	• 원칙 : 대한민국 국민 또는 대한민국 정부 소유 선박
	• 제외
	  – 군함 및 경찰용 선박
	  – 노, 상앗대, 페달 등 인력운전 선박
	  – 어선
	  – 검사증서 반납 계선, 안전검사 득한 수상레저기구 등
	• 일부 적용
	  – 정부 간 법 적용범위에 관련 협정 체결된 해당 선박
	  – 조난자 구조 등 긴급사정 발생 시 해당 선박
	  – 새로운 특징·형태의 선박개발 목적으로 임시항해에 사용하고자 하는 건조선박
	  – 외국매각 등을 위한 예외적인 1회성 국제항해 선박
	• 외국선박 : 다음 각 선박만 법 전부/일부 적용. 다만 항만국통제는 모든 외국선박에 적용
	  – 내항정기여객운송사업, 내항부정기여객운송사업, 내항 화물운송사업 각 사용선박
	  – 국적취득조건부 선체용선 선박

선박시설 기준 적용	선박설치 시설이나 선박용 물건이 법에 따라 설치하여야 하는 선박시설 기준과 동등 또는 그 이상의 성능이 있다고 인정 시, 법 기준에 따른 설치로 봄
국제협약과의 관계	국제항해 취항선박의 감항성 및 인명안전 관련, 국제 발효된 국제협약 안전기준과 법의 규정이 다를 시 해당 국제협약 효력을 우선함. 다만 법 규정이 국제협약 안전기준보다 강화된 기준을 포함 시는 ×(법 우선적용)
선박검사 등에의 참여	법에 따른 선박검사 및 검정·확인을 받고자 하는 자 또는 대리인은 해당 현장에 함께 참여하고, 필요한 협조를 하여야 함. 미참여 또는 비협조 시 절차 중지 가능함
선박 선령	선박 진수일로부터 지난 기간

(3) 정의

선박	정의	• 수상·수중에서 항해용으로 사용될 수 있는 것(선외기 장착한 것을 포함)
		• 부유식 해상구조물
		   - 이동식 시추선(항구적 해상 고정식은 제외)
		   - 수상호텔, 수상식당 및 수상공연장으로서 소속 직원 외 13명 이상 수용 가능한 해상구조물(항구적 해상 고정식은 제외)
		   - 기름, 폐기물 등 위험물 산적저장 해상구조물

	소형선박	선박길이 12미터 미만인 선박
	부선	원동기·동력전달장치 등 추진기관이나 돛대 미설치로 타 선박에 끌리거나 밀려 항해하는 선박
	예인선	다른 선박을 끌거나 밀어서 이동시키는 선박
	선적화물선	곡물·광물 등 건화물 산적운송 선박 ※ 위험물산적운송선 : 액체상태 위험물 산적
	국적취득조건부 선체용선	선체용선 기간만료 및 총 선체용선료 완불 후 대한민국 국적취득 매선조건부 선체용선
선박용물건 등	선박용물건	선박시설에 설치·비치되는 물건
	선박시설	선체·기관·돛대·배수설비 등 선박 설치 또는 설치될 각종 설비
	기관	원동기·동력전달장치·보일러·압력용기·보조기관 등의 설비 및 그 제어장치로 구성되는 것
	선외기	선체외부에 붙일 수 있는 추진기관으로 간단한 조작에 의해 선체에서 탈착 가능한 것
	하역장치	화물(선박에서 사용하는 연료, 선박용품 등과 작업용 자재 포함)을 올리거나 내리는 기계장치로 선체구조에 항구적으로 붙어있는 것
	하역장구	하역장치 부속품이나 그에 붙여 사용하는 물품
	컨테이너	선박화물의 운송에 반복사용 및 기계를 사용한 하역 및 겹침방식 적재 가능하며, 선박·다른 컨테이너에 고정시키는 장구가 붙어있는 것으로 밑 부분이 직사각형인 기구
감항성		선박자체 안정성 확보를 위해 갖추어야 하는 능력으로 일정한 기상이나 항해 조건에서 안전하게 항해할 수 있는 성능
만재흘수선		선박이 안전하게 항해할 수 있는 적재한도 흘수선으로 여객·화물을 승선하거나 싣고 안전하게 항해할 수 있는 최대한도선
복원성		수면에 평형상태로 떠 있는 선박이 파도·바람 등 외력으로 경사 시 원 평형상태로 돌아오려는 성질
여객		선박 승선인으로 다음(임시승선자)을 제외한 자 : 선원, 1세 미만 유아, 세관공무원, 운항관리자, 선원동승 가족, 선박수리 작업원 등 일시적 승선자
여객선		13인 이상의 여객을 운송할 수 있는 선박

2. 선박 검사

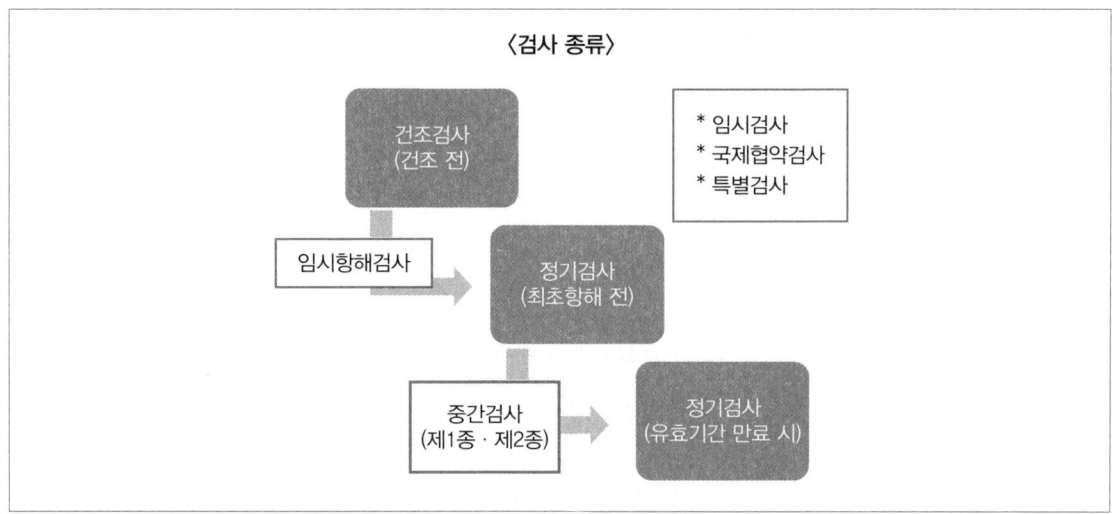

(1) 건조검사

① 의의 : 선박을 건조하려는 자가 선박설치 시설에 대하여 해양수산부장관으로부터 받는 검사
② 검사대상 : 선체·기관·조타 등의 선박시설과 만재흘수선
③ 합격 : 건조검사증서 발급 → 건조검사 합격 선박시설에 대해서는 건조 완료 후 최초항해를 위해 실시하는 제1회 정기검사 합격으로 본다.
※ 별도건조검사 : 외국수입선박 등 건조 시 건조검사를 받지 않은 선박 대상

(2) 정기검사 [제3회]

시기	선박의 최초 항해에 사용 시, 선박증서 유효기간 만료 시
검사대상	선체·기관·조타 등과 구명·소방·위생 등의 "선박시설"과 "만재흘수선", 무선설비 및 선박위치발신장치는 「전파법」상 검사로 갈음

합격	• "항해구역", "최대승선인원" 및 "만재흘수선 위치"가 정해지고 선박검사증서 발급
	• 만재흘수선 표기대상선박 : 국제항해 취항선박, 선박길이 12미터 이상 선박, 선박길이 12미터 미만의 여객선 및 위험물산적운송선박
	• 항해구역
	  – 평수구역 : 호수, 하천 및 항내의 수역과 해양수산부령이 정한 18구역
	  – 연해구역 : 영해기점으로부터 20마일 및 해양수산부령이 정한 5구역
	  – 근해구역 : 동경 94~175도, 남위 11~북위 63도의 선으로 둘러싸인 수역
	  – 원양구역 : 모든 수역

(3) 중간검사

시기 및 종류	정기검사와 정기검사 사이, 제1종/제2종(간이)으로 구분
대상 **제1회**	• 선박시설, 만재흘수선 및 선박위치발신장치 포함 무선설비 → 중간검사 생략 : 총톤수 2톤 미만 선박, 추진기관·돛대 미설치 선박으로 연해구역을 운항하며 여객/화물운송에 사용되지 않는 선박 • 선박종류·크기별로 검사시기와 종류 상이

구분	종류	검사시기
가. 여객선, 원자력선, 잠수선, 고속선, 수면비행 선박(여객용만 해당한다) 및 선령 30년 이상 선박으로서 선박길이 24미터 이상인 선박	제1종 중간검사	검사기준일 전후 3개월 이내
나. 다음의 어느 하나에 해당하는 선박 • 평수구역만을 항해하는 선박 길이가 24미터 미만인 선박 (가목의 선박은 제외한다) • 준설토 운반부선 및 부유식 해상구조물 • 선박길이가 12미터 미만인 범선	제1종 중간검사	정기검사 후 두 번째 검사기준일 전 3개월부터 세 번째 검사기준일 후 3개월까지
다. 가목 및 나목에 해당하지 아니하는 선박	제1종 중간검사	정기검사 후 두 번째 또는 세 번째 검사기준일 전후 3개월 이내. 다만, 선저검사는 지난번 선저검사일부터 3년을 초과하여서는 아니 된다.
	제2종 중간검사	검사기준일 전후 3개월 이내(정기검사 또는 제1종 중간검사를 받아야 하는 연도의 검사기준일은 제외한다)

비고
1. "고속선"이란 「해상에서의 인명안전을 위한 국제협약」에 따른 고속선을 말한다.
2. "선저검사"란 선박의 밑 부분에 대한 검사를 말한다.

연기	해당 선박의 항해일정 고려하여 검사기준일부터 12개월 이내 기간으로 검사연기 가능
합격	정기검사 합격 후 발급된 검사증서에 결과 등을 표기, 불합격 시 해당검사 합격 시까지 선박검사증서 효력 정지됨

(4) 임시검사

사유 제1회 제2회	• 선박시설의 개조·수리 • 선박검사증서 기재내용 변경. 다만 선박소유자 성명 등 선박시설 변경이 수반되지 않는 경미한 사항의 변경은 × • 선박용도 변경 • 선박무선설비 설치 또는 변경 • 해양사고 등으로 선박 감항성 또는 인명안전 유지에 영향을 미칠 우려가 있는 선박시설 변경 • 해양수산부장관의 보완·수리필요 인정으로 임시검사 내용/시기 지정 • 만재흘수선 변경
합격	기발급 검사증서에 결과 등을 표기, 불합격 시 해당검사 합격 시까지 선박검사증서 효력 정지됨

(5) 기타 검사(검사 종류 구분) 제2회

임시항해검사 제1회 제2회	정기검사 전 임시로 선박 항해사용 또는 국내조선소 건조외국선박 시운전 시 받는 검사
국제협약검사 제1회	• 국제항해 취항 시, 선박 감항성 및 인명안전 관련한 국제발효 국제협약에 따른 해양수산부장관의 검사 • 국제협약검사의 종류 : 최초, 정기, 중간, 연차, 임시
특별검사	대형 해양사고 발생 또는 유사사고 지속적 발생 시 관련 선박의 구조·설비 등에 대하여 검사, 실시 전 검사범위 등을 30일 전 공고하고 해당 선박소유자에게 직접 통보해야 함

(6) 선박검사증서

효력	항해요건, 기재조건 준수, 선박 내 증서비치(소형선박은 선외 가능)
유효기간 제2회	• 선박검사증서 : 5년 • 국제협약검사증서 : 5년 → 여객선·원자력여객선·원자력화물선안전검사증서는 각 1년, 임시변경증·임시항해검사증서는 해당 증서기재 유효기간
유효기간 기산일	• 최초 정기검사 : 선박검사증서 발급일 • 선박검사증서 유효기간 만료 전 3개월 이후 정기검사 : 종전 선박검사증서 유효기간 만료일 다음 날 • 선박검사증서 유효기간 만료 3개월 전 정기검사 : 선박검사증서 발급일 • 선박검사증서 유효기간이 만료 후 정기검사 : 종전 선박검사증서 유효기간 만료일 다음 날. 다만 계선 등 사유로 종전 선박검사증서 유효기간 만료일 다음 날부터 계산이 부당하다고 인정되는 경우 정기검사에 따른 선박검사증서 발급일
유효기간 연장	해당 선박의 각 사유에 따른 다음 기간 이내. 다만 국제방사능핵연료화운송적합증서는 특별한 사유가 없는 한 자동연장 • 정기검사 또는 국제협약검사를 받기 곤란한 장소 : 3개월 이내 • 외국에서 정기검사 또는 국제협약검사를 받았으나, 선박검사증서 또는 국제협약검사증서를 갖추어 둘 수 없을 때 : 5개월 이내 • (국제협약증서) 짧은 거리의 항해(항해거리 또는 회항거리가 1천 해리 미만)에 사용 : 1개월
항해구역 외 항해	항해구역 등 선박검사증서에 기재된 조건 위반은 금지되나, 외국선박 매각 등을 위한 예외적인 1회성 항해·선박 수리 및 검사를 위한 경우·항해구역 변경을 위해 변경지역으로 이동하는 경우 등의 사유가 있을 시 항해구역 외 구역을 항해할 수 있음

(7) 기타

① 검사 준비 : 지정된 두께측정 업체로부터 선체 두께 측정을 받아야 한다. 다만 해외수역 장기항해, 외국에서의 수리 등 부득이한 사유로 국내 선체두께측정 불가 시 외국업체를 통한 측정 가능하다.
② 검사 후 상태유지 : 검사 후 해당 선박의 구조배치·기관·설비 등의 변경/개조는 ×. 다만 복원성기준 충족 범위에서 해양수산부장관 허가를 받아 선박길이·너비·깊이·용도변경 또는 설비의 개조를 할 수 있다.

3. 선박용물건 · 소형선박 형식승인

정의	• 해양수산부장관 고시 선박용물건 또는 소형선박 제조·수입자는 해당 물건 또는 소형선박에 대한 검정을 받을 시 미리 형식승인을 받아야 함 • 예비검사 : 해양수산부장관 고시 선박용물건 또는 소형선박 선체 제조·개조·수리·정비 또는 수입자는 선박 설치 전 예비검사를 받을 수 있음. 합격 시 건조검사 또는 선박검사 중 최초 실시 검사 합격으로 봄
절차	형식승인시험, 「산업표준화법」에 따른 검사 합격 시 해당시험 생략 가능함
변경승인	형식승인받은 후 내용 변경 시 변경승인 필요, 성능에 영향을 미치는 사항 변경 시 해당 변경 부분에 대한 형식승인시험을 거쳐야 함
승인증서	유효기간은 증서 발급일로부터 5년, 만료 30일 전까지 갱신을 신청해야 함
검정	형식승인 또는 변경승인을 받은 후 해양수산부장관의 검정을 받아야 함. 합격 시 건조검사 또는 선박검사 중 최초실시 검사 합격으로 봄

4. 선박시설기준 : 기준적용 선박

선박설비	○	×
만재흘수선	• 국제항해 선박 • 길이 12m 이상 선박 • 길이 12m 미만 여객선·위험물 운반선	• 잠수함 • 수중익선 • 부유식 해상구조물 • 시운전 선박 등
복원성	• 모든 여객선 • 길이 12m 이상 선박	• 국제항해 ×&길이 24m 미만 예인·구조·준설·측량 • 여객선 × 또는 카페리 ×&호소·하천·항내만 항해 • 부유식 해상구조물 • 복원성 시험 곤란한 선박
무선설비	• 국제항해 여객선 • 국제항해 300톤 이상 화물선	• 총톤수 2톤 미만 • 항해거리 2해리 이내 도선 • 호소·하천·항내만 항해 • 추진기관 ×

선박위치 발신장치 제2회	• 2톤 이상 여객선·유선 • 50톤 이상 예선·유조선·위험물산적운송선 • 여객선 ×&국제항해 300톤 이상 • 여객선 ×&국제항해 ×&500톤 이상	호소·하천만 항해

> **TIP** 선박위치 발신장치 관련 정리사항
>
> • 중단 : 해적 또는 해상강도 출몰 등으로 선박안전을 위협할 수 있다고 판단되는 경우, 선장은 선박위치 발신장치 작동을 일시 중단할 수 있으나 해당 상황을 항해일지 등에 기재하여야 함
> • 제재 : 정당한 사유 없이 선박위치 발신장치 미작동(1백만 원 이하 과태료)

> **TIP** 선박안전법 시행규칙
>
> 제73조(선박위치발신장치 설치 대상선박) 법 제30조제1항에서 "해양수산부령이 정하는 선박"이란 다음 각 호의 선박을 말한다.
> 2. 여객선이 아닌 선박으로서 국제항해에 취항하는 총톤수 300톤 이상의 선박
> 3. 여객선이 아닌 선박으로서 국제항해에 취항하지 아니하는 총톤수 500톤 이상의 선박

5. 안전항해 조치

※ 동일한 법정 조치들을 대상/관련자별로 재분류

(1) 대상별 분류

항해	• 선장권한 : 간섭·방해 금지 • 항행용 간행물 : 선박비치 • 조타실 : 시야·통신 확보
하역/화물	• 하역설비 : 제한각도 등 해양수산부장관의 확인 • 하역설비검사 기록 및 선박비치 • 화물 : 적재·고박지침 마련·준수 및 해양수산부장관의 승인 • 산적화물 운송 : (선장에게) 복원성 등 정보제공, 안전조치 • 위험물 운송 : 위험방지 및 인명안전 적합방법 준수, 해양수산부장관의 적합여부 검사 또는 승인 • 유독성 가스농도 화물 : (선장에게) 측정기 등 제공 • 소독약품 : 사용 시 안전조치 • 화물정보 : (선장에게) 선적 전 제공
선박	• 유조선, 산적화물선, 위험물산적운송선(액화가스 제외) : 강화검사 • 예인선 : 예인선항해검사 • 고인화성 연료유 등 : (누구든지) 방지시설 없이 인화점 섭씨 60도 미만 사용 ×

(2) 관련자별 분류

선박소유자	• 항행용 간행물 : 선박비치 • 조타실 : 시야·통신 확보 • 하역설비 : 제한각도 등 해양수산부장관의 확인 • 하역설비검사 기록 및 선박비치 • 화물 : 적재·고박지침 마련·준수 및 해양수산부장관의 승인 • 산적화물 운송 : (선장에게) 복원성 등 정보제공, 안전조치 • 유독성 가스농도 화물 : (선장에게) 측정기 등 제공 • 유조선, 산적화물선, 위험물산적운송선(액화가스 제외) : 강화검사 • 예인선 : 예인선항해검사
선장	• 선장권한 : 간섭·방해 금지 • 소독약품 : 안전조치
화주 등	• 위험물 운송 : 위험방지 및 인명안전 적합방법 준수, 해양수산부장관의 적합여부 검사 또는 승인 • 화물정보 : (선장에게) 선적 전 제공

6. 항만국통제 제1회 제2회

의의 제1회	해양수산부장관이 외국선박의 구조·설비·화물운송방법 및 선원의 선박운항 지식 등이 「선박안전에 관한 국제협약」에 적합한지 여부 확인 및 필요 조치를 하는 것
적합대상 국제협약	선박안전에 관한 국제협약 • 해상에서의 인명안전을 위한 국제협약(SOLAS) • 만재흘수선에 관한 국제협약(LL) • 국제 해상충돌 예방규칙 협약(COLREG) • 선박톤수 측정에 관한 국제협약(TONNAGE) • 상선의 최저기준에 관한 국제협약(ILO 147) • 선박으로부터의 오염방지를 위한 국제협약(MARPOL) • 선원의 훈련·자격증명 및 당직근무에 관한 국제협약(STCW)
시행	해양수산부 소속 공무원이 대한민국 항만에 입항하거나 입항예정인 외국선박에 직접 승선하여 행함
결과	• 시정조치 : 국제협약 기준 미달 • 출항정지 : 해당 선박·승선자에게 현저한 위험을 초래할 우려 • 부가조치 : 항만국통제점검표 발급, (출항정지 시) 해당선박 등록 국가정부 또는 영사에게 통지
이의신청	• 기한 : 결과 불복 시 명령을 받은 날로부터 90일 이내 • 결과 : 위법·부당여부 조사 후 60일 이내 그 결과를 신청인에게 통보 → 부득이한 사정이 있을 시 30일 이내 범위에서 통보시한 연장 가능함 • 필수적 전심절차 : 이의신청을 거치지 않고 행정소송 제기 ×

특별점검
※ 선박검사의 일종인 "특별검사"와 구분해야 함
	• 대상 : 외국에서 항만국통제로 출항정지를 받은 대한민국 선박
	• 시행
	  – 해당 선박이 국내 입항 시 선박의 구조·설비 등 검사
	  – 다음 선박의 경우 출항정지 예방을 위해 시행 가능
	    ① 선령이 15년을 초과하는 산적화물선·위험물운반선
	    ② 최근 3년 이내 외국 항만국통제로 출항 정지된 선박
	    ③ 최근 3년간 외국 항만국통제로 소속선박 출항정지율이 대한민국 선박평균 출항정지율을 초과하는 선박소유자의 선박
	    ④ 외국 항만국통제로 출항정지율이 특별히 높은 선박 등 해양수산부장관 고시 선박
	• 결과에 대한 조치 : 항해정지명령 또는 시정·보완명령

7. 기타

손해배상책임	국가는 공단 등 위험물검사 등 대행기관이 해당 대행업무 수행으로 위법하게 타인에게 손해를 입힌 때에는 다음 한도에서 손해를 배상하여야 함 • 공단 : 3억 원 • 선급법인 : 50억 원 • 컨테이너검정 등 대행기관 : 3억 원 • 위험물검사 등 대행기관 : 3억 원

04 | 선박안전법

기출 및 예상문제

01 다음 중 선박안전법의 목적으로 옳은 것은?

① 해상에서 선박 항해상 위험을 방지하여 해상교통의 안전 확보
② 선박의 감항성 유지 및 안전운항 필요사항 규정
③ 해양사고 원인을 규명하고 해양사고 발생 방지에 기여
④ 무역항의 수상구역 등에서 선박의 입항출항에 대한 지원과 선박운항 안전 및 질서유지

해설 | 선박안전법 제1조에 의하면 선박안전법의 목적은 선박의 감항성 유지 및 안전운항 필요사항 규정이다. 각 법령의 목적을 정확히 숙지가 필요하다.

02 다음 중 선박안전법의 구성 내용이 아닌 것은?

① 선박의 검사
② 선박 내 비상 훈련
③ 선박시설의 기준
④ 항만국통제

해설 | 선박 내 비상 훈련은 선원법 등에서 규정하고 있다.

03 국제항해에 취항하는 선박의 감항성 및 인명의 안전과 관련하여 국제적으로 발효된 국제협약의 안전기준과 선박안전법상 규정 내용이 서로 다를 때 양 법의 적용순위에 대한 설명으로 옳은 것은?

① 선박안전법이 우선적으로 적용된다.
② 법원의 판단을 받은 후 적용한다.
③ 해당 국제협약의 효력이 우선한다.
④ 해양수산부장관의 명령에 따른다.

04 다음 중 선박안전법상 용어의 정의로 옳지 않은 것은?

① "감항성"이란 선박이 자체의 안정성을 확보하기 위하여 갖추어야 하는 능력으로서 인정한 기상이나 항해조건에서 안전하게 항해할 수 있는 성능을 말한다.
② "만재흘수선"이란 선박이 안전하게 항해할 수 있는 적재한도의 흘수선으로서 여객이나 화물을 승선하거나 싣고 안전하게 항해할 수 있는 최대한도를 나타내는 선을 말한다.
③ "여객선"이라 함은 13인 이상의 여객을 운송할 수 있는 선박을 말한다.
④ "소형선박"이라 함은 총톤수 20톤 미만인 선박을 말한다.

해설 | 소형선박은 12미터 미만인 선박이다.

05 선박안전법상 임시검사의 대상으로 옳지 않은 것은?

① 선박시설에 대하여 해양수산부령으로 정하는 수리
② 선박검사증서에 기재된 선박소유자의 성명과 주소를 변경하고자 하는 경우
③ 선박의 무선설비를 새로이 설치
④ 선박 용도를 변경

해설 | 선박소유자의 성명과 주소 등 선박시설의 변경이 수반되지 않는 경미한 사항의 변경은 임시검사 대상이 아니다.

06 다음 중 선박안전법상 중간검사 생략이 가능한 선박은?

① 총톤수 2톤 미만
② 총톤수 3톤 미만
③ 총톤수 4톤 미만
④ 총톤수 5톤 미만

07 선박안전법상 항해구역이 아닌 것은?

① 평수구역　② 연해구역
③ 연안구역　④ 원양구역

해설 | 항해구역은 평수구역, 연해구역, 근해구역, 원양구역이 있다.

08 선박안전법상 선박검사증서의 유효기간은?

① 1년　② 2년
③ 3년　④ 5년

09 선박안전법상 만재흘수선을 표시하여야 하는 선박은?

① 수중익선
② 부유식 해상구조물
③ 길이 12미터 미만 선박
④ 국제항해 선박

10 선박안전법상 다음 ( ) 안에 들어갈 숫자로 올바른 것은?

국제항해에 취항하는 여객선이나, 국제항해에 취항하는 총톤수 ( )톤 이상 선박의 소유자는 SOLAS에 따른 세계 해상조난 및 안전제도의 시행에 필요한 무선설비를 갖추어야 한다.

① 100　② 200
③ 300　④ 500

---

01 ②　02 ②　03 ③　04 ④　05 ②　06 ①　07 ③　08 ④　09 ④　10 ③

05 해양사고의 조사 및 심판에 관한 법률(2024.01.26. 시행) ★

1. 총칙

(1) 목적

해양사고에 대한 조사 및 심판을 통해 해양사고 원인을 밝힘으로써 해양안전 확보에 이바지한다.

(2) 정의

해양사고	해양 및 내수면에서 발생한 다음 각 사고 • 선박구조·설비 또는 운용 관련한 사망·실종·부상 • 선박운용 관련 선박이나 육상·해상시설 손상 • 선박 멸실·유실·행방불명 • 선박충돌·좌초·전복·침몰 또는 선박조종 불능 • 선박운용 관련 해양오염피해 발생
준해양사고	선박구조·설비 또는 운용 관련해 시정 또는 개선되지 아니하면 선박, 사람의 안전 및 해양환경 등에 위해를 끼칠 수 있는 사태로서 다음 각 사고 • 항해 중 운항 부주의로 타 선박에 근접해 충돌상황이 발생하였으나 가까스로 피한 사태 • 항로 내 정박 중 타 선박에 근접해 충돌상황이 발생하였으나 가까스로 피한 사태 • 입·출항 중 항로이탈 또는 예정항로를 이탈하여 좌초상황이 발생하였으나 가까스로 안전수역으로 피한 사태 • 화물을 싣거나 묶고 고정시킨 상태가 불량한 사유 등으로 선체가 기울어져 뒤집히거나 침몰 상황 발생하였으나 가까스로 피한 사태 • 전기설비 상태불량 등으로 화재발생 상황이었으나 가까스로 화재가 나지 아니하도록 조치한 사태 • 해양오염설비 조작 부주의 등으로 오염물질 해양배출 상황발생하였으나 가까스로 배출되지 아니하도록 조치한 사태 • 기타 위 각 사태와 유사한 해양수산부장관 고시한 사태
선박	수상 또는 수중 항행하거나 항행할 수 있는 다음 구조물. 다만 타 선박 관련없이 단독 해양사고를 일으킨 군용선박 및 경찰용선박, 상호 간에 해양사고를 일으킨 군용선박과 경찰용선박 및 수상레저기구는 제외 • 동력선(기관사용 추진선박, 선체외부에 추진기관 부착 또는 분리 가능한 선박 포함) • 무동력선(범선·부선을 포함) • 수면비행선박 • 수상이동 가능한 항공기
해양사고관련자	해양사고 원인 관련자로서 법에 따라 관련자로 지정된 자
이해관계인	해양사고 원인과 직접 관계가 없는 자로 해양사고심판 또는 재결로 인해 직접적인 경제적 영향을 받는 자
원격영상심판	해양사고관련자가 해양수산부령으로 정하는 동영상 및 음성을 동시에 송수신하는 장치가 갖추어진 관할 해양안전심판원 외의 원격지 심판정 또는 이와 같은 장치가 갖추어진 시설로서 관할 해양안전심판원 지정시설에 출석해 진행하는 심판

(3) 관련 개념

해양사고
원인규명
	• 심판 시 다음 사항에 관한 해양사고 원인을 밝혀야 함
	  − 사람의 고의 또는 과실로 인한 발생 여부
	  − 선박승무원 인원, 자격, 기능, 근로조건 또는 복무 관련 사유에 따른 발생 여부
	  − 선박선체 또는 기관의 구조·재질·공작이나 선박 의장 또는 성능 관련 사유에 따른 발생 여부
	  − 수로도지·항로표지·선박통보·기상통보 또는 구난시설 등 항해보조시설 관련 사유에 따른 발생 여부
	  − 항만이나 수로 상황 관련 사유에 따른 발생 여부
	  − 화물특성 또는 적재 관련 사유에 따른 발생 여부
	• 해양사고 발생에 2명 이상 관련되어 있는 경우 각 관련자에 대한 원인제공 정도를 밝힐 수 있음
	• 필요시 전문연구기관에 자문 가능
	• 해양사고관련자에 대한 공소 제기 시 검사의 관할 지방해양안전심판원 의견청취 가능

재결	• 재결 의무 : 해양사고 원인을 밝히고 재결로 그 결과를 명백하게 하여야 함 • 징계/권고 : 해양사고가 해기사나 도선사의 직무상 고의 또는 과실로 발생한 경우 재결로서 해당자를 징계, 필요시 해양사고관련자에게 시정·개선권고 • 시정요청 : 행정기관에 대하여는 시정 또는 개선을 명하는 재결을 할 수 없음. 시정 또는 개선조치 요청은 ○
징계의 종류 **제2회** **제3회**	• 면허취소 • 업무정지(1개월 이상 1년 이하) • 견책

집행 유예	• 업무정지 징계 중 1개월 이상 3개월 이하 징계 재결 시 직무교육이 필요하다고 인정할 때에는 재결과 함께 3개월 이상 9개월 이하 기간동안 징계의 집행유예를 재결할 수 있음. 다만 피징계자의 명시한 의사에 반해서는 안 됨
	• 실효
	  − 집행유예기간 내 직무교육 미이수
	  − 집행유예기간 중 업무정지 이상의 징계재결 확정

일사부재리	심판원은 본안 확정재결 사건에 대하여는 거듭 심판 ×

2. 심판원 조직

(1) 조직 일반

① 소속 : 해양수산부장관

② 조직 : 중앙해양안전심판원, 지방해양안전심판원(2종)

※ 4개 지원 : 부산, 인천, 목포, 동해

(2) 인적 구성

심판관	원칙	각급 심판원에 원장 1명과 일정 수의 심판관을 둠

	임명	• 심판원장 : 해양수산부장관 제청, 대통령 임명
		• 심판관
		  – 중앙 : 해양수산부장관 제청, 대통령이 임명
		  – 지방 : 중앙심판원장 추천, 해양수산부장관 임명

	자격	• 중앙심판원장, 지방심판원장 및 중앙심판원 심판관
		  ① 지방심판원 심판관 근무경력 4년 이상
		  ② 2급 이상 해기사면허&4급 이상 일반직 국가공무원 근무 경력 4년 이상
		  ③ 3급 이상 일반직 국가공무원&해양수산행정 3년 이상 근무 경력
		  ④ ①~③까지의 경력연수 합산 4년 이상
		• 지방심판원 심판관
		  ① 1급 해기사면허&원양구역 항행선박의 선장 또는 기관장 3년 이상 승선경력
		  ② 2급 이상 해기사면허&5급 이상 일반직 국가공무원 근무 경력 2년 이상
		  ③ 2급 이상 해기사면허&선박운항 또는 기관운전 과목 교육 경력 3년 이상
		  ④ ①~③까지의 경력연수 합산 3년 이상
		  ⑤ 변호사 자격&3년 이상 실무 경력

	임기	3년, 연임 가능
비상임 심판관		각급 심판원장이 위촉, 해양사고의 원인 규명이 특히 곤란한 사건심판 참여

조사관
제1회
제2회
		• 각급 심판원에 수석조사관, 조사관 및 조사사무 보조직원을 둠
		• 중앙심판원 수석조사관
		  ① 지방심판원 심판관 근무경력 4년 이상
		  ② 2급 이상 해기사면허&4급 이상 일반직 국가공무원 근무 경력 4년 이상
		  ③ 3급 이상 일반직 국가공무원&해양수산행정 3년(해양안전 관련 업무 1년 이상 경력포함) 이상 근무 경력
		  ④ ①~③ 경력연수 합산 4년 이상
		• 그 외 : 지방심판원 심판관 자격 중 "변호사" 요건만 제외. 다만 지방심판원 조사관은 별도로 정함
		• 직무 : 해양사고의 조사, 심판청구, 재결집행, 사고통계 종합·분석, 사건 현장검증, 국제공조, 법규자료 수집

(3) 제척, 기피, 회피

제척	심판장·심판관이나 비상임심판관은 다음 사유가 있을 경우 직무집행에서 제척됨 • 해양사고관련자 친족 또는 친족이었던 경우 • 해당 사건의 증언·감정을 한 경우 • 해당 사건 해양사고관련자의 심판변론인 또는 대리인으로 심판 관여 • 해당 사건 조사관 직무 수행 • 전심 심판에 관여 • 심판대상 선박의 소유자·관리인 또는 임차인

기피	• 조사관, 해양사고관련자 및 심판변론인은 다음 사유가 있을 경우 심판관·비상임심판관 기피를 신청할 수 있음
	  - 제척사유에 해당
	  - 불공평한 심판을 할 우려
	• 심판정에서 해당사건 진술을 한 경우 불공정 심판우려 사유만을 이유로 기피신청 ×. 다만 기피사유 있음을 알지 못하였을 때 또는 그 후 기피사유 발생 시는 ○

회피	심판장·심판관이나 비상임심판관은 기피사유가 있을 시 직무집행에서 회피하여야 함
결정	소속 심판원 합의체심판부

(4) 특별조사부

중앙수사조사관은 다음 각 해양사고로서 심판청구를 위한 조사와 별도로 해양사고 방지 목적의 특별조사가 필요시 특별조사부를 구성할 수 있다.

① 사망자 발생 해양사고

② 선박 기타 시설이 본래기능 상실하는 등 피해가 매우 큰 해양사고

③ 기름 등 유출로 심각한 해양오염을 일으킨 해양사고

④ ①~③ 해양사고 외 국제협력 조사가 필요한 해양사고·준해양사고

(5) 심판부

지방심판원	• 일반 : 심판관 3명으로 구성되는 합의체에서 심판
	• 단독 : 다음 사건에 대해서는 심판관 1명이 심판. 다만 여객선 관련 사건은 제외
	  - 해양사고 원인이 단순·분명한 사건
	  - 선박·그 밖의 시설 손상이 중대하지 아니한 사건
	  - 약식심판 사건

중앙심판원	심판관 5명 이상으로 구성되는 합의체에서 심판

특별심판원	• 중앙심판원장은 다음 해양사고 중 원인규명에 고도의 전문성이 필요시 관할 지방심판원 특별심판부를 구성 ○
	  - 10명 이상 사망 또는 부상 해양사고
	  - 선박 또는 그 밖의 시설 피해가 현저히 큰 해양사고
	  - 기름 등 유출로 심각한 해양오염을 일으킨 해양사고
	• 구성(3) : 지방심판원장, 전문지식 보유 심판관 2명

(6) 관할, 이송, 이전

관할	• 원칙 : 해양사고 발생지점 관할 지방심판원 → 발생지점이 분명하지 않을 시 해양사고 관련선박 선적항을 관할하는 심판원 • 1사건 2관할 : 하나의 사건이 2곳 이상의 지방심판원에 계속되었을 때는 최초 심판청구를 받은 지방심판원에서 심판 • 1선박 2사건 2관할 : 하나의 선박에 관한 2개 이상의 사건이 2곳 이상의 지방심판원에 계속되었을 때는 최초 심판청구를 받은 지방심판원에서 심판 → 직권 또는 조사관·해양사고관련자·심판변론인 신청에 따라 심판·분리 병합할 수 있음
이송	• 지방심판원은 관할이 아닌 사건은 결정으로 관할 지방심판원에 이송해야 함(이송받은 지방심판원은 다시 이송 ×) • 이송 시 처음부터 이송받은 지방심판원에서 계속된 것으로 봄
이전	해당 해양사고관련자의 관할 심판원 출석이 불편할 경우, 조사관이나 해양사고관련자 신청 및 심판원 결정으로 관할을 이전할 수 있음. 다만 심판정에서 이미 진술한 경우, 심판불필요처분 적부심판이 신청된 경우에는 ×

(7) 심판변론인

※ 국선 심판변론인 선정 사유

① 해양사고관련자가 미성년자인 경우

② 해양사고관련자가 70세 이상인 경우

③ 해양사고관련자가 청각 또는 언어 장애인인 경우

④ 해양사고관련자가 심신장애 의심이 있는 경우

3. 심판 전 절차

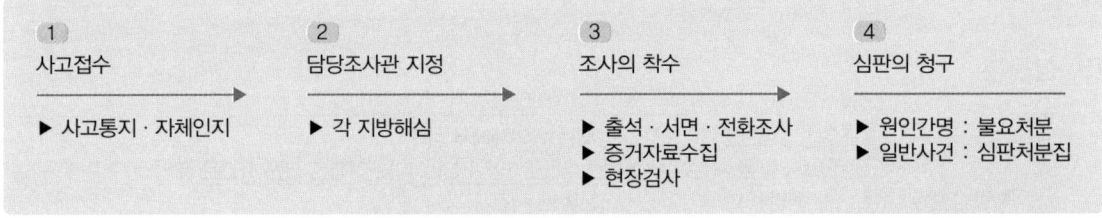

※ 출처 : 중앙해양안전심판원

① **사고통보** : <u>해양수산관서, 경찰공무원, 광역시 · 도/시 · 군 · 구 각 지자체장</u>은 해양사고 발생 사실을 인지 시 지체없이 관할 지방심판원 조사관에게 통보하여야 한다.

② **국외사고** : 영사는 국외 해양사고 발생사고 인지 시 지체없이 <u>중앙수석조사관</u>에게 통보하여야 한다.

③ **약식심판청구** : 조사관은 다음에 해당하는 경미한 해양사고로 해양사고관련자 소환이 필요하지 않을 시 약식심판을 청구할 수 있다.
  ㉠ 사람이 사망하지 아니한 사고
  ㉡ 선박·기타시설의 본래 기능이 상실되지 아니한 사고
  ㉢ 특정기준 이하 오염물질이 해양에 배출된 사고

4. 심판 절차

① **청구기한** : 조사관은 사건발생 후 3년이 지난 해양사고에 대하여는 심판청구 ×
② **심판의 기본원칙** : 자유심증주의, 구두변론주의, 증거심판주의, 공개주의 제1회

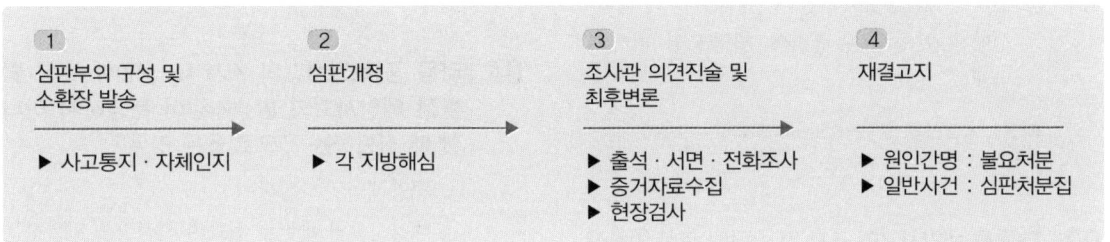

※ 출처 : 중앙해양안전심판원

5. 재결불복 등

조사관·해양사고관련자·심판변론인(해양사고관련자를 위한 경우 : 명시의사 반해서는 ×)은 지방심판원 재결(특별심판부 재결 포함) 불복 시 중앙심판원에 제2심을 청구할 수 있다.

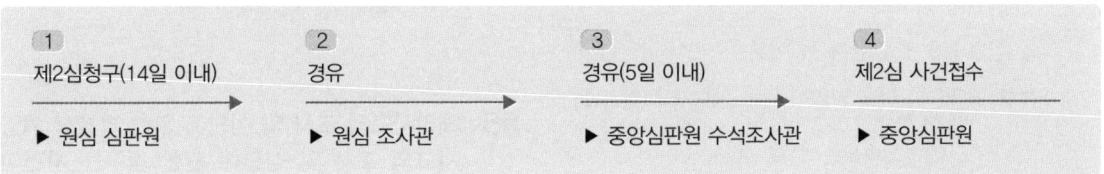

※ 출처 : 중앙해양안전심판원

05 | 해양사고의 조사 및 심판에 관한 법률

 기출 및 예상문제

01 다음 중 해양사고의 조사 및 심판에 관한 법률상 해양사고에 대한 정의로 가장 옳지 않은 것은?
① 선박운용과 관련하여 사람이 사망·중상을 입은 사고
② 선박운용과 관련하여 선박이나 육상시설·해상 및 내수면 시설이 손상된 사고
③ 선박이 멸실·유기되거나 행방불명된 사고
④ 선박의 운용과 관련하여 해양오염 피해가 발생한 사고

해설 | 손상사고 중 내수면 사고는 포함되지 않는다.

02 다음 중 해양사고의 조사 및 심판에 관한 법률상 해양사고 원인규명 대상이 아닌 것은?
① 사람의 고의 또는 과실로 인하여 발생한 것인지 여부
② 선박 승무원의 인원, 자격, 기능, 근로조건 또는 복무에 관한 사유로 발생한 것인지 여부
③ 항만이나 수로의 상황에 관한 사유로 발생한 것인지 여부
④ 선박소유에 관한 취득 여부

해설 | 심판 시 다음 사항에 관한 해양사고 원인을 밝혀야 한다.
• 사람의 고의 또는 과실로 인한 발생 여부
• 선박승무원 인원, 자격, 기능, 근로조건 또는 복무 관련 사유에 따른 발생 여부
• 선박선체 또는 기관의 구조·재질·공작이나 선박 의장 또는 성능 관련 사유에 따른 발생 여부
• 수로도지·항로표지·선박통보·기상통보 또는 구난시설 등 항해보조시설 관련 사유에 따른 발생 여부
• 항만이나 수로 상황 관련 사유에 따른 발생 여부
• 화물특성 또는 적재 관련 사유에 따른 발생 여부

03 다음 중 해양사고의 조사 및 심판에 관한 법률에 따른 징계에 해당하지 않는 것은?
① 면허취소   ② 면허정지
③ 업무정지   ④ 견책

해설 | 해양사고심판법상 징계 종류는 면허취소, 업무정지, 견책이 있다.

04 다음 중 해양사고의 조사 및 심판에 관한 법률상 해양사고의 발생지점이 분명하지 아니할 때 심판하는 곳으로 옳은 것은?
① 중앙해양안전심판원
② 해양사고와 관련된 선박의 선적항을 관할하는 지방해양안전심판원
③ 해양사고가 발생한 지점의 관할 지방해양안전심판원
④ 심판청구를 받은 지방해양안전심판원

해설 | 해양사고 발생 시, 발생지점을 관할하는 지방심판원이 원칙적 관할이 되며, 발생지점이 분명하지 않을 시 해양사고 관련선박 선적항을 관할하는 심판원을 관할로 한다.

05 해양사고의 조사 및 심판에 관한 법률상 해양사고의 조사 및 심판에 관한 청구는 사건이 발생한 후 몇 년이 지나면 하지 못하는가?
① 1년   ② 2년
③ 3년   ④ 5년

01 ② 02 ④ 03 ② 04 ② 05 ③

06 해운법(2024.01.26. 시행) ★

1. 총칙

(1) 목적

해상운송 질서유지 및 공정경쟁, 해운업의 건전한 발전 및 여객·화물의 원활한 안전운송에 도모한다. → 이용자 편의향상, 국민경제 발전 및 공공복리 증진에 이바지한다.

(2) 정의

해운업	정의	해상여객운송사업, 해상화물운송사업, 해운중개업, 해운대리점업, 선박대여업 및 선박관리업
	해상여객 운송사업	해상·해상과 접한 내륙수로에서 여객선 또는 수면비행선박으로 사람 또는 사람/물건을 운송 또는 관련업무 처리하는 사업 ※ 항만운송관련사업 : 제외
	해상화물 운송사업	해상·해상과 접한 내륙수로에서 선박(예선결합된 부선 포함)으로 물건을 운송하거나 수반업무(용대선 포함)를 처리하는 사업 ※ 수산업자가 본인 어장에서 어획물/제품을 운송하는 사업 : 제외 ※ 항만운송사업 : 제외
	해운중개업	해상화물운송의 중개, 선박대여·용대선 또는 매매중개사업
	해운대리점업	해상여객운송사업이나 해상화물운송사업 경영하는 자(외국인 운송사업자 포함)를 위해 통상 그 사업에 속하는 거래를 대리하는 사업
	선박대여업	해상여객운송사업이나 해상화물운송사업 경영자 외의 자 본인이 소유하고 있는 선박(소유권 이전 목적으로 임차한 선박 포함)을 타인(외국인 포함)에게 대여하는 사업
	선박관리업	국내외 해상운송인, 선박대여업 경영자, 관공선 운항자, 조선소, 해상구조물 운영자, 선박소유자로부터 기술·상업적 선박관리, 해상구조물관리 또는 선박시운전 등의 업무전부 또는 일부를 수탁(국외의 선박관리사업자 수탁업무 포함)하여 관리활동 영위하는 업

여객선		• 여객 전용 여객선
		• 여객 및 화물 겸용 여객선
		  - 일반카페리 : 폐위 차량구역에 차량적재·운송 가능 및 시속 25노트 미만으로 항행
		  - 쾌속카페리 : 폐위 차량구역에 차량적재·운송 가능 및 시속 25노트 이상으로 항행
		  - 차도선형 : 폐위되지 않은 차량구역에 차량적재·운송 가능

용대선		해상여객운송사업이나 해상화물운송사업 경영자 사이, 해상여객운송사업이나 해상화물운송사업을 경영자와 외국인 사이에 사람 또는 물건 운송을 위해 선박전부 또는 일부를 용선·대선하는 것
선박현대화지원사업		정부선정 해운업자가 정부 재정지원 또는 금융지원을 받아 낡은 선박을 대체 또는 새로이 건조하는 것

화주	해상화물운송을 위한 해상여객운송사업 또는 해상화물운송사업 종사자와, 화물운송계약을 체결하는 당사자(국제물류주선업 종사자 포함)
안전관리 종사자	여객선 안전운항 직무를 수행하는 다음 각 사람 • 선장 　　　　　　　　　　　　　• 해원 • 선박운항관리자 　　　　　　　　• 해사안전감독관 • 기타 해양수산부령으로 정하는 사람

2. 해상여객운송사업

(1) 종류

① 내항 정기 여객운송사업 : 국내항과 국내항 사이를 일정항로/일정표에 따라 운항

② 내항 부정기 여객운송사업 : 국내항과 국내항 사이를 일정표에 따르지 아니하고 운항

③ 외항 정기 여객운송사업 : 국내항과 외국항 사이 또는 외국항과 외국항 사이 일정항로/일정표에 따라 운항

④ 외항 부정기 여객운송사업 : 국내항과 외국항 사이 또는 외국항과 외국항 사이를 일정한 항로와 일정표에 따르지 아니하고 운항하는 해상여객운송사업

⑤ 순항 여객운송사업 : 해당선박 내 숙박시설, 식음료시설, 위락시설 등 편의시설을 갖춘 일정규모 이상 여객선을 이용해 관광목적 해상순회 운항(국내외의 관광지 기항 포함)

⑥ 복합 해상여객운송사업 : ①부터 ④까지의 어느 하나의 사업과 ⑤사업을 함께 수행

(2) 면허

면허제	• 원칙 : 사업 종류별로 항로마다 해양수산부장관의 면허 　→ 지방해양수산청장에게 권한 위임 　※ 외국 해상여객운송사업자가 국내항/외국항 사이 경영 : 해양수산부장관의 승인 • 내항 부정기 : 2 이상 항로를 포함한 면허 가능 • 외항 부정기, 순항 및 복합 해상여객운송사업(내항 또는 외항 부정기+순항으로 한정 : 항로와 관계없이 면허 가능)
면허기준 **제1회**	제출 사업계획서가 다음 각 사항에 적합한지 심사 • 선박계류시설 기타 수송시설이 해당 항로 수송수요 성격과 해당 항로에 적합 • 해당 사업 시작이 해상교통 안전에 지장을 줄 우려 × • 해당 사업의 이용자가 편리하도록 적합한 운항계획 수립 • 여객선 등 보유량, 여객선 등 선령 및 운항능력, 자본금 등이 일정 기준 충족 : 선령≤20년 (진수일부터 기산)

결격사유	• 미성년자·피성년후견인 또는 피한정후견인 • 파산선고 후 미복권 • 해상여객운송사업면허 • 「해운법」 등 관계법률 위반으로 금고 이상 실형선고 및 집행 종료 또는 집행면제 후 2년이 지나지 아니한 자 • 관계법률 위반으로 금고 이상 집행유예 선고 및 유예기간 중 해상여객운송사업면허 취소 후 2년 미경과 • 대표자가 위의 항목 중 어느 하나에 해당하는 법인

취소	• 임의적 면허취소(일부 발췌) : 면허/인가 취소, 사업전부 또는 일부 정지명령(6개월 이내), 10억 원 이하 과징금
	   - 여객운송사업자의 고의·중대과실 또는 선장 선임·감독 관련 주의의무 해태로 해양사고 발생
	   - 면허기준 미달(2개월 이내 기준 충족은 제외)
	   - 사업계획 변경인가 후 실시일부터 15일 이내 미이행
	   - 운항개시일부터 1개월 이내 운항 미시작
	• 필수적 면허취소
	   - 거짓·부정한 방법으로 해상여객운송사업 면허/승인
	   - 다중의 생명·신체에 위험을 야기한 여객운송사업자의 고의·중대과실 또는 선장 선임·감독 관련 주의의무 해태로 해양사고 발생
	   - 사업상속인이 결격사유 중 특정한 어느 하나에 해당(90일 이내 결격사유 해소는 제외)
	   - (내항 정기에만 해당) 사업자가 사업영위 기간 동안 고의·중대과실로 연속 60일 초과해 여객선 운항중단이 2회 발생 또는 연속 120일 초과해 운항중단, 천재지변 등 부득이한 경우는 제외

(3) 선박운항관리자

내항여객운송사업자는 한국해양교통안전공단이 선임한 선박운항관리자로부터 안전운항에 필요한 지도·감독을 받아야 함

3. 해상화물운송사업

(1) 종류

① 내항 화물운송사업 : 국내항과 국내항 사이 운항

② 외항 정기 화물운송사업 : 국내항과 외국항 사이 또는 외국항과 외국항 사이 특정항로 취항 및 일정표에 따른 운항

③ 외항 부정기 화물운송사업 : ①, ② 제외

(2) 등록

등록제	• 원칙 : 해양수산부장관에게 등록 　※ 해운중개업, 해운대리점업, 선박대여업 또는 선박관리업 : 등록제 • 외항 정기 : 내항 등록없이 다음 각 화물 운송 가능 　- 국내항과 국내항 사이 빈 컨테이너나 수출입 컨테이너화물(내국인 간 거래는 제외) 　- 외국항 간 운송 과정에서 항만구역 중 수상구역으로 동일 수상구역 내 국내항과 국내항 사이 환적목적 운송되는 컨테이너 화물(다른 국내항 경유는 제외) • 신고 : 일시적으로 국내항과 외항 사이 또는 외국항과 외국항 사이 운송(내항) 또는 일시적으로 국내항과 국내항 사이운송(외항 부정기)의 경우, 해양수산부장관 사전 신고로 등록갈음할 수 있음
등록기준	• 내항 : 선박 보유량, 선령 등이 일정기준 충족 • 외항 : 선박 보유량, 자본금 등 사업재정 기초와 경영형태가 일정기준 충족 ※ 선령<15년(폐기물운반선은 17년)
등록취소	• 필수적 취소 : 해양수산부장관은 내항화물운송사업 경영자의 사업 수행실적이 계속하여 2년 이상 없는 경우 그 등록을 취소하여야 함 • 등록취소 후 1년 미경과 : 내항화물운송사업등록 ×

제2회
• 여객선 운항명령 : 사유

06 | 해운법

기출 및 예상문제

01 다음 중 해운법상 해운업에 포함되지 않는 것은?
① 예선업 ② 해운대리점업
③ 해운중개업 ④ 선박대여업

해설 | 예선업은 「선박의 입·출항에 관한 법률」에서 규정하고 있다.

02 다음 중 해운법에 따른 해상여객운송사업에 해당하지 않는 것은?
① 내항 정기 여객운송사업
② 내항 부정기 여객운송사업
③ 외항 순회 여객운송사업
④ 순항 여객운송사업

해설 | 해운법상 해상여객운송사업 종류는 내항 정기/부정기, 외항 정기/부정기, 순항, 복합이 있다.

03 해운법상 해상화물운송사업 경영을 위해 필요한 것은?
① 허가 ② 인가
③ 신고 ④ 등록

04 해운법상 선박운항관리자는 누가 선임하는가?
① 해양수산부장관
② 지방해양수산청장
③ 한국해양교통안전공단
④ 선박관리협회

05 해운법상 여객운송사업자는 승선권 발급내역과 여객명부를 얼마 동안 보관하여야 하는가?
① 1개월 ② 3개월
③ 6개월 ④ 1년

---

01 ① 02 ③ 03 ④ 04 ③ 05 ②

CHAPTER 01 국내법

07 해사안전기본법(2024.1.26. 시행) 및 해상교통안전법(2024.7.26. 시행) ★★★

※ (구) 해사안전법 중 기존의 제2장·제7장은 "해사안전기본법"으로 분법되었고(해상교통관리시책 및 국제협력 및 해사안전산업 진흥 각 장은 신설), 제3~6장은 "해상교통안전법"으로 분법됨

■ 해사안전기본법

제1장	총칙
제2장	국가해사안전기본계획의 수립 등
제3장	해상교통관리시책 등
제4장	국제협력 및 해사안전산업의 진흥
제5장	해양안전교육 및 문화 진흥
제6장	보칙
제7장	벌칙

■ 해상교통안전법

제1장	총칙
제2장	수역 안전관리
제3장	해상교통 안전관리
제4장	선박 및 사업장의 안전관리
제5장	선박의 항법 등
제6장	보칙
제7장	벌칙

1. 총칙

(1) 목적

① **해사안전기본법** : 해사안전 정책과 제도에 관한 기본적 사항을 규정함으로써 해양사고의 방지 및 원활한 교통을 확보하고 국민의 생명·신체 및 재산의 보호에 이바지

② **해상교통안전법** : 수역 안전관리, 해상교통 안전관리, 선박·사업장의 안전관리 및 선박의 항법 등 선박의 안전운항을 위한 안전관리체계에 관한 사항을 규정함으로써 선박항행과 관련된 모든 위험과 장해를 제거하고 해사안전 증진과 선박의 원활한 교통에 이바지

(2) 정의 제2회 제3회

해사안전관리	선원·선박소유자 등 인적요인, 선박·화물 등 물적 요인, 항행보조시설·안전제도 등 환경적 요인의 종합/체계적 관리로 선박운용 관련 모든 일에서 발생 가능한 사고로부터 사람의 생명·신체 및 재산안전 확보를 위한 모든 활동

선박	정의	물에서 항행수단으로 사용하거나 사용할 수 있는 모든 종류의 배(수상항공기와 수면비행선박 포함)
	수상항공기	물 위에서 이동할 수 있는 항공기
	수면비행선박	표면효과 작용으로 수면 가까이 비행하는 선박
선박	대한민국 선박	「선박법」에서 정의하는 선박 → 기선(기관추진선박, 수면비행선박), 범선, 부선
	위험화물 운반선	선체 일부분인 화물창, 선체고정 탱크 등에 화약류 등 특정 위험물을 싣고 운반하는 선박
	거대선	200미터 이상의 선박
	고속여객선	시속≥15노트 항행여객선
	동력선	기관사용 추진선박. 다만 돛 설치 선박이라도 주로 기관사용 추진 시는 동력선으로 봄
	범선	돛 사용 추진선박. 다만 기관설치 선박이라도 주로 돛 사용 추진 시는 범선으로 봄
	어로종사 선박	그물, 낚싯줄, 트롤망 기타 조종성능 제한 어구를 사용하여 어로작업을 하고 있는 선박
	조종불능선	선박 조종성능을 제한하는 고장 기타 사유로 조종불능에 따라 타 선박 진로를 피할 수 없는 선박
	조종제한선	다음 각 작업 기타 선박 조종성능 제한작업 종사로 타 선박 진로를 피할 수 없는 선박 • 항로표지, 해저전선 또는 해저파이프라인 부설·보수·인양 • 준설·측량 또는 수중작업 • 항행 중 보급, 사람 또는 화물 이송 • 항공기 발착 • 기뢰 제거 • 진로이탈 능력에 제한을 많이 받는 예인
흘수제약선		가항수역 수심 및 폭과 선박 흘수와의 관계에 비추어, 진로에서 이탈 능력이 매우 제한된 동력선
해양시설		자원의 탐사·개발, 해양과학조사, 선박계류·수리·하역, 해상주거·관광·레저 등 목적으로 해저에 고착된 교량·터널·케이블·인공섬·시설물이거나 해상부유 구조물로 선박이 아닌 것
해사안전산업		「해양사고조사심판법」 제2조의 해양사고로부터 사람의 생명·신체·재산을 보호하기 위한 기술·장비·시설·제품 등을 개발·생산·유통하거나 관련 서비스를 제공하는 산업
해상교통망		선박의 운항상 안전을 확보하고 원활한 운항흐름을 위하여 해양수산부장관이 영해 및 내수에 설정하는 각종 항로, 각종 수역 등의 해양공간과 이에 설치되는 해양교통시설의 결합체
해사 사이버안전		사이버공격으로부터 선박운항시스템을 보호함으로써 선박운항시스템과 정보의 기밀성·무결성·가용성 등 안전성을 유지하는 상태

용어	정의
해상교통 안전진단	해상교통안전에 영향을 미치는 다음 각 사업으로 발생 가능한 항행안전 위험요인을 전문적으로 조사·측정·평가하는 것 • 항로/정박지 지정·고시·변경 • 선박통항 금지 또는 제한수역의 설정·변경 • 수역설치 교량, 터널, 케이블 등 시설물 건설·부설·보수 • 항만 또는 부두 개발·재개발 • 해상여객운송사업, 해상화물운송사업(≤60노트 선박 사용)
항행장애물	선박으로부터 떨어진 물건, 침몰·좌초선박 또는 이로부터 유실된 물건 기타 선박항행에 장애가 되는 물건
통항로	선박항행 안전 확보를 위해 한쪽 방향으로만 항행가능한 일정범위 수역
제한된 시계	안개·연기·눈·비·모래바람 및 기타 비슷한 사유로 시계가 제한되어 있는 상태
항로지정제도	선박통항 항로, 속력 및 기타 선박운항 관련사항 지정제도
항행 중	선박이 다음에 해당하지 않는 상태 : 정박, 안벽 등 계류시설에 매어 놓은 상태(계선부표·정박 포함), 얹혀 있는 상태
길이	선체고정 돌출물 포함, 선수끝단부터 선미끝단 사이의 최대 수평거리
폭	선박길이의 횡방향 외판 외면으로부터 반대쪽 외판 외면 사이 최대 수평거리
통항분리제도	선박충돌 방지를 위해 통항로 설정 또는 기타 적절한 방법으로 한쪽 방향으로만 항행할 수 있게 항로를 분리하는 제도
분리선/분리대	상이한 방향 진행 통항로를 나누는 선 또는 일정 폭의 수역
연안통항대	통항분리수역의 육지 쪽 경계선과 해안 사이 수역
예인선열	선박이 다른 선박을 끌거나 밀어 항행 시 선단 전체
대수속력	선박의 물에 대한 속력으로, 자기 선박 또는 타 선박 추진장치의 작용이나 그로 인한 선박의 타력에 의해 생기는 것

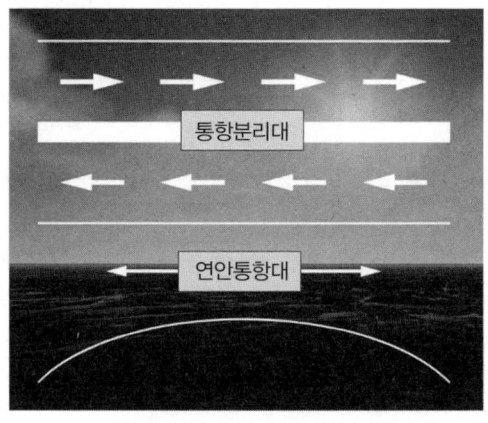

※ 출처 : 한국해양진흥공사

〈통항분리대와 연안통항대〉

(3) 적용범위

물적 적용범위	다음 각 선박·해양시설에 대하여 적용
	• 대한민국 영해·내수(항행불능 하천·호수·늪 등 제외)에 있는 선박이나 해양시설, 다만 외국선박 중 다음 선박에 대하여 선박 안전관리체제나 인증 등 적용 시 법 일부만 적용함
	   - 대한민국의 항과 항 사이만 항행 선박
	   - 국적취득 조건 선체용선 차용 선박
	• 대한민국 영해 및 내수 제외 해역에 있는 대한민국 선박
	• 대한민국 배타적경제수역에서 항행장애물 발생시킨 선박
	• 대한민국의 배타적경제수역이나 대륙붕에 있는 해양시설

인적 적용범위	선박소유자 외 다음 각 사람에게도 확장 적용함 • 선박 공유 시 : 선박관리인 • 선박 임차 시 : 선박임차인 • 선장 관련 규정 : 선장 대신해 직무 수행하는 자 • 해양시설 임대차 : 그 임차인

2. 해사안전관리계획

(1) 국가해사안전 기본계획 [제1회] [제2회]

① 해양수산부장관은 해사안전증진을 위한 국가해사안전기본계획을 <u>5년</u> 단위로 수립하여야 한다. 다만 항행환경개선에 관한 계획은 <u>10년</u> 단위로 수립한다.

② 기본계획 시행을 위해 <u>매년</u> 해사안전시행계획을 수립·시행하고 필요 재원을 확보하기 위하여 노력하여야 한다.

③ 기본계획과 시행계획을 효율적으로 수립·시행하기 위하여 <u>5년</u>마다 해사안전관리에 관한 각종 실태를 조사하여야 한다.

(2) 국제해사기구 회원국 감사 대응계획

① 해양수산부장관은 국제해사기구 주관하는 회원국 감사에 대비하기 위한 계획을 7년마다 수립하여야 한다.

② 대응계획 시행을 위해 매년 점검계획을 수립하여야 한다.

3. 수역 안전관리

(1) 해양시설 보호수역

설정	해양수산부장관은 해양시설 부근 해역에서 선박 안전항행과 해양시설 보호를 위한 수역을 설정할 수 있음
입역	해양수산부장관의 허가 요함 → 해양시설 안전 확보에 지장이 없다고 인정 또는 공익상 필요 허가 ○

입역허가 예외사유	• 선박고장 기타 사유로 선박조종 불가능 • 해양사고를 피하기 위한 부득이한 경우 • 인명구조 또는 급박한 위험이 있는 선박구조 • 관계 행정기관의 장이 해상에서 안전확보 업무 시 • 해양시설 운영·관리기관의 해양시설 보호수역 입역

(2) 교통안전 특정해역 〔제1회〕 〔제2회〕

설정	해양수산부장관은 다음 각 해당 해역으로 대형 해양사고 발생 우려가 있는 해역을 설정할 수 있음(대통령령으로 정함) • 해상교통량이 아주 많은 해역 • 거대선, 위험화물운반선, 고속여객선 등의 통항이 잦은 해역 ※ 교통안전특정해역 • 범위 : 인천구역, 부산구역, 울산구역, 포항구역, 여수구역 • 지정항로 : 인천항, 부산항, 광양만
거대선 등의 항행안전 확보조치	해양경찰서장은 "거대선, 위험화물운반선, 고속여객선, 흘수제약선, 수면비행선박, 선박·물체를 끌거나 미는 선박 중 그 예인선열 길이≥200미터 선박"이 교통안전특정해역 항행 시 항행안전 확보를 위해 필요하다고 인정하면 선장/선박소유자에게 다음 각 사항을 명할 수 있음 • 통항시각 변경 • 항로 변경 • 제한된 시계의 경우 선박항행 제한 • 속력 제한 • 안내선 사용 • 기타 해양수산부령으로 정하는 사항

(3) 유조선통항 금지해역

설정	다음 각 석유·유해액체물질 운송선박(유조선)의 선장이나 항해당직 항해사는 유조선 안전운항 확보 및 해양사고로 인한 해양오염을 방지하기 위해 유조선 통항 금지해역에서 항행하여서는 아니 됨 • 원유, 중유, 경유 또는 이에 준하는 탄화수소유, 가짜석유제품, 석유대체연료 중 원유·중유·경유에 준하는 기름≥1,500kl • 유해액체물질≥1,500ton
예외(항행가능) 〔제1회〕	• 기상상황 악화로 선박안전에 현저한 위험 발생 우려 • 인명·선박 구조 • 응급환자 • 항만 입·출항 → 기상, 수심 기타 해상상황 등 항행여건을 충분히 헤아려 유조선통항금지해역 바깥쪽 해역에서부터 항구까지 거리가 가장 가까운 항로를 이용해 입·출항하여야 함

(4) 시운전 금지해역

충돌 등 해양사고 방지를 위해 시운전(조선소 등에서 선박 건조 · 개조 · 수리 후 인도 전까지 위 작업 중 시험운전)금지해역에서 길이 ≥100m 선박에 대해 다음 각 시운전을 하여서는 아니 한다.

① 선박 선회권 등 선회성능 확인
② 선박침로를 좌 · 우로 바꾸는 지그재그 항해 등 선박 운항성능 확인
③ 전속력 · 후진 항해, 급정지 등 선박 기관성능 확인
④ 비상조타 기능 등 선박 조타성능 확인
⑤ 기타 선박침로, 속력 급변경 등으로 타 선박 항행안전 저해 우려

4. 해상교통안전관리

(1) 해상교통 안전진단

실시	• 해양수산부장관은 안전진단대상사업자(국가기관 · 지자체 장은 제외)에게 별도 안전진단기준에 따른 해상교통안전진단을 실시하도록 하여야 함 → 사업자의 안전진단서 제출의무(처분기관)
	• 대상사업
	  – 항로 또는 정박지의 지정 · 고시 · 변경
	  – 선박통항 금지 또는 제한수역 변경
	  – 수역설치 교량 · 터널 · 케이블 등 시설물 건설 · 부설 또는 보수
	  – 항만 또는 부두의 개발 · 재개발
	  – 최고속력 ≥60노트 선박 투입한 해상여객/화물운송사업

기준	각 대상사업별 공통기준 | 구분	진단기준
공통사항	• 진단대상사업이 시행되는 수익의 물리적 · 사회적 특성에 대한 충분한 검토 • 진단대상사업이 선박통항에 미치는 영향의 최소화 • 진단대상사업자와 해상이용자의 의견 대립의 최소화 • 안전여유(Safety Margin)에 대한 충분한 고려 • 진단대상사업에 따른 잠재적 위험요인의 최소화 • 충분한 통항안전대책 수립 • 적정한 항로표지 설치 • 진단대상사업이 시행되는 수익 또는 진단대상사업의 시행으로 인한 영향이 예상되는 인근 수역에서의 장래 개발계획의 반영	
면제	• 선박통항안전, 재난대비 또는 복구를 위해 긴급시행 필요사업 • 기타 선박통항 영향이 적은 사업으로 해양수산부장관 고시사업

(2) 항행장애물 처리

항행장애물 (총칙 부분의 정의와 동일한 개념)	선박항행에 장애가 되는 각 물건은 다음과 같음 ① 선박으로부터 수역에 떨어진 물건 ② 침몰·좌초 선박 또는 침몰·좌초되고 있는 선박 ③ 침몰·좌초 임박선박 또는 침몰·좌초가 충분히 예견되는 선박 ④ ②, ③ 선박에 있는 물건 ⑤ 침몰·좌초선박으로부터 분리된 선박 일부분	

보고	• 다음 각 항행장애물 발생선박의 선장, 선박소유자 또는 선박운항자(이상 '책임자')는 해양수산부장관에게 지체없이 장애물 위치와 위험성(해양수산부장관이 별도 결정) 등을 보고해야 함
	  – 떠다니거나 침몰하여 타 선박 안전운항 및 해상교통질서에 지장을 주는 항행장애물
	  – 항만수역, 어항수역, 하천수역 시설 및 타 선박 등과 접촉위험있는 항행장애물
	• 보고사항
	  – 선박명세
	  – 선박소유자 및 선박운항자의 성명(명칭) 및 주소
	  – 항행장애물 위치
	  – 항행장애물 크기·형태 및 구조
	  – 항행장애물의 상태 및 손상형태
	  – 선박선적 화물량, 성질(항행장애물이 선박인 경우만 해당)
	  – 선박선적 연료유 및 윤활유 포함 기름종류·양(항행장애물이 선박인 경우만 해당)
	• 대한민국선박이 외국의 배타적경제수역에서 항행장애물 발생 시 책임자는 해역관할 외국정부에 지체없이 보고하여야 함
	• 보고받은 해양수산부장관은 장애물 주변 항행선박과 인접 국가 정부에 그 위치·내용 등을 알려야 함	

표시 제거	• 표시 : 책임자는 항행장애물이 타 선박 항행안전 저해우려가 있는 경우에는 지체없이 항행장애물에 위험성 표시를 하거나 타선박에게 알리기 위한 조치를 하여야 함(침몰·좌초 선박에 대하여는 「항로표지법」에 따라 조치) → 책임자 미이행 시 이행명령, 직접표시 가능(해양수산부장관) • 제거 : 책임자는 항행장애물을 제거하여야 하며, 미이행 시 해양수산부장관은 이행명령, 직접제거 가능	

(3) 항해 안전관리

※ 해당 부분은 분량이 방대하므로 "제도관리/물적관리/인적관리"에 따른 분류체계와 각 항목 위주로 우선 암기하고, 출제가능성이 높은 사항 위주로 선별적 정리 요함

항로 등 제도관리	항로 지정	해양수산부장관은 선박통항 수역의 지형·조류, 기타 자연조건 또는 교통량 등으로 해양사고우려 시, 관계 행정기관장 의견을 들어 수역범위, 선박 항로·속력, 선박 교통량, 기상여건 기타 필요사항을 고시할 수 있음

	항로 등 보전 제2회	• 항로상 금지행위 → 해양경찰서장은 위반자에게 선박이동, 어구제거 등을 명할 수 있음
		    - 선박 방치
		    - 어망 등 어구설치·투기
		• 항만수역·어항수역 금지행위 → 대상수역은 해양경찰서장이 고시
		    - 금지행위 : 해상교통 안전에 장애가 되는 스킨다이빙, 스쿠버다이빙, 윈드서핑 등
		    - 제외 : 해상교통안전 장애가 없어 해양경찰서장 허가를 받거나 신고한 체육시설업 관련 해상행위
		    - 허가취소/시정사유
		      ① 항로·정박지 등 해상교통여건 변경
		      ② 허가조건 위반
		      ③ (필수적 취소) 거짓 기타 부정한 방법으로 허가

	수역 등 및 항로 안전 확보	수역 등 또는 수역 등 밖으로부터 10km 이내 수역에서 선박 등을 이용해 수역 등이나 항로 점거·차단행위로 선박통항 방해해서는 아니 됨 → 해양경찰서장의 해산요청 및 해산명령

	항행보조시설 설치·관리	• 해양수산부장관은 선박 항행안전에 필요한 항로표지·신호·조명 등 항행보조시설을 설치·관리·운영하여야 함
		• 설치요청 : 해양경찰청장, 지방자치단체장, 운항자는 다음 각 수역에 항로표지 설치를 요청할 수 있음
		    - 선박교통량이 아주 많은 수역
		    - 항행상 위험수역

	해양사고 시 조치	• 선장·선박소유자는 해양사고 발생으로 선박위험 또는 타 선박 항행안전 위험 우려 시, 위험방지를 위해 필요한 조치를 신속히 취하고, 해양사고 발생사실과 조치사실을 지체없이 해양경찰서장·지방해양수산청장에게 신고하여야 함 • 지방해양수산청장은 신고 접수 시 지체없이 해양경찰서장에게 통보하여야 함 • 해양경찰서장은 선장·선박소유자의 신고/조치사실 확인하고 미조치 시 필요 조치를 명하여야 함 • 해양경찰서장은 해양사고가 발생으로 선박위험 또는 타 선박 항행안전 위험 우려 시 구역을 정해 타 선박에 대한 선박이동·항행제한·조업중지를 명할 수 있음
	해양교통안전 정보관리체계 구축	해양수산부장관은 해양사고 원인정보 등 해양해양교통안전정보 통합 유지·관리를 위해 해양교통안전정보관리체계를 구축·운영할 수 있음

물적 관리	외국선박 통항	• 허가 : 외국선박은 해양수산부장관 허가 없이 대한민국 내수통항 불가함
		• 예외 : 직선기선에 따른 내수 포함 해역에서는 정박·정류·계류배회 없이 계속·신속히 통항 가능함. 다만 다음은 제외함(정박 등도 가능)
		  – 불가항력·조난으로 필요시
		  – 위험 또는 조난상태 인명·선박·항공기 구조
		  – 허가·신고 후 무역항 수상구역 등 출입대기
		  – 불개항장에서의 기항 허가 후 대기

	특정선박 안전조치	• 대한민국 영해·내수통항 외국선박 중 다음 각 선박(이하 '특정선박')은 SOLAS 등 관련 국제협약 지정문서 휴대하거나 또는 SOLAS에 따른 특별예방조치를 준수하여야 함
		  – 핵추진선박
		  – 핵물질 등 위험화물운반선
		• 해양수산부장관은 특정선박에 의한 해양오염 방지, 경감 및 통제를 위해 통항로 지정 등 안전조치를 명할 수 있음

	선박위치정보 공개제한 등	• 항해자료기록장치 등 선박항적 등 기록정보보유자는 다음 각 경우를 제외하고 정보공개 불가함
		  – 정보 보유권자가 보유 목적에 따라 사용
		  – 조사관 등의 해양사고 원인조사 목적 요청
		  – 긴급구조기관이 급박한 위험에 처한 선박 또는 승선자 구조 목적으로 요청
		  – 중앙행정기관·공공기관장이 항만시설 보안, 여객선 안전운항 관리, 통합방위작전 수행 또는 관세의 부과징수 등 소관업무 수행 목적으로 요청
		  – 선박소유자의 동의
		  – ≥6개월 경과 정보로서 다음 각 경우
		    ① 해양사고조사·심판 종료
		    ② 선원 교육용
		    ③ 해상교통안전진단 목적
		    ④ 기타 해사안전증진 및 선박 원활교통확보

	선박 출항통제	• 사유 : 해상 기상특보 발표, 제한시계 등으로 선박 안전운항에 지장을 줄 우려 시 선박소유자나 선장에 출항통제 가능함
		• 통제권자(해양수산부장관 → 각 위임)
		  – 해양경찰서장 : 국제항해 종사 × 여객선 및 여객용 수면비행선박
		  – 지방해양수산청장 : 내항여객선 외 선박. 다만 수상레저기구·낚시어선·유도선·어선 제외

	순찰	해양경찰서장은 선박통항 안전 및 질서유지를 위해 소속 경찰공무원에게 수역등·항로 또는 보호수역을 순찰하게 하여야 함
	정선 및 회항명령	해양경찰서장은 법·명령위반자 또는 위반혐의자가 승선한 선박에 대하여, 음성·음향·수기 등 해당 선박 항해당직자가 인지할 수 있는 방법으로 정선·회항을 명할 수 있음

인적 관리	술에 취한 상태에서의 조타기 조작 금지	• 술에 취한 상태(혈중알코올농도≥0.03%)에 있는 사람은 운항을 위해 선박[총톤수<5톤, 외국선박 및 시운전선박(국내 조선소에서 건조 또는 개조하여 진수 후 인도 전까지 시운전하는 선박)을 포함]에 따른 선박조타기 조작, 조작지시행위 또는 도선을 하여서는 아니 됨 • 해양경찰청 소속 경찰공무원은 다음 각 경우 운항목적 조타기 조작자 또는 조작지시자 또는 도선사가 술에 취하였는지 측정할 수 있으며, 해당 피측정자는 그 측정 요구에 따라야 함(다만 ③의 경우는 필수적 측정사유) ① 타 선박 안전운항을 해치거나 해칠 우려가 있는 등 해상교통 안전 및 위험방지 목적 ② ①을 위반해 술에 취한 상태에서 조타기 조작, 조작지시, 도선하였다고 인정할 만한 충분한 이유가 있는 경우 ③ 해양사고가 발생한 경우
	약물복용 등의 상태에서 조타기 조작 등 금지	약물(「마약류 관리에 관한 법률」에 따른 마약류)·환각물질(「화학물질관리법」에 따른 환각물질) 영향으로 정상적으로 다음 각 행위를 하지 못할 우려가 있을 시 이를 하여서는 아니 됨 • 선박조타기 조작 또는 조작지시 • 선박 도선
	위험방지 조치	해양경찰서장은 술에 취하거나 약물복용 상태에서의 조타기 조작 등 금지의무를 위반한 경우, 해당자가 정상적으로 이행할 수 있는 상태가 될 때까지 행위금지 명령 등 필요조치를 취할 수 있음
	해기사면허 취소·정지 요청	해양경찰청장은 해기사면허를 받은 자가 다음 각 사유 해당 시, 해양수산부장관에게 해당 해기사면허 취소 또는 1년 범위 내 효력정지를 요청할 수 있음 • 술에 취한 상태에서 운항을 하기 위해 조타기 조작 또는 조작 지시 • 술에 취한 상태에서 조타기 조작 또는 조작 지시하였다고 인정할 만한 상당한 이유가 있음에도 불구하고, 해양경찰청 소속 경찰공무원의 측정요구 불응 • 약물·환각물질 영향으로 정상적인 조타기 조작 또는 조작 지시를 못할 우려가 있는 상태에서의 조타기 조작 또는 조작 지시

5. 선박 및 사업장의 안전관리

(1) 안전관리체제 개관

선장의 권한	• 선박안전을 위한 선장의 전문적 판단을 방해 및 간섭하는 일체의 행위는 금지됨 • 선장은 선박 안전관리를 위해 안전관리책임자에게 선박과 그 시설의 정비·수리, 선박운항일정 변경 등을 요구할 수 있고 요구받은 안전관리책임자는 타당성 여부 검토 후 10일 이내에 선박소유자에게 그 결과를 알려야 함. 다만, 안전관리책임자 미선임 또는 선박소유자가 안전관리책임자로 선임 시 선장이 선박소유자에게 직접 요구할 수 있음 → 요구받은 선박소유자는 해당 요구에 따른 필요조치를 해야 함 • 해양수산부장관은 선박소유자의 필요조치 해태 시 공중안전 위해에 따른 긴급조치의 필요성에 따라 선박소유자에게 필요조치를 명할 수 있음

선박 안전관리체제 수립 등	대상 제1회	다음 각 선박(해저자원 채취·탐사·발굴작업 종사 이동식 해상구조물 포함)운항 선박소유자는 안전관리체제를 수립·시행하여야 함. 다만 운항관리규정 작성·시행 시 안전관리체제 수립·시행으로 봄 • 해상여객운송사업 종사 • 해상화물운송사업 종사&총톤수≥500톤(기선 밀착상태 결합된 부선 포함) • 국제항해 종사&총톤수≥500톤&어획물운반선 또는 이동식 해상구조물 • 수면비행선박 • 해상화물운송사업 종사&100톤≤총톤수<500톤&유류·가스류 및 화학제품류 운송(기선 밀착상태결합된 부선 포함) • 평수구역 밖 운항&일정 총톤수·길이를 충족하는 부선, 구조물을 끌거나 미는 선박 • 국제항해 종사& 총톤수≥500톤 준설선
	포함사항	• 해상안전·환경보호 기본방침 • 선박소유자 책임 및 권한 • 안전관리책임자·안전관리자 임무 • 선장의 책임과 권한 • 인력의 배치와 운영 • 선박의 안전관리체제 수립 • 선박충돌사고 등 발생 시 비상대책 수립 • 사고, 위험상황 및 안전관리체제 결함에 관한 보고·분석 • 선박의 정비 • 안전관리체제 관련지침서 등 문서·자료 관리 • 안전관리체제에 대한 선박소유자 확인·검토·평가
	위탁	안전관리체제 수립·시행 선박소유자는 안전관리대행업 등록자에게 위탁할 수 있고, 그 사실을 10일 이내에 해양수산부장관에게 알려야 함
안전관리책임자 등	선임	안전관리체제 수립·시행 선박소유자(수탁자)는 선박 및 사업장의 안전관리 업무 수행을 위해 안전관리책임자와 안전관리자를 선임해야 함 ※ 2024.01.05.부터는 선박안전관리사 자격 보유자만 선임 가능함
	업무	• 안전관리체제 시행 및 개선 • 선원에 대한 안전교육 실시 및 사후점검 • 안전관리체제 유효성검토 및 부적합사항분석 • 선박보급 장치, 부품 등의 적격품 여부 확인 • 선박 안전운항 및 해양오염방지 위한 필요자원 및 육상지원 적절한 제공 여부 확인·보장 • 선박의 안전·기술정보 등 제공 • 재해 발생 시 선박·항만에서 이루어지는 작업중지 및 선원대피 지원 등 선장이 실시하는 안전조치 지원 업무

(2) 인증심사

의의	• 선박소유자는 안전관리체제 수립·시행 선박이나 사업장에 대하여 해양수산부장관으로부터 안전관리체제 인증심사를 받아야 함
	• 인증심사 불합격 : 해당 선박의 항행 금지, 다음은 제외
	  - 「선박안전법」에 따른 선박검사를 받기 위해 해당 항만 또는 인근해역에서 시운전(수면비행선박 제외)
	  - 선박 형식승인을 얻기 위해 해당 항만 또는 인근해역에서 시운전(수면비행선박 제외)
	  - 국제항해 종사 × 선박수리를 위해 국제항해 왕복(1회만)
	  - 외국으로부터 선박을 구입해 국내(국내 입항 전 수리·검사 등을 위한 외국항 항해 포함)로 국제항해를 하는 경우
	  - 기타 천재지변·불가항력 등 불가피한 사유로 인증심사를 받을 수 없는 경우

종류	• 최초인증심사 : 안전관리체제 수립·시행 관련사항을 확인하기 위해 처음하는 심사
	• 갱신인증심사 : 선박안전관리증서 또는 안전관리적합증서 유효기간 만료 전 해양수산부령으로 정하는 시기에 심사
	• 중간인증심사 : 최초인증심사와 갱신인증심사 사이 또는 갱신인증심사와 갱신인증심사 사이 일정 시기에 행하는 심사
	  - 사업장 : 안전관리적합증서 유효기간 개시일부터 매 1년이 되는 날 전후 3개월 이내
	  - 선박 : 선박안전관리증서의 유효기간 개시일부터 2년 6개월이 되는 날 전후 6개월 이내. 다만 선박소유자 요청이 있을 시 유효기간 개시일부터 매 1년이 되는 날 전후 3개월 이내
	• 임시인증심사 : 최초인증심사 전에 임시선박 운항 목적으로 다음에 대하여 하는 심사
	  - 새로운 종류의 선박 추가·신설 사업장
	  - 개조 등으로 선종 변경, 신규도입 선박
	• 수시인증심사 : 위의 항목까지의 인증심사 외 선박 해양사고 및 외국항에서의 항행정지 예방 등을 위한 심사
	  - 사업장·선박에 대한 점검 결과 선박안전 확보를 위해 필요하다고 인정하는 경우
	  - 선박점검에 따른 지도·감독 결과 해양사고 방지 및 해사안전관리 업무의 효율적 수행을 위해 필요한 경우
	  - 해양사고 발생으로 선박 안전확보를 위해 필요한 경우

증서	

증서	발급	해양수산부장관은 최초인증심사·갱신인증심사·임시인증심사 합격 시 선박에 선박안전관리증서 또는 임시선박안전관리증서, 사업장에 안전관리적합증서 또는 임시안전적합증서를 내주어야 함

	유효기간	• 선박안전관리증서·안전관리적합증서 : 5년
		  - 최초인증심사 받은 경우 : 해당 인증심사 완료일부터 기산
		  - 유효기간 만료일 전 3개월 이내 갱신인증심사 받은 경우 : 유효기간 만료일의 다음 날로부터 기산
		  - 유효기간 만료일 3개월 전 갱신인증심사 받은 경우 : 해당 인증심사의 완료일로부터 기산
		• 임시안전관리적합증서 : 1년 → 해당 인증심사 완료일로부터 기산
		• 임시선박안전관리증서 : 6개월 → 해당 인증심사 완료일로부터 기산
		• 연장 : 선박안전관리증서(5개월 범위), 임시선박안전관리증서(6개월 범위)

증서	비치의무	• 의무자 : 선박소유자 • 선박 : 선박안전관리증서/임시선박안전관리증 원본과 안전관리적합증서나 임시안전관리적합증서사본 • 사업장 : 안전관리적합증서나 임시안전관리적합증서 원본
	효력정지	• 해양수산부장관은 선박소유자가 중간인증심사·수시인증심사에 합격하지 못하면 그 인증심사에 합격할 때까지 안전관리적합증서 또는 선박안전관리증서의 효력을 정지하여야 함 • 안전관리적합증서의 효력이 정지된 경우에는 해당 사업장에 속한 모든 선박의 선박안전관리증서의 효력도 정지됨
이의신청		• 기한 : 인증심사 결과 불복 시, 심사결과 통지 수령일부터 30일 이내에 사유를 적어 이의신청을 할 수 있음 • 임의적 절차 : 이의신청 여부와 관계없이 행정심판청구·행정소송제기 가능함

(3) 선박점검 및 사업장 안전관리

외국선박 통제	해양수산부장관은 대한민국 영해에 있는 외국선박 중 대한민국 항만에 입항·입항예정 선박에 대하여 선박 안전관리체제, 선박구조·시설, 선원의 선박운항지식 등이 해사안전국제협약(대한민국이 체결·비준) 기준에 맞는지를 확인할 수 있음 → 확인 결과 각 사항이 국제협약의 기준에 미치지 못하는 경우로, 해당 선박의 크기·종류·상태 및 항행기간 고려 시 항행계속이 인명·재산에 위험을 불러일으키거나 해양환경 보전에 장해를 미칠 우려가 있을 경우 항행정지 명령 기타 필요조치를 할 수 있음

특별점검	※ 주체 : 해양수산부장관
	• 외국 정부의 항행정지 처분을 받은 대한민국 선박
	  – 선박의 사업장에 대한 안전관리체제 적합성 여부 특별점검
	  – 선박이 국내항에 입항 시 관련되는 선박 안전관리체제, 선박구조·시설, 선원의 선박운항지식 등에 대한 특별점검
	  – 외국 정부에의 확인 요청 등 : 외국에서 점검 가능
	• 외국 정부의 선박통제에 따른 항행정지 예방 : 관련선박에 대하여 특별점검
	• 갱신인증심사 : 선박안전관리증서 또는 안전관리적합증서유효기간 만료 시 심사

이의신청	• 기한 : 특별점검에 따른 명령 불복 시 명령을 받은 날로부터 90일 이내에 사유를 적어 이의신청을 할 수 있음 • 결과통보 : 해양수산부장관은 검토결과를 60일 이내(부득이한 사정이 있을 시 30일 이내 연장)에 신청인에게 통보 • 임의적 절차 : 이의신청 여부와 관계없이 행정심판청구·행정소송제기 가능함
해사안전감독관	해양수산부장관은 해양사고 발생 우려, 해사안전관리 적정시행 여부 확인을 위해 필요한 경우 해사안전감독관으로 하여금 정기·수시로 다음 각 조치를 하게 할 수 있음. 다만 수상레저기구·선착장 등 수상레저시설, 유·도선, 유·도선장은 그러하지 아니함 • 선장, 선박소유자, 안전진단대행업자, 안전관리대행업자, 기타 관계인에게 출석·진술을 하게 하는 것 • 선박·사업장에 출입해 관계서류 검사, 선박·사업장의 해사안전관리 상태 확인·조사·점검 • 선장 기타 관계인에게 관계 서류를 제출하게 하거나 그 밖에 해사안전관리 관련 업무를 보고하게 하는 것

6. 선박의 항법 등

※ 「해사안전기본법」 및 「해상교통안전법」 출제 문항 수(3문항)를 고려했을 때, 그 내용이 방대한 "기본 항법 및 등화관제" PART의 세세한 학습은 수험상 효율적이지 않은 것으로 판단되어 별도로 수록하지 않음

(1) 선장이 선박의 안전속력을 결정함에 있어 고려 사항

① 시계의 상태
② 해상교통량의 밀도
③ 선박의 정지거리·선회성능, 그 밖의 조종성능
④ 야간의 경우에는 항해에 지장을 주는 불빛 유무
⑤ 바람·해면 및 조류의 상태와 항행장애물의 근접상태
⑥ 선박의 흘수와 수심과의 관계
⑦ 레이더의 특성 및 성능
⑧ 해면상태·기상, 그 밖의 장애요인이 레이더 탐지에 미치는 영향
⑨ 레이더로 탐지한 선박의 수·위치 및 동향

(2) 고려사항이 <u>아닌</u> 것

① 목적지까지의 거리에 따른 도달일수
② 선박교통관제의 지시
③ 선박의 운항거리
④ 선박의 선령
⑤ 승선원의 수
⑥ 업무의 긴급성

제3회
- 충돌 피항동작

07 | 해사안전기본법 및 해상교통안전법

기출 및 예상문제

01 다음 중 「해사안전기본법」 및 「해상교통안전법」의 목적으로 옳지 않은 것은?

① 선박의 안전운항을 위한 안전관리체계의 확립
② 선박항행과 관련된 모든 위험과 장해의 제거
③ 해양사고의 원인을 밝힘으로서 해양안전의 확보
④ 해사안전 증진과 선박의 원활한 교통 확보

해설 | 해양사고 원인 규명은 「해양사고의 조사 및 심판에 관한 법률」의 목적이다.

02 다음 중 「해사안전기본법」 및 「해상교통안전법」의 적용범위로 올바르지 않은 것은?

① 대한민국의 영해 및 내수를 제외한 해역에 있는 대한민국 선박
② 대한민국의 배타적경제수역에서 항행장애물을 발생시킨 선박
③ 대한민국의 영해, 내수를 포함한 해역에 있는 선박
④ 대한민국의 배타적경제수역 또는 대륙붕에 있는 해양시설

해설 | 「해사안전기본법」 및 「해상교통안전법」 적용 대상
- 대한민국 영해·내수(항행불능 하천·호수·늪 등 제외)에 있는 선박이나 해양시설, 다만 외국선박 중 다음 선박은 대하여 선박안전관리체제나 인증 등 적용 시 법 일부만 적용함
  - 대한민국의 항과 항 사이만 항행 선박
  - 국적취득 조건 선체용선 차용 선박
- 대한민국 영해 및 내수 제외해역에 있는 대한민국 선박
- 대한민국 배타적경제수역에서 항행장애물 발생시킨 선박
- 대한민국의 배타적경제수역이나 대륙붕에 있는 해양시설

03 「해사안전기본법」 및 「해상교통안전법」상 선박이 통항하는 항로, 속력 및 그 밖의 선박 운항에 관한 사항을 지정하는 제도를 무엇이라 하는가?

① 통항분리제도
② 통항지정제도
③ 항로지정제도
④ 해사교통제도

04 「해사안전기본법」 및 「해상교통안전법」상 다음 내용이 가리키는 것은?

> 항로표지, 해저전선 또는 해저파이프라인의 부설·보수·인양 작업에 종사하고 있어 다른 선박의 진로를 피할 수 없는 선박

① 조종불능선
② 조종제한선
③ 흘수제약선
④ 항행장애선

05 다음 중 「해사안전기본법」 및 「해상교통안전법」상 해양수산부장관의 허가 없이 보호수역에 입역할 수 있는 경우가 아닌 것은?

① 해양시설을 운영하거나 관리하는 기관이 그 해양시설 보호수역에 들어가려고 하는 경우
② 유실물 수색 및 급박한 위험이 있는 선박을 구조하는 경우
③ 해양사고를 피하기 위하여 부득이한 사유가 있는 경우
④ 선박의 고장이나 그 밖의 사유로 선박 조종이 불가능한 경우

해설 | 보호수역 입역허가 예외사유
- 선박고장 기타 사유로 선박 조종 불가능
- 해양사고를 피하기 위한 부득이한 경우
- 인명구조 또는 급박한 위험이 있는 선박구조
- 관계 행정기관의 장이 해상에서 안전확보 업무 시
- 해양시설 운영·관리기관의 해양시설 보호수역 입역

06 다음은 「해사안전기본법」 및 「해상교통안전법」상 수역안전관리에 관한 설명이다. 틀린 것은?

① 해양수산부장관은 해양시설 부근 해역에서 선박의 안전항행과 해양시설 보호를 위한 보호수역을 설정할 수 있다.
② 선박의 고장이나 그 밖의 사유로 선박 조종이 불가능한 경우 해양수산부장관의 허가를 받지 않고 보호수역에 입역할 수 있다.
③ 해양수산부장관은 거대선, 위험물운반선, 고속여객선 등의 통항이 잦은 해역으로서 대형 해양사고가 발생할 우려가 있는 해역을 교통안전특정해역으로 설정할 수 있다.
④ 해양경찰청장은 거대선, 위험물운반선, 고속여객선 등이 교통안전특정해역을 항행하려는 경우 항행안전을 확보하기 위하여 필요하다고 인정하면 안내선의 사용을 명할 수 있다.

해설 | 명령의 주체는 해양경찰서장이다.

07 「해사안전기본법」 및 「해상교통안전법」상 유조선이 유조선통항금지해역에서 항행할 수 있는 경우라고 볼 수 없는 것은?

① 항만 입·출항
② 해상교통량 혼잡
③ 기상상황 악화로 선박 안전에 현저한 위험이 발생할 우려
④ 인명이나 선박을 구조하여야 하는 경우

해설 | **유조선통항금지해역 예외적 항행가능 사유**
- 기상상황 악화로 선박안전에 현저한 위험 발생 우려
- 인명·선박 구조
- 응급환자
- 항만 입·출항 → 기상, 수심 기타 해상상황 등 항행여건을 충분히 헤아려 유조선통항금지해역 바깥쪽 해역에서부터 항구까지 거리가 가장 가까운 항로를 이용해 입·출항하여야 함

08 「해사안전기본법」 및 「해상교통안전법」에 따라 해상교통의 안전에 장애가 되는 스킨다이빙, 스쿠버다이빙, 윈드 서핑 등 대통령령으로 정하는 행위가 금지되는 수역을 고시하는 자는?

① 해양수산부장관
② 지방해양수산청장
③ 지방해양경찰청장
④ 해양경찰서장

09 「해사안전기본법」 및 「해상교통안전법」상 다음 ( ) 안에 들어갈 내용으로 맞는 것은?

> 누구든지 수역 등 또는 수역 등의 밖으로부터 ( )km 이내의 수역에서 선박 등을 이용하여 수역 등이나 항로를 점거·차단하는 행위를 함으로써 선박 통항을 방해하여서는 아니 된다.

① 5
② 10
③ 15
④ 20

10 「해사안전기본법」 및 「해상교통안전법」상 술에 취한 상태의 기준으로 맞는 것은?

① 혈중알코올농도 0.03퍼센트 이상
② 혈중알코올농도 0.04퍼센트 이상
③ 혈중알코올농도 0.05퍼센트 이상
④ 혈중알코올농도 0.06퍼센트 이상

01 ③ 02 ③ 03 ③ 04 ② 05 ② 06 ④ 07 ② 08 ④ 09 ② 10 ①

11 「해사안전기본법」 및 「해상교통안전법」상 항해자료기록장치 중 해양수산부령으로 정하는 전자적 수단으로 선박의 항적 등을 기록한 정보를 보유한 자가 해당 정보를 공개할 수 있는 경우가 아닌 것은?

① 해양사고 조사관 등이 그 원인을 조사하기 위해 요청하는 경우
② 선박위치정보의 보유권자가 그 보유 목적에 따라 사용하려는 경우
③ 긴급구조기관이 급박한 위험에 처한 선박 또는 승선자를 구조하기 위하여 요청하는 경우
④ 3개월 이상의 기간이 지난 선박위치정보로서 해양수산부령으로 정하는 경우

해설 | 선박위치정보 공개제한 예외 사유
- 정보 보유권자가 보유 목적에 따라 사용
- 조사관 등의 해양사고 원인조사 목적 요청
- 긴급구조기관이 급박한 위험에 처한 선박 또는 승선자 구조 목적으로 요청
- 중앙행정기관·공공기관 장이 항만시설 보안, 여객선 안전운항 관리, 통합방위작전 수행 또는 관세의 부과징수 등 소관업무 수행 목적으로 요청
- 선박소유자의 동의
- 6개월 이상 경과한 정보로서 다음 각 경우
  - 해양사고조사·심판 종료
  - 선원 교육용
  - 해상교통안전진단 목적
  - 기타 해사안전증진 및 선박 원활교통확보

12 「해사안전기본법」 및 「해상교통안전법」상 임시안전관리적합증서의 유효기간은?

① 1년 ② 2년
③ 3년 ④ 5년

13 「해사안전기본법」 및 「해상교통안전법」상 특별점검에 따른 명령 불복 시 명령을 받은 날로부터 며칠 이내에 이의신청을 할 수 있는가?

① 30 ② 60
③ 90 ④ 180

14 「해사안전기본법」 및 「해상교통안전법」상 선장이 선박의 안전속력을 결정함에 있어 고려해야 할 사항이 아닌 것은?

① 시계의 상태
② 선박의 흘수와 수심과의 관계
③ 레이더로 탐지한 선박의 수·위치 및 동향
④ 목적지까지의 거리에 따른 도달일 수

해설 | 선박의 안전속력 결정 시 선장의 고려사항
- 시계의 상태
- 해상교통량의 밀도
- 선박의 정지거리·선회성능, 그 밖의 조종성능
- 야간의 경우에는 항해에 지장을 주는 불빛 유무
- 바람·해면 및 조류의 상태와 항행장애물의 근접상태
- 선박의 흘수와 수심과의 관계
- 레이더의 특성 및 성능
- 해면상태·기상, 그 밖의 장애요인이 레이더 탐지에 미치는 영향
- 레이더로 탐지한 선박의 수·위치 및 동향

---

11 ④ 12 ① 13 ③ 14 ④

08 국제항해선박 및 항만시설의 보안에 관한 법률(2024.07.24. 시행) ★★

1. 총칙

(1) 목적

국제항해 이용선박과 그 선박이용 항만시설의 보안 관련 사항을 정함으로서, 국제항해 관련 보안상 위협을 효과적으로 방지해 국민의 생명·재산을 보호하는데 이바지한다.

(2) 정의

국제항해선박	국제항해에 이용되는 다음 선박 : 수상 또는 수중에서 항해용으로 사용·사용될 수 있는 것(선외기 장착한 것을 포함)과 이동식 시추선·수상호텔 등 부유식 해상구조물
항만시설	국제항해선박과 선박항만연계활동이 가능하도록 갖추어진 시설로, 항만시설 및 조선소·석유비축기지·불개항장 등의 선박계류시설
선박항만연계활동	국제항해선박과 항만시설 사이 승·하선/선적·하역과 같은 사람 또는 물건이동 수반되는 상호작용으로, 활동결과 국제항해선박이 직접적으로 영향을 받는 것
선박상호활동	• 국제항해선박 간 또는 국제항해선박과 기타 선박 사이 • 승·하선/선적·하역과 같은 사람 또는 물건이동 수반되는 상호작용
보안사건	국제항해선박·항만시설 손괴행위 또는 위법하게 폭발물 또는 무기류 등을 반입·은닉하는 행위 등 국제항해선박·항만시설·선박항만연계활동 또는 선박상호활동 보안 위협행위 또는 행위관련 상황
보안등급	보안사건 발생 위험정도를 단계적으로 표시한 것으로, SOLAS에 따른 등급구분 방식을 반영한 것
국제항해선박소유자	국제항해선박의 소유자·관리자, 소유자·관리자로부터 선박운영을 위탁받은 법인·단체·개인
항만시설보유자	항만시설의 소유자·관리자, 소유자·관리자로부터 그 운영을 위탁받은 법인·단체·개인
국가보안기관	국가정보원·국방부·관세청·경찰청 및 해양경찰청 등 보안업무 수행 국가기관

(3) 적용범위

① 다음 각 국제항해선박 및 항만시설에 대하여 적용한다.
  ㉠ 다음 대한민국 국적 국제항해선박 : 모든 여객선, 총톤수 500톤 이상 화물선, 이동식 해상구조물(천연가스 등 해저자원 탐사·발굴·채취 등에 사용)
  ㉡ ㉠의 어느 하나에 해당하는 대한민국/외국 국적 국제항해선박과 선박항만연계활동 가능한 항만시설

② **적용제외** : 비상업용 목적 사용선박으로, 국가 또는 지방자치단체 소유 국제항해선박

(4) 기타

협약~법률 간 우선순위	• 원칙 : 국제협약 보안기준＞국제선박항만보안법 • 예외 : 국제선박항만보안법이 국제협약의 기준보다 강화된 기준을 포함
국제항만보안계획	해양수산부장관이 10년마다 수립
보안등급	• 1등급 : 국제항해선박/항만시설이 정상 운영되는 상황 → 일상적인 최소한 보안조치 유지되어야 하는 평상수준 • 2등급 : 국제항해선박/항만시설에 보안사건 발생 가능성 증대 → 일정기간 강화 보안조치 유지되어야 하는 경계수준 • 3등급 : 국제항해선박/항만시설에 보안사건 발생 가능성 뚜렷&임박 상황 → 일정기간 최상 보안조치 유지되어야 하는 비상수준

2. 국제항해선박의 보안확보를 위한 조치

(1) 인적확보수단

총괄보안책임자	의의 제2회	• 국제항해선박소유자는 소유·관리·운영하는 전체 국제항해선박 보안업무의 총괄 수행을 위해, 소속 선원 외의 자 중에서 전문지식 등 자격요건을 갖춘 자를 총괄보안책임자로 지정하여야 함 • 선박종류·선박척수에 따라 필요시 2인 이상 총괄보안책임자 지정 가능 • 국제항해선박소유자가 국제항해선박 1척을 소유·관리·운영 시 소유자 자신을 총괄보안책임자로 지정할 수 있음 • 총괄보안책임자 지정 시 7일 이내 해양수산부장관에게 통보

	업무	• 선박보안평가
		• 선박보안계획서 작성·승인신청
		• 내부보안심사
		• 선박발생 가능 보안사건 등 보안상 위협종류별 대응방안 등에 대한 정보제공
		• 선박보안계획서 시행·보완
		• 내부보안심사 시 발견된 보안상 결함 시정
		• 국제항해선박 소속회사의 선박보안에 관한 관심제고 및 선박보안 강화 조치
		• 보안등급 설정·조정 시 해당 보안등급 관련정보의 선박보안책임자에 대한 전파
		• 국제항해선박 선장에 대한 선원 고용, 운항일정 및 용선계약 관련 정보제공
		• 선박보안계획서에 다음에 관한 선장권한·책임규정 관한 사항
		  – 국제항해선박 안전·보안에 관한 의사결정 및 대응조치
		  – 국제항해선박 보안유지를 위한 인적·물적 자원 확보
		• 외국 항만의 보안등급 조정, 보안사건 및 국제항해선박·선원에 대한 보안상 위협 등 관련 주요정보 보고(해양수산부장관)
		• 타 국제항해선박/소속회사 보안 관련 업무

선박보안책임자	의의	국제항해선박소유자는 소유·관리·운영하는 개별 국제항해선박 보안업무의 총괄 수행을 위해, 소속 선원 외의 자 중에서 전문지식 등 자격요건을 갖춘 자를 보안책임자로 지정하여야 함
	업무	• 선박보안계획서 변경·시행 감독 • 보안상 부적정한 사항에 대한 총괄보안 책임자에게 보고 • 해당 국제항해선박에 대한 보안점검화물이나 선용품 하역에 관한 항만시설 보안책임자와의 협의·조정 • 선원에 대한 보안교육 등 국제항해선박 내 보안활동 시행 • 총괄보안책임자 및 관련 항만시설보안책임자와의 선박보안계획서 시행 관련 협의·조정 • 선박보안계획서의 이행·보완·관리·보안유지 및 선박보안기록부 작성·관리 • 보안장비 운용·관리 • 선박보안계획서, 국제선박보안증서, 선박이력기록부 등 서류비치·관리 • 입항하려는 외국항만 항만당국에 대한 국제항해선박 보안등급 정보 제공, 국제항해선박과 해당 항만 보안등급이 상이할 경우 일치를 위한 보안등급 조정 및 입항하려는 해당 항만 보안등급 관련 정보의 해양수산부장관 또는 총괄보안책임자에 대한 보고 • 기타 해당 국제항해선박 보안관련 업무

(2) 평가/심사를 통한 확보

선박보안평가	의의	국제항해선박소유자는 소유·관리·운영하는 개별 국제항해선박에 대하여 보안 관련 시설·장비·인력 등에 대한 보안평가를 실시하여야 함
	평가 포함항목	• 출입제한구역 설정 및 제한구역 일반인 출입 통제 • 국제항해선박 승선자에 대한 신원확인절차 마련 여부 • 선박 갑판구역, 선박 주변 육상구역에 대한 감시 대책 • 국제항해선박 근무자·승선자 휴대 또는 위탁 수하물에 대한 통제 방법 • 화물 하역절차 및 선용품 인수절차 • 국제항해선박 통신·보안장비 정보관리 • 선박보안계획서에 따른 조치 등 보안활동 • 국제항해선박 보안상 위협확인, 대응절차 및 조치 • 국제항해선박 보안시설·장비·인력 및 보안 취약요인 확인, 대응절차 수립·시행
선박보안심사	의의	국제항해선박소유자는 소유·관리·운영하는 개별 국제항해선박에 대하여 선박보안 계획서에 따른 조치 등을 적정 시행하는지 여부를 확인받기 위한 보안심사를 받아야 함
	종류/ 시기	• 최초보안심사 : 국제선박보안증서 최초 교부 시 • 갱신보안심사 : 국제선박보안증서 등 유효기간 만료 전 일정시기 • 중간보안심사 : 최초보안심사와 갱신보안 심사 사이 또는 갱신보안심사와 갱신보안심사 사이 일정시기 • 임시선박보안심사 : 최초보안심사 전 임시국제항해선박 임시항해 사용 시 • 특별선박보안심사 : 국제항해선박에서 보안사건 발생 등의 사유가 있을 시

선박보안심사	사유
	제1회
	제2회
		• 임시선박보안심사 사유
		  – 새로 건조된 선박을 국제선박보안증서가 교부되기 전에 국제항해에 이용하려는 때
		  – 국제선박보안증서의 유효기간이 지난 국제항해선박을 국제선박보안증서가 교부되기 전에 국제항해에 이용하려는 때
		  – 외국 국제항해선박의 국적이 대한민국으로 변경된 때
		  – 국제항해선박소유자가 변경된 때
		• 특별선박보안심사 사유
		  – 국제항해선박이 보안사건으로 외국의 항만당국에 의하여 출항정지 또는 입항거부를 당하거나 외국의 항만으로부터 추방된 때
		  – 외국의 항만당국이 보안관리체제의 중대한 결함을 지적하여 통보한 때
		  – 그 밖에 국제항해선박 보안관리체제의 중대한 결함에 대한 신뢰할 만한 신고가 있는 등 해양수산부장관이 국제항해선박의 보안관리체제에 대하여 보안심사가 필요하다고 인정하는 때

내부보안심사		국제항해선박소유자 및 항만시설소유자는 선박·항만시설에서 이루어지고 있는 보안상 활동 확인을 위해, 보안관련 전문지식을 갖춘 자를 내부보안심사자로 지정 및 1년 이내 기간 주기로 내부보안심사 실시하여야 함
국제선박보안증서	교부·비치	• 해양수산부장관은 최초보안심사·갱신보안심사·임시보안심사 합격선박에 대하여 국제선박보안증서·임시국제선박보안증서를 교부하여야 함 • 해양수산부장관은 중간보안심사·특별선박보안심사 합격선박에 대하여는 국제선박보안증서에 심사결과를 표기하여야 함 • 국제항해선박소유자는 국제선박보안증서 등의 원본을 해당 선박에 비치하여야 함

	유효기간	• 원칙
		  – 국제선박보안증서 : 발급받은 날부터 5년
		  – 임시국제선박보안증서 : 발급받은 날부터 6개월 → 만료 전 국제선박보안증서 발급 시 그때 만료된 것으로 봄
		• 예외 : 다음 각 경우 해당 시 국제선박보안증서 유효기간은 그에 따름
		  – 중간보안심사 기간 미준수 : 증서를 발급받은 날로부터 3년
		  – 중간보안심사 기간에 준수하였으나 불합격하여 기간 경과 : 효력정지 후 심사 합격일부터 해당증서 유효기간 만료일
		  – 중간보안심사 기간 전 심사 : 해당 심사 마친 날부터 3년이 되는 날
		  – 유효기간 중 선박등록 말소, 선박매매 등으로 선박국적 변경 또는 선박운항·관리 책임이 타 회사로 인계/인수 시 : 해당 증서 발급일부터 선박등록 말소일, 선박매매 등으로 선박국적 변경일 또는 선박운항·관리 책임이 타 회사로 인계·인수된 날의 전날
		  – 갱신보안심사 기간 전 심사 : 해당심사 직전 발급 증서의 유효기간은, 해당 증서를 발급받은 날부터 심사에 따라 신규 국제선박보안증서를 받은 날의 전날
		  – 갱신보안심사 기간 후 심사 : 해당 심사에 따른 신규발급 증서의 유효기간은 해당 증서를 발급받은 날부터 심사 직전 발급받은 해당 증서의 유효기간 만료일 이후 5년이 되는 날
		• 연장/연장기간 : 국제선박보안증서의 유효기간 연장사유 및 연장기간
		  – 검사계획 항만관할 국가내란 등 예측하지 못한 사유로 선박보안심사 예정항만 기항 불가 : 3개월 이내
		  – 유효기간 만료일 이전 외국에서 갱신보안심사를 마쳤으나 국제항해선박 운항일정 등으로 보안심사 마친 항만에서 신규 국제선박보안증서 발급 × : 5개월 이내

국제선박보안 증서	효력	• 원칙 : 국제선박보안증서 등을 미비치, 효력정지·상실된 증서 등을 비치한 선박을 항해에 사용하여서는 아니 됨
		• 미소지 허용 사유
		  – 국제선박보안증서 등 유효기간 만료&선박검사를 받거나 형식승인을 받기 위한 시운전
		  – 국제항해선박 미해당 선박 수리 목적으로 왕복 1회만 항해
		  – 국제항해선박 미해당 선박을 외국에서 수입하여 국내로 1회 항해

(3) 문서발급을 통한 확보

선박보안계획서		국제항해선박소유자는 선박보안평가 결과를 반영해 보안취약요소에 대한 개선방안·보안등급별 조치사항 등을 정한 보안계획서를 작성·선박 비치하고 동 계획서에 따른 조치 등을 시행하여야 함
선박보안기록부		국제항해선박소유자는 소유·관리·운영하는 개별 국제항해선박에 대한 보안위협 및 조치사항 등의 기록장부를 작성 및 선박에 비치하여야 함
선박이력기록부		국제항해선박소유자는 소유·관리·운영하는 개별 국제항해선박의 선명, 선박식별번호, 소유자 및 선적지 등 기재장부를 해양수산부장관으로부터 교부받아 선박에 비치하여야 함. 변경사항 발생 시 3개월 이내 재교부받아 비치하여야 함
선박식별번호	대상	법 적용범위와 관계없이, 다음 각 국제항해선박은 개별 선박 식별가능을 위해 부여된 번호를 표시하여야 함 • 총톤수≥100톤 여객선 • 총톤수≥300톤 화물선
	표시방법	• 다른 표시와 구별 및 명확하게 보이도록 대비색, 쉬운 변경 없도록 음각·양각 • 선박외부 글자높이≥200mm, 선박내부 글자높이≥100mm, 글자폭은 높이 비례해 균형

	표시위치	• 선박 외부 표시
		  – 여객선 : 상공 볼 수 있는 갑판 수평면
		  – 여객선 외 : 다음 위치 중 잘 보이는 한 곳
		    ① 선미
		    ② 선체 중앙부 좌현/우현의 만재흘수선 상부
		    ③ 선루 좌현/우현
		    ④ 선루 전방면
		• 선박 내부 표시
		  – 유조선 등 액체화물운반선 : 화물 펌프실 또는 기관구역 횡격벽 중 접근 가능한 한 곳
		  – 기타 선박 : 기관구역 횡격벽, 화물구역 안쪽 또는 차량전용 운반 화물구역 있는 선박의 경우 차량전용 화물구역 횡격벽 중 접근가능한 한 곳

(4) 물적 확보수단

선박보안경보장치 등	• 국제항해선박소유자는 소유·관리·운영하는 개별 국제 항해선박에 대하여 선박보안 침해 또는 침해될 위험에 처한 경우 그 상황표시 발신장치(선박보안경보장치) 선박보안평가 결과 선박보안 유지에 필요한 시설 또는 장비를 설치·구비하여야 함 • 해양수산부장관은 선박보안경보장치 발신신호(보안경보신호) 수신가능 시설·장비를 갖추어야 함 • 해양수산부장관은 국제항해선박으로부터 보안경보 신호 수신 시 지체없이 관계 국가보안기관의 장에게 그 사실을 통보, 국제항해선박이 해외에 있는 경우로 그 선박으로부터 보안경보 신호 수신 시 선박항행해역 관할국가 해운관청에도 이를 통보하여야 함

3. 항만시설의 보안확보를 위한 조치

(1) 인적확보수단

항만시설 보안책임자	의의	• 항만시설소유자는 소유·관리·운영하는 항만시설 보안업무의 효율적 수행을 위해, 전문지식 등 자격요건을 갖춘 자를 보안책임자로 지정하여야 함 • 항만시설 구조·기능에 따라 필요시 2개 이상 항만시설에 대한 보안책임자 1인 지정 또는 1개 항만시설에 대한 2인 이상 보안책임자 지정 가능함 • 보안책임자 지정 시 7일 이내 해양수산부장관에게 통보
	업무	• 항만시설보안계획서 작성 및 승인신청 • 항만시설보안점검 • 항만시설보안장비 유지 및 관리 • 항만시설보안평가 준비 • 국제항해선박소유자, 총괄보안책임자 및 선박보안책임자와 항만시설보안계획서 시행에 관한 협의·조정 • 항만시설보안계획서 이행·보완·관리, 보안유지 • 항만시설적합확인서 비치·관리 • 항만시설보안기록부 작성·관리 • 경비·검색인력과 보안시설·장비 운용·관리 • 항만시설보안정보 보고 및 제공 • 항만시설종사자에 대한 보안교육·훈련 실시 • 선박보안책임자 요청 승선요구자 신원확인 지원 • 보안등급 설정·조정내용의 항만시설 이용 선박 또는 이용예정 선박에 대한 통보

(2) 평가/심사를 통한 확보

항만시설 보안평가	의의	• 해양수산부장관은 항만시설에 대하여 보안과 관련한 시설·장비·인력 등에 대한 보안평가를 실시하여야 함 • 시행 시 미리 관계 국가보안기관 장과 협의 • 5년마다 재평가. 다만 해당 항만시설에서 보안사건 발생 등 항만시설 보안에 관한 중요한 변화가 있을 시 즉시 재평가를 실시해야 함
	평가 포함항목	• 보안사건 또는 보안상 위협으로부터 보호되어야 하는 사람·시설 및 장비 확인과 보안상 위협을 분석 • 보안상 위협·결함을 줄이기 위하여 필요 보안조치 및 우선순위 결정, 보안조치 실효성 • 항만시설의 보안상 결함 보완과 수립 보안절차 검증

항만시설 보안심사	의의	항만시설소유자는 소유·관리·운영하는 항만시설에 대하여 보안계획서에 따른 조치 등을 적정 시행하는지 여부를 확인받기 위한 보안심사를 받아야 함
	종류/ 시기	• 최초보안심사 : 항만시설적합확인서 최초 교부 시 • 갱신보안심사 : 항만시설적합확인서 유효기간 만료 전 일정기간 • 중간보안심사 : 최초보안심사와 갱신보안심사 사이 또는 갱신보안심사와 갱신보안심사 사이 일정시기 • 임시항만시설보안심사 : 최초보안심사 전 임시로 항만시설을 운영하는 경우로, 국제항해선박 접안시켜 항만운영·보안에 필요한 시설·장비·인력을 시험 운영 시 • 특별항만시설보안심사 : 항만시설에서 보안사건 발생 등의 사유가 있을 시
항만시설 적합확인서	교부· 비치	• 해양수산부장관은 최초보안심사·갱신보안심사·임시보안심사 합격시설에 대하여 항만시설적합확인서·임시항만시설적합확인서를 교부하여야 함 • 해양수산부장관은 중간보안심사·특별항만시설보안심사 합격시설에 대하여는 항만시설적합확인서에 심사결과를 표기하여야 함 • 항만시설소유자는 항만시설적합확인서 등의 원본을 주된 사무소에 비치하여야 함

	유효기간	• 원칙
		  – 항만시설적합확인서 : 발급받은 날부터 5년
		  – 임시항만시설적합확인서 : 발급받은 날부터 6개월
		• 예외 : 다음 각 경우 해당 항만시설적합확인서 유효기간은 그에 따름
		  – 유효기간 중 항만시설소유자 변경 : 소유자 변경일에 해당 확인서 유효기간 만료
		  – 임시항만시설적합확인서 유효기간 중 항만시설적합확인서 발급 : 항만시설적합확인서 발급 시 임시확인서 유효기간 만료
		  – 중간보안심사 없이 심사기간 경과 : 적합한 항만시설보안검사 합격 시까지 해당 확인서 유효기간은 효력정지
		• 연장 : 소유자는 천재지변 등 중요한 보안상황 변경으로 갱신보안심사 기간 중 심사를 받을 수 없는 사유 발생 시 해양수산부장관에게 확인서 유효기간 연장을 신청할 수 있음 → 타당성 검토 후 3개월 범위 내 연장 가능함

	효력	• 원칙 : 항만시설적합확인서 등 미비치, 효력정지·상실된 증서 등을 항만시설을 운영하여서는 아니 됨
		• 미소지 허용 사유
		  – 태풍·해일 등으로 해당 항만시설에 긴급피난
		  – 국가보안기관이 국가안보 관련업무 수행을 위해 항만시설 이용

(3) 문서발급을 통한 확보

항만시설 보안계획서	항만시설소유자는 항만시설보안평가 결과를 반영해 보안취약요소에 대한 개선방안·보안등급별 조치사항 등을 정한 보안계획서를 작성·주된 사무소에 비치하고 동 계획서에 따른 조치 등을 시행하여야 함
항만시설 보안기록부	항만시설소유자는 소유·관리·운영하는 항만시설에 대한 보안위협 및 조치사항 등의 기록장부를 작성 및 해당 항만시설에 위치한 사무소에 비치하여야 함

4. 항만국통제 등

(1) 항만국통제

항만국통제	• 해양수산부장관은 대한민국 항만 내 또는 항만에 입항하려는 외국국적 국제항해선박의 보안관리체제가 협약 등에서 정하는 기준의 적합여부를 확인·점검하고 그에 필요한 조치를 할 수 있음 • 항만국통제 확인·점검 절차는, 협약 기준에 명백히 부적합하다는 근거 등이 없는 한 유효 국제선박보안증서 등 비치 여부만의 확인으로 한정됨 → 결과 확인 후 출항정지·이동제한·시정요구·추방 또는 준하는 조치 가능함 • 대한민국 항만에 입항하려는 외국국적 국제항해선박은 항만 입항 24시간 이전에 해당 선박의 보안관련 정보를 해양수산부장관에게 통보하여야 함. 다만 기상악화 등 급박한 위험회피, 긴급입항 기타 사유가 있는 경우에는 입항과 동시에 선박보안정보 통보 가능함 → 정보 확인 후 출항정지·이동제한·시정요구·추방 또는 준하는 조치 가능함 • 조치에 대한 이의신청 : 시정명령 등을 받은 날부터 90일 이내(필수적 절차-이의신청 없이 행정소송 제기 불가), 이의신청 받은 해양수산부장관은 조사 결과를 60일 이내에 통보하여야 함(부득이한 사정 있을 시 30일 범위에서 통보기한 연장 가능)
외국의 항만국통제 등	• 국제항해선박소유자는 외국 항만당국 실시 항만국통제에 의해 해당선박 보안관리체제 결함이 지적되지 아니하도록 협약 등의 기준을 준수하여야 함 • 해양수산부장관은 국제항해선박이 외국 항만당국이 실시하는 항만국통제에 의하여 출항정지·입항거부·추방조치를 받거나 선박에 대한 위 조치 예방이 필요하다 인정되는 경우, 선박보안관리체제 점검(특별점검)을 할 수 있음 • 특별점검 결과 선박 보안확보를 위해 필요시 선박소유자에 대하여 시정·보완조치 또는 항해정지를 명할 수 있음

(2) 기타

보안심사관	• 해양수산부장관은 소속 공무원 중 일정 자격을 갖춘 자를 선박보안심사관으로 임명하고 다음 각 업무를 수행하게 할 수 있음
	  - 선박보안계획서 승인
	  - 선박보안심사·임시선박보안심사 및 특별선박보안심사
	  - 국제선박보안증서 등 교부 등
	  - 선박이력기록부 교부·재교부
	  - 항만국통제 관련 업무
	• 해양수산부장관은 소속 공무원 중 일정 자격을 갖춘 자를 항만시설보안심사관으로 임명하고 항만시설보안심사·임시항만시설보안심사 및 특별항만시설보안심사 업무를 수행하게 할 수 있음

보안교육 및 훈련	대상자		• 계획수립 : 국제항해선박소유자, 항만시설소유자 • 대상자 　- 보안책임자 : 총괄보안책임자·선박보안책임자 및 항만시설보안책임자 　- 보안담당자 : 보안책임자 이외 항만시설에서 보안업무 담당자
	교육 훈련	보안훈련	• 국제항해선박소유자·항만시설소유자는 보안책임자로 하여금 해당선박 승무원, 항만시설 경비·검색인력 등을 포함한 보안업무 종사자에 대하여 보안훈련을 실시하게 하여야 함 • 주기 : 3개월 이내 기간 • 선원교체 : 선박보안책임자는 해당 국제항해선박 승선인원 1/4 이상 교체 시 선원 교체일부터 일주일 내 그 선원에 대한 보안훈련·교육을 하여야 함 → 최근 3개월 내 보안교육·훈련 미참여 선원도 대상으로 함
		합동 보안훈련	• 국제항해선박소유자·항만시설소유자는 보안책임자 및 보안담당자 등이 공동 참여하는 합동보안훈련을 실시하여야 함 • 주기 : 매년 1회 이상, 각 간격≤18개월 • 외국정부 주관 : 국제항해선박이 외국정부 등 주관 국제 합동 보안훈련에 참여한 경우 해양수산부장관에게 보고하여야 함

08 | 국제항해선박 및 항만시설의 보안에 관한 법률

기출 및 예상문제

01 다음 중 국제항해선박 및 항만시설의 보안에 관한 법률의 적용대상이 아닌 것은?
① 대한민국국적 국제항해선박으로서 총톤수 500톤 이상의 화물선
② 대한민국국적 국제항해선박으로서 이동식 해상구조물
③ 대한민국국적 국제항해선박으로서 총톤수 100톤 이상의 여객선
④ 법 적용대상 선박과 연계활동이 가능한 항만시설

해설 | 여객선은 톤수와 관계없이 법 적용대상이다.

02 국제항해선박 및 항만시설의 보안에 관한 법률상 다음이 가리키는 것은?

> 국제항해선박과 항만시설 사이 승·하선/선적·하역과 같은 사람 또는 물건이동 수반되는 상호작용으로, 활동결과 국제항해선박이 직접적으로 영향을 받는 것

① 선박상호활동
② 선박항만연계활동
③ 선박항만상호활동
④ 선박항만연결활동

03 국제항해선박 및 항만시설의 보안에 관한 법률상 국제항만보안계획은 몇 년마다 수립해야 하는가?
① 1년　　② 3년
③ 5년　　④ 10년

04 국제항해선박 및 항만시설의 보안에 관한 법률에 규정된 보안등급 중 "국제항해선박/항만시설에 보안사건 발생 가능성이 증대하여 일정기간 강화 보안조치 유지되어야 하는 경계수준"에 해당하는 등급은?
① 1등급　　② 2등급
③ 3등급　　④ 4등급

05 국제항해선박 및 항만시설의 보안에 관한 법률상 국제선박보안증서의 유효기간은?
① 1년　　② 3년
③ 5년　　④ 10년

06 다음 중 국제항해선박 및 항만시설의 보안에 관한 법률상 국제선박보안증서 미소지 항행이 허용되지 않는 경우는?
① 유효기간 만료 후 선박검사를 받거나 형식승인을 받기 위한 시운전
② 국제항해선박 미해당 선박 수리 목적으로 왕복 1회만 항해
③ 국제항해선박 미해당 선박을 외국에서 수입하여 국내로 1회 항해
④ 유효기간이 임박하였으나 외국 체류 등 갱신이 어려운 사정이 있는 경우

해설 | 국제선박보안증서 미소지 허용 사유
- 국제선박보안증서 등 유효기간 만료&선박검사를 받거나 형식승인을 받기 위한 시운전
- 국제항해선박 미해당 선박 수리 목적으로 왕복 1회만 항해
- 국제항해선박 미해당 선박을 외국에서 수입하여 국내로 1회 항해

07 국제항해선박 및 항만시설의 보안에 관한 법률상 대한민국 항만에 입항하려는 외국국적 국제항해선박은 항만 입항 몇 시간 이전에 해당 선박의 보안관련 정보를 해양수산부장관에게 통보하여야 하는가?

① 6시간 ② 12시간
③ 24시간 ④ 48시간

08 국제항해선박 및 항만시설의 보안에 관한 법률상 선박보안책임자는 해당 국제항해선박 승선인원이 얼마 이상 교체 시 선원 교체일부터 일주일 내 그 선원에 대한 보안훈련·교육을 하여야 하는가?

① 1/4 ② 1/2
③ 1/8 ④ 1/5

01 ③ 02 ② 03 ④ 04 ② 05 ③ 06 ④ 07 ③ 08 ①

CHAPTER 02 국제협약

01 해상에서의 인명 안전을 위한 국제협약(SOLAS) ★★★

1. 총론

① 원명 : International Convention for the Safety of Life At Sea, 1974
② 채택(발효) : 1974.11.01.(1980.05.25.)
   ※ 국내 : 1980.12.31.(수락)/1981.03.31.(발효)
③ 채택배경 : 1912.04. 영국 타이타닉 호 침몰 사건 → 조사 과정에서의 문제점 인지 → 향후 예방을 위한 런던 국제회의 개최
④ 목적
   ㉠ 국제적 통일 원칙과 그에 따른 규칙설정에 의한 해상 인명안전 증진
   ㉡ 선박안전을 위한 선박 구조, 설비 및 운항에 관한 최저기준 설정
⑤ 관련 국내법 : 「선박안전법」, 「해상교통안전법」, 「항만법」, 「전파법」
⑥ 적용범위 : (각 장별로 별도 명문규정이 없는 한) 다음의 국제항행선박
   ㉠ 여객선
   ㉡ 그 외 선박 : 총톤수 500톤 이상
⑦ 적용제외(일반규정 3규칙)
   ㉠ 군함 및 군대수송선
   ㉡ 총톤수 500톤 미만의 화물선
   ㉢ 기계로 추진되지 않는 선박
   ㉣ 원시적 구조의 목선
   ㉤ 수송업 종사 × 유람보트
   ㉥ 어선

2. 구성

※ 편제 : 협약본문+부속서 14장

1	일반규정
2-1	건조-구조, 구획 및 복원성, 기관 및 전기설비
2-2	구조-방화, 화재탐지 및 소화
3	구명설비 및 장치
4	무선통신
5	항해 안전
6	화물 운송
7	위험물 운송
8	원자력선
9	선박 안전운항 관리
10	고속정 안전조치
11-1	해상안전강화 특별조치
11-2	해상보안강화 특별조치
12	벌크캐리어에 대한 추가조치
13	적합성 검증
14	극지해역 운항 선박

3. 주요 내용

※ 출처 : 해양수산부

① 선박(국제항해 종사 여객선 및 화물선)들은 조선소 건조 시부터 정부 또는 정부지정 전문 선박검사단체(선급 등)의 감독하에 충분한 강도(strength), 복원성(stability), 선박사고 시 전체적인 침수가 발생하지 않도록 선체를 여러 수밀구획으로 나누는 규정(subdivision), 선내기기(추진용 엔진·보조기기 등)에 요구되는 안전규정을 만족하여야 한다.

② 선박은 건조 당시뿐만 아니라 운항 중 매년 검사를 받아야 하고 특정 기간(5년)마다 육지 조선소에 올려 더욱 자세한 정기검사를 받아야 한다.
　㉠ 특히 여객선은 화물선보다 강화 및 안전한 선체 구조를 가져야 하고 더 자주 검사받아야 한다.
　㉡ 화물선은 여객선보다 덜 엄격한 기준의 선체 구조가 요구되는 대신, 선박승선 총 승선 인원 대비 더 강화된 구명 탈출 설비의 비치가 요구된다.

③ 선박은 화재가 잘 발생하지 않는 재질 및 구조로 만들어야 하며 화재가 발생 시 빠르게 전파되지 않고 탈출에 필요한 시간을 버틸 수 있는 구조로 건조되어야 한다. → 항해 중 육상 도움 없이 선박 스스로 화재를 소화할 수 있도록 휴대식 소화설비 및 고정식 소화설비들을 갖추어야 한다.

④ 선박에 침수 또는 화재 사고 등이 발생하여 선박을 탈출할 수밖에 없는 상황에 사용하기 위해 물에 빠질 때 착용할 개인용 구명 설비(구명조끼, 방수복 등)와 탈출한 사람들이 머무를 수 있는 생존 정(추진력 O 구명보트, 추진력 X 구명뗏목)을 충분히 설치하여야 한다.

⑤ 해당 선박의 비상상황을 알리거나 위험에 처한 타 선박과의 교신을 위한 여러 가지 통신 설비가 해당 선박 운항해역에 알맞게 비치되어야 한다(선박이 육지로부터 멀리 떨어져 운항할수록, 더 멀리 통신할 수 있는 통신 설비를 비치).
⑥ 주·야간을 막론, 선박운항 중 타 선박이나 육지와 충돌하지 않도록 자신의 위치나 타 선박 위치, 그 움직임을 감시할 수 있는 항해 설비들과 해도(육상에서의 지도와 같은) 등을 갖추어야 한다.
⑦ 기름, 가스, 비중이 높은 고체 화물, 위험물 등 특수화물을 운송하는 선박 및 운항속도가 아주 빠른 고속선들은 그에 적합한 추가 안전설비와 구조를 가져야 한다.
⑧ 선박, 선원 및 해당선박 운영 선사는 선박과 선원을 안전하게 관리하고 운항할 수 있도록 하는 안전관리시스템을 만들고 효과적으로 운영해야 한다.

> **TIP** 비상훈련·연습 관련
> - 모든 선원은 매달 1회의 퇴선훈련·소화훈련에 참여해야 함
> - 총선원의 25% 이상 교체 시 출항 후 24시간 이내에 비상훈련 실시함
> - 각 구명정은 퇴선훈련 3개월마다 최소 1회 이상의 진수 조종을 실시하여야 함
> - 선박구명설비와 소화설비에 관한 선내훈련 및 교육은 선원이 새로 승선한 후 늦어도 2주일 이내에 행해져야 함

4. 주요 내용(각 부속서별)

일반규정	• 조화제도(HSSC) : 국제선박검사제도상 검사와 증서발급의 조화 • 항만국통제(Port State Control) • 해양사고 시 당사국 정부 조사/IMO 통보

용어 정의
[제2회]
	• 규칙 : 본 협약의 부속서에 포함된 규칙
	• 주관청 : 선박이 그 국가의 국기를 게양할 자격을 가진 국가의 정부
	• 승인 : 주관청의 승인
	• 국제항해 : 협약이 적용되는 한 국가에서 그 국외항에 이르는 항해 또는 반대 항해
	• 여객 : 다음 사람 이외의 자
	  - 선장, 선원 또는 자격여하 불문 승선해 선박업무에 고용되거나 종사하는 기타의 자
	  - 1세 미만 유아
	• 여객선 : 12인 초과여객 운송 선박
	• 화물선 : 여객선이 아닌 선박
	• 탱커 : 인화성 액체화물의 산적운송을 위해 건조·개조된 화물선
	• 어선 : 어류, 고래류, 해표, 해마 기타 해양생물을 포획하기 위해 사용되는 선박
	• 원자력선 : 원자력 시설을 설비한 선박
	• 신선 : 1980년 5월 25일 이후 용골을 거치하거나 동등한 건조 단계에 있는 선박
	• 현존선 : 신선이 아닌 선박
	• 1해리 : 1,852미터 또는 6,080피트
	• 연차일 : 관련증서 만료일에 해당하는 매년 월일
	• 보조조타장치 : 주조타장치에 고장이 생겨 선박조종에 필요한 주조타장치의 어느 부분과도 분리된 장치
	• 정상적인 운항 및 거주상태 : 선체, 그 기관, 설비, 수단 및 보조장치가 정상적으로 작동하는 상태
	• 비상상태 : 정상적인 작동 및 거주에 필요한 기능이 주전원의 고장으로 정상상태에 있지 않은 것
	• 데드 십 상태 : 동력이 공급되지 않아 주추진장치 보일러 및 보조기관이 작동하지 않는 상태

건조-구조, 구획 및 복원성, 기관 및 전기설비	• 수밀구획 : 2개 수밀격벽 간 허용거리는 선박길이 및 종류에 따라 상이, 여객선이 가장 엄격 • 복원성 요건 • 기관 및 전기설비 : 비상시 필수기능 유지, 특히 조타장치에 관한 요건이 중요 → 조타장치는 출항 전 12시간 이내에 점검/시험 요함
구조-방화, 화재탐지 및 소화	• 화재예방/화재 시 안전을 위한 선종 별 요건 • 유조선 : 고정식 갑판포말장치, 불활성가스장치 등 규정
구명설비 및 장치	• A편 : 일반규정 → 여객선·화물선 공통적용사항 • B편 : 여객선 추가요건 • C편 : 화물선 추가요건 → 여객선 대비 다소 완화
무선통신	선박탑재 무선설비 종류, 기술요건, 통신사 등
항해 안전	• 당사국 정부의 항해안전업무 및 일반 운항측면 • 당사국 정부 : 빙산·기상 등 항행정보를 해당 해역선박에 통보, 교통폭주해역에서는 항로지정 가능 • AIS탑재 강제화 : ISPS code 시행 • 항해선교 시야 확보 : 1998.07.01. 이후 건조하는 길이 55m 이상 선박은 IMO가 정한 범위의 항해선교 시야가 확보되어야 함
화물 운송	• 곡물운송 시 안전 관련사항 : 적부, 트리밍, 고박 • 화물선 안전설비증서 유효기간 : 5년
위험물 운송	포장형태, 선작고체 형태/액체화학물, 액화가스
원자력선	원자력선 안전요건 및 방사능 위험 관련 규정
선박 안전운항 관리	ISM Code 강제화
고속정 안전조치	고속정 구조 및 필요설비
해상안전강화 특별조치	• 특별검사 : 선령 5년 이상 탱커/산적화물선 • IMO 식별번호 부여 : 여객선(≥100톤), 화물선(≥300톤) • PSCO 권한 : 선박 운항요건 검사, 승조원 능력 평가
해상보안강화 특별조치	ISPS Code에 세부사항 위임
벌크캐리어에 대한 추가조치	벌크캐리어 안전 관련 추가규정
적합성 검증	IMO 회원국의 국제협약 이행능력
극지해역 운항 선박	Polar Code 강제화

제1회

- 선박의 방화구역 : 각 구획
- 비상훈련 및 연습 : 실시 사유
- 항해 선교의 시야 : 확보 범위
- 안전운항 관리 : ISM Code 개념/의의
- 해상보안강화 특별관리 : ISPS Code 개념/의의

제2회

- 선원교체 시 선내비상훈련

01 ┃ 해상에서의 인명 안전을 위한 국제협약(SOLAS)

기출 및 예상문제

01 다음 중 해상에서의 인명 안전을 위한 국제협약의 적용대상이 아닌 것은?
① 국제항해선박으로서 총톤수 500톤 미만의 여객선
② 국제항해선박으로서 총톤수 500톤 이상의 여객선
③ 국제항해선박으로서 총톤수 500톤 미만의 여객선 외 선박
④ 국제항해선박으로서 총톤수 500톤 이상의 여객선 외 선박

해설 | 여객선 외 선박의 경우 총톤수 500톤 이상 선박만 SOLAS 적용 대상이다.

02 다음 중 해상에서의 인명 안전을 위한 국제협약의 목적으로 볼 수 없는 것은?
① 선박안전을 위한 선박 구조 최저기준 설정
② 국제적 통일 원칙과 그에 따른 규칙설정에 의한 해상 인명안전 증진
③ 선박안전을 위한 풍우밀과 수밀 보전성 확보
④ 선박안전을 위한 선박 설비 최저기준 설정

해설 | ③은 국제 만재흘수선 협약의 목적이다.

03 다음 중 해상에서의 인명 안전을 위한 국제협약상 승선 선원 25% 이상 교체 시 몇 시간 이내에 비상훈련을 실시하여야 하는가?
① 12   ② 24
③ 48   ④ 60

04 다음 중 해상에서의 인명 안전을 위한 국제협약상 여객선은 몇 명 초과 여객 탑승 시 적용되는가?
① 12   ② 24
③ 48   ④ 60

05 해상에서의 인명 안전을 위한 국제협약상 다음 내용이 가리키는 것은?

> 동력이 공급되지 않아 주추진장치 보일러 및 보조 기관이 작동하지 않는 상태

① 비상 상태
② 유보 상태
③ 오버 런 상태
④ 데드 쉽 상태

06 다음 중 해상에서의 인명 안전을 위한 국제협약상 조타장치는 언제까지 점검 및 시험되어야 하는가?
① 출항 전 24시간
② 출항 전 12시간
③ 출항 전 8시간
④ 출항 전 3시간

07 다음 중 해상에서의 인명 안전을 위한 국제협약상 구명설비와 관련하여 화물선에 추가적으로 적용되는 요건은?

① A편 ② B편
③ C편 ④ D편

08 다음 중 해상에서의 인명 안전을 위한 국제협약상 화물선 안전설비증서 유효기간은?

① 3년 ② 5년
③ 7년 ④ 10년

01 ③ 02 ③ 03 ② 04 ① 05 ④ 06 ② 07 ③ 08 ②

02 선박으로부터의 오염방지를 위한 국제협약(MARPOL) ★★

1. 총론

① 원명 : Protocol of 1978 Relating to the International Convention for the Prevention of Pollution from Ships, 1973
② 채택(발효) : 1978.02.17.(1983.10.20.)
③ 목적 : 선박으로부터의 해양오염방지
④ 관련 국내법 : 「해양환경관리법」
⑤ 적용범위
　㉠ 원칙 : 협약당사국 국기게양 자격 보유 선박, 그 권한하 운항 선박 → 부속서별 다소간 차이 존재
　㉡ 적용제외 : 군함 · 국가소유 선박으로 비상업용 목적 사용 선박
⑥ 구성 : 본문(9개 조문)+6개 부속서

2. 주요 내용

[부속서 1] 기름에 의한 오염방지를 위한 규칙 제1회 제2회 제3회	• 규제대상 : 모든 석유류 및 유성함유물 → 원유, 중유, 슬러지, 폐유 및 정제유 등 　(부속서 2의 석유화학물질은 제외) • 기름배출 가능 : 탱커 　– 특별해역 외에서 항행 중 　– 가장 가까운 육지부터의 거리>50해리 　– 유분 순간배출율≤30L/해리 　– 해역 배출 기름총량이 다음 각 경우에 해당 　　① 현존 탱커(1979.12.31. 이전 인도) : ≤최종운송 화물량의 1/15,000 　　② 신조 탱커(1979.12.31. 이후 인도) : ≤최종운송 화물량의 1/30,000 • 기름배출 가능 : 탱커 외 선박(총톤수≥400톤) 　– 특별해역 외에서 항행 중 　– 유출액 중의 유분이 희석 ×&≤15PPM 　– 기름배출감시제어시스템, 유수분리장치, 기름필터시스템 또는 기타 장치를 작동시키고 있어야 함 • 총톤수≥150톤 탱커, 총톤수≥400톤 선박 : 초기검사, 정기검사(5년 내 간격) 및 중간검사(30개월 내 간격)대상 → 국제기름오염방지증서(IOPP Certificate) • 관리문서 : Oil Record Book
[부속서 2] 산적 유해액체물질에 의한 오염규제를 위한 규칙 제1회	• 유해액체물질 : 해양생물 · 인간의 건강에 미치는 위해 등에 따라 A~D류로 분류, 위해 정도는 A>B>C>D 　– A 또는 A 함유물 : 해양배출 금지 　– B~D 또는 B~D 함유물 : 7노트≥항행선박&육지에서≥12해리 떨어진 곳에서 배출 가능 • X, Y 또는 Z로 분류된 유해액체 물질 포함한 밸러스트 배출 시 선박 속력 　– 자항선 : 7노트 이상 　– 비자항선 : 4노트 이상 • 사고 시 통보의무 : 선장(1차적) • 정기검사 · 중간검사 → 유해액체물질의 산적운송을 위한 국제오염방지 증서(NLS)

[부속서 3] 포장형태로 선박에 의해 운송되는 유해물질에 의한 오염방지를 위한 규칙	화물컨테이너 등에 의해 해상으로 운송되는 유해물질에 의한 오염방지 관련 규칙
[부속서 4] 선박으로부터의 하수에 의한 오염방지를 위한 규칙	• 분쇄소독 하수배출 : 선박이 가장 가까운 육지로부터 ≥4해리 떨어져 있어야 함 • 분쇄 ×&소독 × 하수배출 : 선박이 가장 가까운 육지로부터 ≥12해리 떨어져 있어야 함 • 초기검사·정기검사 → 국제하수오염방지증서(ISPP)
[부속서 5] 선박으로부터의 폐기물에 의한 오염방지를 위한 규칙 제1회	• 특별해역(지중해 등) : 음식찌꺼기만 배출 허용 • 던니지 및 포장재료 : 육지로부터 ≥25해리 • 음식찌꺼기 : 육지로부터 ≥12해리
[부속서 6] 선박으로부터의 대기오염 방지를 위한 규칙 제1회 제3회	최초검사, 정기검사(5년), 중간검사 및 불시검사 : 총톤수≥400톤 또는 총 설치동력 ≥1,500KW 선박 → 국제대기오염방지증서(IAPP)

02 | 선박으로부터의 오염방지를 위한 국제협약(MARPOL)

기출 및 예상문제

01 다음 중 선박으로부터의 오염방지를 위한 국제협약 관련한 국내법으로 볼 수 있는 것은?
① 선박법 ② 해상교통안전법
③ 선박안전법 ④ 해양환경관리법

02 다음 중 선박으로부터의 오염방지를 위한 국제협약이 적용되지 않는 선박으로 옳은 것은? (단, 협약당사국 국기게양 권한을 보유한 것으로 전제한다.)
① 상업용 선박 ② 여객선
③ 예선 ④ 군함

03 선박으로부터의 오염방지를 위한 국제협약상 탱커 외 선박의 경우 기름배출이 가능한 요건이 아닌 것은?
① 특별해역 외에서 항행 중
② 유출액 중의 유분이 희석되지 않을 것
③ 유출액 중의 유분이 16PPM 이하일 것
④ 기름배출감시제어시스템, 유수분리장치, 기름필터시스템 또는 기타 장치를 작동시키고 있어야 함

해설 | 15PPM 이하이다.

04 선박으로부터의 오염방지를 위한 국제협약상 X, Y 또는 Z로 분류된 유해액체 물질 포함한 밸러스트 배출시 자항선의 선박 속력은 몇 노트 이상이어야 하는가?
① 5 ② 7
③ 10 ④ 12

05 선박으로부터의 오염방지를 위한 국제협약상 선박에서 배출되는 음식찌꺼기는 육지로부터 몇 해리 이상 떨어진 경우 가능한가?
① 4 ② 8
③ 12 ④ 20

---

01 ④ 02 ④ 03 ③ 04 ② 05 ③

03 선원의 훈련, 자격증명 및 당직근무의 기준에 관한 국제협약(STCW) ★

1. 총론

① 원명 : International Convention on Standards of Training, Certificate and Watch-keeping for Seafarers, 1978
② 채택(발효) : 1978.07.07.(1984.04.28.)
③ 목적 : 선원 훈련, 자격증명 및 당직근무 기준을 국제적으로 통일함으로서 해상에서의 인명·재산의 안전과 해양환경의 보전
④ 관련 국내법 : 「선박직원법」, 「선원법」
⑤ 적용범위 : 체약국 국기를 게양할 권리를 가진 항해선 근무 선원에 적용. 다만 군함·어선·유람용 보트·원시적 목선 근무 선원에는 해당 없음
⑥ 구성 : 본문(17개 조문)+부속서(6개 장)+결의서(23개)

2. 주요 내용

본문	적용범위, 면허증서, PSC
[부속서 1] 일반규정	• 면허증 기재내용·배서양식·입항선박 감독권 행사 시 절차 • 배서 유효기간 : 발급일로부터 5년 초과 × • 훈련기록부 : 감독자/평가자는 본선의 모든 항해사, 선장은 매월 및 매항해 종료 시 훈련기록부 검사, 실습생 승선 시 감독자는 가능한 빨리 안전 및 선박 친숙훈련 실시 후 날짜 기입·서명
[부속서 2] 선장 및 갑판부	• 모든 항해사는 통신사 자격요건으로 최소 ROC 면허 소지, 그 중 GOC 면허 소지 • 당직 항해사 면허요건 : 1년 이상 승인된 승무경력 또는 그 승무경력 중 선장·일정자격 갖춘 사관의 감독하에 6개월 이상 선교당직근무 수행
[부속서 3] 기관부	선박 추진력에 따른 기관장 또는 기관사 최저요건 규정
[부속서 4] 통신부	• 무선사 : 국제무선규칙&SOLAS 협약 준수 • 통신사 : 국제무선규칙에 따른 면허증 소지
[부속서 5] 탱커에 관한 특별요건	• 유조선·화학약품 운송선 첫 승선선원 : 육상에서 소방훈련 소화 필요 • 선장, 기관장, 1등 항해사, 1등 기관사 : 직무 특별훈련과정 수료 필요
[부속서 6] 생존정에서의 기능	—

제2회
• 근로시간 및 휴식시간(선원법 참조)

03 | 선원의 훈련, 자격증명 및 당직근무의 기준에 관한 국제협약(STCW)

 기출 및 예상문제

01 다음 중 선원의 훈련, 자격증명 및 당직근무의 기준에 관한 국제협약이 적용되는 선원의 승선 선박에 해당되는 것은? (단, 체약국 국기 게양 권한을 보유함을 전제로 한다.)
① 어선
② 목선
③ 군함
④ 길이 24m 이하 항행선

해설 | 체약국 국기 게양권을 보유한 항행선의 경우 길이와 관계없이 그 승선선원은 적용대상이 된다.

02 다음 중 STCW 협약에 대한 설명으로 옳지 않은 것은?
① 모든 규정은 강행 규정이다.
② 국내법 중 선박직원법으로 수용되었다.
③ 선원의 훈련, 자격증명, 당직근무의 기준에 관한 국제협약이다.
④ 본문, 부속서, 결의서로 구성되어 있다.

해설 | 임의규정과 강행규정이 병존한다.

03 다음 중 STCW 협약상 훈련과 관련한 내용으로 옳지 않은 것은?
① 감독/평가자는 본선의 모든 항해사이다.
② 선장은 매일 훈련기록부를 작성하여야 한다.
③ 실습생 승선 시 가능한 빨리 안전훈련 등을 실시하여야 한다.
④ 매 항해 종료 시에도 훈련기록부를 작성하여야 한다.

해설 | 훈련기록부는 매월/매 항해 종료 시 작성하면 된다.

04 다음 중 STCW 협약상 당직 항해사 면허에서 요구하는 승선경력은?
① 3개월 이상   ② 6개월 이상
③ 1년 이상   ④ 2년 이상

05 다음 중 STCW 협약상 탱커 승무 시 직무 특별 과정 수료가 필요하지 않은 사람은?
① 1등 항해사   ② 선장
③ 기관장   ④ 갑판장

해설 | 직무 특별과정 수료 필요대상은 선장, 기관장, 1등 항해사, 1등 기관사이다.

01 ④   02 ①   03 ②   04 ③   05 ④

04 국제 만재흘수선 협약(LL) ★

1. 총론

① 원명 : International Convention on Load Lines, 1966
② 채택(발효) : 1966.04.05.(1968.07.21.)
③ 목적 : 선박의 풍우밀(Weathertight) 및 수밀(Watertight) 보전성 확보
④ 관련 국내법 : 「선박안전법」
⑤ 적용범위 : 국제항해 종사 길이≥24m 선박. 다만, 군함·유람요트 및 어선 제외
⑥ 구성 : 본문+부속서+권고

2. 주요 내용

① 건현(Freeboard) : 예비부력 기준을 위한 물에 잠기지 않은 선체의 높이로 갑판선의 상단에서 만재흘수선까지의 수직거리
  ㉠ A형 선박 : 액체 산적화물 운송선박(예 유조선) → 침수 안전성 확보로 B형 선박보다 작은 건현 지정
  ㉡ B형 선박 : A형 이외 기타 선박
② 만재흘수선(load draft line)
  ㉠ 정의 : 선박이 여객·화물을 적재하고 안전하게 항해할 수 있는 최대흘수를 나타내는 선 (선체 중앙부 양현)으로 이를 초과하여 화물을 적재해서는 아니 된다(평수구역 내 항해는 예외).
  ㉡ 표시 : TF(열대담수)-F(하기담수)-T(열대)-S(하기)-W(동기)-WNA(동기 북대서양)
  제1회 제2회

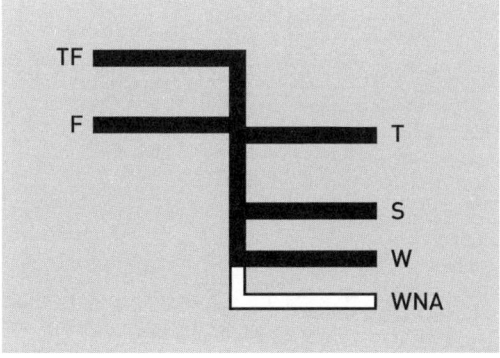

※ 출처 : 선박일반교과서

04 | 국제 만재흘수선 협약(LL)

기출 및 예상문제

01 다음 중 국제 만재흘수선 협약 적용대상은?
① 어선
② 유람요트
③ 군함
④ 국제항해에 종사하는 길이 24미터 이상 선박

02 다음 중 국제 만재흘수선 협약과 관련한 국내법은?
① 해상교통안전법
② 선박의 입항 및 출항 등에 관한 법률
③ 선박안전법
④ 선박법

03 국제 만재흘수선 협약상 다음에 해당하는 것은?

> 예비부력 기준을 위한 물에 잠기지 않은 선체의 높이로 갑판선의 상단에서 만재흘수선까지의 수직거리

① 건현　　　② 캠버
③ 빌지　　　④ 현호

04 다음 중 국제 만재흘수선 협약상 액체 산적화물 운송선박으로 침수 안전성이 확보된 선박을 지칭하는 것은?
① A형 선박　　② B형 선박
③ C형 선박　　④ D형 선박

05 다음 중 국제 만재흘수선 협약상 흘수선 표시 순서(위 → 아래)로 옳은 것은?
① TF-F-S-T-W-WNA
② TF-S-T-F-W-WNA
③ TF-F-T-S-W-WNA
④ TF-S-T-F-WNA-W

01 ④　02 ③　03 ①　04 ①　05 ③

05 선박톤수 측정에 관한 국제협약(TONNAGE) ★

1. 총론

① 원명 : International Convention on Tonnage Measurement of Ships, 1969
② 채택(발효) : 1966.06.23.(1982.07.18.)
③ 목적 : 세계 선박톤수측정제도의 통일
④ 관련 국내법 : 「선박법」
⑤ 적용범위 : 국제항해 종사 선박
⑥ 구성 : 본문+부속서

2. 주요 내용

① 측정대상 : 총톤수(GT), 순톤수(NT) 제1회 제2회
  ㉠ 총톤수(GT ; Gross Tonnage) : 측정 갑판의 아랫부분 용적에, 측정 갑판보다 위의 밀폐된 장소(항해, 추진, 위생 등에 필요한 공간을 제외한다)의 용적을 합한 것
  ㉡ 순톤수(NT ; Net Tonnage) : 총톤수에서 선원실, 밸러스트 탱크, 갑판 창고, 기관실 등을 제외한 용적으로, 화물이나 여객 운송을 위해 사용되는 실제 용적
② 총톤수 및 순톤수의 산정은 주관청이 행하고 그 권한의 위탁이 가능하다.
③ 국제톤수증서
  ㉠ 발급대상 : 본 협약규정에 따라 톤수가 산정된 선박
  ㉡ 유효기간 : 재측도시까지 영구 유효
  ㉢ 인정 : 당사국 발급 증서는 다른 체약국 정부가 인정하여야 한다.
  ㉣ 효력상실 : 개조 등 톤수변경 발생, 국적 변경 시

05 | 선박톤수 측정에 관한 국제협약(TONNAGE)

 기출 및 예상문제

01 다음 중 선박톤수 측정에 관한 국제협약에서 규정하고 있는 산정 대상은?

① 재화용적톤수 ② 총톤수
③ 배수톤수 ④ 재화중량톤수

해설 | 선박톤수 측정에 관한 국제협약은 총톤수와 순톤수를 산정 대상으로 규정하고 있다.

02 다음 중 선박톤수 측정에 관한 국제협약 적용 대상은?

① 국내항해 종사 선박
② 국제항해 종사 선박
③ 여객선
④ 상선

03 다음 중 선박톤수 측정에 관한 국제협약상 국제톤수증서의 유효기간은?

① 1년 ② 2년
③ 5년 ④ 재측도 시까지

해설 | 국제톤수증서 유효기간은 별도 정함이 없고, 재측도 시까지 영구하다.

01 ② 02 ② 03 ④

06 해사노동협약(MLC) ★★

1. 총론

① 원명 : Consolidated Maritime Labor Convention
② 채택(발효) : 2006.02.03.(2013.08.20.)
③ 목적 : 선원의 근로 및 생활조건 관련한 해사노동기준 통일
④ 관련 국내법 : 「선원법」
⑤ 적용범위

인적 범위	원칙	모든 선원
	예외	별도규정 시 해당 범위
물적 범위	원칙	상업적 활동 종사 모든 선박
	제외	• 어업·유사목적 종사 선박 • 삼각돛 붙이 범선 및 밑이 평평한 범선과 같은 전통적 구조의 선박 • 전함·해군보조함
	일부 제외	권한당국이 관계 선박소유자 및 선원 단체와 협의를 거치는 경우에 국제항해 미종사&총톤수<200톤 선박

⑥ 구성

본문	선원의 기본권, 일반 규정, 용어의 정의, 개정 절차, 발효요건	명시적 개정	강행규정
규정	원칙 및 권리에 해당하는 요소		
Code A	세부요건 분야별 그룹화	묵시적 개정	임의규정
Code B	권고사항 분야별 그룹화		

2. 주요 내용

비차별조항	비차별조항(유리처우불가원칙, Non-favorable treatment clause)을 도입, 협약 미비준국의 경우도 항만국통제를 통해 개입할 수 있게 하여 다수 국가의 비준을 용이하게 함
총론 (정의)	• 권한당국 : 관계규정 관련사항 관련하여 법적 강제력을 가지는 규정, 명령 또는 그 밖의 지시 발령·집행권한을 가진 장관, 정부부서 기타 당국 • 해사노동적합선언서/해사노동적합증서 : 제5.1.3조에서 규정한 선언서와 증서 • 총톤수 : 선박의 톤수측정에 관한 국제협약 부속서 1 및 일체의 후속 협약에 수록된 톤수측정 규정에 따라 계산된 총톤수 • 이 협약의 요건 : 이 협약의 본문, 규정 및 코드 가편에 있는 요건 • 선원 : 이 협약 적용선박에서 어떠한 직무로든 고용·종사하거나 일하는 모든 사람 • 선원근로계약 : 고용계약과 승선계약을 포함 • 선원직업소개업체 : 선박소유자 대리해 선원을 모집 또는 선원 직업소개에 종사하는 공공 또는 민간영역의 모든 개인, 회사, 협회, 대리점 기타 조직 • 선박 : 전적으로 내해 항행, 차폐수역 내 또는 항만규칙 적용지역 내 수역, 근접수역을 항행하는 선박 이외의 선박 • 선박소유자 : 선박소유자·선박소유자로부터 선박운항 책임을 위탁받았고 다른 조직 또는 사람이 선박소유자를 대리해 의무나 책임의 일부를 완수하는지 여부와 무관하게, 그 책임 수탁 시 이 협약에 따라서 선박소유자에게 부과된 의무와 책임을 인수하기로 동의한 관리자, 관리인 또는 선체용선자와 같은 다른 조직 또는 사람
승선전 최저요건	※ 현재 대부분의 내용이 「선원법」으로 수용되어 있으므로, 본서 해당 내용 정도 숙지하면 충분히 대비 가능할 것으로 보임
근로조건	
거주설비, 오락시설, 식량조달	
건강보호, 의료관리, 복지 및 사회보장보호	

제1회 **제2회**

• 건강진단서 : 유효기간
• 근로시간 및 휴식시간(「선원법」 참조)

06 | 해사노동협약(MLC)

기출 및 예상문제

01 다음 중 해사노동협약 규정으로서 강행규정이 아닌 것은?
① Code A
② 본문
③ Code B
④ 규정

해설 | Code B는 임의규정이다.

02 해사노동협약 적용선박 관련, 권한당국이 관계 선박소유자 및 선원 단체와 협의를 거치는 경우 국제항해 미 종사 선박 중 총톤수 몇 톤 미만의 선박까지 규정 일부제외가 가능한가?
① 100톤
② 200톤
③ 300톤
④ 400톤

03 다음 중 해사노동협약 적용 제외대상이 아닌 것은?
① 어업 · 유사목적 종사 선박
② 삼각돛 붙이 범선
③ 밑이 만곡된 범선
④ 전함 · 해군보조함

해설 | 해사노동협약은 밑이 평평한 범선과 같은 전통적 구조의 선박에는 적용되지 않는다.

04 해사노동협약의 특징으로서 다음이 가리키는 것은?

> 협약 미비준국의 경우도 항만국통제를 통해 개입할 수 있게 하여 다수 국가의 비준을 용이하게 하는 것으로 유리처우불가원칙이라고도 한다.

① 비차별조항
② 우선권조항
③ 개입권
④ 유보조항

01 ③ 02 ② 03 ③ 04 ①

선박안전관리사

※ ( ) 내 숫자는 영어 문항수임

과목	내용	1급 객관식	1급 주관식	2급 객관식	3급 객관식
해사안전 관리론	1. 항만국통제제도 및 해사안전감독	12(5)	2	15(5)	15(4)
	2. 안전관리·비상대응 절차	5	1	6	6
	3. 해양사고 발생원인 분석 및 재발방지	1	1	1	1
	4. 해양관할권 및 항행권	2		3	3
	합계	20(5)	4	25(5)	25(4)

PART 02

해사안전관리론

CHAPTER 01 | 항만국통제제도 및 해사안전감독
CHAPTER 02 | 안전관리·비상대응 절차
CHAPTER 03 | 해양사고 발생원인 분석 및 재발방지
CHAPTER 04 | 해양관할권 및 항행권

PART 02 기출분석

제1회

※ 영어문제는 제외함

출제 영역	기출 사항
항만국통제	• 항만국통제(PSC) : 의의 • 용어 : 명백한 증거(Clear Ground)
안전관리·비상대응 절차	• Heinrich의 도미노 이론 • Heinrich의 1:29:300 법칙 • IMO 공식 안전성 평가 기법(FSA) : 위험성 분석 및 평가 기법 • 국제안전관리규약(ISM Code) : 부적합사항, 인증심사 • 선박안전관리시스템(SMS) : DOC, SMC • 선박검사의 종류 : 「선박안전법」 규정 • 국제협약검사증서 : 대상선박별 유형 • 선박 운항에 관한 해양항만관청에 보고의무 : 「선원법」 관련규정 • 해양사고 발생 시 신고 의무 : 「해상교통안전법」 관련규정 • 선박 충돌 시 : 대응 실무 • 구명설비 : 보관장소 표시 • 선외 추락자 구조 방법
해양사고 발생원인 분석 및 재발방지	해양사고 발생원인 : 인적 과실
해양관할권 및 항행권	• 연안국의 주권 : 범위 • 통과통항권 : 정의, 행사선박 및 해협연안국의 의무 등 • 군도항로대 : 통항분리수역
공통문제 ※ 타 과목 범위중복 또는 범위 모호	• 「해양사고조사심판법」: 조사관의 직무, 심판의 기본원칙 • 「선박법」: 총톤수, 선박원부 등 관련증서, 선박등기
기타	KR(한국선급) 규칙

제2회

※ 영어문제는 제외함

출제 영역	기출 사항
항만국통제	• 의의 • 근거협약 • 업무 • 협약상 점검사항 • 용어 : 공인단체(RO), 명백한 증거(Clear Ground) • 증서 • 출항정지 조치에 대한 이의신청
안전관리·비상대응 절차	• Heinrich의 도미노 이론 • Heinrich의 1:29:300 법칙 • 스위스 치즈 모델 : 각 단계 명칭 • 안전성평가 : 위험성 공식 • 안전성평가 : 분석기법 • 안전성평가 : 종류 → 정량/정성적 방법 • 기름유출 시 오염방제 : 선장/선박소유자 의무
해양사고 발생원인 분석 및 재발방지	해양사고 발생원인 : 인적 과실
해양관할권 및 항행권	영해, 접속수역
공통문제 ※ 타 과목 범위중복 또는 범위 모호	의사결정 : 델파이 기법 등 ※ 타 과목 중복문제 다수 출제

제3회

※ 영어문제는 제외함

출제 영역	기출 사항
항만국통제	• 의의 • 지역별 MOU • 용어 • 시정조치 코드
안전관리·비상대응 절차	• Heinrich의 도미노 이론 • Heinrich의 1:29:300 법칙 • 안전성평가(위험성평가) : 산출 공식
해양관할권 및 항행권	대륙붕
공통문제 ※ 타 과목 범위중복 또는 범위 모호	의사결정 : 델파이 기법 등 ※ 타 과목 중복문제 다수 출제

CHAPTER 01 항만국통제제도 및 해사안전감독

01 항만국통제제도 ★★★

1. 개관

(1) 정의

① 항만국통제(PSC ; Port State Control) : 선박이 기항하는 국가인 "항만국(Port State)"에서 자국 관할권 내로 입항하는 외국적 선박에 대하여 해당 선박이 국제협약 기준에 따른 시설과 운항능력을 갖추고 있는지를 점검함으로써 선원·선박 안전과 해양환경 보호를 목적으로 하는 제도이다.

② 기타 국제법상 해사안전 관련제도

IMO 회원국 감사제도 (IMSAS)	IMO가 선박안전과 해양환경 보호 등의 실효성 확보를 위해 각 회원국에 대하여 ① 국제협약의 국내 수용 및 이행실태, ② 해양안전 관리조직 및 인력의 적정성, ③ 정부업무대행기관에 대한 관리·감독체계 등에 대하여 감사하는 제도
국제안전관리규약 (ISM Code)	IMO가 해양안전 및 해양환경 보호를 위해 선박의 물리적 안전성 망 선원의 자질향상을 위해 마련한 안전관리시스템으로서, SOLAS 제9장에 따라 모든 체약국들에게 적용되고 있음
선박교통관제 (VTS)	선박에게 다른 선박의 위치나 교통량, 기상위협 경보 같은 간단한 정보 제공부터 항만이나 진입수로에서 광범위한 교통관리를 위한 영역까지 포함하는 육상에 설치된 관리통제 시스템
국제항해선박·항만시설 보안규칙 (ISPS Code)	선박 및 항만시설에 대한 보안을 강화하기 위하여 SOLAS 제11장에 규정되어 있음. 주 내용으로는 선박 보안, 회사의 의무, 당사국 정부의 책임, 항만 시설 보안, 선박의 심사 및 증서 발급에 대한 내용 등을 들 수 있음

(2) 제도 개요

① IMO와 ILO는 항만국통제의 운영에 필요한 각종 국제협약을 채택·시행하고 있고 이해관계가 있는 국제기구 회원국은 해당 협약조건을 준수해야 할 의무가 있다.

② 선박은 법적으로 기국의 영토 일부로 취급되므로 협약 요건 준수 역시 기국에 위임되어 있다. 따라서 선박이 기항 항만국의 통제를 받는다는 것은, 항만국이 기국에 협력하여 협약 요건

충족여부를 대신 확인하는 것으로도 볼 수 있다. 아울러 자국 연안의 사고를 선제적으로 예방하고 해운산업을 보호하기 위한 목적도 겸유한다.

③ 항만국은 협약기준 미달선박(Substandard Ship)에 대해 결함사항(Deficiency)의 시정을 요구하거나, 안전·환경에 중대한 영향을 미치는 결함이 발견된 경우 그 시정 시까지 출항 정지(Detention)를 할 수 있다.

2. 배경

① 제2차 세계대전 이후 물동량 폭증에 따른 선복량 증가와 함께 편의치적선(Flag of Convenience)이 출현하였고 그 영향으로 1967년 토리캐넌호 사고, 1978년 아모코카디즈호 사고와 같은 대형 오염사고가 빈발하였다.

② 이에 선박 등록국인 기국, 특히 대부분 후진국인 편의치적국의 안전관리 능력을 보완하기 위한 별도의 조치가 필요하다는 의견이 국제적으로 대두하였고, 1982년 "UN해양법협약"이 채택되어 해당 협약에서 항만국통제의 근거가 마련되었다.

③ 위 근거에 따라 유럽 14개국이 같은 해 지역협약 성격의 Paris MOU를 체결하고 항만국통제 제도를 도입하였다.

> **TIP** MOU(Memorandum of Understanding)
> PSC를 시행하여 기준미달선박을 제거하기 위한 효과적 방법의 일환으로 채택된 합의문서로서, 인근지역에 위치한 국가 사이의 긴밀한 협약을 바탕으로 PSC 점검 항목을 일관되고 조화롭게(harmonized) 적용하기 위해 원칙을 정한 것이다.

④ 우리나라는 1986년 부산항과 인천항에서 항만국통제를 최초로 시행하였고, 1989년부터는 전국 항만으로 확대 운영하였다.

⑤ 전 세계에 지역별 PSC MOU는 총 9개가 있다.
  ㉠ Paris MOU : 유럽
  ㉡ Tokyo MOU : 아시아·태평양
  ㉢ Acuerdo de Via del Mar : 남미
  ㉣ Caribbean MOU : 카리브해 지역
  ㉤ Abuja MOU : 서·중앙아프리카
  ㉥ Black Sea MOU : 흑해 지역
  ㉦ Mediterranean MOU : 지중해 지역
  ㉧ Indian Ocean MOU : 인도양 지역
  ㉨ Riyadh MOU : 아라비아
    ※ 미국은 단독 시행 : U.S.C.G

〈Regional PCS Map〉

3. 국제법적 근거

(1) UN해양법협약(UNCLOS)

① 해양환경 보호와 보존에 관한 규정인 제12장 제218조 및 제219조에서 항만국통제에 관한 근거규정을 두어 기국정부의 이행의무·연안국의 권한 기타 보완규정 등을 기술하고 있다.

② 항만국은 자국항만에 입항하는 외국선박이 국제협약의 기준을 위반하여 자국 내수면, 영해 또는 배타적 경제수역(EEZ)까지 오염물질을 배출하는지 여부를 조사할 수 있고 증거가 충분한 경우 소송 제기도 가능하다.

③ 선박의 감항성(Seaworthiness)이 국제협약 기준에 미달하는 경우 출항을 통제하여야 하며, 필요하다면 수리를 위해 가장 가까운 인근 항만으로 이동을 허락하고 기준미달 상태가 해소되면, 즉시 항해를 허락하여야 한다.

④ UN해양법협약은 항만국통제를 위한 근거규정으로서의 성격을 가지며, 실제 항만국통제 사유 및 조치와 관련한 내용 및 절차는 개별 관련협약에서 분산 규율한다.

(2) 해상인명안전협약(SOLAS)

① SOLAS 협약은 선박의 안전과 관련된 선박의 구조, 복원성, 구명설비, 소화설비 및 무선설비를 비롯한 항해장비 등에 관한 사항을 규정하고 있다.

② 협약의 대상이 되는 선박은 어느 당사국의 항구 내에 정박하고 있는 동안 협약에 따라 유효한 증서를 선내에 비치하고 있는지를 검증하기 위한 권한 있는 검사관의 통제를 받아야 하며, 해당 통제는 다음 사항의 확인에 한정된다.
　㉠ 협약에 근거하여 발급된 증서의 유효성(유효기간 및 효력상실 여부) 확인

ⓒ 선박 및 설비가 증서와 실질적으로 일치하는지 여부
→ 즉, SOLAS상 PSC 통제는 협약증서 유효성과 일치성을 기준으로 한다.

③ 다음은 협약상 결함으로 본다.
ⓘ 증서가 유효하지 않는 경우
ⓒ 선박 및 그 설비의 상태가 실질적으로 증서상 기재사항과 일치하지 않는 명백한 근거가 있는 경우
ⓔ 선박의 선장이나 선원이 그 선박의 안전에 관한 필수적인 선상절차를 숙지하고 있지 않다고 믿을만한 명백한 근거가 있는 경우
→ 기존의 선박 물적 관리에 추가하여 인적 관리까지 항만국통제 범위로 포함하고 있다.

④ 조사관은 위 ③에 따른 결함이 확인될 경우, 해당 선박에 대한 시정조치 또는 그 출항을 정지시키고 협약기준에 필요한 조치를 취하거나 적절한 수리장소로 항해할 수 있도록 하는 조치 등을 취할 수 있다.

(3) 해양오염방지협약(MARPOL 73/78)

① MARPOL 협약에 의한 항만국통제는 SOLAS상 절차와 크게 다르지 않다.
② 차이점으로는 외국선박이 MARPOL 협약의 규정에 적합하지 않음을 이유로 항만국이 입항 자체를 거부할 수 있고 당해 선박에 의한 오염행위의 감시와 발견 목적이 항만국통제의 사유로 추가되었다는 점을 들 수 있다.
③ 만약 오염행위가 발견될 경우 항만국은 소송절차를 취하는 등 SOLAS에 비해 더욱 엄격한 통제의 입장을 취하고 있으며, 예하 6개 부속서에 SOLAS와 같은 인적 관리 통제조항이 규정되어 있는 점도 그 특징으로 볼 수 있다.

(4) 만재흘수선협약(LL)

해당 협약에서는 항만국통제를 유효한 협약증서 소지여부에 한정하고 있으며, 그 범위는 다음과 같다.

① 증서상의 허용 범위를 초과한 적재 여부
② 만재흘수선 위치가 증서와 일치 여부
③ 선박의 불합리한 개조 여부

(5) 선원의 훈련, 자격증명 및 당직기준에 관한 협약(STCW)

선원들이 유효한 자격증서를 보유하고 있는지에 대한 점검을 규정하고 있다.

(6) 선박톤수측정협약(TONNAGE)

선박이 유효한 국제톤수증서를 소지하고 있는지 여부 및 선박의 주요재원 등이 증서상 기재내용과 같은지 여부만이 점검 대상이다. 특히 Tokyo MOU에서는 관련한 결함사항 발생 시 시정을 요구하는 경고서한(Letter of Warning)을 선장에게 발급하고 즉시 출항 조치하도록 규정하고 있는 것이 특징이다.

(7) 해사노동협약(MLC)

① 해사노동협약이 채택되어 2013년 발효함에 따라 기존 항만국통제 근거협약이었던 '상선의 최저기준에 관한 협약'은 해사노동협약으로 흡수통합되었다.
② 협약에 따른 회원국의 주된 의무는 다음과 같다.
　㉠ 협약에 의한 책무를 완수하기 위해 채택한 법령 또는 기타조치 이행
　㉡ 협약 요건의 준수 보장을 위해 자국 국기를 게양하는 선박으로 하여금 협약 요건에 따른 해사노동적합증서/해사노동적합선언서의 강제 비치
　㉢ 자국 항만에 입항하는 외국적 선박에 대한 협약요건 준수 점검
　㉣ 자국 관할영역에 있는 선원 모집 및 직업소개 업체에 대한 관할권 행사 및 통제

4. 국내법적 근거

(1) 선박안전법

① 「선박안전법」에서는 항만국통제를 '외국선박의 구조·설비·화물운송방법 및 선원의 선박 운항지식 등이 대통령령으로 정하는 선박안전에 관한 국제협약에 적합한지 여부를 확인하고 그에 필요한 조치를 하는 것'으로 정의하고 있다.
② 위 규정에 따라 점검기준이 되는 국제협약은 다음과 같다.
　㉠ 해상에서의 인명안전을 위한 국제협약(SOLAS)
　㉡ 만재흘수선에 관한 국제협약(LL)
　㉢ 국제 해상충돌 예방규칙 협약(COLREG)
　㉣ 선박톤수 측정에 관한 국제협약(TONNAGE)
　㉤ 상선의 최저기준에 관한 국제협약(ILO 147)
　㉥ 선박으로부터의 오염방지를 위한 국제협약(MARPOL)
　㉦ 선원의 훈련·자격증명 및 당직근무에 관한 국제협약(STCW)

(2) 기타 법령

「해상교통안전법」, 「해양환경관리법」, 「선원법」, 「선박직원법」, 「국제항해선박 및 항만시설의 보안에 관한 법률」 등에서 개별적으로 항만국통제 관련규정을 두고 있다.

5. 항만국통제 실무

(1) 용어정리

※ 영어 문제로도 출제될 수 있는 부분임

항만국통제관	PSCO (Port State Control Officer)	관련 협약 당사국의 주관청으로부터 항만국통제 점검에 대한 권한을 부여받고 그 당사국에 대해 배타적 책임이 있는 자
점검(임검)	Inspection	관련 증서 및 서류의 유효성과 선박, 설비 및 승무원에 대한 전반적인 상태를 확인하기 위해 선박에 방문하는 것
상세점검	More Detailed Inspection	선박, 설비 및 승무원의 상태가 증서 항목과 실질적으로 일치하지 않는다는 명백한 증거가 있는 경우 실시하는 점검
유효증서	Valid Certificates	협약 당사국 또는 협약 당사국을 대신한 공인단체가 발행한 증서로서, 정확하고 유효한 날짜가 기재되어 있고 관련 협약의 요건을 만족하며 해당 선박, 설비 및 승무원 상세와 일치하는 증서
결함	Deficiency	관련 협약요건에 일치하지 않다고 판명된 상태
명백한 근거	Clear Ground	선박과 그 설비 또는 그 승무원이 관련 협약의 요건에 실질적으로 일치하지 않거나, 선장 또는 승무원이 선박의 안전, 해상보안 및 해양오염방지 등과 관련된 필수적인 선상절차에 익숙하지 않다는 증거
기준미달선	Substandard Ship	선체, 기계, 장비 또는 선박운항과 관련한 안전 요건이 관련 협약의 기준에 실질적으로 미달되거나, 선박의 승무원이 승무원정원증서에 따른 최소 승무원 기준에 적합하지 않은 경우
출항정지	Detention	선박의 통상적인 출항 일정과 상관없이, 선박 또는 선원의 상태가 관련 국제협약의 요건과 실질적으로 일치하지 않는 경우, 해당 선박이 선박 또는 승선한 선원에게 위험을 초래하지 않거나 해양환경에 부당한 위험 없이 항해할 수 있을 때까지 선박의 통상적인 출항 일정에 상관없이 항만국에서 취하는 조치
작업중지	Stoppage of Operation	해당 작업을 계속함에 있어서 단·복합적으로 위험을 끼치는 결함이 확인되어, 선박이 그 작업을 지속하지 못하도록 하는 공식적 조치
공인단체	RO (Reconized Organization)	IMO 총회결의서 A.739(18)의 관련 요건을 충족하고 기국 국기를 게양한 선박에 증서발급 및 필요한 법정업무를 수행하도록 기국정부로부터 권한을 위임받은 기관

(2) 통제 절차서(Procedures for Port State Control)

① 개념 : 국제해사기구(IMO)에서 항만국통제 절차의 통일화를 위하여 항만국통제와 관련한 이전 결의서들을 통합한 것으로, 1995년 채택되었으며 이를 통해 항만국통제 시행절차에 관한 기본지침을 비롯하여 점검수행 및 통제 절차와 선박, 설비 및 승무원에 대한 결함 인지 등에 대한 일반적인 지침을 제공한다. IMO 총회 개최 시기 발효·개정 제도들을 반영하기 위해 갱신되어 있다.

※ 일반적 절차지침(General procedural guidelines for PSCOs) : 항만국통제관

② 점검 범위
  ㉠ 절차서상 적용대상 협약 14가지가 나열되어 있지만, 기국가입 협약에 대해서만 항만국 통제관이 점검할 수 있다.
  ㉡ 협약에 가입하지 않은 비체약국 선박(Ships of Non-parties)에게 더 우대적인 조치를 제공할 수 없기 때문에, 항만국통제 절차에 따라 그에 상응하는 조사(Survey)가 이루어져야 하며 점검(Inspection)은 안전과 해양환경 보호를 위한 수준에서 시행된다. 협약 미적용 선박(Ships below convention size)의 경우 기국이나 대행기관이 발행한 증서 확인 수준에서 일반적인 환경·안전 측면에서의 점검에 그친다.

(3) 통제 절차서에 따른 점검 절차

> **TIP** 점검 절차 개관
> - 점검대상 선박 선정
> - 초기 점검
> - (필요 시) 상세 점검
> - 보고서 전달 및 시정조치 시행
> - 관련 기관 통보 및 정보시스템 입력

① 개설
  ㉠ 항만국통제는 정부 스스로, 다른 정부제공 정보·요청에 따라 선원·전문단체·협회·무역기구 또는 선박안전·선원 및 여객 또는 해양환경보호와 이해관계가 있는 개인이 제공한 선박정보에 따라 시행한다.
  ㉡ 지정 검사관이나 대행기관(RO)에게 자국 선박에 대한 검사나 점검을 위임할 수 있다.
  ㉢ 선박이 부당하게 지체되거나 출항정지를 당하지 않도록 가능한 일체의 노력을 기울여야 한다. 부당지체나 출항지체가 있었다면 해당 선박은 손실 또는 손해를 보상받을 권리가 있다.

② 점검대상 선박 선정
  ㉠ 항만국통제의 점검은 우선적으로 기준미달선이라는 명백한 근거가 있는 경우 그 선박을 점검대상으로 하며, 명백한 근거가 없더라도 통상 6개월 이내 다른 항만국에 의해 점검을 받지 않은 선박도 그 대상이 된다. 우리나라는 Tokyo MOU 회원국으로서 현재 NIR(New Inspection Regime)방식으로 대상 선박을 선정하고 있다.
  ㉡ NIR은 기존 '선박안전관리 평가지수(TF ; Target Factor)'와 비교하여 평가방법에 회사의 안전수준을 추가 고려하고, 선박 위험도를 3등급으로 분류하여 점검주기를 세분화하였다. 선박 위험도에 따른 점검주기 동안 PSC점검을 받지 않은 선박이 점검 최우선순위가 되며, 점검주기 내 선박은 차순위가 된다. 통상 다음 기준에 대한 36개월간의 기록을 통해 선박 위험도를 측정한다.

선종	캐미컬탱커, 가스선, 유조선, 벌크선, 여객선은 위험도 점수(+)
선령	모든 선종에서 12년 초과 시 위험도 점수(+)
기국	Black, Grey, White 등급 중 Black list 기국에 위험도 점수(+)
회사 안전수준	• 평가지수가 아태지역 평균 이하일 경우 위험도 점수(+) • 회사 소속 모든 선박의 36개월간 출항정지 및 결함지수 산정 • 위 지수를 아태지역 평균과 비교하여 회사 안전수준을 4단계로 평가
결함이력	• 36개월 이내 6개 이상 지적사항이 있는 점검 횟수마다 점수(+) • 36개월 이내 3회 이상 출항정지 횟수마다 위험도 점수(+)

③ 점검 시 「일반적 절차지침(General procedural guidelines for PSCOs)」
  ㉠ 항만국통제관(PSCO)은 선박 승선 시, 선장 또는 선원에게 PSCO 신분증을 제시해야 한다. 이러한 신분증은 항만국통제를 위해 주관청이 적법하게 승인한 검사관임을 증명한다.
  ㉡ 만약 상세 점검을 수행할 명백한 근거가 확인되는 경우 PSCO는 이를 선장에게 즉시 통보해야 하며 선장이 원하는 경우 관련 주관청, 증서를 발급한 RO 등에 연락하고 그들의 승선을 요구할 수 있다.
  ㉢ 선원으로부터 보고나 불만사항이 접수되어 점검을 시행한 것이라면, 정보의 출처를 공개하여서는 아니 된다.
  ㉣ 선박이 부당하게 지체되거나 출항정지를 당하지 않도록 가능한 일체의 노력을 기울여야 한다.
  ㉤ 점검한 항만에서 결함사항이 시정될 수 없을 때, PSCO는 적절한 조건을 결정하고 선박이 다른 항만으로 항해하도록 허락할 수 있다.

④ 초기 점검(Initial Inspections)
  ㉠ 개요 : 항만국통제에 따른 점검은 기본적으로 국제협약 관련 증서/서류의 유효성과 선박, 설비 및 승무원의 전반적 상태를 확인하는 방식으로 이루어진다.
  ㉡ 우선 선종, 건조연도, 크기에 따라 적용되는 국제협약 규정을 사전에 확인한다.
  ㉢ 초기 점검의 일반적인 대상은 다음과 같다.
    • 도장상태, 부식정도, 손상여부 및 적화상태를 관찰하여 선박의 전반적 정비상태 확인
    • 관련 국제협약에 따른 증서 및 서류의 유효성 확인
      – 승선하여 책임 있는 사관과 만나 관련서류 점검을 요청
      – 전자 증서 : 접속 웹사이트가 '전자증서 사용에 관한 지침'과 일치해야 하고, 증서 유효성 확인 수단이 선박에 있어야 하며 컴퓨터로 증서를 볼 수 있어야 한다.
    • 선체, 만재흘수선 표시, 기름유출 여부, 선교 및 기관실, 선수루(Forecastle), 화물창 및 화물구역, 기관실, 도선사 승하선 설비 갑판 및 화물창 등의 상태를 관찰
  ㉣ 모든 증서가 유효하고 전반적으로 외관상 결함이 없으면 점검보고서 작성 후 점검을 종료한다.

⑤ **상세점검(More Detailed Inspection)** : PSCO는 다음의 명백한 근거(Clear Ground)가 발견될 시, 상세점검을 시행할 수 있다.
  ㉠ 관련 협약에서 요구하는 주요한 장비나 장치가 없을 때
  ㉡ 선박 서류의 유효기간이 경과한 때
  ㉢ 관련협약과 IMO 통제절차서에서 요구하는 문서가 선내에 없거나, 불완전하거나, 유지관리가 되어 있지 않거나 되어 있더라도 부실한 때
  ㉣ PSCO의 관찰과 전체적인 인상을 통해 선체나 구조물이 심각하게 노후화되었거나 선체구조, 수밀 및 풍우밀 상태가 위험하다고 보이는 결함이 있을 때
  ㉤ PSCO의 관찰과 전체적인 인상을 통해 안전, 오염방지 또는 항해장비에 중대한 결함이 있다고 보일 때
  ㉥ 선장이나 선원이 선박의 안전과 오염방지에 관한 선내 필수장비의 작동에 서툴거나 그러한 작동을 수행한 적이 없다는 증거나 정보가 있을 때
  ㉦ 주요 선원들이 서로 또는 선내 다른 사람들과 대화가 곤란하다는 정보가 있을 때
  ㉧ 잘못된 조난신호가 발령되었으나 적절한 취소절차가 없었을 때
  ㉨ 선박이 기준미달선으로 보인다는 정보가 담긴 보고나 불만사항이 접수되었을 때

⑥ **시정조치(Port State Action)**
  ㉠ 관련 지침
    - 항만국통제는 선박이 안전하지 않은 상태로 항해하는 것과 해양환경에 불합리한 위해를 가하는 것을 방지하기 위한 것임을 명심하고, 부당하게 선박의 출항이 금지되거나 지연되지 않도록 노력해야 한다. 선박의 항해 일정을 고려하여 결함을 시정할 때까지 출항정지를 할 것인지, 특정한 결함을 가지고 항해를 하게 할 것인지에 대한 전문적 판단을 해야 한다.
    - 일부 장비는 예비 부품이나 교체 부품을 쉽게 구하지 못할 수 있기 때문에, 점검사항에서 결함이 시정될 수 없는 경우 과도한 출항 지연을 방지하기 위해 적절한 조건과 함께 선박을 다음 항구로 항해하게 할 수 있으며, 이 경우 다음 항구의 항만당국과 주관청에 이를 통지해야 한다.
  ㉡ 기준미달선박 확인(Identification of a Substandard Ship)
    - 일반적으로 선체, 기계류, 장비 및 작동상태가 관련협약에서 요구수준에 현저히 낮거나, 선원들이 안전승무정원서(Safe manning document)와 일치하지 않을 때 다음과 같이 기준미달선으로 본다.
      - 협약이 요구하는 주요한 장비나 장치가 없을 때
      - 협약에 따른 장비와 장치의 성능이 기준과 다를 때
      - 정비불량 등으로 장비나 선박이 현저히 노후화된 때
      - 선원의 설비 작동능력이 미흡하거나 필수 작동절차에 익숙하지 않을 때
      - 선원이나 선원증서의 수가 부족할 때
    - 위 사실들이 전체적·개별적으로 선박의 감항성을 없애거나, 선박 또는 선내 인명에 위험을 초래하거나, 해양환경에 비합리적인 위해를 가하는데도 출항 예정이라면 PCSO는 이를 기준미달선으로 분류하고 출항정지를 고려하여야 한다.

ⓒ 결함사항에 대한 정보 제출(Submission of Information Concerning Deficiencies) : 선원이나 전문단체, 협회, 운송연맹 또는 어떤 개인이라도 선박, 선원 및 여객의 안전과 해양환경 보호에 관심이 있다면 누구나 항만국의 권한 있는 관청에 관련 정보를 제출할 수 있다.

ⓓ 기준미달 혐의 선박에 대한 항만국의 조치(Port State Action in response to Alleged Substandard Ships)

※ 시정조치 코드

Code	시정조치	비고
00	결함사항 없음	-
10	결함시정조치 완료	결함된 시정사항에 대하여 처리 완료
15	차항에서 결함시정	지적항구에서 미처리되어 다음 입항항구까지 보증해주는 경우
16	14일 이내 결함시정	선박에 위험을 초래하지 않고 즉시 수리가 필요하지 않은 경우, 보통 17code보다 사소한 결함일 경우
17	출항 전 결함시정	일반적으로 Follow Up Inspection을 수반. 출항 전 시정조치 완료하지 않을 경우 15/16/99 각 Code로 수정될 수 있음
30	출항정지	감항성에 영향을 미치는 중대한 결함, 선원 및 여객의 안전을 저해하거나 해양오염을 발생시킬 수 있는 위험이 있는 결함사항이 발견되는 경우, 시정조치 완료 전까지 출항정지
99	기타	위의 Code 사용이 적합하지 않은 경우, 구체적인 요구사항을 PSC report에 기록

ⓔ 출항정지
- 선박 출항정지는 다수 이해관계인에게 많은 문제를 일으키는 복잡한 사안이므로, 가급적 다른 이해관계자와 함께 조치하는 것이 PSCO로서는 최선의 고려사항일 수 있다. 즉 PCSO의 판단이나 재량을 제한하지 않고 선주 대리인이나 RO가 상황 개선을 위한 상의 등의 루트로 적절히 개입한다면, 관련한 논쟁을 피할 수 있을 것이고 추후 소송과 같은 법적 분쟁에 원활히 대응할 수 있는 사전 예방조치가 될 수도 있다.
- 다만 출항정지를 위한 증거가 선박에 발생한 우발적 손상의 결과라면, 다음 경우에는 출항정지를 명령해서는 아니 된다.
  - 관련서류 발행책임이 있는 기국정부, 지정된 대행기관에 통지토록 규정한 협약에 대한 응분의 고려
  - 선장이나 회사에서 입항 전에 자세한 사고 및 피해 상황과 기국정부에 통지한 정보를 항만당국에 제출
  - 선박측에서 항만당국이 인정하는 수준으로 적절한 시정조치 시행
  - 항만당국이 시정완료 통지를 받고 안전, 건강 또는 환경에 명백한 위협이 되는 결함사항이 해결되었다고 인정

ⓑ 기타
- 점검 일시중지(Suspension of Inspection)
- 출항정지와 해제 확인을 위한 절차(Procedures for Rectification of Deficiencies and Release)

⑦ 이의신청
㉠ 선박 측 회사 또는 그 대리인은 항만당국의 출항정지 조치에 대해 이의를 제기할 수 있고, PSCO는 이의제기 권한에 대해 선장에게 적절히 통지하여야 한다. 이의제기를 하더라도 출항정지 조치의 효력에는 영향이 없고 기조치는 연기되지 않는다.

㉡ Tokyo MOU에 따른 재심(Submission of a case for review) : 만약 항만당국에 대한 이의신청이 받아들여지지 않을 경우 처분을 받은 날로부터 120일 이내에 관련 자료를 첨부해 Tokyo MOU 사무국에 재심을 신청할 수 있다.

⑧ 점검결과 전달 및 보고
㉠ 항만국통제를 완료한 PSCO는 점검보고서를 교부하고, 점결결과를 PSC 정보시스템에 입력한다.

㉡ 항만국 보고(Port State Reporting)
- 출항정지를 하는 경우에는 최대한 신속하게 기국정부에 통지해야 하며 관련 증서 발급을 대행한 RO에게도 통지하여야 한다.
- 수리 등을 사유로 결함이 있는 채로 출항이 허가된 선박의 경우, 항만당국은 관련한 모든 사실을 차항지의 당국, 기국 및 RO에 적절히 알려야 한다.

㉢ 기국 보고(Flag State Reporting) : 출항정지 보고서를 접수한 기국 또는 RO는 출항정지 내용에 대한 수정조치를 최대한 빨리 IMO에 알려야 한다.

㉣ 해양오염방지협약 위반 혐의에 대한 보고(Reporting of Allegations under MARPOL) : MARPOL 협약조항 중 배출관련 조항을 위반했다거나 결함이 있다는 주장에 대한 보고는 결함이나 위반 혐의를 관찰한 이후 6일 이내에 가능한 신속히 기국에 전달되어야 한다.

02 해사안전감독 ★★

1. 해사안전감독관

(1) 개관

해양수산부장관은 해양사고 발생 우려, 해사안전관리 적정시행 여부 확인을 위해 필요한 경우 해사안전감독관으로 하여금 정기·수시로 다음 각 조치를 하게 할 수 있다. 다만 수상레저기구·선착장 등 수상레저시설, 유·도선, 유·도선장은 그러하지 아니하다.

① 선장, 선박소유자, 안전진단대행업자, 안전관리대행업자, 기타 관계인에게 출석·진술을 하게 하는 것(7일 전 사전 고지)
② 선박·사업장에 출입해 관계서류 검사, 선박·사업장의 해사안전관리 상태 확인·조사·점검(7일 전 사전 고지)
③ 선장 기타 관계인에게 관계 서류를 제출하게 하거나 그 밖에 해사안전관리 관련 업무를 보고하게 하는 것

(2) 자격

임기제로 고용되며, 1급 항해사나 기관사 면허를 소지하고 일정기간 해사분야 근무 또는 선급 기관에서 선박검사원으로 일정기간 근무한 경력 등 「해상교통안전법」에서 정하는 자격을 갖추어야 한다.

(3) 종류

① **전문분야별** : 선박의 운항 및 여객안전과 관련된 업무를 담당하는 운항감독관, 선체 기관의 정비상태 등 선박의 감항성 관련 업무를 맡는 감항감독관으로 구분할 수 있다.
② **선박별** : 여객선감독관, 화물선감독관 및 원양어선감독관으로 구분된다.

2. 해상교통안전법상 주요 제도

(1) 해양시설보호수역

설정	해양수산부장관은 해양시설 부근 해역에서 선박 안전항행과 해양시설 보호를 위한 수역을 설정할 수 있음
입역	해양수산부장관의 허가 요함 → 해양시설 안전 확보에 지장이 없다고 인정 또는 공익상 필요 시 허가 가능
입역허가 예외사유	• 선박고장 기타 사유로 선박조종 불가능 • 해양사고를 피하기 위한 부득이한 경우 • 인명구조 또는 급박한 위험이 있는 선박구조 • 관계 행정기관의 장이 해상에서 안전확보 업무 시 • 해양시설 운영·관리기관의 해양시설 보호수역 입역

(2) 교통안전특정해역

설정	해양수산부장관은 다음 각 해당 해역으로 대형 해양사고 발생우려가 있는 해역을 설정할 수 있음(대통령령으로 정함) • 해상교통량이 아주 많은 해역 • 거대선, 위험화물운반선, 고속여객선 등의 통항 잦은 해역 　※ 교통안전특정해역 • 범위 : 인천구역, 부산구역, 울산구역, 포항구역, 여수구역 • 지정항로 : 인천항, 부산항, 광양만
거대선 등의 항행안전 확보조치	해양경찰서장은 "거대선, 위험화물운반선, 고속여객선, 흘수제약선, 수면비행선박, 선박·물체를 끌거나 미는 선박 중 그 예인선열 길이≥200미터 선박"이 교통안전특정해역 항행 시 항행안전 확보를 위해 필요하다고 인정하면 선장/선박소유자에게 다음 각 사항을 명할 수 있음 • 통항시각 변경　　　　　　　　　　• 항로 변경 • 제한된 시계의 경우 선박항행 제한　• 속력 제한 • 안내선 사용　　　　　　　　　　　• 기타 해양수산부령으로 정하는 사항

(3) 유조선통항 금지해역

설정	다음 각 석유·유해액체물질 운송선박(유조선)의 선장이나 항해당직 항해사는 유조선 안전운항 확보 및 해양사고로 인한 해양오염을 방지를 위해 유조선 통항 금지해역에서 항행하여서는 아니 됨 • 원유, 중유, 경유 또는 이에 준하는 탄화수소유, 가짜석유제품, 석유대체연료 중 원유·중유·경유에 준하는 기름≥1,500㎘ • 유해액체물질≥1,500ton
예외 (항행가능)	• 기상상황 악화로 선박안전에 현저한 위험 발생우려 • 인명·선박 구조 • 응급환자 • 항만 입·출항 → 기상, 수심 기타 해상상황 등 항행여건을 충분히 헤아려 유조선통항 금지해역 바깥쪽 해역에서부터 항구까지 거리가 가장 가까운 항로를 이용해 입·출항하여야 함

(4) 시운전 금지해역

충돌 등 해양사고 방지를 위해 시운전(조선소 등에서 선박 건조·개조·수리 후 인도 전까지 위 작업 중 시험운전) 금지해역에서 길이≥100m 선박에 대해 다음 각 시운전을 하여서는 아니 된다.
① 선박 선회권 등 선회성능 확인
② 선박침로를 좌·우로 바꾸는 지그재그 항해 등 선박 운항성능을 확인
③ 전속력·후진 항해, 급정지 등 선박 기관성능 확인
④ 비상조타 기능 등 선박 조타성능 확인
⑤ 기타 선박침로, 속력 급변경 등으로 타 선박 항행안전 저해우려

(5) 항로 지정

해양수산부장관은 선박통항 수역의 지형·조류, 기타 자연조건 또는 교통량 등으로 해양사고우려 시, 관계 행정기관장 의견을 들어 수역범위, 선박 항로·속력, 선박 교통량, 기상여건 기타 필요사항을 고시할 수 있다.

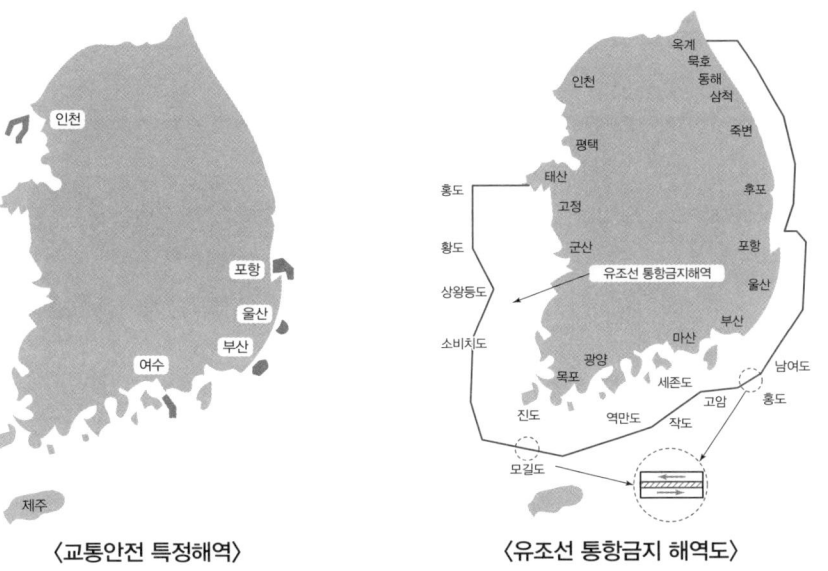

〈교통안전 특정해역〉　　　　〈유조선 통항금지 해역도〉

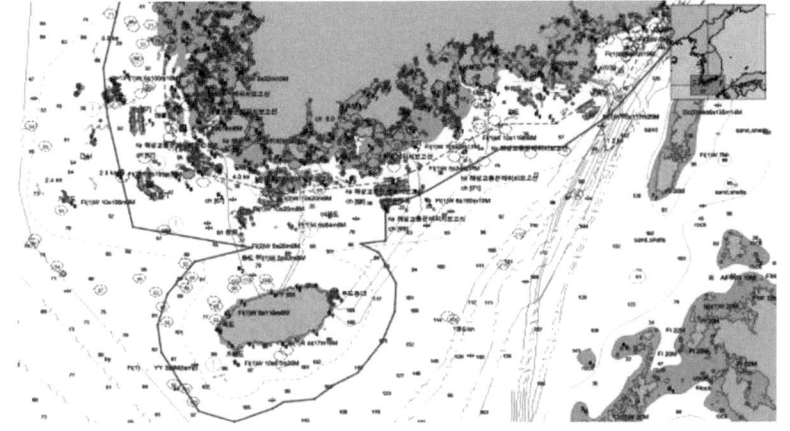

〈시운전 금지해역도〉　　　　　　　　　　※ 출처 : 해사신문

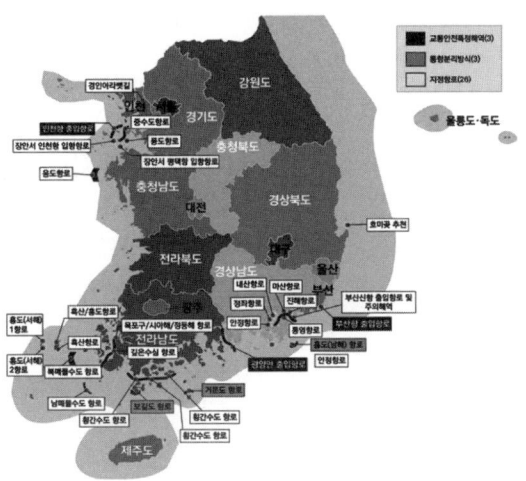

〈지정항로 위치〉　　　　　　　　　　※ 출처 : 한국해양수산개발원

CHAPTER 01 항만국통제제도 및 해사안전감독

CHAPTER 01 | 항만국통제제도 및 해사안전감독

기출 및 예상문제

01 다음 중 항만국통제(PSC) 도입과 관련이 깊은 선박을 가리키는 것은?

① 대형여객 ② 유조선
③ 편의치적선 ④ 무해통항선

해설 | 편의치적선의 범람은 결국 후진국 위주인 해당기국 통제 미비에 따라 각종 해양환경 대형사고를 불러일으키게 되었고, 그에 따라 기국 외 제3국 또는 제3자에 의한 적절한 통제 필요성이 대두되어 항만국통제 제도를 도입하는 계기가 되었다.

02 다음 중 항만국통제 지역별 MOU가 아닌 것은?

① Paris MOU(유럽)
② Tokyo MOU(아시아·태평양)
③ Riyadh MOU(아라비아)
④ U.S.C.G(미국/캐나다)

해설 | 미국은 단독 시행 중이다.

03 해상인명안전협약(SOLAS)상 항만국통제와 관련한 설명으로 틀린 것은?

① 선박의 안전과 관련된 선박의 구조, 복원성, 구명설비, 소화설비 및 무선설비를 비롯한 항해장비 등에 관한 사항을 규정하고 있다.
② 협약증서 유효성과 일치성을 기준으로 한다.
③ 물적 범위에 한정하여 통제한다.
④ 결함 확인 시 조사관의 조치권한이 인정된다.

해설 | 기존의 선박 물적 관리에 추가하여 인적 관리까지 항만국통제 범위로 포함하고 있다.

04 항만국통제의 국내법적 근거가 아닌 것은?

① 선박안전법 ② 해상교통안전법
③ 해양환경관리법 ④ 해운법

05 다음 내용이 가리키는 것은?

> 선체, 기계, 장비 또는 선박운항과 관련한 안전 요건이 관련 협약의 기준에 실질적으로 미달되거나, 선박의 승무원이 승무원정원증서에 따른 최소 승무원 기준에 적합하지 않은 경우

① Clear Ground
② Detention
③ RO
④ Substandard Ship

06 다음 중 항만국통제의 초기점검과 관련한 설명으로 틀린 것은?

① 기본적으로 국제협약 관련 증서/서류의 유효성과 선박, 설비 및 승무원의 전반적 상태를 확인하는 방식으로 이루어진다.
② 관련 국제협약에 따른 증서 및 서류의 유효성 확인도 그 범위이다.
③ 모든 증서가 유효하고 전반적으로 외관상 결함이 없으면 점검보고서 작성 후 점검을 종료한다.
④ 필요 시 형식적 사항을 제외한 세부적 정밀 점검도 가능하다.

해설 | 세부적 점검은 상세점검의 영역이다.

07 국제해사기구(IMO)에서 항만국통제 절차의 통일화를 위하여 항만국통제와 관련한 이전 결의서들을 통합한 것으로, 1995년 채택되었으며 이를 통해 항만국통제 시행절차에 관한 기본지침을 비롯하여 점검수행 및 통제 절차와 선박, 설비 및 승무원에 대한 결함 인지 등에 대한 일반적인 지침을 제공하는 것은?

① 통제 절차서(Procedures for Port State Control)
② 유효증서(Valid Certificates)
③ 작업 지시서(job order)
④ 공정안전보고서(PSM)

08 다음 중 대상협약에 가입하지 않은 선박(비체약국 선박)에 대한 항만국통제와 관련한 설명으로 맞는 것은?

① 체약국과 동일한 우대조치가 가능하다.
② 일반적인 항만국통제 절차가 적용된다.
③ 기국이나 대행기관이 발행한 증서 확인 수준에서 일반적인 환경·안전 측면에서의 점검에 그친다.
④ 결함 발견 시 일반적인 항만국통제를 넘어선 조치 예방적 조치도 가능하다.

해설 | 협약에 가입하지 않은 비체약국 선박에게는 더 우대적인 조치를 제공할 수 없기 때문에 항만국통제 절차에 따라 그에 상응하는 조사가 이루어져야 한다. 점검은 안전과 해양환경 보호를 위한 수준에서 시행되며, 절차 역시 증서확인 등의 형식적 범위에 한정된다.

09 항만국통제 제도상의 「RO」와 관련하여 틀린 것은?

① Reconized Organization의 약자이다.
② 기국정부로부터 포괄적 권한을 위임받았다.
③ IMO 총회결의서 A.739(18)의 관련 요건을 충족하여야 한다.
④ 기국 국기를 게양한 선박이 그 대상이다.

해설 | 그 권한은 증서발급 및 필요한 권한에 한정된다.

10 다음 중 항만국통제의 상세점검의 사유가 아닌 것은?

① 관련 협약에서 요구하는 주요한 장비나 장치가 없을 때
② 관련협약과 IMO 통제절차서에서 요구하는 문서가 선내에 없거나, 불완전하거나, 유지관리가 되어 있지 않거나, 되어 있더라도 부실한 때
③ 1선박 서류의 유효기간이 경과한 때
④ PSCO의 관찰과 전체적인 인상을 통해 안전, 오염방지 또는 항해장비에 통상의 결함이 있다고 보일 때

해설 | "중대한" 결함이 있는 경우가 상세점검 사유이다.

11 다음 중 시정조치를 위한 기준미달선박 확인(Identification of a Substandard Ship)에 해당하지 않는 것은?

① 협약이 요구하는 주요한 장비나 장치가 없을 때
② 정비불량 등으로 장비나 선박이 현저히 노후화된 때
③ 협약에 따른 장비와 장치의 성능이 기준과 다를 때
④ 선원이나 선원증서의 수가 부족하거나 초과될 때

해설 | 부족한 경우 기준미달선박에 해당한다.

01 ③ 02 ④ 03 ③ 04 ④ 05 ④ 06 ④ 07 ① 08 ③ 09 ② 10 ④ 11 ④

12 항만국통제 시정조치 코드 중 「17」에 해당하는 것은?

① 결함사항 없음
② 차항에서 결함시정
③ 출항 전 결함시정
④ 출항정지

13 다음 중 해사안전감독관과 관련한 설명으로 틀린 것은?

① 임기제이다.
② 수상레저시설에는 적용이 없다.
③ 유·도선장도 대상이 된다.
④ 관제사나 항만국통제관보다 그 자격요건이 더 엄격하다.

해설 | 유·도선과 같은 선박이나 유·도선장과 같은 사업장에는 적용되지 않는다.

14 다음 중 해사안전감독관이 선장, 선박소유자, 안전진단대행업자, 안전관리대행업자, 기타 관계인에게 출석·진술을 하게 할 경우 사전 고지는 며칠 전까지 하여야 하는가?

① 7일   ② 10일
③ 14일   ④ 15일

15 다음 중 해사안전감독관의 종류가 아닌 것은?

① 여객선감독관   ② 유조선감독관
③ 화물선감독관   ④ 원양어선감독관

해설 | 여객선감독관, 화물선감독관 및 원양어선감독관으로 분류할 수 있다.

16 다음 중 교통안전 특정해역에 해당하지 않는 것은?

① 포항   ② 목포
③ 울산   ④ 부산

해설 | 교통안전 특정해역은 포항, 울산, 부산, 여수, 인천에 각 지정되어 있다.

17 다음 중 유조선통항 금지해역에서 항행이 금지되는 선박의 유해액체물질 운송량은?

① 500kl 이상   ② 1,000kl 이상
③ 1,500kl 이상   ④ 2,000kl 이상

---

12 ③ 13 ② 14 ① 15 ② 16 ② 17 ③

CHAPTER 02 안전관리·비상대응 절차

01 안전관리 ★★★

1. 개요

(1) 안전의 개념

① 안전관리 3요소
  ㉠ 인적 요소 : 선원의 능력, 선주의 관심 등
  ㉡ 물적 요소 : 선박의 복원성, 화물의 특성 등
  ㉢ 환경적 요소 : 해양기상, 통항분리제도 등

② 일반적 정의
  ㉠ 안전(Risk)이란 안전한 상태, 즉 사고가 없는 상태를 말한다.
  ㉡ 사고가 없는 상태에서도 사고 발생의 가능성이 상존할 수 있는데, 이 경우 내제된 위험의 정도를 위험도라고 한다. 실무적으로 채택할 수 있는 위험도에 대해서 국제해사기구(IMO)는 합리적으로 실행가능한 수준에서 가장 적은 값(ALARP ; AS Low As Reasonably Practicable)으로 정의하고 있다.

③ 국제적 정의
  ㉠ 국제해사기구(IMO) : 의도하지 않은 일에 따른 인명, 신체 및 건강에 대한 수용할 수 없는 수준의 위험이 존재하지 않는 상태로 정의하고 있다.
  ㉡ 위험도 계산은 바람직하지 않은 사건이 일어날 가능성과 일어난 경우의 결과 조합값으로 본다.
  ㉢ 국제표준화기구(ISO) : 허용 불가능한 위험도가 없는 것으로 정의하고, 위험도 계산은 해가 일어날 가능성과 그 해의 심각성의 조합으로 본다.

④ 국내법적 정의 : 관련 법령인「재난 및 안전관리 기본법」,「해상교통안전법」에서는 안전에 관한 별도의 정의를 두고 있지 않으며 대신 안전관리 또는 해사안전관리라는 정의만을 두고 있다.

> **TIP** 해사안전기본법 제2조(정의)
>
> 이 법에서 사용하는 용어의 뜻은 다음과 같다.
> 1. "해사안전관리"란 선원·선박소유자 등 인적 요인, 선박·화물 등 물적 요인, 항행보조시설·안전제도 등 환경적 요인을 종합적·체계적으로 관리함으로써 선박의 운용과 관련된 모든 일에서 발생할 수 있는 사고로부터 사람의 생명·신체 및 재산의 안전을 확보하기 위한 모든 활동을 말한다.

(2) 사고의 발생

① **안전 시스템의 붕괴** : 사고는 어떠한 위험이 현실화된 것으로, 그 과정상 여러 단계의 방어막(Defenses)에 결함이 발생한 결과로 볼 수 있다. 그러나 일부 안전 요소의 결함이 있더라도 사고와 관련 연결되지 않도록 구성된 다중화된 방어막 즉 안전망(Safety Net)을 구축한다면, 사고의 발생위험을 낮출 수 있다.

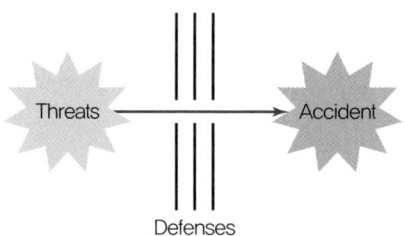

※ 출처 : MARINE SAFETY MANUAL V, United Status Coast Guard, 2008.04

② **인적과실**

㉠ 인적과실(Human Error, 인간과실) : 개인이나 집단 측면에서 볼 때 수용할 수 있거나 바람직한 수준의 관행에서 이탈하여, 수용할 수 없거나 바람직하지 못한 결과를 초래하는 행위를 가리킨다.

㉡ 통계적으로 해양사고 등의 대부분은 인적과실에 기인하며, 이를 방지하기 위해 사전 경보 시스템[예 통합선교시스템(INS)]의 도입이나 학문적 측면의 인간중심설계 등에 관한 연구도 진행되고 있다.

③ **인적과실과 관련한 모델링 시스템**

㉠ 국제해사기구(IMO)는 해양사고 조사코드에서 사고를 야기하는 인적과실을 다음 4가지로 분류하고 그러한 행동을 하게 된 심리적 배경을 3가지로 분류하고 있다.

㉡ 인적과실 : 해야 할 일을 깜빡 잊는 것(Slip), 착오(Lapse), 인지하였으나 실수(Mistake), 의도적 규정위반(Violation) → 이 중 의도적 위반을 제외한 나머지 3가지를 인간과실의 유형으로 볼 수 있다.

㉢ 심리적 배경 : Slip/Lapse은 기술기반(Skill-based), Mistake는 규정기반(Rule-based), Violation은 지식기반(Knowledge-based)을 그 배경으로 들 수 있다.

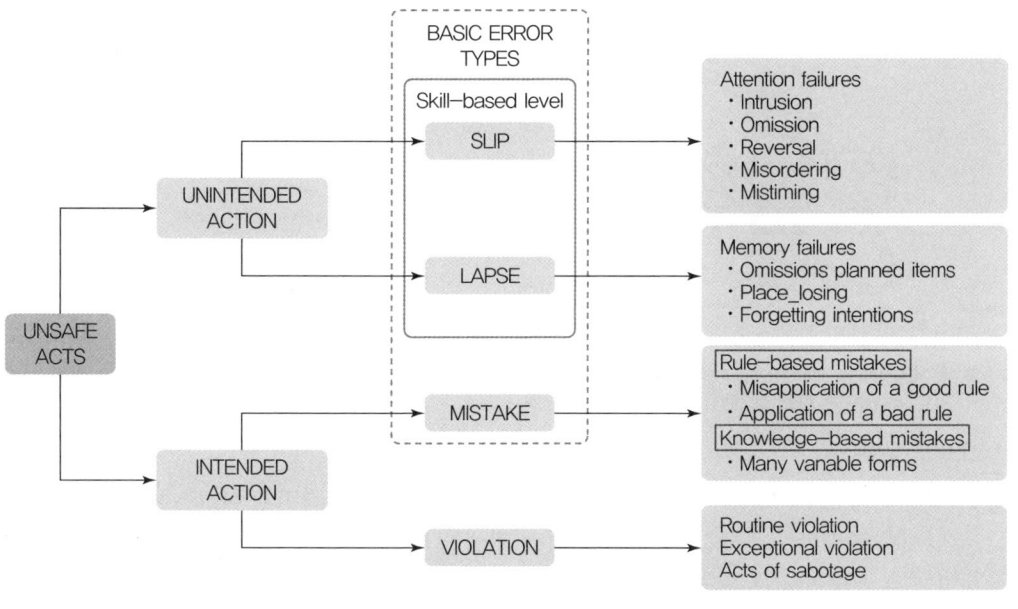

〈Framework of Generic Error Modeling System〉

④ 스위스 치즈 모델

  ㉠ 국제해사기구(IMO)는 인적 과실에 의한 해양사고 발생과정을 "스위스 치즈 모델"에 기반하여 5단계의 인적 조건 방어막으로 설명하고 있다.

  ㉡ 스위스의 대표적 치즈인 에멘탈 치즈와 같이, 크고 작은 불규칙한 구멍이 뚫린 치즈 조각을 여러 장 겹쳐 놓았을 때 각 조각의 구멍을 일렬로 관통하는 경우는 사고가 일어나고 어느 한 조각에서라도 막히면 사고가 일어나지 않는다는 발생 이론이다.

  ㉢ 각 치즈조각을 작업방법, 치즈 구멍은 위험요인, 구멍의 수는 위험요인 수, 구멍 크기는 발생 가능성 또는 발생 빈도로 치환할 수 있다.

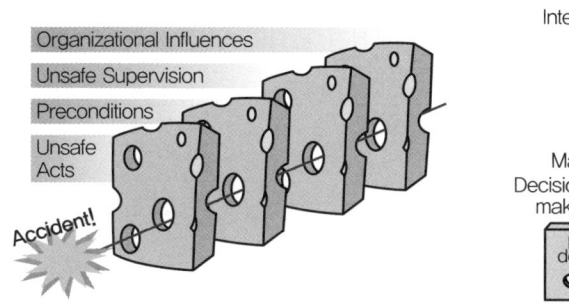 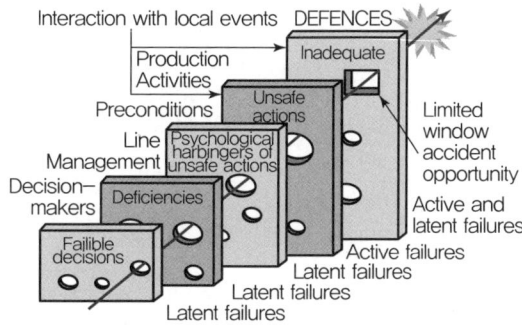

⑤ SHEL 모델 : 사고를 일으키는 인간에게 미치는 조직 기타 외부적 요인의 영향을 확인하기 위한 인적요인 조사기법으로서, 국제해사기구(IMO)에서도 해양사고의 원인 조사를 위해 도입하였다. 스위스 치즈 모델과 결합한 하이브리드 모델로도 활용된다.

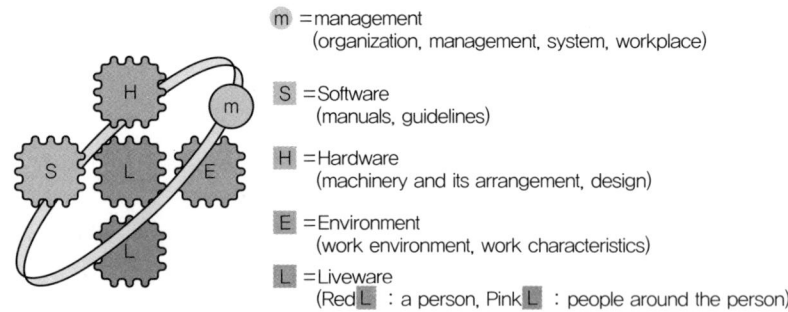

※ 준사고(Near Missed, 무재해 사고, 아차사고) : 「해양사고의 조사 및 심판에 관한 법률」에서 규정하고 있으며, 하인리히의 "1:29:300"원리에서 유래

⑥ 도미노 이론
  ㉠ 정의 : 대형사고나 재해 발생 시에는 반드시 그와 관련한 경미한 사고·징후 및 연쇄적 발생 단계가 존재한다고 보고 그 원인과 단계 과정을 밝히려는 사고분석기법 관련이론이다.
  ㉡ 분류 : 하인리히(Heinrich)의 "구이론", 버드(Bird)의 "신이론"
  ㉢ 하인리히의 도미노 이론(구이론)
    • 하인리히는 사고의 발생원인을 다음 5가지 연쇄단계로 구분한다.

1단계	사회환경 내력(사회적, 유전적 요소)
2단계	인간의 결함(개인적 결함)
3단계	불안전 행동 및 기계적, 물리적 위험상태
4단계	사고
5단계	재해(상해, 재산손실)

    • 하인리히는 사고발생의 주요원인과 예방대책의 대상을 인간의 결함, 즉 "인적요소"로 보았다. 이에 환경적·기술적 요인과 같은 외부요소를 고려하지 못했다는 비판도 존재한다.
  ㉣ 버드의 도미노 이론(신이론)
    • 버드는 사고의 발생원인을 다음 5가지 연쇄단계로 구분한다.

1단계	제어부족(관리부재)
2단계	기본원인(4M-Man, Machine, Media, Management)
3단계	직접원인(불안전한 행동, 불안전한 상태)
4단계	사고
5단계	재해(상해, 재산손실)

    • 하인리히의 구이론과 비교 시 작업자의 불안정 등 작업자 개인요소를 재해의 직접원인으로 본 것은 동일하나, 그 이전에 관리부재와 같은 "기본원인"이 재해의 더욱 본질적인 발생원인으로 기능하며 선제적 예방의 필요성을 강조한 점을 차이로 들 수 있다.

> **TIP** 사고빈도 법칙(하인리히 ↔ 버드)
>
> | 하인리히 | 1(중상 또는 사망):29(경상):300(무상해사고) |
> | --- | --- |
> | 버드 | 1(중상 또는 폐질):10(경상해):30(무상해사고, 물적손실):600(무상해, 무사고, 위험순간) |

2. 안전성 평가 및 진단

(1) 위험도 공식

① 국제해사기구(IMO)는 위험도(Risk)를 사고 빈도(Frequency)와 사고로 인한 영향(Severity)의 조합으로 표현하고 있다.

  ㉠ 사고 빈도(Frequenc, Probability) : 사고 가능성, 단위 시간당 바람직하지 않은 사고가 일어나는 수

  ㉡ 영향(Severity, Consequences) : 사람·재산·환경 등에 대해 부정적인 영향을 끼치는 바람직하지 않은 사건의 규모

② 이를 바탕으로 IMO가 채택한 "공식 안전성 평가 기법(FSA ; Formal Safety Assessment)에서 사용하는 위험도 공식은 다음과 같다.

$$Risk = Probability \times Consequences$$

(2) 공식안전성평가(FSA)

① 개념 : 안전 확보를 위해 지불하여야 하는 비용이 어느 정도일 때 적정한지를 판단하기 위한 평가기법으로서, 영국에서 1993년에 국제해사기구(IMO)에 제안하여 2022년 최종 승인되었다.

② 구성 : 다음과 같은 5가지 단계로 구성된다.

  ㉠ 위험요소 색인(Identification of Hazard)
  ㉡ 위험도 분석(Risk Assessment)
  ㉢ 위험관리 방안(Risk Control Options)
  ㉣ 비용 편익 증가(Cost Benefit Assessment)
  ㉤ 의사결정 권고(Recommendation for Decision-Making)

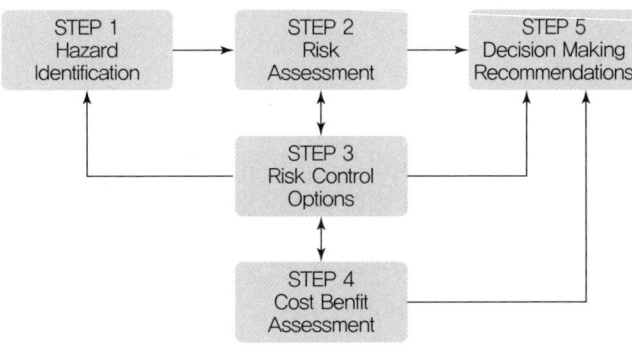

⟨FSA Flowchart⟩

③ 위험요소 색인(Identification of Hazard) : 위험요소를 찾아내고, 이와 관련되어 잘못된 사건(Associated scenarios)이 무엇인지 식별하는 단계이다.

④ 위험도 분석(Risk Assessment)
  ㉠ 전 단계에서 식별한 위험요소와 예상사건에 대한 우선순위 설정 및 개략적으로 분석한 위험요소별 발행원인과 예상 영향력에 대한 심층분석을 수행하는 단계이다.
  ㉡ 통상 위험도 공식(Risk=Probability×Consequences)을 결함수해석법에 따른 각 우선순위별 Matrix에 대입하여 평가한다.

Consequence level		Frequency Low ←――――――――――――→ High						
		F0	F1	F2	F3	F4	F5	F6
Minor	S1	1	2	3	4	5	6	7
Significant	S2	2	3	4	5	6	7	8
Severe	S3	3	4	5	6	7	8	9
Catastrophic	S4	4	5	6	7	8	9	10

※ 출처 : 공식안전평가를 이용한 선박의 안전성 평가, 김종호, 2009

  ㉢ 위험도 평가 결과, 합리적으로 수용할 수 있는 수준(ALARP)을 넘어서는 부분에 대해서는 다음 단계인 위험관리 방안이 필요하게 된다.

⑤ 위험관리 방안(Risk Control Options) : 이전 단계에서 식별된 수용할 수 있는 수준을 넘어서는 고위험군(ALARP)에 대하여 저감조치인 위험도 관리방안(RCOs ; Risk Control Options)을 제시한다.

⑥ 비용 편익 평가(Cost Benefit Assessment) : 전 단계에서 제시한 위험도 관리방안을 채택함으로써 발생하는 비용과 편익을 비교·나열한다.

⑦ 의사결정 권고(Recommendation for Decision-Making) : 보고서 작성단계로 분석 결과와 함께 실행 가능 방안여부를 제시한다.

(3) 위험성평가 분석기법 ★

- 각 기법의 국문/영문명 암기
- 정량적(데이터 축적을 통한 양적 측정)/정성적(특이성 추출 등을 통한 질적 측정) 각 방법 구분
- 위 2가지 내용 숙지 후 필요에 따라 각 기법 부연설명까지 정리

① 분석기법 종류
  ㉠ 결함수 분석(FTA ; Fault Tree Analysis)
  ㉡ 사건수 분석(ETA ; Event Tree Analysis)
  ㉢ 원인결과 분석(CCA ; Cause Consequence Analysis)
  ㉣ 위험과 운전분석(HAZOP ; Hazard & Operability studies)
  ㉤ 작업안전분석(JSA ; Job Safety Analysis)
  ㉥ 체크리스트(Check List)

- ⑥ 사고예상질문(What-If)
- ⑧ 이상위험도 분석(FMECA ; Failure modes, effects and criticality analysis/FMEA+CA)
- ⑨ 예비위험분석(PHA ; Preliminary Hazard Analysis)

② 분석기법 구분
- ㉠ 정량적(양적 측정) : FTA, ETA, CCA
- ㉡ 정성적(질적 측정) : HAZOP, JSA, Checklist, What-if, FMECA, PHA

③ 주요 기법
- ㉠ 결함수 분석(FTA ; Fault Tree Analysis)

개념	조사대상의 바람직하지 않은 결과(정상사상, Top event)의 원인요인(시스템이 내재하고 있는 "위험인자")을 말단요소(기본사상, Basic Event)를 기초로 규명·분석하는 하향식(Top-down)기법 → "수형도(FT도)"와 같은 그림형태로 표현
활용	원인요인의 발생확률이 판명되어 있는 등 정상사상의 발생확률 계산을 위해서 주로 정량적으로 사용
장·단점	• 장점 : 사용 용이성, 계통성, 유연성, 시스템 분석 유용성, 논리성·집합성 • 단점 : 정적 모델·시간 의존성, 기본사상의 불확실성에 따른 연쇄적 불확실성 발생, 2차적 상태에 한정, 도미노 효과 또는 조건부 고장 미포함
절차	※ 정상사상의 발생원인·경로를 연역적 분석하여 도식화 정상사상 선정 → 사상별 재해원인 및 요인규정 → FT도 작성 → 개선계획 작성

- ㉡ 사건수 분석(ETA ; Event Tree Analysis)

개념	여러 시스템의 동작이나 부동작에 따라 원인 사상으로 이어지는 사상의 상호배타적 순서를 나타내는 상향식(Bottom-up)도식 기법 → 의사결정 나무(Decision tree)를 사용해 시작사건으로부터 나올 수 있는 결과들을 분석 ※ 초기사건(Initiating event) : 시스템 또는 기기결함(물적), 운전원 실수(인적) 등 ※ 안전요소(Safety Function) : 초기사건이 실제사건으로 발전되지 않도록 취하는 안전장치/운전원 조작 등 물적·인적 조치
활용	시작사건으로부터 다른 사고 시나리오의 순위, 모델링, 계산 등을 위해 사용되고 제품 또는 프로세스의 수명주기 어느 단계에서도 사용이 가능, 관리방안의 수용가능성 검토에 도움
장·단점	• 장점 : 시스템/기능의 성공 여부 영향의 명확한 도식화, 도미노 효과 대응, 사상의 순서도시 가능(동적) • 단점 : 종합적 평가기법 활용 시 중요 원인사상의 경시 우려, 직전 현상의 조건부 분석이므로 의존성에 따른 오류 또는 설비운용 담당자 영향 무시 등에 따른 리스크 추정 오류 등이 발생
절차	※ 공정 수/크기 등을 고려해 경험을 가진 전문가로 팀을 구성해 시행, 공정설명서 등 공정설계 및 운전 관련자료 준비 필요 초기사건 정의 → 안전요소 확인 → 사건수 구성 → 사고결과 확인 → 사고결과 상세분석 → 결과보고서 작성

ⓒ 위험과 운전분석(HAZOP ; Hazard&Operability studies)

개념	계획 중이거나 기존의 제품/프로세스/절차 또는 시스템 구조에 대한 체계적 조사를 실시해 사람·기기·환경·조직의 목적에 대한 위험을 특정하는 정성적 기법으로 일련의 회의에 의한 전문가팀이 실시 ※ 가이드워드 : 어떠한 상황에서 설계의도 또는 동작조건 미달성이 발생하는지 묻는 것 ※ "고장모드"에 주목한다는 점에서 FMEA와 유사하나, 미리 고장모드를 특정하지 않고 결과/조건과의 차이 검토 및 가능성이 있는 원인 및 고장모드에 도달한다는 점에서 차이가 있음
활용	장치산업의 유동매체 취급 시스템을 위해 개발된 기법이었으나, 타 종류 시스템 및 복잡한 운전으로 적용 영역이 확장되었고 모든 종류의 설계 의도로부터 일탈 취급이 가능하며 소프트웨어 설계 리뷰에 널리 사용
장·단점	• 장점 : 계통적·상세조사 수단, 유경험자 및 전문가의 대응책 창출, 광범위한 시스템, 프로세스 및 절차적용 가능, 휴먼 에러 원인 및 결과에 대한 명확한 검토 가능 • 단점 : 장시간/고비용, 높은 수준의 문서 또는 시스템/프로세스 및 절차사양서 등을 필요로 함, 근본적 대응이 아닌 결과에 치중한 해결책 도출 우려 존재, 설계상세에 집중하여 기타 문제 소홀할 가능성, 설계자 전문지식에 지나치게 의존할 위험
절차	※ 유경험자 및 전문가로 팀 구성 및 수행, 설계의도로부터 잠재된 변수이탈 등을 식별하고 가능 원인들의 시험 및 그에 대한 결과의 평가를 다룸 정의 → 준비 → 시험 → 문서화 및 후속조치

ⓔ 이상위험도 분석(FMECA ; Failure modes, effects and criticality analysis/FMEA+CA)

개념	고장형태에 따른 영향분석(FMEA ; Failure modes and effects analysis)과 치명도분석(CA ; Criticality analysis)이라는 2가지 개별 분석으로 구성된 기법 → 부품, 장치, 설비 및 시스템의 고장 또는 기능상실에 따른 원인과 영향을 분석(① FMEA)한 후 치명도에 따라 분류 및 잠재된 고장형태에 따른 피해결과 분석(② CA)으로 적절한 개선조치를 도출하는 절차 ※ CA 수행 전 FMEA 절차를 완료
활용	신뢰성 높은 설계대안 선택을 지원, 시스템 및 고장모드 및 정상동작 영향의 검토보증, 휴먼 에러 및 그 영향 명확화, 실제 시스템의 시험 및 보전계획의 기초, 절차 및 프로세스의 설계 개선, FTA 등 다른 분석기법에 정성적 정보 제공
장·단점	• 장점 : 고장모드/하드웨어/소프트웨어/절차에 대한 폭넓은 적용 및 영향 특정과 읽기 쉬운 형식으로 표시 가능, 문제 초기발견 및 비용 절감, 요구사항 명확화, 모니터링 프로그램 개발정보 제공 가능 • 단점 : 복합 고장모드의 특정에는 사용하기 어려움, 조사대상 불명확 시 시간 증가에 따른 비용 증가, 다층 시스템에서는 분석이 어렵거나 장황할 우려
절차	※ 설비 부품에서 전체 시스템에 이르기까지 체계적 수행, 유경험 전문가로 팀 구성해 수행, 공정설명서·설계자료 등 분석자료 준비 필요 고장형태에 따른 영향분석 → 치명도 분석

(4) 기타 평가방법

① 수로 위험성평가 프로그램(IWRAP) : 국제항로표지협회(IALA)

② 항만 및 수로 안전성 평가 기법(PAWSA) : 미국

(5) 해상교통 안전진단

① 개요
  ㉠ 선박의 통항에 지장을 주는 해양시설·수역 증가로 인해 선박의 안전한 통항로를 확보하기 위하여 구조물 설치나 수역 지정 이전 실시하는 안전평가제도이다.
  ㉡ 2007년 '허베이 스프리트호' 기름유출 해양오염사고의 후속안전 대책으로서 「해상교통안전법」 개정에 따라 도입되었다.

② 주요 내용

구분	내용
실시	• 해양수산부장관은 안전진단대상사업자(국가기관·지자체 장은 제외)에게 별도 안전진단기준에 따른 해상교통안전진단을 실시하도록 하여야 함 → 사업자의 안전진단서 제출의무(처분기관) • 대상사업 - 항로 또는 정박지의 지정·고시·변경 - 선박통항 금지 또는 제한수역 변경 - 수역설치 교량·터널·케이블 등 시설물 건설·부설 또는 보수 - 항만 또는 부두의 개발·재개발 - 최고속력≥60노트 선박 투입한 해상여객/화물운송사업
기준	각 대상사업별 공통기준 | 구분 | 진단기준 | |---|---| | 공통사항 | 가. 진단대상사업이 시행되는 수역의 물리적·사회적 특성에 대한 충분한 검토 나. 진단대상사업이 선박통항에 미치는 영향의 최소화 다. 진단대상사업자와 해상이용자의 의견 대립의 최소화 라. 안전여유(Safety Margin)에 대한 충분한 고려 마. 진단대상사업에 따른 잠재적 위험요인의 최소화 바. 충분한 통항안전대책 수립 사. 적정한 항로표지 설치 아. 진단대상사업이 시행되는 수역 또는 진단대상사업의 시행으로 인한 영향이 예상되는 인근 수역에서의 장래개발계획의 반영 |
면제	• 선박통항안전, 재난대비 또는 복구를 위해 긴급시행 필요사업 • 기타 선박통항 영향이 적은 사업으로 해양수산부장관 고시사업

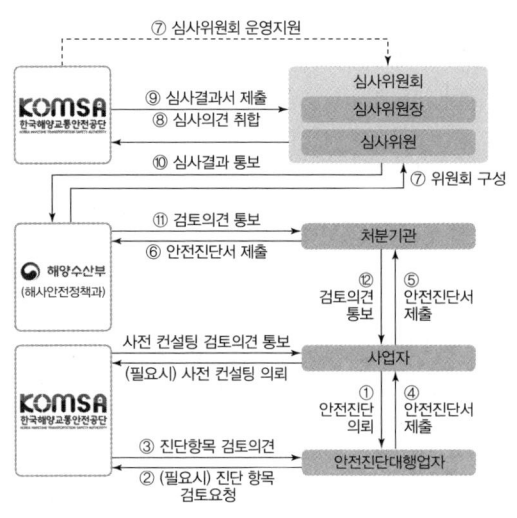

안전진단항목 대상사업		수역		시설물		항만/부두	
		설정	변경	건설	보수	개발	재개발
① 해상교통 현황조사		○	○	○	○	○	○
② 해상 교통 현황 측정	현황 측정	○	○	○	○	○	○
	교통 혼잡도	○	△	△	—	○	△
③ 해상 교통 시스템 적정성 평가	통항 안전성	○	○	○	○	○	○
	접·이안 안전성	△	△	○	—	○	○
	계류 안전성	—	—	△	—	○	△
	해상 교통류	△	—	△	—	△	—
④ 해상교통 안전대책		○	○	○	○	○	○

- ○ : 수행해야 하는 항목(다만, 유의한 결과를 얻을 수 없다고 판단하는 경우 적정성 평가 중 일부 또는 전부를 생략할 수 있음)
- △ : 조건에 따라 수행하지 않아도 되는 항목

※ 출처 : 해상교통안전진단 안내 매뉴얼, 한국해양교통안전공단, 2023

〈진단절차 및 항목〉

02 ▶ 비상대응 ★★

1. 일반적 주의사항

(1) 개요

① 해양사고가 발생한 경우에는 침착하고 냉정하게 적절한 사고처리 절차에 따라야 하며, 인명구조를 최우선적으로 시행하고 선박·적재화물의 피해를 줄이기 위해서 노력해야 한다.

② 만약 타선과 충돌한 경우에는, 자선에 급박한 위험이 없는 한 타선의 인명 및 선체를 구조할 의무가 있다. 이는 타선 조난을 인지한 경우에도 마찬가지이다.

(2) 공법상 의무

「선원법」에서는 다음과 같이 해양사고 발생 시의 공법상 의무를 규정하고 있다.

① 인명, 선박, 화물의 구조의무
② 충돌 상대선에 자선의 선명 등 통보의무
③ 서류기재 의무
④ 해양항만관청 보고의무
  ㉠ 선박의 충돌·침몰·멸실·화재·좌초, 기관의 손상 및 그 밖의 해양사고가 발생한 경우
  ㉡ 항해 중 다른 선박의 조난을 안 경우(무선통신으로 알게 된 경우는 제외)
  ㉢ 인명이나 선박의 구조에 종사한 경우
  ㉣ 선박에 있는 사람이 사망하거나 행방불명된 경우
  ㉤ 미리 정하여진 항로를 변경한 경우
  ㉥ 선박이 억류되거나 포획된 경우
  ㉦ 그 밖에 선박에서 중대한 사고가 일어난 경우
⑤ 기타 : 수장(水葬), 유류품 처리 등

(3) 사법상 의무

「상법」에서 자선과 화물관리 관련한 규정을 두고 있다.

① 선장의 직무상 주의의무
② 선박소유자에게 보고의무
③ 공동해손
④ 기타(후속조치) : 사고의 진상을 선주에게 보고한 후에라도 선장은 선주의 지시를 받아 후속조치를 위해 노력하여야 한다.

(4) 조난 신호(Distress signals)

국제해상충돌예방규칙협약(COLREG)에서는 조난을 당한 선박이 구조를 요청하는 일련의 방법이나 신호를 정하고 있으므로 이를 활용하여 조난신호를 해야 한다.

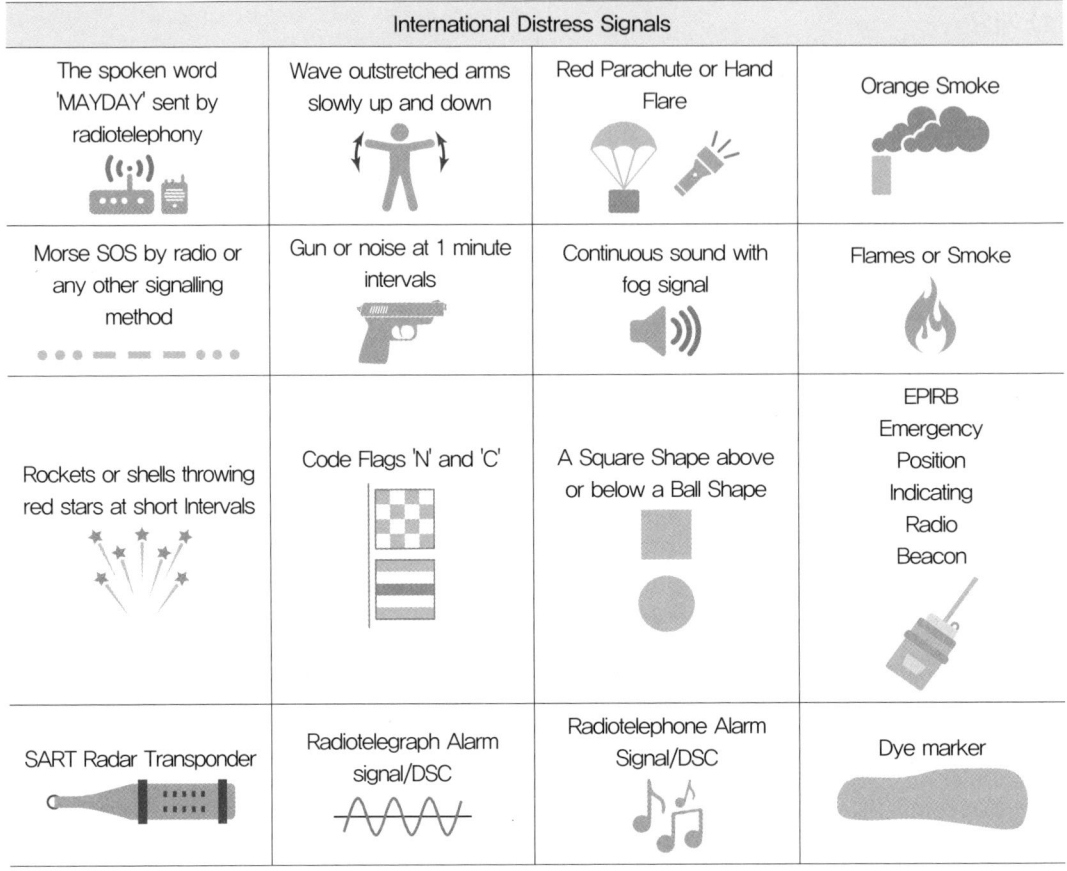

〈International Distress Signals〉

2. 사고 대응절차

(1) 개관

① 해양사고 대응과 관련한 법률은 대표적으로 「해상교통안전법」, 「선박의 입항 및 출항에 관한 법률」, 「해양환경관리법」 등이 있으며, 각 법률에서는 사고 시 선장·선박소유자 등의 신고 기타 처리역할과 신고를 접수한 국가기관의 대응조치 역할을 규정하고 있다.

② 그 외 「해양사고의 조사 및 심판에 관한 법률」, 「수상에서의 수색·구조 등에 관한 법률」, 「재난 및 안전관리 기본법」에서는 사고를 겪거나 인지한 자에게 관계 관청에 대한 신고 또는 통보의 역할을 규정하고 있다.

(2) 사고의 법률상 정의

① **해양사고** : 해양사고의 조사 및 심판에 관한 법률에서 정의하고 있으나, 선박관련 사고로 한정하고 있다.

② **조난사고** : 수상구조법에서 정의하고 있는 개념으로 선박관련 사고뿐만 아니라 선박과 관련 없이 "수상"에서 익수, 추락, 고립, 표류된 경우를 포함하기 때문에 ①에 따른 해양사고보다 더욱 넓은 범위로 볼 수 있다.

③ **재난** : 재난 및 안전관리 기본법에서 정의하고 있으며 특히 사회재난 중 하나로 "수상발생 사고"를 규정하고 있어 ②에 가까운 개념으로 볼 수 있다.

> **TIP** 해양사고의 조사 및 심판에 관한 법률
>
> 제2조(정의) 이 법에서 사용하는 용어의 뜻은 다음과 같다.
> 1. "해양사고"란 해양 및 내수면에서 발생한 다음 각 목의 어느 하나에 해당하는 사고를 말한다.
>   가. 선박의 구조·설비 또는 운용과 관련하여 사람이 사망 또는 실종되거나 부상을 입은 사고
>   나. 선박의 운용과 관련하여 선박이나 육상시설·해상시설이 손상된 사고
>   다. 선박이 멸실·유기되거나 행방불명된 사고
>   라. 선박이 충돌·좌초·전복·침몰되거나 선박을 조종할 수 없게 된 사고
>   마. 선박의 운용과 관련하여 해양오염 피해가 발생한 사고

(3) 해양사고 신고 및 처리

① 「해상교통안전법」
  ㉠ 사고를 당한 자는 자선 및 타선의 위험방지에 필요한 조치를 취하고 해양경찰서장이나 지방해양수산청장에게 사고 사실 및 조치내용을 신고하여야 한다.
  ㉡ 신고를 받은 자가 지방해양수산청장인 경우 해양경찰서장에게 지체 없이 통보하여야 한다.

② 「선박의 입항 및 출항에 관한 법률」
  ㉠ 해양사고를 당한 자는 다른 선박의 항행 또는 무역항 안전을 위해 항로표지 설치 등 필요조치를 하여야 하며, 직접 하기 곤란한 상황일 시 지방해양수산청장 또는 시·도지사에게 항로표지 등의 설치를 요청할 수 있다.
  ㉡ 「선박입출항법」이 적용되는 무역항의 수상구역 등에서 해양사고가 발생한 경우, 당사자는 「해상교통안전법」에 따른 신고의무 등을 부담한다.

③ 해양환경관리법
  ㉠ 선박 운용과 관련하여 해양오염사고가 발생한 경우, 이는 해양사고의 1유형이므로 당사자는 「해상교통안전법」에 따른 조치 및 신고의무가 있다. 사고해역이 항만구역이라면 「선박입출항법」에 따른 항로표지 설치의무 등도 동일하게 부담한다.

ⓛ 발생해역을 불문하고 오염사고의 처리와 관련해서는 「해양환경관리법」에 따른다. 「해양환경관리법」에 따르면 일정량 이상의 오염물질이 배출되거나 배출될 우려가 있다면 해당 당사자는 해양경찰청에 신고하여야 한다.
ⓒ 사고 선박의 선장이나 사고를 야기한 자(방제의무자)는 오염물질의 배출방지, 배출 오염물질의 확산방지 및 제거, 배출 오염물질의 수거 및 처리와 같은 필요조치를 취할 의무가 있다.

④ 사고처리 주관기관
㉠ 해양사고는 원칙적으로 해양수산부나 해양경찰청과 같은 해양수산관서에서 처리한다. 다만 사고가 내수면에서 발생한 경우라면, 「수상구조법」에 따라 소방관서에서 처리한다.
ⓛ 대규모 재난에 해당하는 해양사고가 발생하면, 「재난안전법」에 따라 행정안전부에 중앙재난안전대책본부가 설치되어 대응업무를 담당한다.
ⓒ 해적 등 해외발생 사고의 경우 정부조직법에 따른 외교부 관할이며, 실질적인 조력은 재외공관을 활용하여 이루어진다.
㉣ 선내 사고처리는 1차적으로 선장의 주관이므로, 어떠한 사고이든지 선장에게 즉시 보고되어야 하며 선장을 사고처리 절차를 직접 지휘하여야 한다.

3. 사고종류별 대응(Emergency Prepareness)

(1) 개설

① 국제안전관리규약(ISM Code)에 따라 해운회사와 선박은 안전관리체제를 수립하고 이를 증명하는 서류를 갖추어야 한다. 해당 체제에 포함되어야 하는 내용은 11가지로 "선박충돌사고 시 비상대책" 역시 필수적 포함내용으로 규정되어 있다.
② 이에 따라 선박에서는 일반적으로 잠재적 비상상황을 화재, 폭발, 충돌, 좌초, 침수, 인명 구조, 오염, 타기 고장, 주기관 전원 상실, 인명 손상, 퇴선 등으로 나누고 상황별 비상대응방법을 미리 규정하고 있다.

(2) 화재 및 폭발(Fire and Explosion)

① 화재의 정의 : 가연물질이 산소와 반응하여 열과 빛을 발생하면서 연소하는 현상으로 인해 인간에게 신체적·물질적 손해를 주는 재해이다.
② 연소 현상
㉠ 연소는 물질이 산화제와 화학적으로 반응하는 발열성 산화반응의 한 형태로서 반응속도가 매우 커 열과 빛을 발하는 현상이다.
ⓛ 연소가 성립하려면 가연물인 연료(Fuel), 산화제인 산소(Oxygen), 활성화 에너지인 열(Heat), 즉 화재의 3요소가 필요하다.
ⓒ 일반적으로 공기 중 산소가 16% 이상일 때 산화반응이 일어나며, 유조선은 이러한 점을 고려하여 화물창 내에 불활성 가스(Inert gas)를 투입하여 산소 농도를 5~8%로 유지해 화재사고를 방지하고 있다.

② 화재소화 방법은 연소이론에 따라 타고 있는 물질을 식히거나, 산소를 차단하거나, 타는 물질을 제거하거나, 연쇄반응을 차단하는 것 등이 있다.

※ 폭발 : 연소와 화학적 과정에서는 차이가 없으나, 착화 후 화염이 급속히 전파되고 강력한 압력이 생성되어 폭음이 발생하는 점 즉, 에너지 방출속도에서 차이가 존재한다.

③ 화재의 분류
  ㉠ 분류 이유 : 가연물 종류에 따라 연소 특성이 상이하며, 연소 특성에 따라 소화 방법이 달라지며, 소화 방법에 따라 사용할 소화기의 종류 역시 다르기 때문이다.
  ㉡ 국내외 화재 분류 기준(급수)

분류	국내		미국 (NFPA)	국제규격 (ISO)	색상
	소방청	KS			
일반 화재	A	A	A	A	백색
유류 및 가스 화재	B	B	B	B(유류)	황색
				C(가스)	
전기 화재	C	C	C		청색
금속 화재		D	D	D	무색
주방 화재	K		K	F	

A급 화재	일반 화재, 연소 후 재가 남는 화재이다. 소화방법은 주로 물에 의한 냉각소화를 이용한다.
B급 화재	유류 화재, 소화방법은 공기를 차단하는 포말(거품)소화약제 등을 이용한다.
C급 화재	전기 화재, 감전의 위험성이 있어 물뿌림은 소화방법으로 부적절하고 전기 절연성을 가진 소화약제를 이용해야 한다.
D급 화재	금속 화재, 물과 관련한 소화약제 사용은 불가하며 마른 모래 등을 사용하여 소화한다.
K급 화재	주방 화재(식용유 화재), 유럽에서는 ISO기준에 따라 F급 화재라고 한다. 소화 시 절대 물을 부어서는 아니 되며 보통은 분말 소화약제나 불연성 재료를 덮어 산소공급을 차단하는 등의 방법을 사용한다.

④ 선내 소화
  ㉠ 화재를 대비해 선내에는 휴대식 소화기, 이동식 소화기, 소화전과 같은 고정식 소화기가 있고 소방도끼, 국제 육상 연결구 등과 같은 각종 소화 장비와 설비가 배치되어 있다.
  ㉡ 화재 발생 시 초동 진압이 가장 중요하므로 보통 휴대식 소화기를 우선 사용하게 되며, 만약 소화전을 사용해야 하는 경우라면 호스와 관창(Nozzle)을 연결하여 바닥에 둔 채 작동시켜서는 안 되고 관창을 다른 인원이 들고 있거나 고정한 후에 사용하여야 한다.
  ㉢ 화재 현장 탈출 시, 최대한 낮은 자세로 연기를 피해 이동해야 하며 한 손으로는 코와 입을 젖은 수건으로 막아 연기가 폐에 들어가지 않도록 한다. 만약 옷에 불이 붙었을 경우 즉시소화가 어렵다면 멈춰(Stop), 엎드린 후(Drop) 두 손으로 눈과 입을 가리고 구른다(Roll).

ⓔ 화재 발견 시 대응 요령은 다음과 같다.
- 현장 목격자 : 비상경보 장치 작동, 당직사관 보고, 소화기로 초동 조치
- 당직사관 : 선내방송 후 선장 보고, 당직자에게 확인·보고 지시, 확인 시 방송 후 소화부서 배치 발령
- 승무원 : 주변의 현창(Scuttle), 출입구(Door) 등의 통풍구 폐쇄 및 소화복장을 갖춰 소화부서 배치장소 집결 및 지시에 따라 화재 진화업무 수행

(3) 충돌(Collision)

① 법적 조치
㉠ 해양항만관청 및 선박소유자에 대한 보고 : 선장은 선박의 충돌사고 발생 시 지체 없이 해양항만관청 및 선박소유자 등에게 그 사실을 보고하여야 한다.
㉡ 인명구조 및 상대선박에 통보 : 양 선박의 선장은 상호 인명과 선박구조에 필요한 조치를 다하여야 하며 선박의 명칭 등 일정 사항을 상대방에게 통보해야 한다.
㉢ 조난신호 발신 : 선박충돌로 양 선박 모두 위험한 상태가 되면, 국제해사기구가 정한 조난신호를 발신하여 부근 항행선박에게 구조를 요청해야 한다.

② 초기 대응
㉠ 당직사관 : 사고발생 시 기관을 정지하고, 비상경보 발령 후 선장에게 즉시 보고한다.
㉡ 선장 : 선교로 올라가 선박을 직접 지휘해야 하고, 상대선과 교신을 유지하면서 충돌 상태를 확인한다. 모든 승선원의 인원을 파악 후 개인별 주요 대응업무를 확인/배치한다.
- 등화 : 야간에는 갑판조명 후 조종불능선(NUC ; Not Under Control) 등화를 표시하며, 주간에는 형상물을 게양한다.
- 기관부 : 언제든지 기관을 사용할 수 있도록 비상발전기, 배수펌프 점검 등 비상태세를 유지한다.
- 갑판부 : 일등항해사 지휘에 따라 손상 정도를 점검한다. 선박 경사 시 경사 반대방향으로 평형수를 이송한다.
- 기타 : 이등항해사는 수시로 선박위치와 기상정보를 파악하고, 삼등항해사는 통신 관련 비상태세를 유지한다. 필요시 구조정·구명정 하강을 위한 갑판부원을 적절히 배치한다.
㉢ 모든 수밀문, 방화문을 폐쇄한다.
㉣ 필요시 조난신호를 보낸다.
- 사망으로 이어질 만한 심각한 부상자가 있을 시 : MAYDAY 신호를 보낸다.
- 여객선 : 최우선적으로 빨리 구조를 요청한다.

③ 추가 조치
  ㉠ 자선의 손상정도 확인을 위해 탱크 측심(Sounding) 등 초기 손상평가를 실시한다.
  ㉡ 상대 선박과 교신을 유지하면서 지원 필요성, 위험화물 상태 등을 확인하여 충돌에 따른 2차 사고를 예방한다. 지원은 더이상 지원이 필요하지 않다는 확신 시까지 이루어져야 한다.
  ㉢ 선박의 임의 좌주(Beaching)시키거나, 피난항 자력이동 또는 예인가능성 등을 점검한다.
  ㉣ 선장은 자선 침몰을 피할 수 없다고 판단 시, 승조원 및 승객을 비상 소집해 총원 단정 부서로 배치한다.
  ㉤ 충돌 전후의 전말이나 본선 사후처리에 관한 보고서, 항해일지와 같은 기록물, 항적기록 장치(VDR)이 있을 경우 저장된 기록을 확보한다.

(4) 좌초(Grounding)
※ 좌초란 선박이 해저, 암초, 수면 아래의 난파선 또는 간출암에 부딪히거나 해안가 등에 얹히는 사고이다. 특히 대각도 횡경사 발생으로 승선원의 실내 이동이 어려워져 대피가 곤란하거나 불가능한 상황이 발생할 수 있다.

① 사고 예방 : 좌초는 보통 수심이 낮은 연안에 이르러 경계(lookout) 소홀 등의 사유로 주로 발생한다. 따라서 선박운항자 입장에서 좌초사고의 예방을 위한 조치는 다음과 같다.
  ㉠ 육지 접근 시 선박위치 수시 확인 : 해도 및 ECDIS를 적극 활용하고, 연안 인접 시 육안으로 직접 확인한다.
  ㉡ 수동조타 전환 : 선박이 항만 인근에 다다르면 수동조타로 전환 후 입항준비를 한다.
  ㉢ 야간 항해 시 선내 소등 : 선내 작업등화로 전방경계에 지장이 없도록 항해등외 등화는 일체 소등한다.

② 일반적 조치사항
  ㉠ 선장은 선교에서 직접 지휘한다.
  ㉡ 모든 선원에게 좌초 상황을 전파하고, 초기 손상평가 수행 및 방수작업에 최선을 다한다.
  ㉢ 인근 선박과 해양관서 등에 신속히 좌초사실을 전달하고 필요시 구조를 요청하여야 한다.
  ㉣ 자력 이초를 위해 부력 확보에 필요한 방수·배수조치를 시행한다.

③ 사고 대응
  ㉠ 유의 사항 : 좌초 후 선체손상 평가 없이 무리한 이초 시도는 더 큰 사고로 이어질 수 있다.
  ㉡ 좌초 직후 : 즉시 기관을 정지해야 하나, 정확한 상황 파악 전 반사적 후진은 위험하다.
  ㉢ 좌초상황 조사 : 좌초 시 선장은 즉시 접촉 범위, 손상정도, 해면상황, 해저로부터 받는 반력 등을 조사하여 자력 이동이 가능한지 여부 및 타선 구조요청 여부 등을 판단하여야 한다.

(5) 침수(Flooding)

※ 침수는 선내에 물이 유입되어 선박이 손상되는 사고로, 특히 적절한 대책이 없을 시 침수량이 증가해 부력이나 선체 안정성이 저하되고 그 자유표면 효과(무게중심 상승)가 커져 급격한 선박 전복이 수반될 수 있음을 각별히 유념하여야 한다.

① 사고 예방
  ㉠ 기상정보 파악
  ㉡ 개구부 밀폐
  ㉢ 이동 가능 물건 고박
  ㉣ 갑판 배수구 확인
  ㉤ 정횡파와 대각도 변침 회피

② 사고 대응
  ㉠ 모든 선원에게 전파 및 방수부서 배치
  ㉡ 방수 및 배수 작업 : 항해 중일 시는 가능한 기관을 정지하거나, 미속 항해와 함께 파공구를 풍하(Leeway)측에 두도록 한다.
  ㉢ 구조 요청 : 인근 선박, 해양항만관청
  ㉣ 퇴선 준비 : 자력에 의한 방수 및 배수작업 불가 시

(6) 인명 구조(Rescue)

① **구조계획서** : 국제해사기구(IMO)는 SOLAS를 통해 모든 선박에게 해상조난자 구조계획서를 선내 비치하도록 규정하고 있다. 구조계획서는 '해상으로부터 인명구조 계획 및 절차에 대한 개발 지침서'에 따라 작성되어야 하며 목적 요구사항, 임무 및 배치, 교육·훈련, 구조장비 명세, 위험평가 및 위험저감 조치, 구조작업 실행 등의 내용을 포함하여야 한다.

② **추락자 인명구조**
  ㉠ 발견자는 즉시 추락자 옆 가까이 구명부환을 던지고, 구두로 추락사실을 전파한다.
  ㉡ 추락자 구조신호로 장음 3회의 기적을 울린다.
  ㉢ 적절한 인명구조 조선법을 시행한다.
  ㉣ 선장과 기관실에 알리고 풍향, 풍속을 관측한다.
  ㉤ 추락자를 시야 내로 유지하기 위해 감시원을 배치한다.
  ㉥ 착색제나 자기발연후신호 등을 투하한다.
  ㉦ 기관을 사용할 수 있는 상태로(Stand-by) 준비한다.
  ㉧ 구조정, 각종 사다리 등 구조장비를 준비한다.
  ㉨ 선교, 갑판, 구명정 사이의 원활한 통신을 위해 VHF를 지급한다.

③ **인명구조 조선법(Ship Manoeuvring for Man on board)** : 추락자 구조 조선법으로는 '국제 항공·해상 수색구조 편람(IAMSAR)'에서 권고하고 있는 윌리엄슨 턴, 싱글(원) 턴, 샤르노브 턴 및 로렌 턴이 있다.

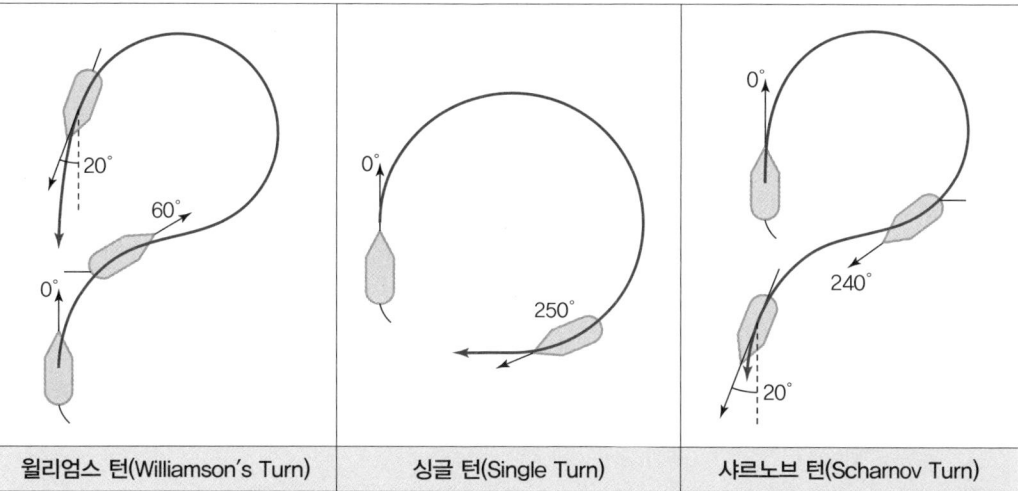

| 윌리엄스 턴(Williamson's Turn) | 싱글 턴(Single Turn) | 샤르노브 턴(Scharnov Turn) |

㉠ 윌리엄스 턴(Williamson's Turn) : 시계불량 또는 야간에 추락시간을 모를 때 유용한 방법으로 간단하지만 구조시간이 다소 길다.

㉡ 싱글 턴(Single Turn) : 선박의 출력이 좋아야 사용할 수 있고 가장 구조시간이 빠른 방법이나 사람에 대한 접근이 일직선이 아니어서 조종이 어려울 수 있다.

㉢ 샤르노브 턴(Scharnov Turn) : 선박의 항적을 찾아가며 사고발생 시점과 조선 시점의 시간차가 있을 때 효과적으로 사용할 수 있는 방법이다.

(7) 기름 유출(Oil pollution)

※ 관련법 : 해양환경관리법

① 법적 조치

㉠ 일정량 이상의 오염물질을 배출하거나 배출될 우려가 있는 선박의 선장 또는 해양시설의 관리자는 해양경찰청에 신고하여야 한다. 그 외 사고를 야기한 자 또는 발견한 자 역시 신고의무를 부담한다.

㉡ 신고 시에는 해양오염시고의 발생일시·장소 및 원인, 배출된 오염물질의 종류, 추정량 및 확산상황과 응급조치상황, 사고선박 또는 시설의 명칭·종류 및 규모, 해면상태 및 기상상태 등이 포함되어야 한다.

② **확산 방지조치** : 대량의 기름이 유출된 경우, 선장 및 선박소유자는 바로 유출된 기름이 확산되지 않도록 기름 유출의 방지 및 배출된 기름의 제거를 위한 방제조치를 취해야 한다.

㉠ 오염물질 확산방지 울타리의 설치 및 그 밖에 확산방지를 위하여 필요한 조치

㉡ 선박 또는 시설의 손상부위의 긴급수리, 선체의 예인·인양조치 등 오염물질의 배출 방지 조치

  © 해당 선박 또는 시설에 적재된 오염물질을 다른 선박·시설 또는 화물창으로 옮겨 싣는 조치
  ② 배출된 오염물질의 회수조치
  ⑩ 해양오염방제를 위한 자재 및 약재의 사용에 따른 오염물질의 제거조치
  ⑭ 수거된 오염물질로 인한 2차 오염 방제조치
  ⊗ 수거된 오염물질과 방제를 위하여 사용된 자재 및 약재 중 재사용이 불가능한 물질의 안전처리조치

③ **오염방제**
  ㉠ 오일펜스(Oil fence) : 오일펜스는 일반적으로 해상에 유출된 기름을 포위 및 포집하고 민감자원으로부터 분리시키거나 회수 지점으로 유도하기 위해 사용한다. 일반적인 형태로는 커튼형과 펜스형이 있다.
  ㉡ 유처리제(Dispersant)
  ㉢ 유흡착제(Adsorbent, Sorbent) : 연안 및 해안 방제작업 시 유용하다.
  ㉣ 유회수기(Oil Skimmer)

(8) 조타기 고장(Steering failure)

조타기 고장 시의 응급조치로는 투묘(Anchoring), 표류(Drifting), 예선 요청 등을 고려할 수 있다.

(9) 주기관 전원 상실(Blackout)

주기관 전원 상실 시 선박의 모든 제어기능이 상실되는 "Dead Ship" 상태가 되므로, 선장이 직접 조선하면서 투묘 등을 조치를 검토·실행한다.

(10) 퇴선(Abandon Ship)

비상조치로서의 퇴선 최종결정권자는 선장이며, 특히 퇴선 시 생존원칙 우선순위 4가지인 방호(Protection), 조난 위치표시, 식수관리, 식량관리를 충분히 고려하여야 한다.

기출 및 예상문제

01 다음 중 안전관리 3요소 중 그 성질이 다른 것은?

① 선원의 능력
② 선주의 관심
③ 선장의 통제력
④ 선박의 복원성

해설 | 나머지는 인적 요소이고, ④는 물적 요소에 해당한다.

02 통계적으로 해양사고 원인 중 가장 높은 비율에 해당하는 것은?

① 황천 등 환경적 요인
② 선박점검 미비 등 물적 요인
③ 선원과실 등 인적 요인
④ 항만국통제 미비 등 통제적 요인

03 다음이 가리키는 것은?

> 스위스의 대표적 치즈인 에멘탈 치즈와 같이, 크고 작은 불규칙한 구멍이 뚫린 치즈 조각을 여러 장 겹쳐 놓았을 때 각 조각의 구멍을 일렬로 관통하는 경우는 사고가 일어나고 어느 한 조각에서라도 막히면 사고가 일어나지 않는다는 발생 이론이다.

① 스위스 치즈 모델
② SHEL 모델
③ 하인리히 모델
④ 연속적 과실 모델

04 국제해사기구(IMO)의 위험도(Risk)공식과 관련한 설명으로 옳지 않은 것은?

① 사고 빈도(Frequenc, Probability)를 이용한다.
② 영향(Severity, Consequences)을 이용한다.
③ 사고 빈도와 영향의 곱으로 산출한다.
④ 기타 평가방법은 고려하지 않는다.

해설 | 유의미한 기타 평가방법의 병용도 가능하다.

05 공식안전성평가(FSA) 절차에 해당하지 않는 것은?

① 위험요소 색인(Identification of Hazard)
② 위험관리 방안(Risk Control Options)
③ 비용 감소(Cost Decrease Assessment)
④ 위험도 분석(Risk Assessment)

해설 | 비용 편익 증가(Cost Benefit Assessment)를 검토하여야 한다.

06 다음 중 해양사고 발생 시의 일반적인 공법상 의무를 규정하고 있는 법령은?

① 선원법
② 선박안전법
③ 선박의 입항 및 출항 등에 관한 법률
④ 해양사고의 조사 및 심판에 관한 법률

---

01 ④ 02 ③ 03 ① 04 ④ 05 ③ 06 ①

07 다음 중 사고처리 시 주관기관과 관련하여 틀린 것은?

① 해양사고는 원칙적으로 해양수산부나 해양경찰청과 같은 해양수산관서에서 처리한다.
② 대규모 재난에 해당하는 해양사고가 발생하면, 재난안전법에 따라 행정안전부에 중앙재난안전대책본부가 설치되어 대응업무를 담당한다.
③ 해적 등 해외발생 사고의 경우 정부조직법에 따른 외교부 관할이다.
④ 선내사고의 경우 1차적으로 발견자 및 당직사관이 주관하여 대응 후 선장에게 보고한다.

해설 | 선내사고의 1차적 주관자는 선장이다.

08 다음 중 화재의 3요소에 해당하지 않는 것은?
① 연료   ② 열
③ 산소   ④ 불활성기체

09 다음 그림에 해당하는 인명구조 조선법은?

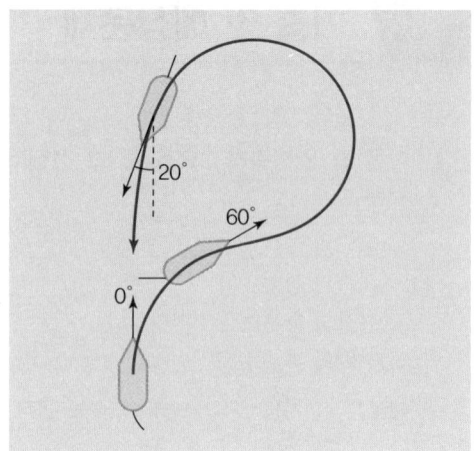

① Williams Turn
② Single Turn
③ Scharnov Turn
④ Double Turn

CHAPTER 03 해양사고 발생원인 분석 및 재발방지

01 해양사고 발생원인 분석

1. 해양사고 발생원인 분류체계

① 해양사고 발생원인에 관한 표준분류체계의 경우, 현재 국내 또는 국제기준이 별도로 없기 때문에 주로 해양안전심판원에서 마련한 해양사고 원인종류 및 세부항목에 관한 분류체계를 따르고 있다.

② 해양안전심판원의 분류체계에서는 해양사고 원인의 종류를 크게 운항과실, 취급불량 및 결함, 기타로 분류하고 각각의 원인종류별로 발생원인을 세분하고 있다.

  ㉠ 운항과실 : 대체로 인적과실에 해당하는 것들로서 출항준비 불량, 수로조사 불충분, 침로선정·유지불량, 선위확인 소홀, 조선 부적절, 경계소홀, 황천대비 대응불량, 묘박 계류 부적절, 항행법규 위반, 복무감독 소홀, 당직근무태만, 선내작업안전수칙 미준수, 운항과실 기타 등 총 13가지로 세분된다.

  ㉡ 취급불량 및 결함 : 대체로 선박 자체의 결함에 의한 것들로서, 여기에는 선체 및 기관설비 결함, 기관설비 취급 불량, 화기취급 불량, 전선노후·합선 등 총 4가지로 세분된다.

  ㉢ 기타 : 여객 및 화물의 적재불량, 선박운항관리 부적절, 승무원 배승 부적절, 항해원조시설 등의 부적절, 기상 등 불가항력, 기타 등 총 6가지로 세분된다.

③ **해양사고 발생원인 비율 분석** : 위의 해양사고 발생원인 분류체계에 따라 최근(2016~2020년) 해양안전심판원에서 내린 재결에서의 해양사고 발생원인을 분석해 본 결과, 운항과실이 전체 사고 원인의 약 70%로 압도적인 비중을 차지하였으며 취급불량 및 결함(약 18%), 기타(약 10%) 순으로 나타났다.

02 재발방지

① 위 해양사고 발생원인 비율 분석에서 알 수 있듯이, 인적 과실에 해당하는 운항과실이 해양사고 발행원인의 대부분을 차지하고 있다.

② 해상상태 및 기상 등의 자연적 요인과 같은 해상고유의 위험은 예측이 불가능하거나, 불가항력적인 경우가 많기 때문에 사전에 위험을 인지하고 예방하는 것은 한계가 있을 수밖에 없다. 그러나 해사법규의 준수, 선원의 건강상태, 안전의식 등과 같은 인적 요인, 항로, 항로표지, 각종 항만시설 등 해상교통 요인, 선박의 구조나 설비 불량 및 노후화 등 선박 자체의 결함으로 인한 해양사고는 충분한 정비 점검 개선, 교육 및 훈련 등을 통해 사전에 예방할 수 있는 것들이다.

③ 해양사고의 사전적 예방조치들은 선박에 승선하여 선박의 운항에 직간접적으로 관여하는 선원뿐만 아니라, 육상에서 선박의 운항을 지원하는 선사의 선박과 선원에 대한 지원, 그리고 정부의 실효성 있는 해사안전정책의 실행과 관련 법제도를 정비하는 것이 매우 중요하다.

④ 해양사고 예방을 위한 해사안전관리체계는 선박이나 사람에 대한 개별적 조치보다는 매뉴얼화 내지 시스템화되어야 한다. 즉 선사의 선박 안전운항 및 해양환경보호를 위한 지원, 안전관리자 선임, 선박의 정비 유지 보수, 선원의 배승과 교육, 비상시 절차 등을 체계적으로 시스템화하고 주기적으로 검증하여야 한다.

CHAPTER 03 | 해양사고 발생원인 분석 및 재발방지

 기출 및 예상문제

01 다음 중 최근 해양사고 발생원인 중 가장 높은 비율을 차지하는 것은?

① 기상악화
② 운항과실
③ 선박결함
④ 적재불량

02 다음 중 해양사고 원인분석 및 재발방지와 관련한 설명으로 틀린 것은?

① 인적 과실에 해당하는 운항과실이 해양사고 발행원인의 대부분을 차지하고 있다.
② 해상상태 및 기상 등의 자연적 요인과 같은 해상고유의 위험은 예측이 불가능하거나, 불가항력적인 경우가 많기 때문에 사전에 위험을 인지하고 예방하는 것은 한계가 있을 수밖에 없다.
③ 해사법규의 준수, 선원의 건강상태, 안전의식 등과 같은 인적 요인, 항로, 항로표지, 각종 항만시설 등 해상교통 요인, 선박의 구조나 설비 불량 및 노후화 등 선박 자체의 결함으로 인한 해양사고는 충분한 정비점검 개선, 교육 및 훈련 등을 통해 사전에 예방할 수 있는 것들로 볼 수 있다.
④ 해양사고의 사전적 예방조치들은 선박의 운항을 지원하는 선사의 관리시스템 보다는 선박에 승선하여 선박의 운항에 직간접적으로 관여하는 선원의 관리에 중점을 두어야 한다.

해설 | 선사를 통한 관리시스템 유지 · 보수도 선원관리 못지 않게 중요한 예방요소이다.

01 ② 02 ④

CHAPTER 04 해양관할권 및 항행권

1. 개설

바다와 접한 국가, 즉 연안국들은 각각의 관할해역을 가지고 있으며 관련하여 소위 "해양관할권"을 보유하게 된다. 그러나 하나로 연결되는 해양의 본질상 타국과의 해역 경계가 필연적으로 문제 될 수밖에 없고 각국의 법과 관련 제도가 상이하여 국제적 분쟁이 끊임없이 발생해 왔으며, 이는 소위 '유엔해양법협약'의 제정으로 이어지게 되었다.

2. 해양법에 관한 국제연합 협약(United Nations Convention on the Law of the Sea : 유엔해양법협약)

① 1982년, 관할해역에 대한 통일된 기준을 마련하고 해양과 관련된 국제적 분쟁을 방지하기 위한 목적으로 제정되어 1994년 발효되었으며, 우리나라의 경우 1996년 유엔 비준서 기탁으로 해당 시점부터 발효하게 되었다.

② 유엔해양법협약에서는 해양경계획정의 기준인 기선, 영해, 접속수역, 배타적경제수역(EEZ), 대륙붕 등 연안국의 관할 해역에 대한 권리와 한계 등을 명시하고 있으며 그 주요한 내용을 정리하면 다음과 같다.

  ㉠ 영해 : 기선으로부터 12해리
  ㉡ 접속수역 : 기선으로부터 24해리
  ㉢ 배타적경제수역 : 기선으로부터 200해리를 넘을 수 없음
  ㉣ 대륙붕 : 대륙변계(해안에서 바다로 연장된 대륙 끝 부분)가 기선으로부터 200해리 밖까지 확장되는 곳에서는 350해리까지 설정 가능함

  ※ 배타적경제수역과 대륙붕의 경계획정 관련 : "서로 마주보고 있거나 인접한 연안을 가진 국가 간의 경계획정은 공평한 해결에 이르기 위하여, 국제사법재판소규정 제38조에 언급된 국제법을 기초로 하는 합의에 의하여 이루어진다" → 사실상 각 당사국 간 합의사항

③ 위와 같은 유엔해양법협약의 규정은 각국 개별법을 통해 국내법으로 편입되어 있으며, 우리나라는 「영해 및 접속수역법」에서 해당 내용을 규정하고 있다.

3. 영해 및 접속수역법에 따른 해양 관할권

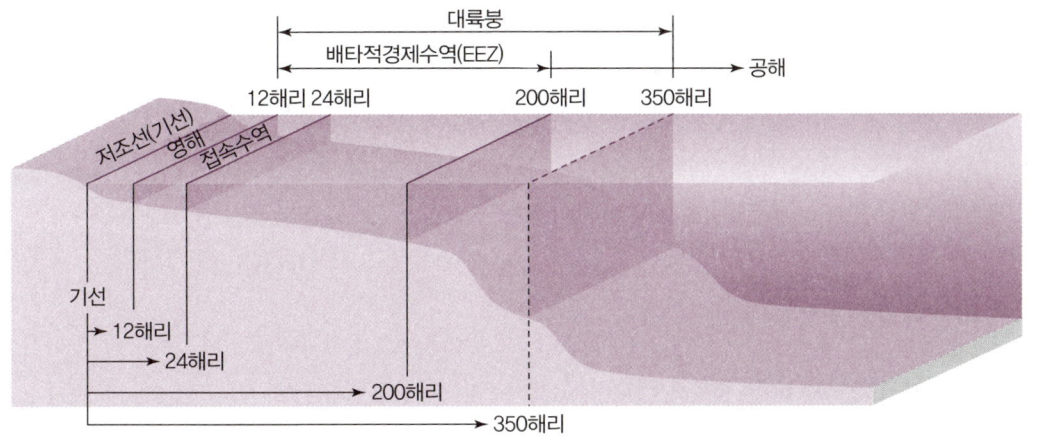

〈해양 관할권 구분〉

① 영해
  ㉠ 기선에서 12해리로 규정하고 있다.
  ㉡ 기선은 원칙적으로 "대한민국이 공식적으로 인정한 대축척해도에 표시된 해안의 저조선"으로 정의하며 이를 **통상기선**이라 한다.
  ㉢ 그러나 우리나라의 경우 서해안과 남해안에 많은 섬이 존재하여 해안선이 매우 복잡한 관계로 통상기선을 그대로 적용하기에는 부적절하므로, 특정 해안들의 경우 가장 외각의 섬들을 이은 **직선기선**을 설정하고 이를 영해산정의 기준으로 하고 있다.
  ㉣ 영해 내에서는 우리나라의 모든 주권행사가 가능하며, 외국적 선박의 경우 **"무해통항권"**을 갖는다.

> **TIP** 무해통항권(Right of innocent passage, 영해 및 접속수역법 제5조)
>
> - 외국선박은 대한민국의 평화·공공질서 또는 안전보장을 해치지 아니하는 범위에서 대한민국의 영해를 무해통항 할 수 있다. 외국의 군함 또는 비상업용 정부선박이 영해를 통항하려는 경우에는 관계 당국에 미리 알려야 한다.
> - 외국선박이 통항할 때 다음 각 호의 행위를 하는 경우에는 대한민국의 평화·공공질서 또는 안전보장을 해치는 것으로 본다. 다만 2 내지 5까지, 11 및 13의 행위로서 관계 당국의 허가·승인 또는 동의를 받은 경우에는 그러하지 아니하다.
>   1. 대한민국의 주권·영토보전 또는 독립에 대한 어떠한 힘의 위협이나 행사, 그 밖에 국제연합헌장에 구현된 국제법 원칙을 위반한 방법으로 하는 어떠한 힘의 위협이나 행사
>   2. 무기를 사용하여 하는 훈련 또는 연습
>   3. 항공기의 이함·착함 또는 탑재
>   4. 군사기기의 발진·착함 또는 탑재
>   5. 잠수항행
>   6. 대한민국의 안전보장에 유해한 정보의 수집
>   7. 대한민국의 안전보장에 유해한 선전·선동
>   8. 대한민국의 관세·재정·출입국관리 또는 보건·위생에 관한 법규에 위반되는 물품이나 통화의 양하·적하 또는 사람의 승선·하선
>   9. 특정 기준을 초과하는 오염물질의 배출
>   10. 어로
>   11. 조사 또는 측량
>   12. 대한민국 통신체제의 방해 또는 설비 및 시설물의 훼손
>   13. 통항과 직접 관련 없는 특정 행위로서 대통령령으로 정하는 것
> - 대한민국의 안전보장을 위하여 필요하다고 인정되는 경우에는 일정수역을 정하여 외국선박의 무해통항을 일시적으로 정지시킬 수 있다.
> ※ 비교 : 통과통항권, 군도항로대(제1회 기출복원문제 17, 18번 참조)

   ⑩ 다만 대마도와 우리나라 사이에는 국제적 통항로인 대한해협이 있으므로, 이러한 상황을 고려해 대한해협 영해의 외측한계는 기선에서 3해리로 정하고 있다.

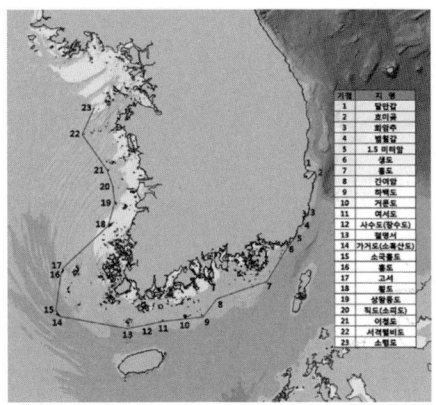

〈우리나라 23개 직선기점(영해기점)〉

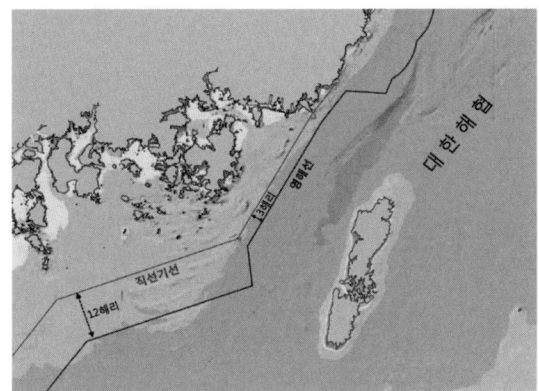

〈대한해협 부근의 영해선〉

※ 출처 : 해양수산부

② 접속수역
　㉠ 기선으로부터 측정하여 그 바깥쪽 24해리의 선까지 이르는 수역에서 대한민국의 영해를 제외한 수역을 말한다.
　㉡ 접속수역에서는 관세, 재정, 출입국 관리, 보건·위생에 관한 우리나라의 권한 행사가 가능하나 기본적으로 선박들은 항해의 자유를 가진다.

③ 배타적경제수역과 대륙붕
　㉠ 배타적경제수역은 기선으로부터 200해리를 넘을 수 없고, 대륙붕은 대륙변계(해안에서 바다로 연장된 대륙 끝 부분)가 기선으로부터 200해리 밖까지 확장되는 곳에서는 350해리까지 설정 가능하다. 즉 유엔해양법협약과 동일한 내용으로 규정하고 있다.
　㉡ 그러나 해당 거리를 그대로 적용 시 중국·일본과 중첩되는 영역이 발생하는데, 이를 해결하기 위해 "대한민국의 영해 및 접속수역과 관련하여 이 법에서 규정하지 아니한 사항에 관하여는 헌법에 의하여 체결·공포된 조약이나 일반적으로 승인된 국제법규에 따른다"라고 규정하여 당사국 각 별도 합의에 따르도록 하고 있다. 현재 제주도 남동쪽과 동해 일부까지는 「대한민국과 일본국 간의 양국에 인접한 대륙붕 북부구역 경계획정에 관한 협정」이 체결 및 발효(1978)되어 있으나, 다른 해역에 대한 합의는 이루어지지 않은 상태이다.
　㉢ 배타적경제수역과 대륙붕의 경우, 본질적으로 특정국의 완전한 주권행사는 불가하고 경제적 또는 천연자원 탐사와 같은 일부 범위에서만 주권 유사한 권리를 영유하므로, 이에 해당하지 않는 한 항행의 자유가 있다.

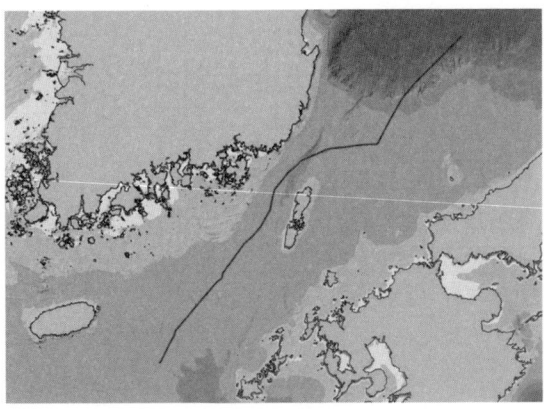

※ 출처 : 해양수산부

〈한·일 대륙붕 북부구역 경계선〉

CHAPTER 04 | 해양관할권 및 항행권

기출 및 예상문제

01 다음 중 해양법에 관한 국제연합 협약과 관련한 설명으로 틀린 것은?

① 우리나라에는 1996년 발효되었다.
② 영해, 접속수역과 관련한 규정을 두고 있다.
③ 영해에서의 무해통항권과 관련한 규정을 두고 있다.
④ 배타적경제수역과 대륙붕 관련한 명확한 경계획정 기준을 두어 국가 간 분쟁을 사전에 방지하고 있다.

해설 | 배타적경제수역·대륙붕 관련한 경계획정은 '공평의 원칙'을 천명하면서 이해 당사국들 간 합의사항으로 위임하고 있다.

02 다음 중 영해와 관련한 설명으로 틀린 것은?

① 영해 및 접속수역법에서는 기선에서 12해리로 규정하고 있다.
② 영해 및 접속수역법에서는 기준으로 통상기선만을 인정하고 직선기선은 인정하지 않는다.
③ 영해 내에서는 우리나라의 모든 주권행사가 가능하다.
④ 외국적 선박의 경우 무해통항권을 갖는다.

해설 | 서해, 남해 등에서는 직선기선을 기준으로 삼고 있다.

03 영해 및 접속수역법상 배타적경제수역은 기선으로부터 어디까지만 설정할 수 있는가?

① 50해리
② 100해리
③ 200해리
④ 300해리

01 ④ 02 ② 03 ③

선박안전관리사

※ ( ) 내 숫자는 영어 문항수임

과목	내용	1급 객관식	1급 주관식	2급 객관식	3급 객관식
해사안전 경영론	1. 안전에 대한 법적책임	4(1)	1	3(1)	5(1)
	2. 안전정보의 확인	1		1	1
	3. 안전경영정책의 수립·계획·측정·검사	5	1	8	8
	4. 안전조직 구성·운영	6	1	5	5
	5. 안전경영정책 환류	4	1	8	6
합계		20(1)	4	25(1)	25(1)

PART 03

해사안전경영론

CHAPTER 01 | 안전에 대한 법적책임
CHAPTER 02 | 안전정보의 확인
CHAPTER 03 | 안전경영정책의 수립·계획·측정·검사
CHAPTER 04 | 안전조직 구성·운영
CHAPTER 05 | 안전경영정책 환류

PART 03 기출분석

제1회

※ 영어문제는 제외함

출제 영역	기출 사항	
안전에 대한 법적 책임	• 중대재해와 중대시민재해 : 개념 • ILO 직업안전 및 보건 협약(C155) : 개념 • 안전보건 경영시스템(ISO 45001) : PDCA 관련 내용	
안전정보의 확인	–	
안전경영정책의 수립·계획·측정·검사	위험성평가	• 위험도 : 정의 • 실시 주체 • 실시 시기 • PDCA 사이클 • 종류 : 정성적/정량적 방법
	안전보건관리 시스템 계획 (Plan)	• 계획 시 고려사항 • 바텀업(Bottom-up) : 개념
	안전보건관리 시스템 이행 (Do)	• 기계안전관리 : 회전 말림점 • 가스안전관리 : 연소 영향요소 • 특수작업관리 : 밀폐공간
안전조직 구성·운영	• 기업 조직과 개인 목표 : 목표달성 정도 • 직계식(라인) 조직 : 직능식 등 다른 조직과 비교 • 집단 : 개념적 요소 • 집단 : 갈등 및 해결방법	
안전경영정책 환류	휴먼 에러 : 발생요인	
공통문제 ※ 타 과목 범위중복 또는 범위모호	–	
기타	–	

제2회

※ 영어문제는 제외함

출제 영역	기출 사항	
안전에 대한 법적 책임	• 중대재해와 중대시민재해 : 개념 • ISM Code : 개념 • ILO 직업안전 및 보건 협약(C155) : 개념 • 안전보건 경영시스템(ISO 45001) : 개념, PDCA 관련 내용	
안전정보의 확인	–	
안전경영정책의 수립·계획·측정·검사	위험성평가	• 추정공식 : 곱셈법 • 실시 주체 • 실시 시기 • PDCA 사이클 : 각 단계 • 종류 : 정성적/정량적 기법
	안전보건관리 시스템 계획 (Plan)	바텀업(Bottom-up) : 개념
안전조직 구성·운영	기업 조직과 개인 목표 : 목표달성 정도	
안전경영정책 환류	–	
공통문제 ※ 타 과목 범위중복 또는 범위모호	해사안전경영론의 경우, 해사안전관리론/선박자원관리론/산업안전관리론 타 과목과 중복되는 문제 다수 출제	
기타	–	

제3회

※ 영어문제는 제외함

출제 영역	기출 사항	
안전에 대한 법적 책임	• 중대재해와 중대시민재해 : 개념 • ISM Code : 개념	
안전정보의 확인	–	
안전경영정책의 수립·계획·측정·검사	위험성평가	• 추정공식 • PDCA 사이클 각 단계 • 위험성 평가기법
공통문제 ※ 타 과목 범위중복 또는 범위모호	해사안전경영론의 경우, 해사안전관리론/선박자원관리론/산업안전관리론 타 과목과 중복되는 문제 다수 출제	

CHAPTER 01 안전에 대한 법적 책임

01 산업안전보건제도 일반

1. 정의

① 산업안전보건제도는 각 산업별로 다양한 관점에서 정의될 수 있겠으나, 일반적으로는 근로자가 일하고 있는 사업장의 산업재해를 예방하고 쾌적한 작업환경을 조성하여 근로자의 생명·신체의 안전을 도모하고 질병을 방지하고 건강을 유지·증진시키기 위한 근로자 보호제도로 정의할 수 있다.

② 과거 성장중심의 산업경제 정책하에서는 산업안전보건제도가 다소 경시되었던 것이 사실이나, 산업 고도화 사회로 접어들면서 각국은 인적 자원의 중요성을 절감하게 되었다. 이제는 단순한 인도주의적 관점을 벗어나 기업경영 차원에서의 경쟁력 확보 관점에서 새롭게 접근하게 되었으며, 결국 현대 기업경영의 중요 관리요소 중 하나로 분류되고 있다.

2. 산업안전보건법

위와 같은 산업안전보건제도의 법적 근거와 기준 확립 및 원활한 제도시행을 위하여 현재 산업안전보건제도와 관련한 일반법인 「산업안전보건법」이 제정되어 있으며, 법에서는 다음과 같이 그 목적을 밝히고 있다. "산업 안전 및 보건에 관한 기준을 확립하고 그 책임의 소재를 명확하게 하여 산업재해를 예방하고 쾌적한 작업환경을 조성함으로써 노무를 제공하는 사람의 안전 및 보건을 유지·증진함을 목적으로 한다."

02 선내 안전보건제도

1. 해사노동협약(MLC)

① 국제노동기구(ILO)는 선원의 근로 및 생활조건을 개선하기 위하여 꾸준히 국제기준의 정립을 추진하여 왔다. 그러나 ILO가 그동안 채택한 국제협약과 권고의 경우, 특정 문제와 필요성에 의한 수시 채택으로 일관성 결여·중복성 등의 문제점이 있었고 신속한 개정 등도 이루어지지 못해 그 실효성에 대한 의문이 지속적으로 제기되었다.

② 이에 통합작업 과정을 거쳐 2006.02. 개최된 국제노동총회 해사총회에서 2006년 해사노동협약(해사노동협약, MLC)이 채택 및 2013.08. 발효되어 2014.08.부터 시행되고 있다.

③ 특히 규정 4.3에서는 선내 안전·건강 및 사고예방 관련 제도를 규정하면서 각 체약국으로 하여금 이와 관련한 법령·조치의 채택 및 관련 기준을 정하도록 하여, 항행을 비롯한 "선내 안전보건제도"를 구축할 의무를 부과하는 것으로 해석될 수 있다.

해사노동협약 규정 제4.3조 – 건강 및 안전 보호와 사고 방지	Regulation 4.3 – Health and safety protection and accident prevention
목적 : 선내 선원의 근로환경이 산업 안전 및 건강을 증진시키도록 보장하는 데 있다.	Purpose : To ensure that seafarers' work environment on board ships promotes occupational safety and health
1. 각 회원국은 자국 국기를 게양하는 선박에 승무하고 있는 선원이 직업적 건강보호를 받고 있으며, 안전하고 위생적인 환경을 갖춘 선내에서 생활, 근로 및 훈련을 할 수 있도록 보장한다.	1. Each Member shall ensure that seafarers on ships that fly its flag are provided with occupational health protection and live, work and train on board ship in a safe and hygienic environment.
2. 각 회원국은 선박소유자 및 선원 단체의 대표와 협의 후, 국제기구, 주관청 및 해사산업단체가 권고한 적용 가능한 코드, 지침 및 기준을 고려하여, 자국 국기를 게양하는 선박에서의 산업 안전 및 건강관리를 위한 국내 지침을 개발하고 보급한다.	2. Each Member shall develop and promulgate national guidelines for the management of occupational safety and health on board ships that fly its flag, after consultation with representative shipowners' and seafarers' organizations and taking into account applicable codes, guidelines and standards recommended by international organizations, national administrations and maritime industry organizations.
3. 각 회원국은 관련 국제문서를 고려하여 코드에서 규정하는 사안들을 다루는 법령 및 그 밖의 조치를 채택하고, 자국의 선박에서 산업 안전과 건강 보호 및 재해 방지를 위한 기준을 정한다.	3. Each Member shall adopt laws and regulations and other measures addressing the matters specified in the Code, taking into account relevant international instruments, and set standards for occupational safety and health protection and accident prevention on ships that fly its flag.

※ 구체적인 협약 내용과 관련하여서는 「CHAPTER 03 안전경영정책의 수립·계획·측정·검사」이하에서 후술한다.

2. 선원법 개정에 따른 국내 수용

① 위와 같은 해사노동협약 발효에 발맞추어, 우리나라 역시 2011.08. 선원법을 개정하고 2014.01. 해사노동협약 비준서를 ILO에 등록함에 따라 동 협약은 2015.01. 국내 발효되었다.

② 해사노동협약 규정 4.3과 관련하여, 「선원법」은 제79조부터 제83조까지의 규정을 두고 그 법적 근거를 마련하였다.

㉠ 선원법 제78조 제1항 제2호에서 선내 안전·보건 및 사고예방 기준(선내안전보건기준) 작성을 국가 책무로 명시하였다.

㉡ 제79조 제1항에서 선내안전보건기준에 포함될 일련의 사항을 명시하였다.

㉢ 제79조 제2항에서 선내안전보건기준의 구제적인 사항을 해양수산부 고시로 위임하였으며 2022.09. 「선내 안전·보건 및 사고예방 기준」 고시 입법예고까지 이루어진 바 있으나, 관련 산업계를 비롯한 각 당사자 간 이해관계 조율 등으로 아직까지 시행되지 못하고 있는 실정이다.

제78조(선내 안전·보건 등을 위한 국가의 책임과 의무) ① 해양수산부장관은 승무 중인 선원의 건강을 보호하고 안전하고 위생적인 환경에서 생활, 근로 및 훈련을 할 수 있도록 다음 각 호의 사항을 성실히 이행할 책임과 의무를 진다.
  1. 선내 안전·보건정책의 수립·집행·조정 및 통제
  2. 선내 안전·보건 및 사고예방 기준의 작성
  3. 선내 안전·보건의 증진을 위한 국내 지침의 개발과 보급
  4. 선내 안전·보건을 위한 기술의 연구·개발 및 그 시설의 설치·운영
  5. 선내 안전·보건 의식을 북돋우기 위한 홍보·교육 및 무재해운동 등 안전 문화 추진
  6. 선내 재해에 관한 조사 및 그 통계의 유지·관리
  7. 그 밖에 선원의 안전 및 건강의 보호·증진
② 해양수산부장관은 제1항 각 호의 사항을 효율적으로 수행하기 위하여 필요한 경우 선박소유자 단체 및 선원 단체의 대표자와 협의하여야 한다. 〈개정 2013.3.23.〉
③ 해양수산부장관은 선내 안전·보건과 선내 사고예방을 위한 활동이 통일적으로 이루어지고 증진될 수 있도록 국제노동기구 등 관계 국제기구 및 그 회원국과의 협력을 모색하여야 한다.

제79조(선내 안전·보건 및 사고예방 기준) ① 제78조 제1항 제2호에 따른 선내 안전·보건 및 사고예방 기준(이하 "선내안전보건기준"이라 한다)에는 다음 각 호의 사항이 포함되어야 한다.
  1. 선원의 안전·건강 관련 교육훈련 및 위험성평가 정책
  2. 선원의 직무상 사고·상해 및 질병(이하 "직무상 사고 등"이라 한다)의 예방 조치
  3. 선원의 안전과 건강 보호를 증진시키기 위한 선내 프로그램
  4. 선내 안전저해요인의 검사·보고와 시정
  5. 선내 직무상 사고 등의 조사 및 보고
  6. 선장과 선내 안전·건강담당자의 직무
  7. 선내안전위원회의 설치 및 운영
  8. 그 밖에 해양수산부령으로 정하는 사항
② 선내안전보건기준의 구체적인 사항은 해양수산부장관이 정하여 고시한다.

3. 선박안전업 적용 사업의 경우(산업안전보건법 시행령 별표 1)

「산업안전보건법 시행령」[별표 1]에서는 산업안전보건법이 적용되지 않는 사업 또는 사업장을 적시하고 있는데, "선박안전법" 적용 사업의 경우 안전관리자(제17조) 등을 비롯한 일련의 규정이 적용 제외되므로, 해당 내용은 「선원법」 등 선박 관련 특별법이 우선 적용된다고 해석할 수 있다.

※ 산업안전보건법 일부를 적용하지 않는 사업 또는 사업장 및 적용 제외 법 규정(제2조제1항 관련)

대상 사업 또는 사업장	적용 제외 법 규정
1. 다음 각 목의 어느 하나에 해당하는 사업 　가. 「광산안전법」 적용 사업(광업 중 광물의 채광·채굴·선광 또는 제련 등의 공정으로 한정하며, 제조공정은 제외한다) 　나. 「원자력안전법」 적용 사업(발전업 중 원자력 발전설비를 이용하여 전기를 생산하는 사업장으로 한정한다) 　다. 「항공안전법」 적용 사업(항공기, 우주선 및 부품 제조업과 창고 및 운송관련 서비스업, 여행사 및 기타 여행보조 서비스업 중 항공 관련 사업은 각각 제외한다) 　라. 「선박안전법」 적용 사업(선박 및 보트 건조업은 제외한다)	제15조부터 제17조까지, 제20조제1호, 제21조(다른 규정에 따라 준용되는 경우는 제외한다), 제24조(다른 규정에 따라 준용되는 경우는 제외한다), 제2장제2절, 제29조(보건에 관한 사항은 제외한다), 제30조(보건에 관한 사항은 제외한다), 제31조, 제38조, 제51조(보건에 관한 사항은 제외한다), 제52조(보건에 관한 사항은 제외한다), 제53조(보건에 관한 사항은 제외한다), 제54조(보건에 관한 사항은 제외한다), 제55조, 제58조부터 제60조까지, 제62조, 제63조, 제64조(제1항제6호는 제외한다), 제65조, 제66조, 제72조, 제75조, 제88조, 제103조부터 제107조까지 및 제160조(제21조제4항 및 제88조제5항과 관련되는 과징금으로 한정한다)

03 안전에 대한 법적책임

1. 산업안전보건법

(1) 사업주 관련 의무

※ 사업주 : 노무를 제공하는 자를 사용하여 사업을 하는 자

① 의무
  ㉠ 법령에 따른 산업재해 예방을 위한 기준 준수
  ㉡ 쾌적한 작업환경의 조성 및 근로조건 개선
  ㉢ 해당 사업장 안전 및 보건에 관한 정보 제공
  ㉣ 안전보건관리 규정작성, 신고 준수
  ㉤ 작업중지기준 준수
    • 산재발생의 급박한 위험 시
    • 중대재해 발생 시작
  ㉥ 작업환경 측정
  ㉦ 근로자 보호구 착용 조치
  ㉧ 안전보건표지 설치, 부착
  ㉨ 산재예방 계획 수립
    • 산재예방 계획서 작성
    • 안전보건 관리 규정 작성
    • 안전보건교육 총괄

② **위반 시 제재** : 사업주가 안전보건조치 의무를 불이행하여 근로자를 사망에 이르게 한 경우, 7년 이하의 징역 또는 1억 원 이하의 벌금부과 대상이다.

(2) 근로자 관련 의무

※ 근로자 : 「근로기준법」 제2조제1항제1호에 따른 노무를 제공하는 자

① **안전보건 규정 준수** : 정부, 사업주가 정한 안전보건 규정 준수
② **위험예방 조치 준수** : 위험예방, 건강장해 예방을 위한 사업주가 행하는 조치 준수
③ **교육참여** : 안전보건 교육에 적극 참여, 안전지식 · 기능 증진
④ **보호구 착용** : 안전시설 및 지급된 보호구 활용
⑤ **안전작업 실시** : 성실한 태도와 자세로 안전작업 실시

2. 선원법

다음과 같은 선박소유자·선원의 의무를 규정하면서 위반 시 일련의 제재(징역 또는 벌금, 과태료)를 부과하고 있다. 특히 선박소유자의 경우 소위 "안전배려의무"를 적극 규정한 것으로 해석된다.

> 제82조(선박소유자 등의 의무) ① 선박소유자는 선원에게 보호장구와 방호장치 등을 제공하여야 하며, 방호장치가 없는 기계의 사용을 금지하여야 한다.
> ② 선박소유자는 해양수산부령으로 정하는 바에 따라 위험한 선내 작업에는 일정한 경험이나 기능을 가진 선원을 종사시켜야 한다.
> ③ 선박소유자는 감염병, 정신질환, 그 밖의 질병을 가진 사람 중에서 승무가 곤란하다고 해양수산부령으로 정하는 선원을 승무시켜서는 아니 된다.
> ④ 선박소유자는 선원의 직무상 사고 등이 발생하였을 때에는 즉시 해양항만관청에 보고하여야 한다.
> ⑤ 선박소유자는 선내 작업 시의 위험 방지, 의약품의 비치와 선내위생의 유지 및 이에 관한 교육의 시행 등에 관하여 해양수산부령으로 정하는 사항을 지켜야 한다.
> ⑥ 선장은 특별한 사유가 없으면 선박이 기항하고 있는 항구에서 선원이 의료기관에서 부상이나 질병의 치료를 받기를 요구하는 경우 거절하여서는 아니 된다.
> ⑦ 대통령령으로 정하는 선박소유자는 선박에 승선하는 선원에게 제복을 제공하여야 한다. 이 경우 제복의 제공시기, 복제 등에 관하여는 해양수산부령으로 정한다.
> ※ 의사를 승무시킬 의무(제84조)
> ※ 의료관리자를 승무시킬 의무(제85조)
> ※ 응급처지 담당자를 승무시킬 의무(제86조)
> ※ 건강진단서 보유자만을 선원으로 승무시킬 의무(제87조)
>
> 제83조(선원의 의무 등) ① 선원은 선내 작업 시의 위험 방지와 선내 위생의 유지에 관하여 정하는 사항을 지켜야 한다.
> ② 선원은 방호시설이 없거나 제대로 작동하지 아니하는 기계의 사용을 거부할 수 있다.
> ③ 선원은 제82조제7항에 따라 선박소유자가 제공한 제복을 입고 근무하여야 한다.

CHAPTER 01 | 안전에 대한 법적 책임

기출 및 예상문제

01 다음 중 아래 내용에 해당하는 것은?

> 선원의 근로 및 생활조건 개선을 위해 2006.02. 개최된 국제노동총회 해사총회에서 채택 및 2013.08. 발효되어 2014.08.부터 시행되고 있음

① 해사노동협약(MLC)
② 국제산업안전보건기준
③ ILO노동협약
④ 선원의 훈련, 자격증명 및 당직근무의 기준에 관한 국제협약(STCW)

02 해사노동협약 상 다음 내용과 관련한 설명으로 틀린 것은?

> Each Member shall develop and promulgate national guidelines for the management of occupational safety and health on board ships that fly its flag, after consultation with representative shipowners' and seafarers' organizations and taking into account applicable codes, guidelines and standards recommended by international organizations, national administrations and maritime industry organizations.

① 선박에서의 산업 안전 및 건강관리를 위한 국내 지침 관련한 내용이다.
② 각 회원국은 선박소유자 및 선원 단체의 대표와 협의하여야 한다.
③ 국제기구, 주관청 및 해사산업단체가 권고한 적용 가능한 코드, 지침 및 기준을 고려하여야 한다.
④ 외국적 선박의 안전관련 사항도 포함하여야 한다.

해설 | 해당 내용은 자국국기 게양선박에 한정된다.

03 해사노동협약 규정 4.3조에서 규정하고 있는 것은?

① 선원의 근로시간
② 선원의 휴게시간
③ 노사협의회 제도
④ 선내 안전보건제도 구축

04 해사노동협약 규정 4.3조를 국내로 수용한 법규는?

① 선박직원법   ② 선원법
③ 해상교통안전법   ④ 선박안전법

05 선원법상 선원안전 관련사항과 관련한 내용으로 옳지 않은 것은?

① 선박소유자는 선원에게 보호장구와 방호장치 등을 제공하여야 하며, 방호장치가 없는 기계의 사용을 금지하여야 한다.
② 선박소유자는 선원의 직무상 사고 등이 발생하였을 때에는 즉시 고용노동부장관에게 보고하여야 한다.
③ 선박소유자는 선내 작업 시의 위험 방지, 의약품의 비치와 선내위생의 유지 및 이에 관한 교육의 시행 등에 관하여 해양수산부령으로 정하는 사항을 지켜야 한다.
④ 선장은 특별한 사유가 없으면 선박이 기항하고 있는 항구에서 선원이 의료기관에서 부상이나 질병의 치료를 받기를 요구하는 경우 거절하여서는 아니 된다.

해설 | 보고대상은 해양항만관청이다.

01 ① 02 ④ 03 ④ 04 ② 05 ②

CHAPTER 02 안전정보의 확인

01 개설

1. 정의

안전·보건정보는 사업장에서 산업재해 위험을 야기하거나 근로자에게 건강장해를 일으킬 가능성이 있는 요인들과 관련한 정보를 지칭한다.

2. 종류

다음과 같은 정보들을 예시로 들 수 있다(「산업안전보건법 시행규칙」 제83조 : 도급 시).

① 화학설비 및 그 부속설비에서 제조·사용·운반 또는 저장하는 위험물질 및 관리대상 유해물질의 명칭과 그 유해성·위험성
② 안전·보건상 유해하거나 위험한 작업에 대한 안전·보건상의 주의사항
③ 안전·보건상 유해하거나 위험한 물질의 유출 등 사고가 발생한 경우에 필요한 조치의 내용

02 ▶ 확인 및 취급

안전·보건정보의 확인·취급 관련하여, 「산업안전보건법」은 다음과 같은 규정을 두어 사업주 등에게 관련 의무를 부과하고 있다.

1. 사업주의 안전·보건조치

제38조(안전조치) ① 사업주는 다음 각 호의 어느 하나에 해당하는 위험으로 인한 산업재해를 예방하기 위하여 필요한 조치를 하여야 한다.
 1. 기계·기구, 그 밖의 설비에 의한 위험
 2. 폭발성, 발화성 및 인화성 물질 등에 의한 위험
 3. 전기, 열, 그 밖의 에너지에 의한 위험
② 사업주는 굴착, 채석, 하역, 벌목, 운송, 조작, 운반, 해체, 중량물 취급, 그 밖의 작업을 할 때 불량한 작업방법 등에 의한 위험으로 인한 산업재해를 예방하기 위하여 필요한 조치를 하여야 한다.
③ 사업주는 근로자가 다음 각 호의 어느 하나에 해당하는 장소에서 작업을 할 때 발생할 수 있는 산업재해를 예방하기 위하여 필요한 조치를 하여야 한다.
 1. 근로자가 추락할 위험이 있는 장소
 2. 토사·구축물 등이 붕괴할 우려가 있는 장소
 3. 물체가 떨어지거나 날아올 위험이 있는 장소
 4. 천재지변으로 인한 위험이 발생할 우려가 있는 장소
④ 사업주가 제1항부터 제3항까지의 규정에 따라 하여야 하는 조치(이하 "안전조치"라 한다)에 관한 구체적인 사항은 고용노동부령으로 정한다.

제39조(보건조치) ① 사업주는 다음 각 호의 어느 하나에 해당하는 건강장해를 예방하기 위하여 필요한 조치(이하 "보건조치"라 한다)를 하여야 한다.
 1. 원재료·가스·증기·분진·흄(fume, 열이나 화학반응에 의하여 형성된 고체증기가 응축되어 생긴 미세입자를 말한다)·미스트(mist, 공기 중에 떠다니는 작은 액체방울을 말한다)·산소결핍·병원체 등에 의한 건강장해 → "관리대상 유해물질"
 2. 방사선·유해광선·고온·저온·초음파·소음·진동·이상기압 등에 의한 건강장해
 3. 사업장에서 배출되는 기체·액체 또는 찌꺼기 등에 의한 건강장해
 4. 계측감시(計測監視), 컴퓨터 단말기 조작, 정밀공작(精密工作) 등의 작업에 의한 건강장해
 5. 단순반복작업 또는 인체에 과도한 부담을 주는 작업에 의한 건강장해
 6. 환기·채광·조명·보온·방습·청결 등의 적정기준을 유지하지 아니하여 발생하는 건강장해
② 제1항에 따라 사업주가 하여야 하는 보건조치에 관한 구체적인 사항은 고용노동부령으로 정한다.
 ※ 산업안전보건규칙에서 위와 같은 안전·보건조치 관련사항을 근로자에게 사전 고지하도록 하는 규정을 두고 있다.

2. 도급인의 안전 및 보건에 관한 정보 제공 등

제65조(도급인의 안전 및 보건에 관한 정보 제공 등) ① 다음 각 호의 작업을 도급하는 자는 그 작업을 수행하는 수급인 근로자의 산업재해를 예방하기 위하여 고용노동부령으로 정하는 바에 따라 해당 작업 시작 전에 수급인에게 안전 및 보건에 관한 정보를 문서로 제공하여야 한다.
  1. 폭발성·발화성·인화성·독성 등의 유해성·위험성이 있는 화학물질 중 고용노동부령으로 정하는 화학물질 또는 그 화학물질을 포함한 혼합물을 제조·사용·운반 또는 저장하는 반응기·증류탑·배관 또는 저장탱크로서 고용노동부령으로 정하는 설비를 개조·분해·해체 또는 철거하는 작업
  2. 제1호에 따른 설비의 내부에서 이루어지는 작업
  3. 질식 또는 붕괴의 위험이 있는 작업으로서 대통령령으로 정하는 작업
② 도급인이 제1항에 따라 안전 및 보건에 관한 정보를 해당 작업 시작 전까지 제공하지 아니한 경우에는 수급인이 정보 제공을 요청할 수 있다.
③ 도급인은 수급인이 제1항에 따라 제공받은 안전 및 보건에 관한 정보에 따라 필요한 안전조치 및 보건조치를 하였는지를 확인하여야 한다.
④ 수급인은 제2항에 따른 요청에도 불구하고 도급인이 정보를 제공하지 아니하는 경우에는 해당 도급 작업을 하지 아니할 수 있다. 이 경우 수급인은 계약의 이행 지체에 따른 책임을 지지 아니한다.

〈안전보건정보표 작성 예시〉

※ 출처 : 한국안전기술협회

CHAPTER 02 | 안전정보의 확인

기출 및 예상문제

01 다음 중 안전정보의 확인과 관련하여 옳지 않은 것은?

① 안전·보건정보란, 사업장에서 산업재해 위험을 야기하거나 근로자에게 건강장해를 일으킬 가능성이 있는 요인들과 관련한 정보를 지칭한다.
② 화학설비 및 그 부속설비에서 제조·사용·운반 또는 저장하는 위험물질 및 관리대상 유해물질의 명칭과 그 유해성·위험성은 안전정보의 일종이다.
③ 산업안전보건법령 상 원재료·가스·증기·분진·흄(fume, 열이나 화학반응에 의하여 형성된 고체증기가 응축되어 생긴 미세입자를 말한다)·미스트(mist, 공기 중에 떠다니는 작은 액체방울을 말한다)·산소결핍·병원체 등은 '관리대상 유해물질'로 분류된다.
④ 사업주보다는 정보를 수용하는 근로자의 적극적 확인·수용이 중요하다.

해설 | 정보보유·제공자인 사업주의 1차적 의무가 강조된다.

02 다음 중 한국해양교통안전공단에서 운영 중인 "해양교통안전정보시스템"에 해당하는 것은?

① KOMSA   ② MTIS
③ VMS   ④ AIS

해설 | ① 한국해양교통안전공단의 약어
③ 선박위치추적시스템의 약어
④ 선박자동식별시스템의 약어

01 ④ 02 ②

CHAPTER 03 안전경영정책의 수립·계획·측정·검사

01 안전경영정책의 정의

안전경영정책은 안전보건을 최고의 가치로 두어 '실행계획 수립(Plan) → 운영(Do) → 점검 및 시정조치(Check) → 개선(Action)'을 실시하는 등 P-D-C-A 선순환과정을 통하여 지속적으로 추진하는 체계적이고 선제적인 안전보건활동으로 정의할 수 있다.

02 안전경영정책 Process

※ Kosha 안전보건경영체계·운영 시스템, 안전보건공단, 2022.08. 개선·환류에 대한 내용은 CHAPTER 05 안전정책환류에서 다룬다.

안전경영정책의 원활한 시행을 위하여 수립부터 개선까지, 다음 각 요소를 충분히 고려·반영하여야 한다.

1. 수립·계획(Plan)

(1) 위험성평가

① 목적 : 조직 내 유해·위험요인을 파악하고 내·외부 현안사항에 대해서 위험성평가를 실시하여 위험성을 결정하고 필요한 조치를 실시함을 목적으로 한다.

② 수행

㉠ 조직은 과거에 산업재해가 발생한 작업, 아차사고 등 위험한 일이 발생한 작업, 작업방법, 보유·사용하고 있는 위험기계·기구 등 산업기계, 유해위험물질 및 유해위험공정 등 근로자의 노동에 관계되는 유해위험요인에 의한 재해 발생이 합리적으로 예견 가능한 것에 대한 안전보건 위험성평가와 그 밖의 근로자 및 이해관계자의 요구사항 파악을 통한 조직의 내·외부 현안사항의 위험성평가를 실시하여 위험성과 개선방안을 결정하고 평가한 후 개선조치 및 이행여부를 점검하는 업무절차를 마련하여야 한다.

ⓒ 조직은 사업장의 특성, 규모, 공정특성을 고려하여 적절한 위험성평가 기법을 활용하여 절차에 따라 실시하여야 한다.
- 위험 가능성과 중대성을 조합한 빈도·강도법
- 체크리스트(Checklist)법
- 위험성 수준 3단계(저·중·고) 판단법
- 핵심요인 기술(One Point Sheet)법

ⓒ 위험성평가 대상에는 근로자 및 이해관계자에게 안전보건상 영향을 주는 다음 사항을 포함하여야 한다.
- 조직 내부 또는 외부에서 작업장에 제공되는 유해위험시설
- 조직에서 보유 또는 취급하고 있는 모든 유해위험물질
- 일상적인 작업(협력업체 포함) 및 비일상적인 작업(수리 또는 정비 등)
- 발생할 수 있는 비상조치 작업

ⓒ 위험성평가 시 조직은 안전보건상 영향을 최소화하기 위해 가능한 다음 사항을 고려할 수 있다.
- 교대작업, 야간노동, 장시간 노동 등 열악한 노동조건에 대한 근로자의 안전보건
- 일시고용, 고령자, 외국인 등 취약 계층 근로자의 안전보건
- 교통사고, 체육활동 등 행사 중 재해

ⓜ 조직은 위험성평가를 사후가 아닌 사전적으로 실시해야 하며, 설정된 주기에 따라 재평가하고 그 결과를 기록 및 유지하여야 한다.

ⓑ 조직은 위험성평가 조치계획 수립 시 다음과 같은 단계를 따라야 한다.
- 유해위험요인의 제거
- 유해위험요인의 대체
- 연동장치, 환기장치 설치 등 공학적 대책
- 안전보건표지, 유해위험에 대한 경고, 작업절차서 정비 등 관리적 대책
- 개인 보호구의 사용

ⓢ 위험성평가는 위험성평가 절차에 따라 수행하며, 이에 명시되지 않은 사항은 사업장 위험성평가에 관한 지침(고용노동부 고시)을 준수하여 수행하여야 한다.

③ **위험성평가 절차(사업장 위험성평가에 관한 지침)**
ⓐ 사전준비 : 위험성평가 실시규정을 작성하고, 위험성의 수준과 그 수준의 판단기준을 정하고, 위험성평가에 필요한 각종 자료를 수집하는 단계
ⓑ 유해·위험요인 파악 : 사업장 순회점검, 근로자들의 상시적인 제안 제도, 평상시 아차사고 발굴 등을 통해 사업장 내의 유해·위험요인을 빠짐없이 파악하는 단계
ⓒ 위험성결정(빈도·강도법을 전제) : 사전준비 단계에서 미리 설정한 위험성의 판단 수준과 사업장에서 허용 가능한 위험성의 크기 등을 활용하여, 유해·위험요인의 위험성이 허용 가능한 수준인지를 추정·판단하고 결정하는 단계

- 위험성추정 : 위험요인을 심사하여 정량화하는 단계로 곱셈법을 활용하여 가능성과 중대성을 조합

(곱셈법) 위험성(Risk)=가능성×중대성

구분	중대성		내용
치명적	사망자 장애발생	4	• 사망 또는 영구적 근로 불능, 장애가 남는 부상·질병 (예 추락, 감전, 화재, 질식 등의 사고 위험이 있는 작업) • 시설 및 장비 등 물적 손해액 5억 원 이상
중대	휴업 필요 부상·질병	3	• 휴업을 수반하는 중대한 부상 또는 질병(복귀·완치 가능) • 시설 및 장비 등 물적 손해액 1억 원~5억 원 미만
보통	휴업 불필요 부상·질병	2	• 응급조치 이상의 치료가 필요하지만 휴업이 수반되지 않는 경우 • 시설 및 장비 등 물적 손해액 1천만 원~1억 원 미만
경미	비치료	1	• 바로 원래의 작업을 수행할 수 있는 경미한 부상 또는 질병 • 시설 및 장비 등 물적 손해액 1천만 원 미만

〈중대성(강도)〉

구분	중대성		내용
최상	매우 높음	5	• 피해가 발생할 가능성이 매우 높음 • 안전대책이 되어 있지 않고 안전표시·표지가 없으며, 안전수칙·작업표준 등도 없음
상	높음	4	• 피해가 발생할 가능성이 매우 높음 • 가드·방호덮개 등 안전장치를 설치하였으나 쉽게 해제가 가능하고, 안전수칙·작업표준을 지키기 어렵고 많은 주의가 필요함
중	보통	3	• 부주의하면 피해가 발생할 가능성이 있음 • 가드·방호덮개 등 안전장치를 설치하였으나 쉽게 해제가 가능하고, 일부 안전수칙·작업표준이 준수하기 어려움
하	낮음	2	• 피해가 발생할 가능성이 낮음 • 가드·방호덮개 등 안전장치가 적정하게 설치되어 있고, 안전수칙 등의 준수가 쉬우나 피해의 가능성이 남아 있음
최하	매우 낮음	1	• 피해가 발생할 가능성이 매우 낮음 • 가드·방호덮개 등 안전장치가 적정하게 설치되어 있고, 안전수칙 등의 준수가 쉬우며 전반적 안전조치가 잘 되어 있음

〈가능성(빈도)〉

가능성(빈도) \ 중대성(강도)	치명적(4)	중대(3)	보통(2)	경미(1)
최상(5)	허용불가 위험 (20)	중대한 위험 (15)	상당한 위험 (10)	미미한 위험 (5)
상(4)	허용불가 위험 (16)	상당한 위험 (12)	경미한 위험 (8)	미미한 위험 (4)
중(3)	상당한 위험 (12)	상당한 위험 (9)	미미한 위험 (6)	무시 (3)
하(2)	경미한 위험 (8)	미미한 위험 (6)	미미한 위험 (4)	무시 (2)
최하(1)	미미한 위험 (4)	무시 (3)	무시 (2)	무시 (1)

〈위험성 추정〉

- 위험성결정 : 위험성결정은 유해위험요인의 발생 가능성과 중대성을 평가하여 6단계[무시(1~3), 미미한 위험(4~6), 경미한 위험(8), 상당한 위험(9~12), 중대한 위험(15), 허용불가 위험(16~20)]로 구분하고, 평가점수가 높은 순서대로 관리우선순위를 결정한다.

위험성수준		관리기준	허용가능 여부	비고
16~20	허용 불가 위험	즉시 개선	허용 불가능	• 사고발생으로 피해가 치명적인 것으로, 즉시 안전조치를 취하여 위험수위를 반드시 낮추어야 하는 정도 • 작업을 지속하려면 즉시 개선을 실행해야 하는 위험
15	중대한 위험	신속히 개선	조건부 위험 작업 허용	• 사고발생 가능성이 있으며, 위험감소 활동이 필요한 상태 • 긴급 안전대책을 세운 후 작업을 하되 계획된 정비·보수 기간 전에 대책을 세워야 하는 위험
9~12	상당한 위험	계획적 개선		• 사고발생 가능성이 낮으나 운전변경이나 부분적인 보완 및 개선이 필요한 상태 • 계획된 정비·보수기간에 안전대책을 세워야 하는 위험
8	경미한 위험	관리적 대책	허용 가능	• 위험의 표지 부착, 작업절차서 표기 등 관리적 대책이 필요한 위험 • 필요에 따라 안전 및 운전성 향상을 위한 개선
4~6	미미한 위험	주기적 교육		• 안전정보 및 주기적 표준작업 안전교육의 제공이 필요한 위험 • 필요에 따라 안전 및 운전성 향상을 위한 개선
1~3	무시	현 상태 유지		현재의 안전대책 유지

② 위험성 감소대책 수립 및 실행 : 위험성을 결정한 결과 유해·위험요인의 위험수준이 사업장에서 허용 가능한 수준을 넘는다면, 합리적으로 실천 가능한 범위에서 유해·위험요인의 위험성을 가능한 낮은 수준으로 감소시키기 위한 대책을 수립하고 실행하는 단계

⑩ 위험성평가 결과의 기록 및 공유 : 파악한 유해·위험요인과 각 유해·위험요인별 위험성의 수준, 그 위험성의 수준을 결정한 방법, 그에 따른 조치사항 등을 기록하고, 근로자들이 보기 쉬운 곳에 게시하며 작업 전 안전점검회의(TBM) 등을 통해 근로자들에게 위험성평가 실시 결과를 공유하는 단계

(2) 법규 및 그 밖의 요구사항 검토

① **목적** : 조직에 적용되는 안전보건관련 법규, 지침, 기타 요구사항을 실행 및 최신의 정보로 유지하여 안전보건경영 업무에 반영하고 이를 준수하는 데 그 목적이 있다.

② **수행** : 조직은 다음과 같은 법규 및 그 밖의 요구사항을 파악하고 이를 활용하기 위한 절차를 수립, 실행 및 유지하여야 한다.

㉠ 조직에 적용되는 안전보건 법규 및 그 밖의 요구사항
㉡ 조직 구성원 및 이해관계자들과 관련된 안전보건기준과 지침
㉢ 조직 특성에 따라 구성원이 지켜야 할 안전보건상의 기술적인 지침

- 법규 및 그 밖의 요구사항은 최신 것으로 유지하여야 한다.
- 법규 및 그 밖의 요구사항에 대하여 조직 구성원 및 이해관계자 등과 의사소통 하여야 한다.
- 안전보건관계 법규에 따른 의무이행 여부를 주기적으로 점검하여야 한다.

(3) 안전보건목표

① **목적** : 안전보건목표를 안전보건 방침과 일관성 있게 본부 각 부서별로 체계적으로 수립하고 운영하는 데 그 목적이 있다.

② **수행**

㉠ 조직은 사업부서별(또는 작업단위, 계층별)로 안전보건활동에 대한 안전보건 목표를 당해 연도 이사회 승인 후 수립하여야 한다.
㉡ 조직은 안전보건목표를 수립 시 위험성평가 결과, 법규 등 검토사항과 안전보건활동상의 필수적 사항(교육, 훈련, 성과측정, 내부심사) 등이 반영되도록 하여야 한다.
㉢ 조직은 안전보건목표 수립 시 안전보건방침과 연계성이 있어야 하고 다음 사항을 고려하여야 한다.

- 구체적일 것
- 측정이 가능할 것
- 안전보건 개선활동을 통해 달성이 가능할 것

② 조직은 안전보건목표를 주기적으로 모니터링 하여야 하고 변경 사유가 발생할 때에는 수정하여야 한다.

⑩ 조직은 안전보건목표 수립 시 목표달성을 위한 조직 및 인적·물적 지원 범위를 반영하여야 한다.

(4) 안전보건목표 추진계획

① 목적 : 안전보건목표를 달성하기 위해 본부 각 부서(실) 및 산하기관별 안전보건추진계획 및 세부 실천방안을 체계적으로 수립하고 운영하는 데 그 목적이 있다.

② 수행

㉠ 조직은 당해 연도 이사회 승인 후 다음해 안전보건목표 및 안전보건활동 추진계획을 각 부서별로 수립하여야 한다.

㉡ 조직은 안전보건목표를 달성하기 위한 사업부서별 안전보건활동 추진계획 수립 시 다음 사항을 포함하여 문서화하고 실행하여야 한다.
- 추진계획이 구체적일 것(방법, 일정, 소요자원 등)
- 목표달성을 위한 안전보건활동 추진계획 책임자를 지정할 것
- 추진경과를 측정할 지표를 포함할 것
- 목표와 안전보건활동 추진계획과의 연계성이 있을 것

㉢ 조직은 안전보건활동 추진계획을 정기적으로 검토하고 의사소통하여야 하며 계획의 변경 또는 새로운 계획이 필요할 때에는 수정하여야 한다.

2. 실행(Do)

(1) 운영계획 및 관리

① 목적 : 안전보건활동과 관련하여 안전보건조치가 필요한 사업장 기타 장소, 유해·위험 기계기구, 시험설비, 도급작업, 근로자, 작업환경, 작업방법 등에 대한 관리기준을 수립하고 운영하는 데 목적이 있다.

② 운영관리

㉠ 안전보건경영체계는 안전보건과 관련된 모든 활동이 안전한 상태에서 수행되고 있음을 보장할 수 있도록 다음과 같은 절차에 따라 운영한다.
- 유해·위험관리와 관련이 있는 사업수행 업무를 구분하고 관련 사업장 기술지도 표준업무수행 매뉴얼을 마련한다.
- 인적·물적자원 및 관리적 측면의 안전보건영향에 관련된 절차를 수립·유지하고 도급사업 시 수급업체에 관련된 절차와 요건을 전달한다.
- 본 매뉴얼 및 부속 지침서 등에 안전보건방침과 안전보건목표에서 벗어나는 상황이 발생하는 경우는 내부규정·지침, KOSHA GUIDE 등을 활용하여 유지하여야 한다.

ⓒ 확인 가능한 위험성평가에 대한 관련 절차서를 수립하고 유지하며, 공급자와 계약자에게 관련 절차 및 요건을 전달한다.
ⓒ 사업수행 관련 절차서·지침 등을 개발하거나 수정할 때 안전보건상에 중대한 영향을 미칠 수 있는 사항을 검토해야 한다.
ⓔ 운영관리활동은 다음 사항을 포함한다.
- 사업수행 절차 변경, 자원 및 자산 관리, 신규 시설물 설치 등과 관련하여 사고예방 및 유해요인 방지를 위한 활동
- 내부 및 외부기관에 대한 요구사항을 만족시키고 있음을 보장하기 위한 내용
- 변화하는 안전보건 요건을 예측하고 대응하기 위한 전략적 경영활동 등

③ 변경관리
㉠ 변경에 따른 새로운 위험요인과 안전보건활동 위험성을 최소화함으로써 직원들의 사업수행 시 안전보건을 향상시키도록 노력한다.
ⓒ 변경관리는 사업수행 절차의 변경, 내·외부 상황변화에 따른 특별사업 수행, 시설물 및 장비의 신규 설치공사 등에 적용한다.
ⓒ 변경관리는 일상적인 수행에서 변경된 사항에 대한 영향을 검토하고 부정적 영향을 완화하기 위한 조치를 실시하여야 한다.
ⓔ 변경된 사항에 대한 영향 검토는 수시 위험성평가를 통하여 실시하고, 허용 불가능한 위험에 대해서는 개선대책 이행 등의 안전조치 시행 후 수행하도록 한다.

(2) 비상 시 대비 및 대응

① **목적** : 각 시설물에서 발생할 수 있는 화재·폭발, 중대산업재해 상황과 발생할 급박한 비상시에 대비한 조직 및 운영절차를 수립·유지함으로써 사고발생 시 피해를 최소화하는 데 목적이 있다.

② **수행**
㉠ 비상사태 발생 또는 징후 발견 시 비상연락망을 통해 신고하여야 한다.
ⓒ 중대산업재해 발생 또는 재해가 발생할 급박한 위험 발생 시에 대비한 중대산업재해 대응매뉴얼을 작성하고 사고 발생 시 피해를 최소화하여야 한다.
ⓒ 비상 시 대비 및 대응절차에 따라 (반기 1회) 이상 정기적으로 교육 또는 훈련을 실시하여야 하며 그 결과를 기록·보존하여야 한다. 훈련은 관할 지자체 및 소방서 훈련과 연계하여 실시할 수 있으며, 감염병 확산 등으로 훈련이 어려울 경우에는 자체 비상대비교육 등으로 대체할 수 있다.
ⓔ 비상사태 대비 및 대응은 비상사태의 종류와 대처하는 데 필요한 조직의 범위에 따라 유사한 등급 및 종류별로 구분하고, 대비·대응하여야 한다.

3. 점검 및 성과평가(Check)

(1) 모니터링, 측정, 분석 및 성과평가

① 목적 : 안전보건방침에 따라 수립된 목표 및 세부 추진계획에 따라 실행된 활동의 성과를 정성적, 정량적으로 측정하여 안전보건활동계획의 적정성과 이행 여부 확인을 통해 지속적인 개선을 하는 데 그 목적이 있다.

② 수행
  ㉠ 안전보건경영시스템 활동의 성과측정은 정성적 또는 정량적으로 측정하는 것으로 아래 사항이 (반기 1회 이상) 실시될 수 있도록 절차서에 따라 계획을 수립하고 실행하여야 한다.
   • 안전보건방침에 따른 목표가 계획대로 달성되고 있는가를 측정
   • 안전보건방침과 목표를 이루기 위한 안전보건활동계획의 적정성과 이행 여부 확인(Safety &Health Management Manual)
   • 안전보건경영에 필요한 절차서와 안전보건활동 일치성 여부의 확인
   • 적용법규 및 그 밖의 요구사항의 준수 여부 평가
   • 사고, 아차사고, 업무상재해 발생 시 발생원인과 안전보건활동 성과의 관계
   • 위험성평가에 따른 활동
   • 운용 관리 및 기타의 관리의 효과성
  ㉡ 중대법 요구 안전보건관리체계 구축 및 이행조치 모니터링
   • 중대법에서 요구하는 구축 및 이행조치에 관한 사항은 동법 시행령 제4조, 제5조, 제10조, 제11조에서 요구하는 사항을 말한다.
   • 이행조치 점검주체, 점검주기, 점검방법은 절차서에 따르며(반기 1회 이상 : 6월 말, 11월 말 이전) 실시될 수 있도록 계획을 수립하고 수행하여야 한다.
   • 성과측정 또는 모니터링 시, 조직은 현장에 작업환경 등 측정장비가 필요한 경우 측정 장비는 항상 측정이 가능하도록 검ㆍ교정이 유지되어야 한다.

(2) 내부심사

① 목적 : 안전보건경영체계에 따라 안전보건방침, 안전보건목표 및 세부목표, 안전보건활동 추진계획이 실행, 유지, 관리되고 있는지 여부를 확인하는 데 그 목적이 있다.

② 수행
  ㉠ 안전관리자는 안전보건경영체계의 모든 요소가 실행계획 및 운영방침에 따라 실행, 유지, 관리되고 있는지 여부에 대해 연 1회 내부심사를 실시한다.
   • 산하기관은 (매년 11월 말까지) 실시하는 안전보건관리 추진결과 작성 시 안전 보건경영 운영요소를 포함하는 경우 이를 내부심사로 갈음할 수 있다.
   • 공단 내부심사 중 필요시 방문 점검 모니터링을 실시할 수 있다.

ⓒ 안전보건관리실은 내부심사를 위한 심사조직, 심사일정, 심사일자, 심사결과 조치에 대한 사항을 규정한 절차서에 따라 내부심사를 실행하여야 한다.
ⓒ 내부심사는 KOSHA-MS 심사원 자격자, 안전전문가, 보건전문가 또는 외부 전문가 등으로 세부 자격기준은 절차서에 따른다.
ⓔ 내부심사를 실시할 때에는 다음 사항을 고려하여야 한다.

안전보건체제분야	• 조직의 상황 • 계획 수립 • 실행 • 개선	• 리더십과 근로자의 참여 • 자원 • 성과평가
안전보건활동분야	• 작업장의 안전조치 • 개인 보호구 지급 및 관리 • 떨어짐·무너짐에 의한 위험 방지 • 전기재해 예방활동 • 근로자 건강장해 예방활동 • 안전·보건 관계자 역할 및 활동 • 폭발·화재 및 위험물 누출 예방 활동	• 중량물·운반기계에 대한 안전조치 • 위험기계·기구에 대한 방호조치 • 안전검사 실시 • 쾌적한 작업환경 유지활동 • 협력업체의 안전보건활동 지원 • 산업재해 조사 활동 • 무재해 운동의 자율적 추진 및 운영

ⓜ 내부심사 결과는 공단 안전보건관리책임자에게 보고되어야 한다.
ⓗ 내부심사 중 발견된 부적합 사항에 대하여는 시정 및 예방조치를 하여야 한다.

(3) 경영자 검토

① **목적** : 안전보건경영시스템의 경영자 검토를 위하여 안전보건경영시스템의 지속적인 적합성, 적절성, 유효성을 보증하고 개선하는 데 그 목적이 있다.

② **수행**
　ⓐ 안전보건관리책임자는 안전보건경영시스템 운영 전반에 대한 검토를 (연 1회 이상) 정기적으로 실시하여야 한다.
　ⓑ 안전보건 경영자 검토 자료는 다음 사항을 고려하여 작성한다.
　　• 안전보건경영체계의 전반적인 성과 및 내부심사 결과
　　• 이전 경영자 검토에 따른 조치결과
　　• 안전보건방침, 안전보건목표, 안전보건활동 추진계획, 안전보건경영체계 요건의 달성정도 및 변경의 필요성
　　• 안전보건경영체계와 관련된 외부 및 내부 이슈의 변경
　　• 주요 부적합사항 시정 및 예방조치 결과
　　• 산업안전보건위원회 검토 시 의결사항 및 추진현황
　　• 시설물의 신규, 변경사항에 대한 안전보건정보 입수 내용
　　• 매뉴얼 및 부속 지침서의 개정과 보존
　　• 직원 및 고객의 중대사고 발생 시 사고원인 및 개선대책
　　• 위험성평가 결과 안전경영책임계획에 반영하여야 할 내용

- 기타 이해 관계자의 제안 및 요구사항
- 안전보건성과 및 안전보건경영시스템이 의도한 결과를 달성하기 위해 필요한 자원 및 개선사항, 사업장의 환경변화, 법 개정 및 신기술의 도입 등 내·외부적인 요소 또는 미래 불확실성에 대응하기 위한 계획의 결정

ⓒ 경영자검토 결과에는 안전보건경영체계에 대한 적합성, 적절성 및 효율성에 대한 내용이 포함되어야 한다.

ⓔ 승인된 경영자검토 결과에 대해서는 후속조치 및 개선 등이 이행되어야 한다.

ⓜ 경영자검토 관련사항, 내용, 결론 및 권고사항 등 경영자검토 결과는 기록·보존되어야 한다.

4. 해사안전협약 안전보건 관련

※ 안전보건경영정책 계획수립 시 고려·반영 가능한 사항이다.

(1) 규정 제4.3조 - 건강 및 안전 보호와 사고 방지

① 목적 : 선내 선원의 근로환경이 산업 안전 및 건강을 증진시키도록 보장하는 데 있다.

② 각 회원국은 자국 국기를 게양하는 선박에 승무하고 있는 선원이 직업적 건강보호를 받고 있으며, 안전하고 위생적인 환경을 갖춘 선내에서 생활, 근로 및 훈련을 할 수 있도록 보장한다.

③ 각 회원국은 선박소유자 및 선원 단체의 대표와 협의 후, 국제기구, 주관청 및 해사산업단체가 권고한 적용 가능한 코드, 지침 및 기준을 고려하여, 자국 국기를 게양하는 선박에서의 산업 안전 및 건강관리를 위한 국내 지침을 개발하고 보급한다.

④ 각 회원국은 관련 국제문서를 고려하여 코드에서 규정하는 사안들을 다루는 법령 및 그 밖의 조치를 채택하고, 자국의 선박에서 산업 안전과 건강 보호 및 재해 방지를 위한 기준을 정한다.

(2) 기준 나제4.3조 - 건강 및 안전 보호와 사고 방지

① 규정 제4.3조 제3항에 따라 채택되는 법령 또는 그 밖의 조치에는 다음 사항을 포함한다.

ⓐ 선원의 훈련 및 교육뿐만 아니라 위험평가를 포함한 회원국 국기를 게양하는 선박에서의 산업 안전 및 건강 정책·프로그램의 채택과 효과적 이행 및 증진한다.

ⓑ 선내 직무상 사고, 상해 및 질병을 방지하기 위한 합리적인 주의사항. 이 주의사항에는 선내 장비 및 기계의 사용으로 인하여 발생할 수 있는 상해 또는 질병의 위험뿐만 아니라 환경요인 및 화학물질의 위험한 수준에 노출될 위험을 경감하고 방지하기 위한 조치가 포함된다.

ⓒ 이행에 관계가 있는 선원대표 및 그 밖의 모든 사람과 관련한 업무상 사고, 상해 및 질병을 방지하고, 산업 안전 및 건강 보호를 지속적으로 증진시키기 위한 선내 프로그램이다. 이 프로그램은 공학과 설계 관리, 집단적 및 개별적 과업에 대한 공정과 절차의 대체 및 개인보호장비의 사용을 포함한 방지 조치가 고려된다.

ⓔ 불안전한 상태의 검사, 보고 및 시정과 선내 업무상 사고의 조사 및 보고에 대한 요건이다.

② 이 기준 제1항에 따른 규정은 다음 각 호를 포함한다.

㉠ 일반적인 산업 안전 및 건강보호와 특정 위험을 다루는 관련 국제규범을 고려하고, 선원의 근로에 적용될 수 있는 업무상 사고, 상해 및 질병의 방지와 관련된 모든 사항과 특히 선내 고용에 특정한 사항을 다룬다.

ⓒ 적용 가능한 기준 및 선내 산업 안전·건강 정책 및 프로그램을 준수하기 위하여 선박소유자, 선원 및 그 밖의 관련된 자의 의무를 명시하여야 하며, 특히 18세 미만인 선원의 안전 및 건강에 주의를 기울인다.

ⓒ 선내 산업 안전·건강 정책 및 프로그램을 이행하고 준수하기 위한 특정의 책임을 지는 선장 또는 선장이 지정한 사람 또는 양자의 직무를 명시한다.

ⓔ 선내 안전위원회의 회의에 참석할 목적으로 안전대표자로서 지명 또는 선출된 승무 선원의 권한을 명시한다. 5명 이상의 선원이 승무하는 선박에는 선내 안전위원회가 설치된다.

③ 규정 제4.3조 제3항에서 규정하는 법령 및 그 밖의 조치는 선박소유자 및 선원 단체의 대표자와 협의를 거쳐 정기적으로 검토되어야 하며, 필요한 경우, 산업 안전·건강 정책 및 프로그램의 지속적인 개선을 촉진하고 회원국 선박에 승선중인 선원들을 위한 안전한 산업 환경을 제공하기 위하여 기술 및 연구의 변화를 고려하여 개정된다.

④ 선내 작업장소가 위험에 노출되는 허용 가능한 수준과 선내 산업 안전·건강 정책 및 프로그램의 개발 및 이행에 관한 적용 가능한 국제규범의 요건을 준수하는 경우, 이 협약의 요건을 충족하는 것으로 간주된다.

⑤ 권한당국은 다음을 보장한다.

㉠ 직무상 사고 및 질병의 보고 및 기록에 관한 국제노동기구가 제공한 지침을 고려하여 직무상 사고, 상해 및 질병이 적절히 보고되도록 할 것

ⓒ 그러한 사고 및 질병의 광범위한 통계가 유지, 분석 및 출판되며, 적절한 경우 일반적인 경향과 식별된 위험에 대한 후속 연구를 실시하는 것

ⓒ 직무상 사고를 조사하는 것

⑥ 산업 안전 및 건강 문제에 대한 보고 및 조사는 선원의 개인적 정보를 보호하도록 고안되며, 국제노동기구가 이 문제에 관하여 제공하는 지침을 고려한다.

⑦ 권한당국은 선박소유자 및 선원 단체와 협력하여 예컨대 관련 훈령을 수록하는 관보를 게시함으로써 모든 선원으로 하여금 선내 특정 위험성에 관한 정보에 대한 주의를 환기하는 조치를 한다.

⑧ 권한당국은 산업 안전 및 건강의 관리와 관련하여 위험성평가를 실시하는 선박소유자가 자기 선박으로부터 그리고 권한당국이 제공한 일반적인 통계로부터 획득한 적절한 통계정보를 참조하도록 요구한다.

(3) 지침 나제4.3조 – 건강 및 안전 보호와 사고 방지/지침 나제4.3.1조 – 업무상 사고, 상해 및 질병에 대한 규정

① 기준 가제4.3조에 의하여 요구되는 규정은 1996년 '해상 및 항구에서의 선내 사고 방지'라는 표제의 ILO 실무코드 및 그 이후의 개정판과 산업 안전 및 건강보호에 관한 그 밖의 관련 ILO와 그 밖의 국제기준, 지침 및 실무코드를 그들에 식별되어 있는 모든 노출수준을 포함하여 고려한다.

② 권한당국은 산업 안전 및 건강관리를 위한 국내 지침이 특히 다음 사항을 다룰 수 있도록 보장하여야 한다.
　㉠ 일반 및 기본 규정
　㉡ 접근수단 및 석면관련 위험성을 포함한 선박의 구조적 특성
　㉢ 기계류
　㉣ 선원이 접촉할 수 있는 표면에서의 극히 낮거나 높은 온도의 영향
　㉤ 작업장소 및 선내 거주구역에서의 소음의 영향
　㉥ 작업장소 및 선내 거주구역에서의 진동의 영향
　㉦ 위 ㉤ 및 ㉥에서 규정하는 것 이외에 작업장소 및 선내 거주구역에서의 흡연을 포함한 환경요소의 영향
　㉧ 갑판 상하에서의 특별한 안전조치
　㉨ 적 · 양하 설비
　㉩ 방화 및 소화
　㉪ 닻, 체인 및 계류삭
　㉫ 위험화물 및 밸러스트
　㉬ 선원용 개인보호장구
　㉭ 밀폐구역에서의 작업
　　• 피로의 육체적 및 정신적 영향
　　• 마약 및 알코올 의존의 영향
　　• 후천성면역결핍증 바이러스(HIV/AIDS)로부터의 보호 및 방지
　　• 비상 및 사고 대응

③ 이 지침 제2항에 규정된 사안에 관한 위험성평가 및 노출을 감소시키기 위해서는 하중, 소음 및 진동을 수동으로 취급하는 것을 포함한 육체적인 산업 건강 영향, 생화학적 산업 건강 영향, 정신적 산업 건강 영향, 피로에 의한 육체적 및 정신적인 건강 영향과 업무상 사고를 고려한다. 필요한 조치를 할 때 다른 사항 중에서도 위험성을 근원적으로 제거하고, 특히 작업장소의

설계에 관하여 근로가 개인에게 적합하도록 하며 위험한 것을 위험하지 아니하거나 보다 덜 위험한 것으로 대체하는 것이 선원용 개인보호장구보다 우선한다는 예방 원칙을 적절히 고려한다.

④ 권한당국은 건강 및 안전에 대한 영향과 관련하여 특히 다음 분야를 고려한다.
  ㉠ 비상 및 사고 대응
  ㉡ 마약 및 알코올 의존의 영향
  ㉢ 후천성면역결핍증 바이러스(HIV/AIDS)로부터의 보호 및 예방

(4) 지침 나제4.3.2조 – 소음에의 노출

① 권한당국은 권한 있는 국제기구와 관련 선박소유자 및 선원 단체의 대표자와 협력하여 실행 가능한 한 소음에의 노출에 악영향으로부터 선원의 보호를 증진하기 위한 목적으로 선내 소음문제를 지속적으로 검토한다.

② 이 지침 ①에서 규정하는 검토에는 선원의 청각, 건강 및 안락성에 미치는 과도한 소음에 노출되는 악영향과 선원을 보호하기 위해 선내 소음을 감소시키기 위하여 규정되거나 권고된 조치가 고려된다. 고려되어야 할 조치에는 다음이 포함된다.
  ㉠ 선원에게 높은 소음에서의 장시간 노출에 의한 청각 및 건강에 대한 위험과 소음보호 장치 및 장비의 적절한 이용에 대하여 지도하는 것
  ㉡ 필요한 경우 선원들에게 승인된 청각보호장비를 제공하는 것
  ㉢ 기관실 및 그 밖의 기관구역뿐만 아니라 모든 거주구역, 오락시설 및 주방설비에서의 소음에 대한 위험성평가 및 그 노출수준을 경감하는 것

(5) 지침 나제4.3.3조 – 진동의 노출

① 권한당국은 권한 있는 국제기구, 관계 선박소유자 및 선원 단체의 대표자와 협력하여, 실행 가능한 한, 진동의 악영향으로부터 선원의 보호를 증진하기 위한 목적으로 선내 진동문제를 지속적으로 검토한다.

② 이 지침 제1항에서 규정하는 검토는 선원의 건강 및 안락성에 미치는 과도한 진동에 노출될 경우의 영향과 선원을 보호하기 위해 선내 진동을 감소시키기 위하여 규정되거나 권고된 조치가 적용된다. 고려되어야 할 조치에는 다음을 포함한다.
  ㉠ 선원이 장기간 진동에 노출될 경우 그들의 건강에 대한 위험에 대하여 지도하는 것
  ㉡ 필요한 경우 선원들에게 승인된 개인보호장비를 제공하는 것
  ㉢ 모든 거주구역, 오락시설 및 주방시설에서의 진동 노출의 차이를 고려하여 2001년 '작업장소에서 환경요소'라는 표제의 ILO실무지침에서 규정하는 지침에 따른 조치를 채택함으로써 그들 구역 및 시설에서 진동에 대한 위험성을 평가하고 그 노출수준을 경감하는 것

(6) 지침 나제4.3.4조 – 선박소유자의 의무

① 보호장비 또는 그 밖의 사고방지 안전장비를 제공하여야 하는 선박소유자의 모든 의무는 일반적으로 선원이 그것을 이용할 것을 요구하는 규정과 관계 사고 방지 및 건강 보호 조치를 준수하기 위한 선원에 대한 요건과 함께 규정된다.

② 1963년 '기계의 방호에 관한 협약(제119호)' 제7조 및 제11조의 규정과 1963년 '기계의 방호에 관한 권고(제118호)'의 그에 상응하는 규정도 또한 고려된다. 이들 규정에 의하여 사용자는 사용 중인 기계에 적당한 방호장치를 마련하고, 적당한 방호장치가 되어 있지 아니한 기계의 사용을 금지하는 요건을 준수할 의무를 지는 반면에 근로자는 방호장치가 마련되어 있지 아니하거나 마련된 방호장치가 작동하지 않는 기계를 사용하지 않을 의무가 있다.

(7) 지침 나제4.3.5조 – 통계의 보고 및 수집

① 모든 업무상 사고와 업무상 상해 및 질병은 관계되는 선원의 개인적인 자료보호를 고려하여 조사되고, 그러한 사고의 포괄적인 통계가 유지, 분석 및 출판될 수 있도록 보고된다. 그 보고는 재난 또는 선박에 관계되는 사고에만 제한되지 아니한다.

② 이 지침 제1항에서 규정하는 통계에는 업무상 사고 및 업무상 상해 및 질병의 건수, 특성, 원인 및 결과가 기록되며, 아울러 선내의 부서, 사고의 형태와 해상 또는 항내인지의 여부가 명확하게 표시된다.

③ 각 회원국은 국제노동기구가 설정할 수 있는 선원의 사고를 기록하는 국제적인 제도 또는 모형을 적절히 고려한다.

(8) 지침 나제4.3.6조 – 조사

① 권한당국은 사망 또는 중상을 야기한 모든 업무상 사고 및 업무상 상해 및 질병과 국내 법령에 명시된 유사한 사고의 원인 및 상황에 대하여 조사한다.

② 조사의 주제로 다음 사항을 포함하는 것을 고려한다.
   ㉠ 작업장 외관, 기계류의 배치, 접근수단, 조명 및 작업방법과 같은 근로환경
   ㉡ 업무상 사고와 업무상 상해 및 질병의 연령별 발생률
   ㉢ 선내 환경에 의해 발생되는 특수한 생리적 또는 심리적인 문제
   ㉣ 특히 증가된 작업량의 결과로서 선내에서 육체적인 스트레스로 인하여 생기는 문제
   ㉤ 기술발전으로부터 발생하는 문제 및 기술발전의 결과와 그러한 기술발전이 승무원의 구성에 미치는 영향
   ㉥ 모든 인적과실로 인하여 생기는 문제

(9) 지침 나제4.3.7조 – 국내 보호 및 방지 프로그램

① 산업 안전 및 건강보호와 선내 고용의 특별한 위험에 기인하는 사고, 상해 및 질병의 방지를 증진할 조치에 대한 확고한 기초를 제공하기 위하여, 일반적인 경향에 대한 것과 통계에 의하여 드러난 그러한 위험에 대하여 연구한다.

② 산업 안전 및 건강의 증진을 위한 보호 및 방지 프로그램의 이행은 권한당국, 선박소유자 및 선원 또는 그들의 대표자들과 그 밖의 적절한 단체가 잠재적으로 유해한 작업장소의 환경요소에 대한 최대노출 수준에 대한 선내 지침과 그 밖의 위험 또는 체계적인 위험평가 과정의 결과와 같은 수단을 통하는 것을 포함하여, 적극적인 역할을 할 수 있도록 조직된다. 특히, 관계되는 선박소유자 및 선원 단체의 대표가 참석하는 전국적 또는 지역적인 합동 산업 안전·건강보호 및 사고방지 위원회 또는 특별작업반 및 선내위원회를 설치한다.

③ 그와 같은 활동이 회사차원에서 일어날 경우, 그 선박소유자의 선박 내의 모든 안전위원회에 선원 대표자의 참석이 고려된다.

(10) 지침 나제4.3.8조 – 보호 및 방지 프로그램의 내용

① 지침 나제4.3.7조 제2항에서 규정하는 위원회 및 그 밖의 단체의 기능에 다음 사항을 포함하는 것을 고려한다.
  ㉠ 산업 안전·건강관리제도와 사고방지 규정, 규칙 및 매뉴얼에 대한 국내 지침 및 방침의 준비
  ㉡ 산업 안전·건강보호와 사고방지 훈련 및 프로그램의 구성
  ㉢ 필름, 포스터, 공고 및 홍보책자를 포함한, 산업 안전·건강 보호와 사고 방지에 관한 홍보의 조직
  ㉣ 선내 선원들이 이용할 수 있도록 산업 안전·건강보호와 사고방지에 관한 문헌 및 정보의 배포

② 산업 안전·건강보호와 사고방지 조치 또는 권고 실무지침의 문안을 준비하는 사람은 적절한 국가 당국이나 기구 또는 국제기구에 의하여 채택된 관련 규정 또는 권고를 고려하도록 한다.

③ 산업 안전·건강보호와 사고방지 프로그램을 공식화함에 있어서, 각 회원국은 국제노동기구가 발행하였을 수 있는 선원의 안전 및 건강에 관한 모든 실무코드를 적절히 고려한다.

(11) 지침 나제4.3.9조 – 산업 안전·건강보호와 업무상 사고 방지 지침

① 기준 가제4.3조 제1항 가호에서 규정하는 훈련을 위한 교육과정은 정기적으로 검토되며 선원의 배승관행, 국적, 언어 및 선내 근로조직의 변경뿐 아니라 선박의 종류, 크기 및 설비의 발달의 관점에서 최신화된다.

② 산업 안전·건강보호와 사고방지를 위한 홍보활동을 지속적으로 이행한다. 홍보활동은 다음 형식을 취할 수 있다.
  ㉠ 선원을 위한 직업훈련소에서 사용하고, 가능한 경우, 선내에서 상영될 수 있는 필름과 같은 교육용 시청각 매체
  ㉡ 선내에 포스터의 게시
  ㉢ 해상근로의 위험과 산업 안전·건강보호 및 사고방지 조치에 관한 기사를 선원이 구독할 수 있도록 정기간행물에 포함
  ㉣ 안전작업 실무에 관한 캠페인을 포함하여 선원을 교육하기 위한 다양한 홍보수단을 이용하는 특별한 캠페인

③ 이 지침 제2항에서 규정하는 홍보활동은 선내 선원의 국적, 언어 및 문화가 다른 점을 고려한다.

(12) 지침 나제4.3.10조 – 연소선원에 대한 안전 및 건강 교육

① 안전 및 건강 규정은 선원의 근로에 적용할 수 있는 고용 전 및 고용 중의 건강진단과 고용 시의 사고방지와 건강보호에 관한 모든 일반적 규정을 인용한다. 그러한 규정은 연소선원이 그들의 직무수행 중 직무상 위험을 최소할 수 있는 조치를 명시한다.

② 연소선원이 권한당국에 의하여 적절한 기술을 충분히 갖추었다고 인정된 경우를 제외하고는, 해당 규정에 연소 선원이 적절한 감독과 지도 없이는 사고의 특별한 위험성이 있거나, 건강상 혹은 신체의 발달상 유해하거나 또는 특별한 숙련, 경험 혹은 기능을 필요로 하는 일정한 종류의 작업에 종사하는 것에 대한 제한을 명시하여야 한다. 권한 당국은 해당 규정에 의하여 제한되는 작업의 종류를 결정함에 있어, 다음과 관련한 작업을 특히 고려할 수 있다.
  ㉠ 무거운 적하 또는 중량물의 양하, 이동 또는 운반
  ㉡ 보일러, 탱크 및 공소(空所)에 들어가는 것
  ㉢ 해로운 소음과 진동수준에 노출되는 것
  ㉣ 기중기 및 그 밖의 동력기기 그리고 기기를 조작 또는 그러한 장비의 조작자에 대한 신호수로서의 행위
  ㉤ 계류삭, 예인삭 또는 닻 설비의 취급
  ㉥ 의장하기
  ㉦ 악천후 시 높은 곳 또는 갑판에서의 작업

ⓞ 야간당직근무

ⓩ 전기설비의 수리

ⓧ 잠재적인 유해물질 또는 위험물이나 유독물 및 전리방사선과 같은 해로운 물리적 인자에 노출되는 것

㉠ 조리기계의 청소, 그리고

㉣ 선박용 구명정 취급 또는 담당

③ 권한당국 또는 적절한 기관은 선내에서의 사고방지 및 건강의 보호에 관한 정보에 대하여 연소선원의 주의를 환기시킬 수 있도록 실질적 조치를 한다. 그러한 조치는 적절한 교육과정, 연소선원에 대한 공식적인 사고방지를 위한 홍보 그리고 연소선원의 직업교육 및 감독을 포함할 수 있다.

④ 육상 및 해상에서의 연소선원의 교육과 훈련은 알코올 및 마약과 그 밖의 잠재적으로 유해한 물질의 남용과 후천성면역결핍증 바이러스와 관련된 위험성 및 우려 그리고 그 밖의 건강에 유해한 행위가 연소선원의 건강 및 안녕에 미치는 치명적 영향에 관한 지침을 포함한다.

(13) 지침 나제4.3.11조 – 국제적 협력

① 회원국들은 정부간 및 그 밖의 국제기구의 적절한 협조를 얻어, 산업 안전·건강 보호와 업무상 사고 방지를 촉진하기 위한 그 밖의 활동이 최대한 통일적으로 실시될 수 있도록 상호 협력을 통하여 노력한다.

② 기준 가제4.3조에 의한 산업 안전·건강보호와 사고방지를 촉진하는 프로그램을 개발함에 있어서, 각 회원국은 국제노동기구에서 발간한 관련 실무코드와 국제기구의 해당 기준을 적절히 고려한다.

③ 회원국들은 산업 안전·건강보호와 업무상 사고방지와 관련된 활동을 계속적으로 증진하기 위하여 국제적 협력의 필요성을 고려한다. 그러한 협력은 다음 형식을 취할 수 있다.

㉠ 산업 안전·건강보호와 업무상 사고방지의 기준 및 안전장치의 통일을 위한 양국 간 또는 다수국 간의 협정

㉡ 선원에게 영향을 미치는 특수한 위험 및 산업 안전·건강보호와 사고방지를 촉진하기 위한 수단에 관한 정보의 교환

㉢ 기국의 국내규정에 따른 설비의 시험 및 검사의 지원

㉣ 산업 안전·건강보호와 사고방지에 관한 규정, 규칙 또는 안내서의 작성과 배포에 관한 협력

㉤ 훈련 보조물의 생산 및 사용에 관한 협력

㉥ 산업 안전·건강보호, 사고방지 및 안전작업 실무에 관한 선원의 훈련을 위한 공동시설 또는 상호원조

CHAPTER 03 | 안전경영정책의 수립·계획·측정·검사

 기출 및 예상문제

01 다음 중 안전경영정책의 일반적 실행과정에 해당하지 않는 것은?

① 계획 수립(Plan)
② 점검(Check)
③ 사전고려(Consideration)
④ 개선(Action)

해설 | 일반적으로 '실행계획 수립(Plan) → 운영(Do) → 점검 및 시정조치(Check) → 개선(Action)' 과정을 따른다.

02 위험성평가 방법 중 다음 산식을 적용하는 것은?

> (곱셈법) 위험성(Risk)=가능성×중대성

① 빈도·강도법
② 체크리스트(Checklist)법
③ 위험성 수준 3단계(저·중·고) 판단법
④ 핵심요인 기술(One Point Sheet)법

03 다음 중 위험성평가 대상으로 적절하지 않은 것은?

① 조직 내부 또는 외부에서 작업장에 제공되는 유해위험시설
② 조직에서 보유 또는 취급하고 있는 모든 유해위험물질
③ 일상적인 작업(협력업체는 제외한다)
④ 일상적인 작업(수리 또는 정비 등)

해설 | 협력업체의 작업도 포함되어야 한다.

04 다음 중 위험성평가와 관련한 설명으로 옳지 않은 것은?

① 사전적으로 실시해야 하며, 설정된 주기에 따라 재평가하고 그 결과를 기록 및 유지하여야 한다.
② 규정된 위험성평가 절차에 따라 수행하며, 이에 명시되지 않은 사항은 통상례에 따라 수행한다.
③ 조직 내 유해·위험요인을 파악하고 내·외부 현안사항에 대해서 위험성평가를 실시하여 위험성을 결정하고 필요한 조치를 실시함을 목적으로 한다.
④ 사업장의 특성, 규모, 공정특성을 고려하여 적절한 위험성평가 기법을 활용하여 절차에 따라 실시하여야 한다.

해설 | 명시되지 않은 사항은 사업장 위험성평가에 관한 지침(고용노동부 고시)을 준수하여 수행한다.

05 다음 중 안전보건목표 수립 시 고려사항에 해당하지 않는 것은?

① 구체성   ② 측정가능성
③ 달성가능성   ④ 미래지향성

해설 | 안전보건목표는 현재의 안전을 유지하는 데 중점을 두어야 한다.

06 다음 중 안전경영정책 Process 중 '점검 및 성과평가(Check)' 단계에 해당하는 것으로 볼 수 없는 것은?

① 모니터링   ② 내부심사
③ 경영자 검토   ④ 위험성평가

해설 | 위험성평가는 수립·계획(Plan)단계에서 실행된다.

01 ③   02 ①   03 ③   04 ②   05 ④   06 ④

CHAPTER 04 안전조직 구성·운영

01 개설

기업 스스로 사업장 내 위험요인을 발굴하여 제거, 대체 및 통제 방안을 마련·이행하고 이를 지속적으로 개선하기 위해, 「산업안전보건법」은 제2장에서 「안전보건관리체제」를 두고 안전보건관리 시스템 운영 및 실행조직 구성을 각 규정하고 있다.

02 안전보건관리체제

1. 산업안전보건법상 안전보건관리체제 및 조직 개요

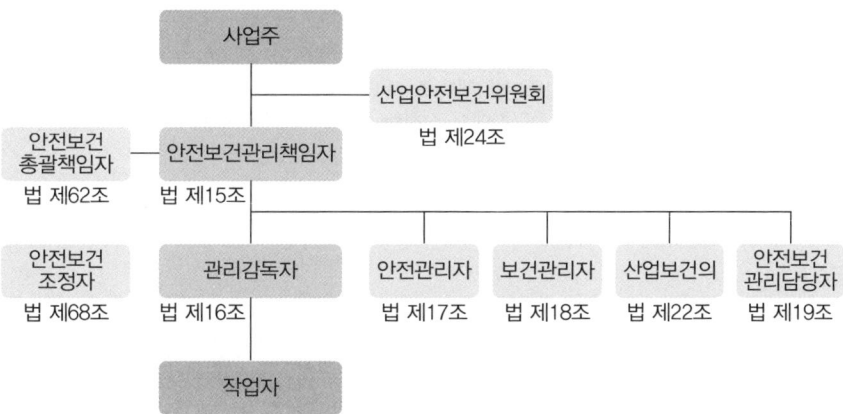

※ 출처 : 2023 새로운 위험성평가 안내서, 고용노동부, 2023

2. 적용 대상

※ 업종, 상시 근로자수 및 매출액 등의 기준으로 적용대상 판단

① 안전보건관리책임자 선임 사업장 : (제조 등) 50명 이상, (서비스업 등) 300명 이상 등

② 안전관리자 선임 사업장 : (제조 등) 50명 이상, (부동산업 등) 300명 이상 등

③ 보건관리자 선임 사업장 : (제조 등) 50명 이상, (건설) 800억 원 이상 등

④ 산업안전보건위원회 구성·운영 사업장 : (제조 등) 50명 이상, (서비스업 등) 300명 이상 등

⑤ 안전보건관리규정 작성 사업장 : (서비스업 등) 300명 이상, (그 외) 100명 이상 등

3. 주요 안전·보건주체별 역할

(1) 안전보건관리책임자

> 제15조(안전보건관리책임자) ① 사업주는 사업장을 실질적으로 총괄하여 관리하는 사람에게 해당 사업장의 다음 각 호의 업무를 총괄하여 관리하도록 하여야 한다.
> 1. 사업장의 산업재해 예방계획의 수립에 관한 사항
> 2. 안전보건관리규정의 작성 및 변경에 관한 사항
> 3. 안전보건교육에 관한 사항
> 4. 작업환경측정 등 작업환경의 점검 및 개선에 관한 사항
> 5. 근로자의 건강진단 등 건강관리에 관한 사항
> 6. 산업재해의 원인 조사 및 재발 방지대책 수립에 관한 사항
> 7. 산업재해에 관한 통계의 기록 및 유지에 관한 사항
> 8. 안전장치 및 보호구 구입 시 적격품 여부 확인에 관한 사항
> 9. 그 밖에 근로자의 유해·위험 방지조치에 관한 사항으로 고용노동부령으로 정하는 사항
> → 시행규칙 제9조(안전보건관리책임자의 업무) 법 제15조 제1항 제9호에서 "고용노동부령으로 정하는 사항"이란 위험성평가의 실시에 관한 사항과 안전보건규칙에서 정하는 근로자의 위험 또는 건강장해의 방지에 관한 사항을 말한다.

(2) 관리감독자

> 제16조(관리감독자) ① 사업주는 사업장의 생산과 관련되는 업무와 그 소속 직원을 직접 지휘·감독하는 직위에 있는 사람(이하 "관리감독자"라 한다)에게 산업안전 및 보건에 관한업무로서 대통령령으로 정하는 업무를 수행하도록 하여야 한다.
> → 시행령 제15조(관리감독자의 업무 등) ① 법 제16조 제1항에서 "대통령령으로 정하는 업무"란 다음 각 호의 업무를 말한다.
> 1. 사업장 내 관리감독자(이하 "관리감독자"라 한다)가 지휘·감독하는 작업(이하 이 조에서 "해당작업"이라 한다)과 관련된 기계·기구 또는 설비의 안전·보건 점검 및 이상 유무의 확인
> 2. 관리감독자에게 소속된 근로자의 작업복·보호구 및 방호장치의 점검과 그 착용·사용에 관한 교육·지도
> 3. 해당 작업에서 발생한 산업재해에 관한 보고 및 이에 대한 응급조치
> 4. 해당 작업의 작업장 정리·정돈 및 통로 확보에 대한 확인·감독

5. 사업장의 다음 각 목의 어느 하나에 해당하는 사람의 지도·조언에 대한 협조
   가. 안전관리자 또는 안전관리자의 업무를 같은 항에 따른 안전관리전문기관에 위탁한 사업장의 경우에는 그 안전관리전문기관의 해당 사업장 담당자
   나. 보건관리자 또는 보건관리전문기에 위탁한 사업장의 경우에는 그 보건관리전문기관의 해당 사업장 담당자
   다. 안전보건관리담당자 또는 안전관리전문기관 또는 보건관리전문기관에 위탁한 사업장의 경우에는 그 안전관리전문기관 또는 보건관리전문기관의 해당 사업장 담당자
   라. 산업보건의
6. 위험성평가에 관한 다음 각 목의 업무
   가. 유해·위험요인의 파악에 대한 참여
   나. 개선조치의 시행에 대한 참여
7. 그 밖에 해당 작업의 안전 및 보건에 관한 사항으로서 고용노동부령으로 정하는 사항

(3) 보건관리자

제18조(보건관리자) ① 사업주는 사업장에 제15조 제1항 각 호의 사항 중 보건에 관한 기술적인 사항에 관하여 사업주 또는 안전보건관리책임자를 보좌하고 관리감독자에게 지도·조언하는 업무를 수행하는 사람(이하 "보건관리자"라 한다)을 두어야 한다.
→ 시행령 제22조(보건관리자의 업무 등) ① 보건관리자의 업무는 다음 각 호와 같다
  1. 산업안전보건위원회 또는 노사협의체에서 심의·의결한 업무와 안전보건관리규정 및 취업규칙에서 정한 업무
  2. 안전인증대상기계 등과 자율안전확인대상기계 등 중 보건과 관련된 보호구(保護具) 구입 시 적격품 선정에 관한 보좌 및 지도·조언
  3. 위험성평가에 관한 보좌 및 지도·조언
  4. 물질안전보건자료의 게시 또는 비치에 관한 보좌 및 지도·조언
  5. 산업보건의의 직무(특정 보건관리자만 해당)
  6. 해당 사업장 보건교육계획의 수립 및 보건교육 실시에 관한 보좌 및 지도·조언
  7. 해당 사업장의 근로자를 보호하기 위한 다음 각 목의 조치에 해당하는 의료행위(특정 보건관리자만 해당)
    가. 자주 발생하는 가벼운 부상에 대한 치료
    나. 응급처치가 필요한 사람에 대한 처치
    다. 부상·질병의 악화를 방지하기 위한 처치
    라. 건강진단 결과 발견된 질병자의 요양 지도 및 관리
    마. 가목부터 라목까지의 의료행위에 따르는 의약품의 투여
  8. 작업장 내에서 사용되는 전체 환기장치 및 국소 배기장치 등에 관한 설비의 점검과 작업방법의 공학적 개선에 관한 보좌 및 지도·조언
  9. 사업장 순회점검, 지도 및 조치 건의
  10. 산업재해 발생의 원인 조사·분석 및 재발 방지를 위한 기술적 보좌 및 지도·조언
  11. 산업재해에 관한 통계의 유지·관리·분석을 위한 보좌 및 지도·조언
  12. 법 또는 법에 따른 명령으로 정한 보건에 관한 사항의 이행에 관한 보좌 및 지도·조언
  13. 업무 수행 내용의 기록·유지
  14. 그 밖에 보건과 관련된 작업관리 및 작업환경관리에 관한 사항으로서 고용노동부장관이 정하는 사항

(4) 안전보건관리담당자

제19조(안전보건관리담당자) ① 사업주는 사업장에 안전 및 보건에 관하여 사업주를 보좌하고 관리감독자에게 지도·조언하는 업무를 수행하는 사람(이하 "안전보건관리담당자"라 한다)을 두어야 한다. 다만, 안전관리자 또는 보건관리자가 있거나 이를 두어야 하는 경우에는 그러하지 아니하다.
→ 시행령 제25조(안전보건관리담당자의 업무) 안전보건관리담당자의 업무는 다음 각 호와 같다.
   1. 안전보건교육 실시에 관한 보좌 및 지도·조언
   2. 위험성평가에 관한 보좌 및 지도·조언
   3. 작업환경측정 및 개선에 관한 보좌 및 지도·조언
   4. 각종 건강진단에 관한 보좌 및 지도·조언
   5. 산업재해 발생의 원인 조사, 산업재해 통계의 기록 및 유지를 위한 보좌 및 지도·조언
   6. 산업 안전·보건과 관련된 안전장치 및 보호구 구입 시 적격품 선정에 관한 보좌 및 지도·조언

(5) 안전보건총괄책임자

제62조(안전보건총괄책임자) ① 도급인은 관계수급인 근로자가 도급인의 사업장에서 작업을 하는 경우에는 그 사업장의 안전보건관리책임자를 도급인의 근로자와 관계수급인 근로자의 산업재해를 예방하기 위한 업무를 총괄하여 관리하는 안전보건총괄책임자로 지정하여야 한다. 이 경우 안전보건관리책임자를 두지 아니하여도 되는 사업장에서는 그 사업장에서 사업을 총괄하여 관리하는 사람을 안전보건총괄 책임자로 지정하여야 한다.
→ 시행령 제53조(안전보건총괄책임자의 직무 등) ① 안전보건총괄책임자의 직무는 다음 각 호와 같다.
   1. 위험성평가의 실시에 관한 사항
   2. 법에 따른 작업의 중지
   3. 도급 시 산업재해 예방조치
   4. 산업안전보건관리비의 관계수급인 간의 사용에 관한 협의·조정 및 그 집행의 감독
   5. 안전인증대상기계등과 자율안전확인대상기계등의 사용 여부 확인

(6) 산업안전보건위원회

제24조(산업안전보건위원회) ① 사업주는 사업장의 안전 및 보건에 관한 중요 사항을 심의·의결하기 위하여 사업장에 근로자위원과 사용자위원이 같은 수로 구성되는 산업안전보건위원회를 구성·운영하여야 한다.
② 사업주는 다음 각 호의 사항에 대해서는 제1항에 따른 산업안전보건위원회(이하 "산업안전보건위원회"라 한다)의 심의·의결을 거쳐야 한다.
   1. 안전보건관리책임자 업무 중 제1호부터 제5호까지 및 제7호에 관한 사항
   2. 안전보건관리책임자 업무 중 제6호에 따른 사항 중 중대재해에 관한 사항
   3. 유해하거나 위험한 기계·기구·설비를 도입한 경우 안전 및 보건 관련 조치에 관한 사항
   4. 그 밖에 해당 사업장 근로자의 안전 및 보건을 유지·증진시키기 위하여 필요한 사항
③ 산업안전보건위원회는 대통령령으로 정하는 바에 따라 회의를 개최하고 그 결과를 회의록으로 작성하여 보존하여야 한다.
④ 사업주와 근로자는 제2항에 따라 산업안전보건위원회가 심의·의결한 사항을 성실하게 이행하여야 한다.
⑤ 산업안전보건위원회는 이 법, 이 법에 따른 명령, 단체협약, 취업규칙 및 제25조에 따른 안전보건관리규정에 반하는 내용으로 심의·의결해서는 아니 된다.
⑥ 사업주는 산업안전보건위원회의 위원에게 직무 수행과 관련한 사유로 불리한 처우를 해서는 아니 된다.
⑦ 산업안전보건위원회를 구성하여야 할 사업의 종류 및 사업장의 상시근로자 수, 산업안전보건위원회의 구성·운영 및 의결되지 아니한 경우의 처리방법, 그 밖에 필요한 사항은 대통령령으로 정한다.

※ 산업안전보건위원회 운영(시행령 제34조 내지 제39조)
제35조(산업안전보건위원회의 구성) ① 산업안전보건위원회의 근로자위원은 다음 각 호의 사람으로 구성한다.
  1. 근로자대표
  2. 명예산업안전감독관이 위촉되어 있는 사업장의 경우 근로자대표가 지명하는 1명 이상의 명예산업안전감독관
  3. 근로자대표가 지명하는 9명(근로자인 제2호의 위원이 있는 경우에는 9명에서 그 위원의 수를 제외한 수를 말한다) 이내의 해당 사업장의 근로자
② 산업안전보건위원회의 사용자위원은 다음 각 호의 사람으로 구성한다. 다만, 상시근로자 50명 이상 100명 미만을 사용하는 사업장에서는 제5호에 해당하는 사람을 제외하고 구성할 수 있다.
  1. 해당 사업의 대표자(같은 사업으로서 다른 지역에 사업장이 있는 경우에는 그 사업장의 안전보건관리책임자를 말한다. 이하 같다)
  2. 안전관리자(안전관리자를 두어야 하는 사업장으로 한정하되, 안전관리자의 업무를 안전관리전문기관에 위탁한 사업장의 경우에는 그 안전관리전문기관의 해당 사업장 담당자를 말한다) 1명
  3. 보건관리자(보건관리자를 두어야 하는 사업장으로 한정하되, 보건관리자의 업무를 보건관리전문기관에 위탁한 사업장의 경우에는 그 보건관리전문기관의 해당 사업장 담당자를 말한다) 1명
  4. 산업보건의(해당 사업장에 선임되어 있는 경우로 한정한다)
  5. 해당 사업의 대표자가 지명하는 9명 이내의 해당 사업장 부서의 장
③ 제1항 및 제2항에도 불구하고 건설공사도급인이 법에 따른 안전 및 보건에 관한 협의체를 구성한 경우에는 산업안전보건위원회의 위원을 다음 각 호의 사람을 포함하여 구성할 수 있다.
  1. 근로자위원 : 도급 또는 하도급 사업을 포함한 전체 사업의 근로자대표, 명예산업안전감독관 및 근로자대표가 지명하는 해당 사업장의 근로자
  2. 사용자위원 : 도급인 대표자, 관계수급인의 각 대표자 및 안전관리자

제36조(산업안전보건위원회의 위원장) 산업안전보건위원회의 위원장은 위원 중에서 호선한다. 이 경우 근로자위원과 사용자위원 중 각 1명을 공동위원장으로 선출할 수 있다.

제37조(산업안전보건위원회의 회의 등) ① 산업안전보건위원회의 회의는 정기회의와 임시회의로 구분하되, 정기회의는 분기마다 산업안전보건위원회의 위원장이 소집하며, 임시회의는 위원장이 필요하다고 인정할 때에 소집한다.
② 회의는 근로자위원 및 사용자위원 각 과반수의 출석으로 개의하고 출석위원 과반수의 찬성으로 의결한다.
③ 근로자대표, 명예산업안전감독관, 해당 사업의 대표자, 안전관리자 또는 보건관리자는 회의에 출석할 수 없는 경우에는 해당 사업에 종사하는 사람 중에서 1명을 지정하여 위원으로서의 직무를 대리하게 할 수 있다.
④ 산업안전보건위원회는 다음 각 호의 사항을 기록한 회의록을 작성하여 갖추어 두어야 한다.
  1. 개최 일시 및 장소
  2. 출석위원
  3. 심의 내용 및 의결·결정 사항
  4. 그 밖의 토의사항

제38조(의결되지 않은 사항 등의 처리) ① 산업안전보건위원회는 다음 각 호의 어느 하나에 해당하는 경우에는 근로자위원과 사용자위원의 합의에 따라 산업안전보건위원회에 중재기구를 두어 해결하거나 제3자에 의한 중재를 받아야 한다.
  1. 법상 심의·의결사항에 대하여 산업안전보건위원회에서 의결하지 못한 경우
  2. 산업안전보건위원회에서 의결된 사항의 해석 또는 이행방법 등에 관하여 의견이 일치하지 않는 경우
② 제1항에 따른 중재 결정이 있는 경우에는 산업안전보건위원회의 의결을 거친 것으로 보며, 사업주와 근로자는 그 결정에 따라야 한다.

제39조(회의 결과 등의 공지) 산업안전보건위원회의 위원장은 산업안전보건위원회에서 심의·의결된 내용 등 회의 결과와 중재 결정된 내용 등을 사내방송이나 사내보, 게시 또는 자체 정례조회, 그 밖의 적절한 방법으로 근로자에게 신속히 알려야 한다.

03 선원법상 안전관리체제

선원을 사용하는 사업과 그 사업장 역시 「산업안전보건법」의 적용을 받는다. 그 외 「선원법」 제79조에서는 선내안전보건기준의 포함사항으로 '선내안전위원회의 설치 및 운영'을 규정하고 있다.

CHAPTER 04 | 안전조직 구성·운영

기출 및 예상문제

01 산업안전보건법상 안전보건관리체계 구성요소에 해당하지 않는 것은?

① 안전보건총괄책임자
② 안잔보건관리책임자
③ 산업안전보건위원회
④ 노사위원회

해설 | 노사위원회는 안전보건관리체계 구성요소에 해당하지 않는다.

02 산업안전보건법상 전문서비스업은 상시근로자가 몇 명 이상일 때 산업안전보건위원회를 의무적으로 구성해야 하는가?

① 50명 ② 100명
③ 200명 ④ 300명

해설 | 산업안전보건법 시행령 별표 9

산업안전보건위원회를 구성해야 할 사업의 종류 및 사업장의 상시근로자 수

사업의 종류	사업장의 상시근로자 수
1. 토사석 광업 2. 목재 및 나무제품 제조업 : 가구제외 3. 화학물질 및 화학제품 제조업 : 의약품 제외(세제, 화장품 및 광택제 제조업과 화학섬유 제조업은 제외한다) 4. 비금속 광물제품 제조업 5. 1차 금속 제조업 6. 금속가공제품 제조업 : 기계 및 가구 제외 7. 자동차 및 트레일러 제조업 8. 기타 기계 및 장비 제조업 (사무용 기계 및 장비 제조업은 제외한다) 9. 기타 운송장비 제조업 (전투용 차량 제조업은 제외한다)	상시근로자 50명 이상
10. 농업 11. 어업 12. 소프트웨어 개발 및 공급업 13. 컴퓨터 프로그래밍, 시스템 통합 및 관리업 14. 정보서비스업 15. 금융 및 보험업 16. 임대업 : 부동산 제외 17. 전문, 과학 및 기술 서비스업 (연구개발업은 제외한다) 18. 사업지원 서비스업 19. 사회복지 서비스업	상시근로자 300명 이상
20. 건설업	공사금액 120억 원 이상(「건설산업기본법 시행령」 별표 1의 종합공사를 시공하는 업종의 건설업종란 제1호에 따른 토목공사업의 경우에는 150억 원 이상)
21. 제1호부터 제20호까지의 사업을 제외한 사업	상시근로자 100명 이상

03 산업안전보건법령상 안전보건관리책임자의 총괄 업무사항이 아닌 것은?

① 사업장의 산업재해 예방계획의 수립에 관한 사항
② 해당 작업에서 발생한 산업재해에 관한 보고 및 이에 대한 응급조치
③ 안전보건교육에 관한 사항
④ 산업재해의 원인 조사 및 재발 방지대책 수립에 관한 사항

해설 | ②는 관리감독자의 업무사항이다.

01 ④ 02 ④ 03 ②

04 산업안전보건법상 근로자대표는 산업안전보건위원회 위원으로 몇 명 이내의 자를 지명할 수 있는가?

① 7명 ② 8명
③ 9명 ④ 10명

05 선원법상 선내안전보건기준상 선원을 사용하는 사업과 그 사업장에 별도 설치해야 하는 기구는?

① 선내위험방지위원회
② 선내안전위원회
③ 선박관리위원회
④ 선박안전위원회

04 ③ 05 ②

CHAPTER 05 안전경영정책 환류

안전경영정책의 환류 및 그에 따른 개선 시, 다음 각 요소를 충분히 고려·반영하여야 한다.

1. 일반사항

① 목적 : 안전보건경영시스템 운영과 관련하여 부적합사항이 발견될 경우 원인을 파악하고 시정조치하여 안전사고를 사전에 예방하고 지속적으로 개선하는 데 그 목적이 있다.

② 수행 : 안전보건경영시스템의 의도한 결과를 달성하기 위해 필요한 조치를 실행하여야 한다.

2. 사건, 부적합 및 시정조치

① 목적 : 안전보건경영체계 운영과 관련하여 부적합사항이 발견될 경우 원인 파악 후 개선하여 안전사고를 사전에 예방하고 지속적으로 개선하는 데 그 목적이 있다.

② 수행
   ㉠ 안전보건경영체계와 관련 모니터링, 성과측정, 내부심사 등에 의한 사건 또는 부적합 사항이 발견될 경우 근본원인이 조사되고 재발방지를 위한 시정 및 예방 조치가 수행되고 문서화 되어야 한다.
   ㉡ 부적합 사항의 원인을 제거하기 위해 취하는 모든 시정조치 및 예방조치는 문제의 크기와 발생한 안전보건상 영향에 대응하는 적절한 수준으로 하여야 한다.
   ㉢ 즉시시정 가능하고, 재발우려가 없으며 안전보건상 심각한 위험을 초래하지 않는 경미한 부적합사항은 즉시 원인만 제거하는 단순 시정조치를 취할 수 있다.
   ㉣ 부적합 사항별 시정 및 예방조치 방법은 다음과 같다.
     • 안전보건관련 업무 운영 중 발생된 부적합 사항 확인 시 즉각적인 조치를 취한다. 그러나 장기적 계획수립에 따른 조치가 필요한 경우 관리감독자/안전담당자는 개선대책 및 추진일정 등의 계획을 수립하여 안전관리자에게 제출한다.
     • 고객민원 등으로 발생한 안전보건 부적합사항은 필요시 개선결과를 해당 민원인에게 통보한다.
     • 시정 및 예방조치 후에는 취해진 시정 및 예방조치가 효과적임을 확인하기 위한 후속조치가 이행되고 기록·보존되어야 한다.
     • 시정 및 예방조치에 따른 안전보건경영시스템에 변경 요구사항이 발생되는 경우 이를 반영하여 개정 및 시행한다.

③ **절차** : 시정 및 예방조치 절차
  ㉠ 시정 및 예방조치 대상은 다음과 같다.
    • 성과측정 결과 부적합사항(목표 미달성 등)
    • 내부감사 결과 부적합사항
    • 안전보건목표를 포함한 경영자검토 결과 부적합사항
    • 안전보건 민원 및 현장점검 등 안전보건경영 체제 운영 중 발견된 사건, 부적합사항
  ㉡ ㉠의 부적합사항이 잠재되어 있을 가능성이 있는 항목은 예방조치 대상으로 선정하여 관리한다.
  ㉢ 비상사태로 인해 발생된 사건, 부적합사항은 비상사태 대응 시 대비 및 대응절차에 따라 처리한다.
  ㉣ 각종 안전보건 관련 제안과 안전보건활동 과정에서 발견된 사건, 부적합사항은 안전관리자가 해당 분야별로 취합하여 보고한 후에 해당 부서별로 부적합사항을 알려야 한다.
  ㉤ 안전관리자는 발생 부서의 부적합사항에 대한 원인분석 및 대책 수립 시 해당 분야의 전문지식 및 법적 요건이 반영되어 효과성을 거둘 수 있도록 지원한다.
  ㉥ 사건, 부적합사항을 통보받은 기관 담당자는 사전에 위험성평가를 실시하고 취해진 조치에 대한 효과성을 검토한 후 대책을 수립하여 시정조치하고, 장기적인 조치가 불가피한 경우에는 개선대책 및 추진계획을 포함한 시정 및 예방조치 계획을 안전관리자에게 제출한다.
  ㉦ 내부심사 시 발견된 부적합사항에 대해서는 기관에서 신속하게 처리한 후 조치결과를 안전관리자에게 통보하여야 한다.
  ㉧ 부적합사항에 대하여 시정 및 예방조치 후에는 조치결과에 대한 재발방지 효과를 모니터링한다.
  ㉨ 시정 및 예방조치의 결과에 따라 필요한 경우 안전보건경영시스템을 적절하게 개정하고, 기록·관리한다.
  ㉩ 부적합사항의 잠재적인 원인 검출 및 제거를 위하여 다음의 자료를 참고할 수 있다.
    • 위험성평가 결과
    • 경영자검토 자료
    • 내부심사 결과 및 시정 및 예방조치 요구(결과)서
    • 고객민원 처리 내용 등

3. 지속적 개선 ★★

① **목적** : 안전보건경영시스템의 의도한 결과를 달성하기 위해 개선의 기회를 규명하고 필요한 조치를 실행하여 안전보건경영시스템의 적절성, 충족성 및 효과성을 지속적으로 개선하는 데 그 목적이 있다.

② **수행** : 조직은 다음 사항을 실행함으로써 안전보건경영시스템의 적절성, 충족성 및 효과성을 지속적으로 개선하여야 한다.
  ㉠ 안전보건 성과 향상
  ㉡ 안전보건경영시스템을 지원하는 조직문화 개발 촉진
  ㉢ 안전보건경영시스템의 지속적 개선 조치의 실행에 구성원들의 참여를 촉진
  ㉣ 지속적 개선의 결과를 산하기관 및 구성원과 의사소통
  ㉤ 지속적 개선 이행관련 자료 기록·유지

③ **휴먼 에러**
  ㉠ 정의 : 인간은 심리적·신체적·정신적인 한계로 인해 산업현장에서 많은 에러(Error)를 범하고 범할 수 있는 위험에 항상 놓여 있는데, 인간이 발생시키는 이러한 에러를 "휴먼 에러(human Error)"라고 하며 인명 피해와 재산 손실을 가져오는 대형 사고의 결정적 원인이 될 수 있다.. 이러한 에러는 주어진 목표로부터 일정한 제한 범위를 벗어난 결과로 정의된다.
  ㉡ 분류 : 스웨인(Swein)식, 리즌(Reason)식

Swein식	• 인간행동에 초점을 둔 "행위적 분류"방식을 취함 • 분류체계 : 작위오류, 누락오류, 순서오류, 시간오류, 불필요한 수행오류

Reason식	• 에러발생의 원인을 분석하는데 초점을 둔 "원인적 분류"방식을 취함
	• 비의도적 행동(Skill-based error, 무의식적 상황) : 실수(slip), 건망증(lapse)
	• 의도적 행동(Intentional error, 의식적 상황)
	  - 착오(Mistake) : 규칙기반 착오(Rule-based mistake, 친숙한 상황), 지식기반착오(Knowledge based mistake, 생소하고 특수한 상황)
	  - 고의(Violation)

CHAPTER 05 | 안전경영정책 환류

 기출 및 예상문제

01 다음 중 안전경영정책의 환류에 해당하지 않는 것은?

① 측정
② 부적합 시 시정조치
③ 지속적 개선
④ 현업 피드백

해설 | 측정은 점검 및 성과평가 단계에 해당하는 사항이다.

02 다음 중 안전경영정책 환류 시 참고자료에 해당하지 않는 것은?

① 위험성평가 결과
② 경영자검토 자료
③ 내부심사 결과 및 시정 및 예방조치 요구(결과)서
④ 산업안전보건 관련 법령

해설 | ④는 계획수립이나 실행 단계에서 충분히 검토되어야 하는 사항이다.

03 안전경영정책 환류 시 지속적 개선사항에 해당하지 않는 것은?

① 안전보건 성과 향상
② 안전보건시스템 지원 조직문화 개발 촉진
③ 구성원 참여 촉진
④ 관련비용 절감 노력

해설 | 안전경영정책 유지·개선을 위해 적정 수준의 비용지출이 요구될 수 있다.

01 ① 02 ④ 03 ④

MEMO

선박안전관리사

과목	내용	1급 객관식	1급 주관식	2급 객관식	3급 객관식
선박자원 관리론	1. 인적자원관리	1	1	1	1
	2. 과업 및 업무량 관리 적용 능력	5		7	9
	3. 의사소통	1	1	1	1
	4. 의사결정기술	3		5	4
	5. 선박기기	4		4	4
	6. 선박구조	3	2	3	3
	7. 선박관리시스템	3		4	3
	합계	20	4	25	25

PART 04

선박자원관리론

CHAPTER 01 | 인적자원관리
CHAPTER 02 | 선박관리

PART 04 기출분석

제1회

출제 영역	기출 사항
인적자원관리	• 휴먼 에러 : Swain과 Reason의 분류 • Bird : 도미노 이론('관리' 부재) • Heinrich : 도미노 이론 • 리더십 : 참여적 리더십(Participative Leadership)
과업 및 업무량 관리 적용 능력	• 과업 및 업무량 : 기획의 평가기준 • 인간의 한계(선상) : 원인 및 극복방안 • 시간제약 요인 : 인적, 물적 요소 등 • 시간제약 야기 요소 • 우선순위 결정 • 시간관리 매트릭스(아이젠하워) • 개인역량
의사소통	—
의사결정기술	• 합리적 의사결정 및 모형 • 의사결정 기법 • 문제해결 기법 : 상황분석(SA), 문제분석(PA), 결정분석(DA)
선박기기	• 레이더 : 레이더 영상의 방해 현상 • 연료분사펌프(보쉬형 등), 디젤엔진 튜브식 밸브 등 • 분뇨(오수)처리장치
선박구조	• 수선장(LWL) : 개념 • 선박충돌 시 비상조치 • 파공 시 유입량 결정 인자
선박관리시스템	선박정비 : 입거수리, 보상수리 유형 등
공통문제 ※ 타 과목 범위중복 또는 범위모호	• 위험성평가 : 위험성 정의 등 • 위험성평가 주체 • 위험성평가 절차 • 만재흘수선 : 선박안전법상 표시대상 선박
기타	—

제2회

출제 영역	기출 사항
인적자원관리	• Bird : 도미노 이론('관리' 부재) • Heinrich : 도미노 이론 • 리더십 : 리더의 자질, 이상적 리더십, 변혁적 리더십
과업 및 업무량 관리 적용 능력	• 과업 및 업무량 : 기획의 평가기준 • 선교 업무 배정 : 고려 요소 • 시간 제약성 : 주지/극복방법 • 업무량 과다 : 발생 시 결과 • 피로 : 개념
의사소통	-
의사결정기술	• 의사결정 기법 : 브레인스토밍 • 문제해결 기법 : 상황분석(SA), 문제분석(PA), 결정분석(DA)
선박기기	• 레이더 : X밴드 레이더, S밴드 레이더 • 내연기관 밸브구동장치 : 밸브간극
선박구조	• 개념 : 총톤수/순톤수, 등록장, 건현, 현호, 폭 등 • 복원성
선박관리시스템	-
공통문제 ※ 타 과목 범위중복 또는 범위모호	• 위험성평가 : 위험성 정의 등 • 위험성평가 주체 • 위험성평가 절차 • 만재흘수선 : 선박안전법상 표시 대상 선박 • 도선사용사다리 : 설치 시 기준 높이 • 안전관리자 업무 범위 : 산업안전관리론과 중복
기타	-

제3회

출제 영역	기출 사항
인적자원관리	• Bird의 도미노 이론 • Heinrich의 도미노 이론
과업 및 업무량 관리 적용 능력	• 시간 제약성 • 개인목표와 조직목표 간 갈등
의사결정기술	• 의사결정 기법 • 문제해결 기법
선박기기	레이더
선박구조	• 선박의 길이 • 개념 : 총톤수/순톤수, 등록장, 건현, 현호, 폭 등 • 복원성
공통문제 ※ 타 과목 범위중복 또는 범위모호	• 위험성 평가 : 정의 • 위험성 평가 주체 • 위험성 평가 절차 • 만재흘수선

CHAPTER 01 인적자원관리

01 인적자원관리 ★

1. 개관

(1) 인적자원관리의 개념

① 정의
  ㉠ 조직과 종업원의 목표를 동시에 만족시키기 위해서 인적자원을 효과적으로 관리하기 위한 기능
  ㉡ 생산성과 노동생활의 질 향상을 목표
  ㉢ 적절한 직무에 해당 인원을 적재적소 배치하는 것이 핵심 → 사람과 직무의 Fit을 확보

② **전통적 인사관리와의 차이점** : 전통적인 인사관리는 채용·배치·훈련·평가·보상 등 인적관리 기능을 수행하기는 하지만 기계적이고 정형적 수단에 불과한 반면, 인적자원관리는 인재확보부터 전략적·효율적 판단을 통해 인적자원의 가치에 중점을 두는 데 차이점이 있다.

③ 이해관계자
  ㉠ 고객
  ㉡ 조직구성원
  ㉢ 조직 및 주주
  ㉣ 전략적 파트너
  ㉤ 사회

④ 대상
  ㉠ 확보관리(procurement)
  ㉡ 개발관리(development)
  ㉢ 보상관리(compensation)
  ㉣ 유지관리(maintenance)

(2) 관련 주요 주제들

① **민쯔버그의 조직설계** : 5가지 조직
  ㉠ 단순구조 : 전략부문
  ㉡ 기계적 관료제 : 기술전문가부문
  ㉢ 전문적 관료제 : 핵심운영부문
  ㉣ 사업부 조직 : 중간라인부분
  ㉤ 임시적 조직(애드호크래시) : 지원스텝부문

② **인사정보시스템(POS)** : 경영자가 인적자원관리 관련한 의사결정 시 필요정보를 수집·분류 및 정리한 시스템

③ **인사예산감사**
  ㉠ A감사 : 인사정책 경영면만을 대상
  ㉡ B감사 : 인사정책 경제면만을 대상
  ㉢ C감사 : 인사정책 실제효과를 대상

④ **직무충실화** : 수평적인 직무 개수를 확대하는 것이 아니라, 성취감·안정감 등의 고양을 위해 수직적인 직무 개수 확대 → 매슬로우의 욕구단계론, 허쯔버그의 2요인이론

⑤ **직무기술서와 직무명세서**
  ㉠ 직무기술서 : 직무의 형태와 책임사항 등을 명시한 문서
  ㉡ 직무명세서 : 직무에 필요한 기술·지식·능력 등 인적요건을 명시한 문서

⑥ **직무평가 방법**
  ㉠ 비계량적 : 서열법, 분류법
  ㉡ 계량적 : 요소비교법(기준직무 설정), 점수법

⑦ **직무훈련 종류**
  ㉠ OJT : 직접 일하는 과정을 통한 직장 내 교육훈련
  ㉡ Off-JT : OJT 이외의 사전/사후 훈련
  ㉢ 도제훈련 : 작업장에서 감독자의 직접적인 지시/관리하에 필요기능 등을 습득하는 방법

⑧ **멘토링과 코칭**

멘토링	코칭
관계 중심	업무 중심
장기간	단기간
개인 발전을 목표	업무 성과를 목표
목표성취를 위한 밑그림 제공됨	밑그림 필요 없음

⑨ 인사평가 방법
  ㉠ 상대평가 : 직접서열법, 교대서열법, 쌍대비교법, 강제배분법
  ㉡ 절대평가 : 특정척도법, 행위기준평정척도법(BARS), 행위관찰척도법(BOS)

2. 선내 인적자원관리

(1) 선내 업무조직

① "선박"이라는 제한된 장소와 "바다"라는 특수한 환경을 전제로 하기에 그 무엇보다 안전관리가 중시되며, 그에 따라 선내 조직이 위계서열적으로 지휘체계를 갖추고 명확하게 분업화되어 있는 것이 특징이다.

② 일반적으로 기능에 따라 크게 '갑판부-가관부-사무부(관리/운항보조, 조리부)'로 구분하며, 각 직무상 서열에 따라 '관리급-운항급-보조급'으로 구분한다. 관리급과 운항급은 그 업무범위 및 책임이 선박안전관리시스템(SMS ; Safety Management System)에 반영되어 있다.

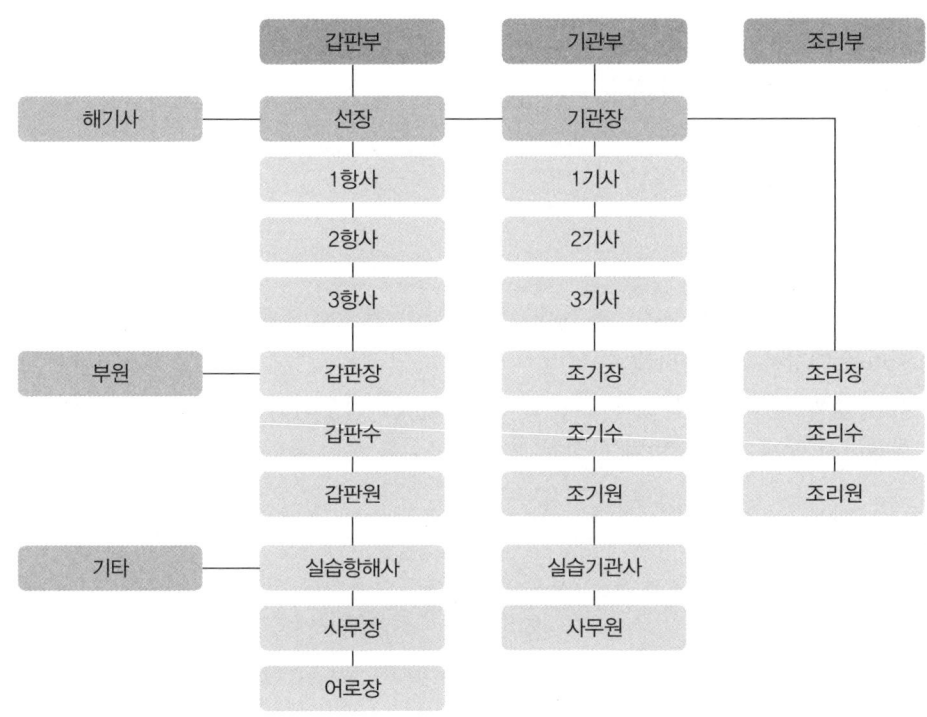

※ 출처 : 한국선원복지고용센터

〈선내 업무조직〉

(2) 선내 인적자원관리의 특수성

① 인적구성의 다국가·다언어·다문화화
  ㉠ 선내 구성원들은 다양한 국가 출신으로 구성되어 있는 경우가 많고 그에 따라 선내 이질적인 언어와 문화가 교차·혼재 → '고정관념화'와 '지나친 일반화'에 유의해야 한다.
  ㉡ 효과적인 대처를 위해서는 구성원 각자의 다른 부분을 상호 존중하고 배려 및 소통할 수 있는 업무문화와 생활환경 조성이 필요하며 이는 문화지능(문화지수, Cultural quotient) 함양을 통해 이루어질 수 있다.

② 선내 비공식 조직의 존재
  ㉠ 선박은 직책에 따른 공식 조직과는 별도로, 출신 국가·지역·언어·종교·학연·지연 등 개인적 친분에 따른 다양한 비공식 조직으로 구성, 특히 집단적 성향/상호 의존적 성향이 강한 선원들은 비공식 조직에 의존할 수 있고 이는 구성원 간 선내 갈등을 촉발할 수 있다.
  ㉡ 비공식 조직은 선박조직의 경직성을 완화하고 조직 신축성을 부여하는 등 순기능적인 측면도 있다.
  ㉢ 비공식 조직의 문제점을 해소하기 위해서는 다음과 같은 역량을 갖출 필요성이 있다.
    • 모호함에 대한 내성 및 포용력
    • 감정이입(Empathy 역량)
    • 긍정적 마음가짐
    • 문화상대주의적 관점
    • 관조적 시각

③ 선박 자동화와 선상 업무
  ㉠ 기술의 발달로 인한 선박 자동화로 편리함이 제고되었지만, 그 맹신은 자칫 수습하기 어려운 대형사고를 불러올 수 있다.
  ㉡ 선박 승무원, 특히 선교와 기관실 근무자들은 안일함과 지루함으로 인한 인적과실이 발생하지 않게 각종 장비와 구성원 간 정보공유를 수시 확인·점검하는 자세가 필요하다.

02 과업 및 업무량 관리 적용 능력 ★★★

1. 기획과 조정

① 기획(Planning) : 추상적 목표를 가진 어떠한 임무를 함에 있어 사전에 그 배경과 목적을 설정하고 그 달성을 위해 가장 효율적·적용 가능한 방법을 의도적으로 개발·선택하는 작업
  ※ 계획(Plan) : 기획을 통해 산출된 결과
② 기획의 평가
  ㉠ 평가 기준 : 완결성, 선명성, 충분성, 현시성, 유연성
  ㉡ 실행결과에 대한 사후적 효과측정 이외에, 해결 방법 제시를 위한 피드백 기능도 있다.
  ㉢ 조정(Coordination)
    • 개념 : 조직의 각 부서 또는 조직의 구성원 각자가 공동의 목표를 추구하도록 조직 내 업무 행동의 통일성을 제공함으로써 구성원들의 노력을 일치시키는 것
    • Mooney and Reiley, Gulick과 Urwick, Charlse Worth 등이 그 중요성을 주장한다.
    • 일반적인 조직관리이론상 조정의 중요성에 비추어 각 조직 단위의 최고 책임자에게 부여하고 있으나, 최근 이와 같은 책임자와 권력에 의한 권위적 조정 외 커뮤니케이션의 촉진 등을 통한 조정도 시도되고 있다.

2. 개인 업무 배정

(1) 업무 배정

① 개념 : 부서 또는 팀이 수행해야 할 여러 업무 중 담당 업무를 조직 구성원 각자에게 배정하는 것
② 원칙 : 능률성, 명백성, 적절성, (물적)용이성, (인적)신뢰성 등

(2) 선교 업무 배정

① 고려 요소
  ㉠ 선종과 장비·시설 등의 상태
  ㉡ 선박 안전운항에 영향을 미치는 주요 장비 및 시설에 대한 상시 감독
  ㉢ 기상 등 대외적·불가항적 조건에 의해 지배되는 특수한 운항 형태
  ㉣ 당사자 자격과 운항 경험
  ㉤ 선박, 인명, 화물 및 항만 안전과 환경 및 보안
  ㉥ 국제협약과 국내 법규 등의 준수

② 선교 당직 배치 예시
　　㉠ 2인 체제(당직항해사와 당직 부원) : 항해 위험요소 최소인 대양 항해 시
　　㉡ 3인 체제(선장, 항해사, 당직 부원) : 악천후·시정제한 등 특정 기상 상태, 밀집항로 기타 특수해역
　　㉢ 4인 체제(도선사, 선장, 항해사, 당직 부원) : 도선사 승선 시

3. 인간의 한계

(1) 일반적인 인간 한계성

① **선박에서의 인적 요인** : 해상에서의 선원의 피로 및 스트레스, 안일함, 자만심, 인간 한계성 → 대부분의 선박사고에서 직·간접적 요인으로 작용

② 인간 한계성 : 피로, 자기만족, 오해 등

(2) 선내활동에 대한 한계성 점검

① 선주 또는 선박 관리자는 인간의 한계성을 감독·관리하기 위해 조직 관리, 정책 및 시스템을 유지하도록 고려하고 관련 교육·훈련을 실시하여야 하며 특히 해사노동협약(MLC)에서 요구하는 승무원의 근로/휴식시간의 준수는 가장 중요하다.

② 한계성을 점검하는 대표적인 방법은 선원 근로시간 기록서류 등을 들 수 있다.

(3) 한계성 초과 지표

집중력 감소, 의사결정능력의 감쇠, 기억력의 감쇠, 느린 대처, 선체의 움직임 및 통제능력 감소, 기분 변화, 태도 변화 등

(4) 한계 초래요인

인적요인(피로, 스트레스), 내부적 요인(승무원 간 관계, 선박 관리요소, 선박 설계), 외부적 요인(선박 운항 환경)

(5) 한계 극복방안

초래 요인별로 적절한 극복방안이 마련되어야 한다. 인적 요인을 고려하여 충분한 수면과 휴식 부여가 필요하다.

(6) 인적 한계요인으로서의 스트레스

① **정의** : 인간이 신체적 또는 심리적으로 감당하기 어려운 상황에 처했을 때 느낄 수 있는 개인의 불안과 위험의 감정 또는 개인 능력을 초과하는 요구가 있거나 요구를 충족시켜주지 못하는 환경과의 불균형 상태에 대한 적응적 반응을 의미한다.

② **발생과정**

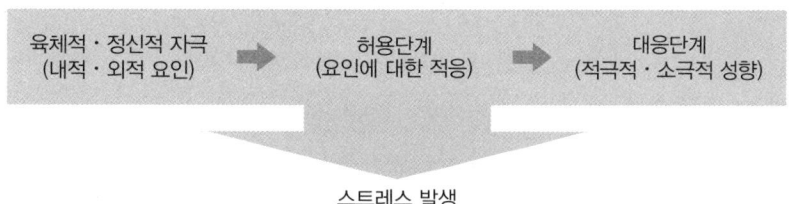

③ **특징** : 과도한 스트레스와 그 부적응이 건강에 해롭고 업무의 질을 저하함은 당연하나, 너무 적은 것 또한 바람직하지 못하며 적당한 스트레스는 업무 집중도 향상 등의 순기능적인 측면 역시 갖는다.

④ **직무 스트레스**
   ㉠ 원인 : 조직구조, 물리적 환경 및 직무특성 요인, 직무 과부하·모호성 및 갈등, 대인관계
   ㉡ 선상에서의 특수성 : 한정된 생활 공간에서 육상과 고립되어 소수의 선원과 공동생활을 한다는 특수성을 가진다.
   ㉢ 스트레스 인지 지표 : 기억장애, 집중력 감소, 의사결정 감소
   ㉣ 스트레스 해소 방법
      • 예측가능성과 조적가능성 향상
      • 업무확신과 역량 강화
      • 3R 기법 : Reduce(정신활동), Recognize(긴장), Reduce(호흡수)
      • 일의 우선순위 설정 및 동료와의 활발한 업무소통
      • 자기 관리 : 건강한 식습관, 절제된 생활습관

4. 시간 및 자원의 제약

① **시간 제약요인** : 무형의 자원으로 누구에게나 공평하게 주어지며 본질적으로 제한적인 성격을 갖는다.

② **시간 제약 야기요소** : 부적절한 시간 관리, 소요시간의 과소평가, 업무 서두름, 동시다발적 업무처리, 업무 늑장, 불필요한 업무에 얽매임 등

③ 시간 제약성 주지 방법
　㉠ 시간 계획을 명확히 설정
　㉡ 우선 순위 결정
　　※ 아이젠하워의 시간관리 매트릭스

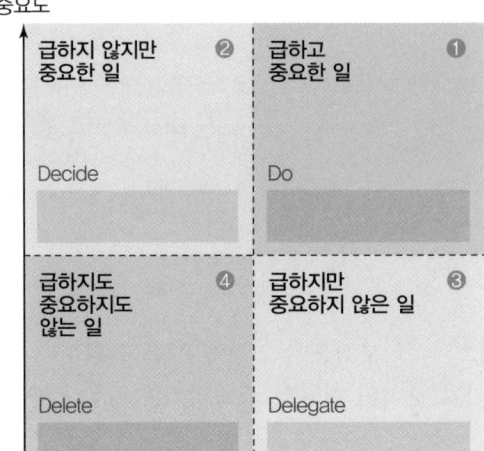

※ 출처 : 사례뉴스

　㉢ 시간 낭비요소 제거
　㉣ 가능업무의 즉시 · 우선 처리
　㉤ 동시다발적 업무처리 지양 → 1 by 1 mind
　㉥ 틈새 시간의 효과적 활용
　㉦ 추진력
　㉧ 시간 사용내역 체크

④ **자원 제약성 특성** : 선내
　㉠ 인적 · 물적 자원의 한정성
　㉡ 물적자원 한계성
　㉢ 개인 능력에 따른 인적자원 한계성
　㉣ 대체자원 · 지원 불가성

5. 개인 역량

(1) 개인 성격

① 기본 유형 : 주도형, 촉진형, 지원형, 분석형 등

② 마이어스-브릭스 유형 지표(MBTI)
   ㉠ Introversion(내향)/Extroversion(외향)
   ㉡ Sensing(감각)/iNtuition(직관)
   ㉢ Thinking(사고)/Feeling(감정)
   ㉣ Judging(판단)/Perceiving(인식)

ISTJ	ISFJ	INFJ	INTJ
ISTP	ISFP	INFP	INTP
ESTP	ESFP	ENFP	ENTP
ESTJ	ESFJ	ENFJ	ENTJ

(2) 리더십 및 팀워크를 위한 개인역량

① 리더십과 팀워크 : Elwyn Edward의 SHEL 모델 중 L-L 인터페이스

② 개인역량 : 전문적 기술, 전문적 지식, 태도 및 가치관, 동기

③ 개인특성 관리 및 강화 방법
   ㉠ 자신의 가치 명확화
   ㉡ 개인업무 조성
   ㉢ 개인역량 강화를 위한 Self-Checking
   ㉣ 자신만의 강점 개발

④ 선내 리더십과 팀워크 구축을 위한 기여 방법
   ㉠ 선박은 다양한 다수의 사람이 모여 폐쇄된 공간에서 조직적 집단 활동을 하는 특수성을 가지므로, 각 개인의 활동은 "집단 활동"과 밀접한 연관성을 가질 수밖에 없다.
   ㉡ 집단 활동은 개인의 역할 설정, 규범과 순응, 지위 체계 및 집단 응집성 등이 요구된다.
      ※ 집단 응집성 : 집단 구성원의 모든 사람이 해당 집단 내에 머무르게 작용하는 힘. 각 구성원 간 친밀도 및 이를 나타내는 척도로서 기능

6. 우선순위 결정

(1) 개념

① 업무 수행을 위한 인적·물적 자원의 배분 과정에서 필요성·중요성·긴급성 등 각 기준에 따라 먼저 채택되는 순서 또는 중요도를 의미

② 우선순위 중요성 강조 : 피터 드러커

(2) 결정방법

① 시간관리 매트릭스 : 중요성·긴급성 조합에 따른 4개 영역

② 단순 결정 : 설문에 따른 점수집계 최고점으로 결정

③ 명목(대표집단) 방법

(3) 우선순위 결정을 통한 효율적 업무수행

① 업무 우선순위 설정

② 업무수행 방법 활용 : 펙 피커링의 6단계론

③ 위임 가능업무의 적극적 위임

7. 업무량, 휴식 및 피로

(1) 업무량

① 개념 : 작업부하(Work Load)라고도 불리우며 어떤 과업수행 시 부과되는 주의 및 노력의 양으로, 그 정도는 개인마다 상이하다.

② 업무량에 따른 6가지 선교 상태
  ㉠ +3 : 경보 상태
  ㉡ +2 : 근심 상태
  ㉢ +1 : 최적 상태
  ㉣ -1 : 권태 상태
  ㉤ -2 : 부주의 상태
  ㉥ -3 : 위기 상태

(2) 업무량 과/소의 위험성

① 높은 업무량이 업무 수행능력 저하 등 업무위험을 야기할 수 있음을 물론이고, 업무량이 너무 적은 경우에도 주의환기 미비·안일한 태도 등에 의한 업무수행능력 저하 경향이 발생할 수 있다.

② 업무량 범위 : 저부하(Under Load), 정상(Normal), 높음(High), 과부하(Overload)

③ 작업 과부하 방지 대책 : 사전계획 수립 등 철저한 준비가 필요하다.

(3) 업무량 평가방법

사람마다 업무량의 인식 정도가 상이하므로, 업무량을 계량화하여 측정할 수 있는 실질적인 방법은 없고 과다 시 나타나는 현상 등을 통한 간접적 추정이 가능하다.

(4) 업무량 보장방법

선장, 선교 당직실 등 관리자와 각 실무자의 적극적 조절 또는 지원이 중요하다.

(5) 선원휴식 보장방법

작업부하의 지속적 모니터링, 업무분담, 업무과중 경계, 업무대행의 적극적 활용 등

(6) 휴식시간 기록

① 2006년에 채택된 해사노동협약(MLC) 제2장에서는 선원의 근로 및 휴식시간을 규정한다.
  → 선내근무계획표 게시 및 기록

② 우리나라는 2013년 선원법 개정을 통해 위 협약을 수용하였으며, 그에 따라 선원의 1일 근로시간·휴식시간 및 시간외근로를 기록할 서류를 선박에 갖추어 두고 선장에게 위 내용과 그 수당지급에 관한 사항 기재 및 기록을 유지하도록 하였다.

8. 피로

① 피로 증상
  ㉠ 피로의 개념 : 일에 시간과 힘을 지나치게 많이 사용하여 정신 또는 육체가 지쳐서 심신의 기능이 저하된 상태를 의미한다.
  ㉡ 국제해사기구 피로 가이드라인(2005)에 따른 피로 원인 : 선박자동화에 따른 승무원 수 감소 및 그에 기인한 업무량 증가, 선박검사 등으로 인한 문서작업 증가, 당직 교대근무와 불규칙한 운항 일정, 시차 등으로 인한 생체리듬 저하, 수면량 부족, 선박이라는 열악·특수한 작업환경의 장시간 노출 등에 따른 수면 방해와 휴식 부족 등

② **피로의 영향** : 집중력 감소, 의사결정 능력 저하, 기억력 감퇴, 반응속도 저하, 신체조절/통제능력 감소, 사람의 분위기/행동 변화, 육체적 불편 등

③ **피로의 종류, 원인 및 해결책** : 피로를 관리하기 위한 일원화된 접근법은 존재하지 않으며, 개별 인적특성을 감안하여 생활습관, 휴식, 작업량과 같은 요소들을 두루 고려하여야 한다. 특히 수면·휴식부여와 같은 개별적 해결책 외에 선박소음·온도·조명 등 환경적/시스템적 요소의 관리 및 개선을 통한 접근방식도 충분히 고려되어야 한다.

9. 이의제기와 수용

① **이의제기(Challenge)** : 조직 내 구성원 업무수행 과정에서 잘못이 발견되었거나 상호 견해차이가 존재한다고 생각할 때 이를 지적 또는 분명히 전달하는 것을 의미한다.

② **이의제기의 효용** : 안일한 사고방식의 전환 및 인적오류를 제거할 수 있으며, 이의제기와 수용이 가능한 환경이 조성될 시 조직 내 의사소통 원활화 및 상호 신뢰도 제고 등의 효과를 기대할 수 있다.

③ **이의제기 저해 요소** : 상급자 능력 과신, 내성적 성격, 자신감 결여, 무관심, 책임회피, 구성원 간 갈등

④ **수용 저해 요소** : 권위의식, 과도한 책임감, 능력과신, 자신감이 넘치거나 결여, 관리자의 소극적·폐쇄적 성격

※ 막스 베버의 3가지 권위 유형 : 합법적 권위, 전통적 권위(관행·세습), 카리스마적 권위

> **TIP 지휘 계통**
> 선박 업무수행의 지휘계통은 부서별 상하 수직적 구조로 되어 있어 직속상관-직속부하 전달이 원칙이다. 이러한 원칙이 준수되지 않을 시, 해당 직속상관의 권위가 무너지는 상황이 발생할 수 있다(예 1등 기관사에 대한 선장의 지시 → 기관장 권위 하락). 다만 비상시나 훈련 시와 같은 상황은 예외가 될 수 있다.

03 의사소통 ★

1. 의사소통과 커뮤니케이션

(1) 의사소통

① 개념 : 의사소통이란 상호 관계를 맺고 있는 사람 또는 사회와 메시지를 교환하고 해석, 이해하는 과정인 상호교류를 의미한다.

② 필요성 : 인간은 본질적으로 사회 구성원으로서 살아갈 수 밖에 없으므로 원활한 의사소통은 반드시 필요하다.

(2) 구성요소

① 일반적 구성요소 : 언어적 요소, 비언어적 요소(예 외모, 자세 등), 준언어적 요소(예 목소리 크기, 억양 등), 언어외적 요소(예 시간, 장소 등)

② 의사소통 시스템 구성요소 : 송신자(Sender), 부호화(Encoding), 경로(Channel), 해독(Decoding), 수신자(Receiver), 수신자 반응(Feedback)

③ 선교 및 기관관리 관점 : 사용 매체, 송/수신자 간 언어·문화 차이 등의 요소에 따라 의사소통 왜곡 가능성이 있으므로 체크리스트 등과 같은 구조적 회피수단이 활용되고 있다.

2. 해사 커뮤니케이션

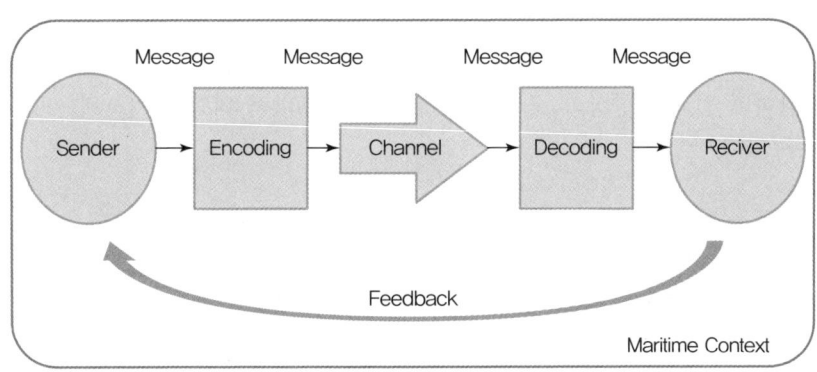

※ 출처 : 해사문화교섭과 승선사관 해사커뮤니케이션 역량 교육 방향 연구, 최진철, 2008

〈해사 커뮤니케이션 과정〉

① 특성 : 발신자와 수신자가 동일한 환경(예 국적, 언어 등)에 놓여 있지 않을 가능성이 높으므로 양 당사자가 받아들이는 메시지의 의미가 다를 수 있다. 특히 바다와 선박이라는 제약적이고 특수한 환경에서 이루어지는 커뮤니케이션 과정이라는 점에서, 다른 영역에서의 커뮤니케이션 과는 다르게 접근하여야 하고 업무과정에 있어 훨씬 더 중요한 의미를 갖는다.

② 방해요인

　㉠ 기술적 요인 : 소음, 장비 오작동 등

　㉡ 인적 요인 : 송신자와 수신자 간 해사영어 구사역량 차이, 언어적 차이 등

　㉢ 기타 장애 요인 : 준거의 틀, 선택적 청취, 가치판단, 원천 신뢰성, 의미론적 문제, 여과, 내집단 언어, 지위 차이

　㉣ 선박에서의 특수성 : 선박 선원은 근무환경상 대인접촉의 범위가 협소하고 한정된 정보만을 제한된 채널로 송수신하므로 커뮤니케이션 왜곡의 가능성이 상대적으로 높을 수 있다. 엄격한 위계질서와 다양한 국적의 선원들이 혼승하는 환경 등도 관련 요인으로 볼 수 있다.

> **TIP** Four-Sides-Model(프리데만 슐츠 폰 툰)
> 모든 언어는 사실, 자기현시, 관계, 호소 4가지 측면을 고려하여 이루어진다.

3. 선박과 육상 간 효과적 의사소통

(1) 의사소통 기법

① 의사소통에 참여하는 구성원들의 적극적 개선의지 사후검토, 정보전달 흐름 규정, 피드백, 감정이입, 반복, 상호 신뢰 구축, 용어 간소화, 적극적 청취 등

② 유창한 화술

③ 경청

④ 브리핑 : 브리핑이란 요점을 간추린 간단한 보고나 설명, 또는 그러한 목적의 문서 또는 미팅을 말하며 팀워크 향상과 구성원 참여유도 등 효과적 의사소통을 위한 훌륭한 기법으로 활용될 수 있다.

(2) 해사 의사소통의 특수성

① 일반적 특성 : 간결성, 명료성, 반복성, 일관성, 해사분야 표준용어 사용

② 표준해사통신영어(SMCP ; Standard Maritime Communication Phrases) : 국제해사기구가 선박항해와 통행안전을 위해 해상 운항·선박 내 의사소통 사용언어를 표준화시킨 것으로 일반적 또는 특수한 상황에 각 필요한 표현으로 범위를 한정시켜 간소화시킨 해사영어로 볼 수 있다.

③ 음향 신호, 조난 신호, 비상 신호 : 국제해상충돌방지규칙(COLREG)과 국내법인 「해상교통안전법」 등에서 규정하고 있다.

(3) 의사소통 유형

① **내부 의사소통** : 명령·지시, 선내 회의, 토론, 개별 면담, 업무지도

② **외부 의사소통** : 주로 VTS(Vessl Traffic Services)를 통해 타선·도선사·유류공급업자·육상 정비업체·육상 직원 등과 의사소통이 이루어지게 된다. → 선박이라는 고립·제한된 환경에서 매우 부족한 정보를 단기간에 전달 및 교환하게 되므로 반복 전달을 통해 송신자와 수신자가 진의를 교감할 수 있도록 하고 인지 상태를 지속적으로 체크할 필요가 있다.

③ **원활한 의사소통을 위한 4가지 기법** : 타인 존중, 배려심, 다양한 시각, 철저한 준비

04 의사결정기술 ★★

1. 의사결정과 판단

(1) 의사결정

① 정의 : 의사결정이란 문제해결 또는 목표달성을 위해 선택 가능한 복수의 대안 중 최적의 대안을 선택하는 결정과정을 말한다. 대부분의 의사결정은 충분히 확보된 가용가능한 정보와 근거를 바탕으로 논리적·이성적 과정을 거치게 되나, 해사 및 선박관련 의사결정의 경우 바다라는 특수한 환경에서 시간 제약을 비롯한 무수한 장애 요인들이 병존하여 불확실성과 위험성이 매우 높은 상황에서 긴급히 이루어지는 경우가 많다.

② 합리적 의사결정 모형
  ㉠ 모형 : 문제정의 및 진단/상황인식 → 목표수립과 정보수집 → 대안탐색 → 대안비교/평가 → 대안선택 → 결정사항 실행 → 환류(피드백)
  ㉡ 기법
   • 델파이 기법(비공개 설문/의견수신 반복)
   • 지명 반론자법(2개 집단의 반론~토론 과정을 반복)
   • 브레인 스토밍
   • 명목집단법(비공개 의견 개진)

(2) 판단

판단이란 옳고 그름, 좋고 나쁨 등을 인식한 사물이나 상황에 비추어 논리/기준으로 결정하는 일련의 과정을 말한다. 최적의 의사결정을 위해서는, 판단에 앞서 정확한 정보수집과 처리가 필수적으로 선행되어야 한다.

2. 문제해결 기술

(1) 문제분석

① 문제분석의 중요성을 강조 : 엘바니스와 브림, 그로소

② 문제분석 기법
  ㉠ 흐름 : 상황분석 → 문제분석 → 결정분석
  ㉡ 상황분석(SA ; Situation Analysis) : 주제 설정, 관심사 도출, 사실 정리, 과제 설정, 우선순위 결정
  ㉢ 문제분석(PA ; Problem Analysis) : 대상 확인, 사실의 구체화, 발생사실과 미발생사실의 구분 및 그 비교를 통한 근본원인의 발견, 도출 원인의 검증
  ㉣ 결정분석(DA ; Decision Analysis) : 목적/목표 설정, 대안 검색, 평가 및 선택, 위험요소 제거

3. 상황 및 위험성평가

(1) 위험성평가

① 위험성(Risk) : 위험성이란 어떠한 요인으로 인해 인적 상해 또는 물적 손상을 발생시키는 원인으로서의 잠재적 유해성을 말한다.

② 위험성평가(Risk Assessment) : 위험성평가란 위험성의 크기를 예측하고 그 위험성이 허용 가능한 수준인지 결정하는 전반적 과정을 말한다. 통상 가능횟수(빈도)와 결과의 정도(강도)의 결합으로 정의된다.

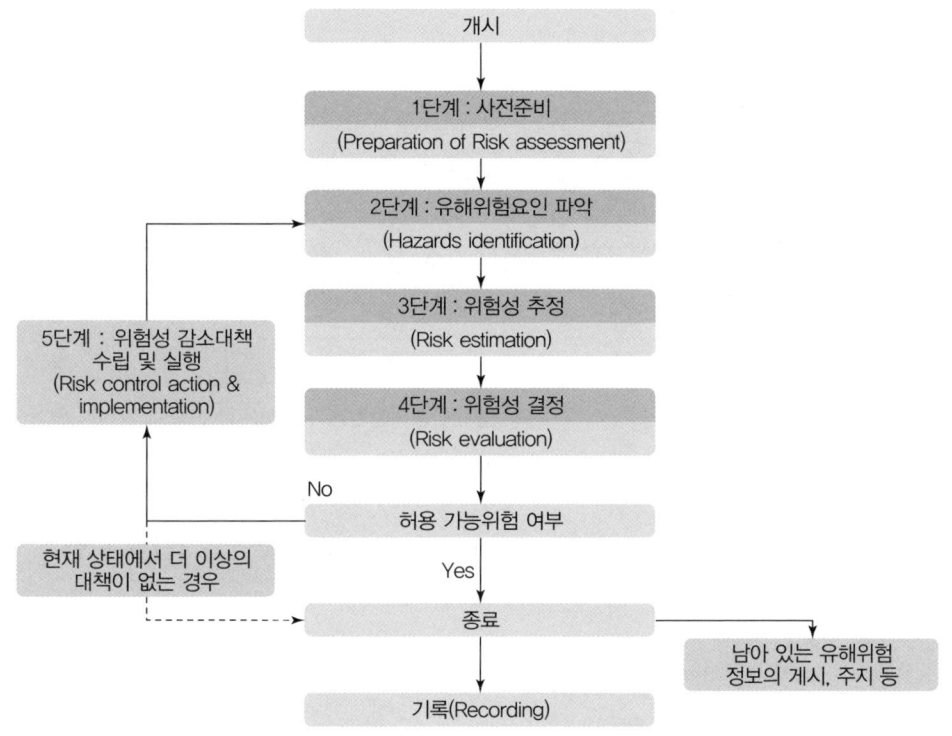

※ 출처 : 고용노동부 위험성평가 지침해설서, 2020

〈위험성평가 진행 과정〉

(2) 선박관련 위험성평가

① FSA(Formal Safety Assessment) : FSA는 국제해사기구가 원자력 발전소를 비롯한 육상산업 분야에서 사용하던 위험분석(risk analysis)을 해사산업분야에 적용할 때 도입한 평가방법으로, 해상에서의 인명안전과 해양환경 보호를 위한 안전평가 체제이다.

② 수행 단계
  ㉠ 위해요소의 식별(hazard identification)
  ㉡ 위험성평가(risk assessment)

ⓒ 위험성 제어 방안(risk control option)

ⓔ 위험성 제어 방안에 대한 비용-이익 평가(cost-benefit assessment)

ⓜ 의사결정을 위한 권고(recommendations for decision making)

③ 위해요소의 식별(hazard identification)

ⓐ 문제의 정의(problem definition)

ⓑ 위해요소의 식별(hazard identification)

ⓒ 위해요소의 선별(hazard screening) : 심각도(severity)와 발현빈도(frequency of occurrence)의 조합, 즉 위험성은 사고의 결과와 발생빈도의 곱(Risk matrix)으로 나타낼 수 있다.

Consequence level		Frequency Low ◄────────────────────────► High						
		F0	F1	F2	F3	F4	F5	F6
Minor	S1	1	2	3	4	5	6	7
Significant	S2	2	3	4	5	6	7	8
Severe	S3	3	4	5	6	7	8	9
Catastrophic	S4	4	5	6	7	8	9	10

※ 출처 : 공식안전평가를 이용한 선박의 안전성 평가, 김종호, 2009

④ 위험성평가(risk assessment) : 개개의 사고유형과 이와 연관된 위험성을 정량화하는 과정

(3) 상황인식과 위험성 관계 : Dr.Mica Endsley(1995)의 상황인식 3단계 모형

① 인지(Perception, Level 1 SA)

② 이해(Comprehension, Level 2 SA)

③ 예측(Projection, Level 3 SA)

(4) 선택사항 식별과 고려 : 의사결정

① 의사결정의 특성

ⓐ 불확실성

ⓑ 친숙성

ⓒ 편향 : 선택적 증거 채택, 관성(이전사고 유지), 선택적 지각, 낙천적 소망, 선택지지, 최신 선호, 반복 편향, 고정 편향, 불확실성의 과소 평가

② **의사결정 유형** : 구조적 의사결정(반복·일상적), 반구조적 의사결정(문제 일부만이 인정, 상위 조직에서 일반적), 비구조적 의사결정(평가·통찰을 요하는 비일상적 특수상황)

③ **관리자 역할** : 전통적 모델(헨리 파욜 등 : 계획, 조직화, 조정, 결정, 통제) → 행동적 모델(현대적)

④ **선내 의사결정 시 고려사항** : 선택사항의 신중한 선별 및 상황 인식, 정보수집 및 분석, 대안확인/평가, 최종 대안 선택

CHAPTER 01 | 인적자원관리

기출 및 예상문제

01 다음 중 인적자원관리와 관련한 내용으로 올바르지 않은 것은?
① 전통적 인사관리에서 탈피
② 사람과 직무와의 상관관계를 중시
③ 생산성보다는 근로환경의 질 개선을 중시
④ 인적자원의 효과적 관리를 중시

해설 | 인적자원관리에 있어 생산성 역시 경시되어서는 아니 될 요소이다.

02 현장이나 직장에서 직속상사가 부하직원에게 일상 업무를 통하여 지식, 기능, 문제해결능력 및 태도 등을 교육 훈련하는 방법으로 개별교육에 적합한 것은?
① TWI(Training Within Industry)
② OJT(On the Job Training)
③ ATP(Administration Training Program)
④ Off JT(Off the Job Training)

03 다음 중 선내 인적자원관리의 특성으로 올바르지 않은 것은?
① 인적구성의 다국가화
② 선내 비공식 조직 존재
③ 인력에 의한 선내업무 운영
④ 장소적 폐쇄성

해설 | 최근 선박 자동화가 적극적으로 도입되고 있다.

04 다음 중 업무기획의 평가 기준으로 적절하지 않은 것은?
① 완결성   ② 충분성
③ 미래성   ④ 유연성

해설 | 업무기획은 현시적으로 평가되어야 한다.

05 다음 중 선교 업무 배정 시 고려사항에 해당하지 않는 것은?
① 선종과 장비·시설 등의 상태
② 선박, 인명, 화물 및 항만 안전과 환경 및 보안
③ 기상 등 대외적·불가항적 조건에 의해 지배되는 특수한 운항 형태
④ 고용노동부 지침의 최우선 적용

해설 | 선교업무 기타 선내 업무에 있어서는 선장이 1차적 판단 권한을 가진다.

06 다음이 가리키는 것은?

> 간이 신체적 또는 심리적으로 감당하기 어려운 상황에 처했을 때 느낄 수 있는 개인의 불안과 위험의 감정 또는 개인 능력을 초과하는 요구가 있거나 요구를 충족시켜주지 못하는 환경과의 불균형 상태에 대한 적응적 반응

① 스트레스   ② 업무과다
③ 심리적 방황   ④ 공황장애

07 스트레스 해소를 위한 "3R"기법에 해당하지 않는 것은?

① Reduce(정신활동)
② Recognize(긴장)
③ Reduce(호흡수)
④ Relax(마음가짐)

08 아이젠하워의 시간관리 매트릭스 상 "급하지만 중요하지 않은 일"에 대한 적절한 업무처리 방식은?

① 실행　② 제거
③ 숙고　④ 위임

해설 | 시간관리 매트릭스
　• 급하고 중요한 일 → 실행
　• 급하지만 중요하지 않은 일 → 위임
　• 급하진 않지만 중요한 일 → 숙고 후 결정
　• 급하지도 중요하지도 않은 일 → 제외

09 다음 중 마이어스-브릭스 유형 지표(MBTI)에 해당하지 않는 것은?

① Introversion(내향)/Extroversion(외향)
② Sensing(감각)/iNtuition(직관)
③ Thinking(사고)/Feeling(감정)
④ Judging(판단)/Considering(숙고)

해설 | Judging과 대치되는 유형은 Perceiving(인식)이다. 07 ④　08 ④　09 ④　10 ④　11 ③　12 ④

10 다음 중 업무 수행을 위한 우선순위 결정 방법으로 틀린 것은?

① 시간관리 매트릭스
② 점수합계 최고법
③ 명목법
④ 최소비용법

해설 | 최소비용보다는, 적정비용하의 최대성과가 우선시되어야 한다.

11 다음 중 업무량에 따른 선교 상태 중 "최적 상태"를 가리키는 것은?

① +3　② +2
③ +1　④ 0

12 다음 중 선내 업무 시 피로와 관련한 설명으로 옳지 않은 것은?

① 일에 시간과 힘을 지나치게 많이 사용하여 정신 또는 육체가 지쳐서 심신의 기능이 저하된 상태를 의미한다.
② 선박자동화에 따른 승무원 수 감소 및 그에 기인한 업무량 증가 등이 주요 원인이다.
③ 집중력 감소, 의사결정 능력 저하 등이 나타난다.
④ 수면·휴식 부여와 같은 개별적 해결책을 다른 요소보다 최우선적으로 적용하여야 한다.

해설 | 선박소음·온도·조명 등 환경적/시스템적 요소의 관리 및 개선을 통한 접근방식도 수면·휴식부여와 같은 개별책 해결책과 동등한 비중으로 함께 고려되어야 한다.

01 ③　02 ②　03 ③　04 ③　05 ④　06 ①　07 ④　08 ④　09 ④　10 ④　11 ③　12 ④

13 다음 중 해사 커뮤니케이션 과정을 올바른 순서로 나열한 것은?

① Sender-Channel-Encoding-Decoding-Receiver
② Sender-Encoding-Channel-Decoding-Receiver
③ Sender-Encoding-Channel-Decoding-Receiver
④ Sender-Encoding-Decoding-Channel-Receiver

14 다음이 가리키는 것은?

> 어떠한 요인으로 인해 인적상해 또는 물적손상을 발생시키는 원인으로서의 잠재적 유해성

① 인과관계 ② 위험성
③ 치명성 ④ 귀책사유

15 아래 내용이 의미하는 개념은?

> 국제해사기구가 원자력 발전소를 비롯한 육상산업분야에서 사용하던 위험분석(risk analysis)을 해사산업분야에 적용할 때 도입한 평가방법으로, 해상에서의 인명안전과 해양환경 보호를 위한 안전평가 체제

① SOLAS ② COLREG
③ FSA ④ SMCP

해설 | FSA(Formal Safety Assessment)에 대한 설명이다.

16 FSA의 수행 단계로서 적절하지 않은 것은?

① 위해요소 식별(hazard identification)
② 위험성 제어 방안에 대한 비용-이익 평가(cost-benefit assessment)
③ 위험성 제어 방안(risk control option)
④ 경영자 의사결정(decision of shipowner)

해설 | FSA의 마지막 단계로서 '의사결정을 위한 권고(recommendations for decision making)'가 수행된다.

17 선택사항 식별을 위한 의사결정 유형에 해당하지 않는 것은?

① 구조적 의사결정
② 반구조적 의사결정
③ 비구조적 의사결정
④ 형성적 의사결정

---

13 ②, ③ 14 ② 15 ③ 16 ④ 17 ④

CHAPTER 02 선박관리

01 선박기기 ★★

1. 항해/통신기기

① 자기 컴퍼스(Manetic Compass)
  ㉠ 지구의 자장 일치방향을 가리키는 자침을 방위 눈금판의 중심에 붙여 지구 방위의 방향을 지시할 수 있도록 한 장비로서, 이를 이용해 선박의 침로 등을 알 수 있다.
  ㉡ 진북과 자북과의 차이인 편차, 선박구조적 요인에 따라 발생하는 자차 등을 줄여야 자기 컴퍼스를 올바르게 활용할 수 있다.
  ㉢ 국제해상인명안전협약(SOLAS)은 총 톤수 150톤 이상의 선박에 자기 컴퍼스 비치의무가 있음을 규정하고 있다.

② 자이로컴퍼스(Gyro Compass) : 자이로컴퍼스는 고속으로 회전하는 팽이를 이용해 진북(지북)을 확인할 수 있는 장비로 자기컴퍼스에서 나타나는 자차와 편차에 따른 오차가 없다.

〈자기 컴퍼스〉

〈자이로컴퍼스〉

※ 출처 : 고등학교 선박운용, 교육과학기술부, 2009

③ 레이더(RADAR ; RAdio Detecting And Ranging)
  ㉠ 전파의 이동속도(30만km/1초)를 이용하여 목적물까지의 거리를 측정하는 장비이다.
  ㉡ 구성 : 송신기(전파생성), 수신기(전파의 반사신호 증폭), 지시기(시간측정), 스캐너(전파의 수발신)

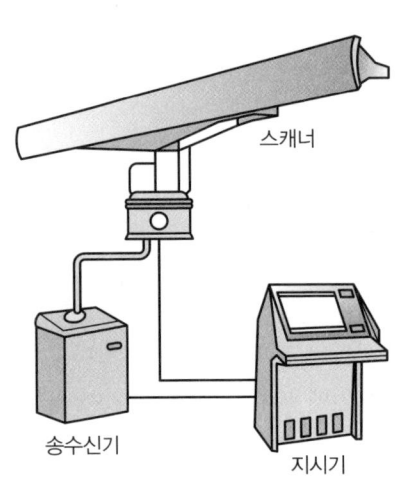

※ 출처 : 해양오염방제(목포해경) 블로그

④ 자동 레이더 플로팅 장치(ARPA)
  ㉠ 종래의 레이더 기능에 컴퓨터 연상기능을 결합하여 항해자로 하여금 각종 물표의 영상 정보들을 디스플레이 측면에서 쉽고 정확하게 파악할 수 있게 한 장비이다.
  ㉡ 탑재 의무 : 국제해상인명안전협약(SOLAS)에 따라 1984.09.01.이후 건조되는 총 톤수 10,000톤 이상 모든 선박은 해당 장비를 탑재하여야 하며, 그 이전 건조선박 중 총 톤수 10,000톤 이상 유조선과 총 톤수 15,000톤 이상 유조선 이외 선박도 설치의무가 있다.

⑤ 전자해도표시정보시스템(ECDIS ; Global Maritime Distress and Safety System)
  ㉠ 기존 종이해도를 대신하여 항해용 전자해도정보를 디스플레이하고 그 밖에 GPS 등 각종 센서와 결합하여 다양한 정보를 보여주는 항해장비이다. 자동차의 네비게이션과 유사한 작동원리로 설계되어 있고 특히 대형선박의 경우 자동항법장치(Auto-Pilot)와 연동하여 사전 수립된 항해계획에 따른 자동운항이 가능해진다.
  ㉡ 국제해사기구(IMO) 규정 성능기준 : 전자해도정보표시시스템은 적절한 백업장치를 구비한 경우 SOLAS에서 요구하는 최신 해도로 승인된 항해용 센서로부터 위치정보를 사용해 항로계획, 항로감시 또는 필요에 따른 항해관련 정보의 선택적 표시를 통해 선원을 지원하는 것이 가능한 항해정보시스템

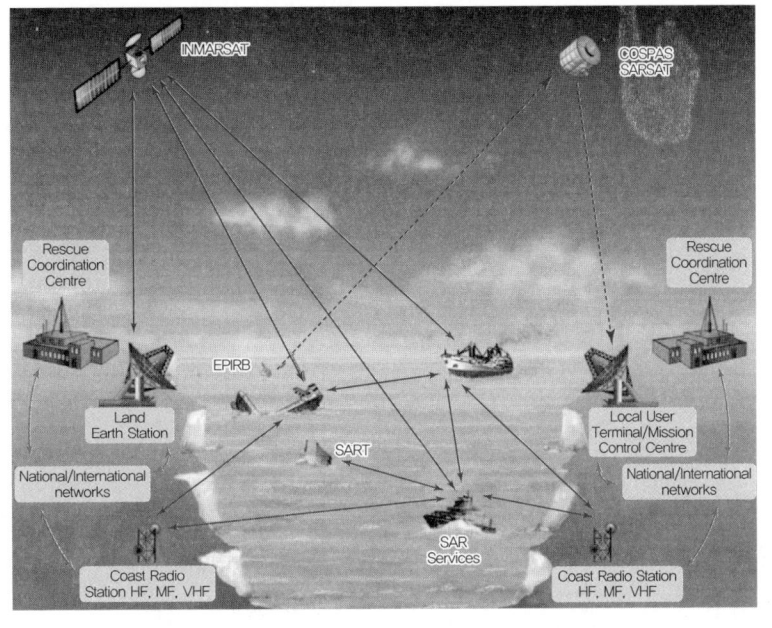

※ 출처 : Google Search

⑥ **음향 측심기(Echo Sounder)** : 수심을 측정하고 해저의 상태나 어군 존재파악을 위한 장비로서, 짧은 펄스의 초음파를 해저로 수직 송출하여 그 속도에 따른 거리값을 계산하는 방식으로 작동한다.

⑦ **선속계(Speed Log)** : 전자식 선속계, 도플러 선속계(도플러 효과 : 해저발신음파와 반사 수신음파의 주파수 차이가 선박 속도에 비례한다는 원리)

⑧ **GPS**

⑨ **선박자동식별장치(AIS)** : 선박자동식별장치는 선박과 선박 간, 선박과 육지 간 항해 관련 데이터 통신을 가능하게 한 시스템으로 선박의 자동추적 및 관제를 가능하게 하여 상대선박의 호출 및 상대선박과의 피항조치 등을 원활하게 할 수 있도록 하는 기능을 가진다.

⑩ **전세계 해상조난 및 안전시스템(GMDSS)**

　㉠ 개설 : 기존 조난안전통신시스템의 단점을 보완하기 위해 1988년 IMO에 채택되어 기존의 모스 부호 시스템을 대체하게 되었으며, 그 기본 개념은 조난 선박의 근처에 있는 다른 선박은 물론이고 육상 수색/구조당국 역시 신속·정확히 조난신호를 감지하도록 하여 수색/구조작업을 지체 없이 원활하게 임할 수 있도록 지원하는 것으로 볼 수 있다. 해당 시스템은 1999.02.01.부터 모든 여객선 및 총 톤수 300톤 이상의 선박에 전면 발효된 상태이다.

　㉡ 설비구성
　　• 디지털 선택호출 장치
　　• 협대역 직접인쇄 전신
　　• VHF 무선 설비, MF 무선 설비, MF/HF 무선 설비(DSC, 무선전화, NBDP)

- 국제해사위성기구 선박지구국
- NAVTEX 수신기
- 고기능 집단호출 수신기
- 비상위치지시용 무선표지
- 수색 및 구조용 레이더트랜스폰다
- 양방향 VHF 무선전화장치
- (2,182kHz) 무선전화경보신호 발생장치 및 청수 수신기

2. 기관실

① 주기관(Main Engine) : 선박추진

※ 출처 : 고등학교 선박운용, 교육과학기술부, 2009

② 발전기(Generator) : 보조기관으로서 선박에 필요한 전기 생산, SOLAS에서는 비상발전기 구비요건도 규정

※ 출처 : 고등학교 선박운용, 교육과학기술부, 2009

③ **보일러(Boiler)** : 선내 고온고압 스팀 공급, 디젤기관이 주 추진기관으로 설치된 선박에서는 보조보일러로 기능한다.

④ **청정기(유청정기, Pulifer)** : 선박 연료유와 같은 불순물을 제거한다.

⑤ **조수기(Fresh Water Generator), 공기압축기(Air Compressor), 각종 펌프**

3. 기타

유수분리기, 분뇨처리장치, 소각장치, 육상 배출관 등

02 선박구조 ★★

1. 선박의 주요 치수

선박의 주요 치수로는 길이, 폭, 깊이 등을 사용하며 적정 선적량 측정·선박 등록·만재 흘수선의 결정·수밀 구역의 결정 등에 사용된다.

(1) 선박의 길이

① 전장(LOA ; Length Over All) : 선체에 붙어 있는 모든 돌출물을 포함하여, 선수의 최전단부터 선미의 최후단까지의 수평 거리를 말한다. 부두 접안·입거 등의 선박 조종에 사용된다.

② 수선간장(LBP ; Length Between Perpendiculars) : 계획 만재 흘수선상의 선수재의 전면으로부터 타주의 후면(타주가 없는 선박은 타두재 중심선)까지의 수평 거리이다. 선체 길이의 중앙은 수선간장의 가운데를 가리키며, 강선 구조 규정·만재 흘수선 규정·구획 규정 등에 사용된다.

③ 수선장(LWL ; Length on the Water Line) : 각 흘수선상의 물에 잠긴 선체의 선수재 전면부터 선미 후단까지의 수평 거리를 말한다. 배의 저항, 추진력 계산 등에 사용된다.

④ 등록장(Registered Length) : 상갑판 보(beam)상의 선수재 전면부터 선미재 후면까지의 수평 거리를 말한다. 선박원부 및 국적증서에 기재된다.

(2) 선박의 폭

① 전폭(Bex ; Extreme Breadth) : 선체의 폭이 가장 넓은 부분에서 외판의 외면부터 맞은편 외판의 외면까지의 수평 거리를 말한다. 입거 및 선박 조종 등에 사용되는 폭이다.

② 형폭(B ; Moulded Breadth) : 선체의 폭이 가장 넓은 부분에서 늑골의 외면부터 맞은편 늑골의 외면까지의 수평 거리이다. 만재 흘수선 규정, 강선 구조 규정, 선박법 등에 사용되는 폭이다.

(3) 선박의 깊이(D ; depth)

선체 중앙에서, 용골의 상면(base line)부터 건현 갑판(또는 상갑판 보)의 현측 상면까지의 수직 거리이다. 만재 흘수선 규정, 강선 구조 규정, 선박법 등에 사용되는 깊이이다.

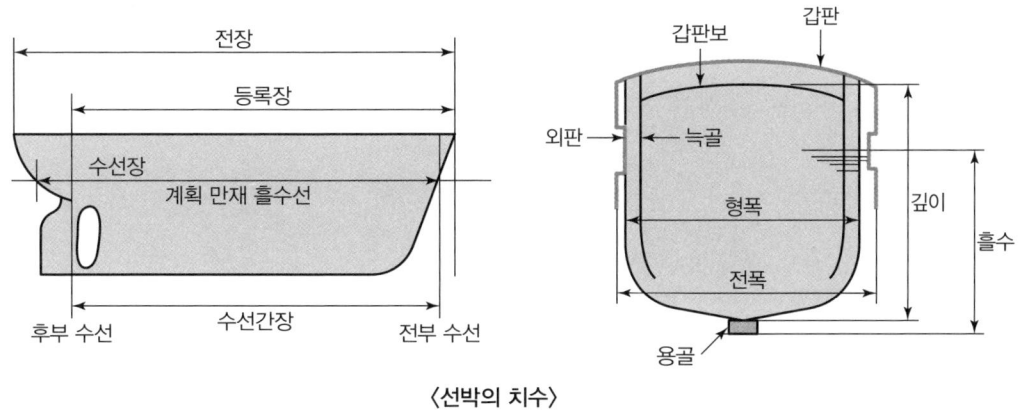

〈선박의 치수〉

2. 선박의 톤수

선박의 톤수는 크게 용적 톤수와 중량 톤수로 분류할 수 있다.

(1) 용적 톤수(volumn or space tonnage)

선박의 용적을 톤으로 표시하는 것으로 용적 $2.832m^3$ 또는 $100ft^3$을 1톤으로 한다.

① **총톤수(G.T ; Gross Tonnage)** : 총톤수는 측정 갑판의 아랫부분 용적에, 측정 갑판보다 위의 밀폐된 장소(항해, 추진, 위생 등에 필요한 공간을 제외한다)의 용적을 합한 것이다. 관세, 등록세, 계선료, 도선료 등의 산정 기준이 되며 선박 국적 증서에 기재된다.

※ 국제 총톤수 : 국제항해 종사선박 크기를 나타내는데 사용되는 톤수로, 국제 톤수 증서에 기재된다.

② **순톤수(N.T ; Net Tonnage)** : 순톤수는 총톤수에서 선원실, 밸러스트 탱크, 갑판 창고, 기관실 등을 제외한 용적으로 화물이나 여객 운송을 위해 사용되는 실제 용적이다. 입항세, 톤세, 항만 시설 사용료 등의 산정 기준이 된다.

(2) 중량 톤수(weight tonnage)

선박의 중량을 톤으로 표시하는 것으로 1,000kg(metric ton)/1,016kg(longton) 또는 907.18kg (short ton)을 1톤으로 한다.

① 배수 톤수(displacement tonnage)

㉠ 경하 배수 톤수(light loaded displacement tonnage) : 선박이 화물, 연료, 청수, 식량 등을 적재하지 않은 상태의 톤수

㉡ 만재 배수 톤수(full loaded displacement tonnage) : 선박이 만재 흘수선까지 화물, 연료 등을 적재한 만재 상태의 톤수

㉢ 주로 군함의 크기를 표시하는 데 이용된다.

② 재화 중량 톤수(D.W.T ; Dead Weight Tonnage) : 선박이 적재할 수 있는 최대의 무게를 나타내는 톤수로, 만재 배수 톤수와 경하 배수 톤수의 차가 된다. 재화 중량 톤수는 적재 화물뿐만 아니라, 항해에 필요한 연료유 기타 선용품 등을 포함한다. 상선 매매와 용선료 산정 기준으로 사용된다.

③ 기타 : 운하 톤수(파나마 운하 톤수, 수에즈 운하 톤수)

3. 흘수와 트림 등

(1) 흘수(draft or draught)

흘수란 선체가 물 속에 잠긴 깊이를 말한다. 일반적으로 흘수란 용골흘수(용골 하면에서부터 수면까지의 수직높이)를 가리키며, 선박조종이나 재화중량을 구하는데 사용된다.

※ 흘수표(draft mark) : 흘수는 선수와 선미 양쪽에 표시하며, 중·대형선에서는 선체의 중앙부 양쪽에도 표시한다. 미터단위로 나타낼 시 높이 10cm의 아라비아 숫자로서 20cm 간격, 즉 10cm 크기의 글자와 10cm 공간을 비워 두고 표시한다.

(2) 트림(trim)

① 선수 트림(trim by the head) : 선수 흘수 > 선미 흘수, 선미 안정성이 없어 타효 불량

② 선미 트림(trim by the stem) : 선수 흘수 < 선미 흘수, 타효가 좋고 선속 증가

③ 등흘수(even trim) : 선수 흘수 = 선미 흘수, 수심이 얕은 해역 항해 또는 입거 시 유리

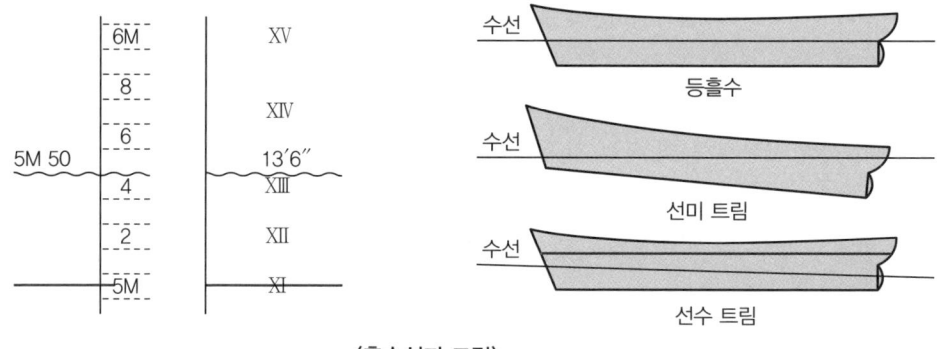

〈흘수선과 트림〉

(3) 건현(freeboard)

만재 흘수선부터 갑판선 상단까지의 수직 거리로, 선체가 침수되지 않은 부분의 수직 거리이다.

(4) 만재 흘수선(load draft line mark 또는 plimsoll mark)

항행 구역 내에서 선박의 안전상 허용된 최대의 흘수선을 말한다.

종류	기호	적용 대역 및 계절
하기 만재 흘수선 (summer load line)	S	하기 대역에서는 연중, 계절 열대 구역 및 계절 동기 대역에서는 각각 그 하기 계절 동안 해수에 적용된다.
동기 만재 흘수선 (winter load line)	W	계절 동기 대역에서 동기 계절 동안 해수에 적용된다.
동기 북대서양 만재 흘수선 (winter morth Atlantic load line)	WNA	북위 36° 이북의 북대서양을 그 동기 계절 동안 횡단하는 경우, 해수에 적용된다(근대 구역 및 길이 100m 이상의 선박은 WNA 건현표가 없다).
열대 만재 흘수선 (tropical load line)	T	열대 대역에서는 연중, 계절 열대 구역에서는 그 열대 계절 동안 해수에 적용된다.
하기 담수 만재 흘수선 (fresh water load line in summer)	F	하기 대역에서는 연중, 계절 열대 구역 및 계절 동기 대역에서는 각각 그 하기 계절 동안 담수에 적용된다.
열대 담수 만재 흘수선 (tropical fresh water load line)	TF	열대 대역에서는 연중, 계절 열대 구역에서는 그 열대 계절 동안 담수에 적용된다.

4. 선박 구조

① 선체(Hull) : 연돌, 키, 마스트, 추진기 등을 제외한 선박의 주된 부분이다.

② 선수(bow)/선미(stem)/선체 중앙(midship) : 선체의 앞부분을 선수, 선체의 뒷부분을 선미라 한다.

③ 우현(starboard)/좌현(port) : 선박의 오른쪽/왼쪽 측면

④ 현호(sheer) : 건현 갑판의 현측선이 휘어진 것을 말한다. 선체 중앙부에서 가장 낮고 선수와 선미를 높게 하여 능파성을 향상시키며 선체 미관을 좋게 한다.

⑤ 캠버(camber) : 갑판보는 갑판상 배수와 선체 횡강력을 위해 양 현의 현측보다 선체 중심선 부근이 높도록 원호를 이루도 있는데, 이 높이의 차를 캠버라 한다.

⑥ 텀블 및 홈 플레어(tumble and home flare) : 텀블 홈은 상갑판 부근의 선측 상부가 안쪽으로 굽은 정도를 말한다. 플레어는 텀블 홈의 반대 경우로, 선측 상부가 바깥쪽으로 굽은 정도를 말한다.

⑦ 빌지(bilge) : 선저와 선측을 연결하는 만곡부이다.

⑧ 용골(keel) : 선체의 최하부 중심선에 있는 종강력제로 선체의 중심이자 기초가 된다.

⑨ 외판(strake) : 선체의 외곽을 이루어 수밀을 유지하고 부력을 형성하는 것으로, 선체 종강력을 구성하는 주요 부재이다.

⑩ 늑골(frame) : 선체의 좌우 선측을 구성하는 뼈대로서 용골에 직각으로 배치되는 횡강력 구성재이다.

⑪ 보(beam) : 양현의 늑골을 연결해주는 수평기둥을 말한다.

⑫ 갑판(Deck) : 갑판보 위에 설치되어 있는 수평 외판으로 선체 수밀을 유지하는 중요한 종강력 구성재이다.

⑬ 격벽(bulkhead) : 상갑판하의 공간을 선저에서 상갑판까지 종방향, 횡방향으로 나누는 벽을 말한다. 누수방지가 된 것을 수밀 격벽이라 한다.

⑭ 선창(hold) : 선저판, 외판, 갑판 등에 둘러싸인 공간으로 화물 적재에 이용되는 공간이다.

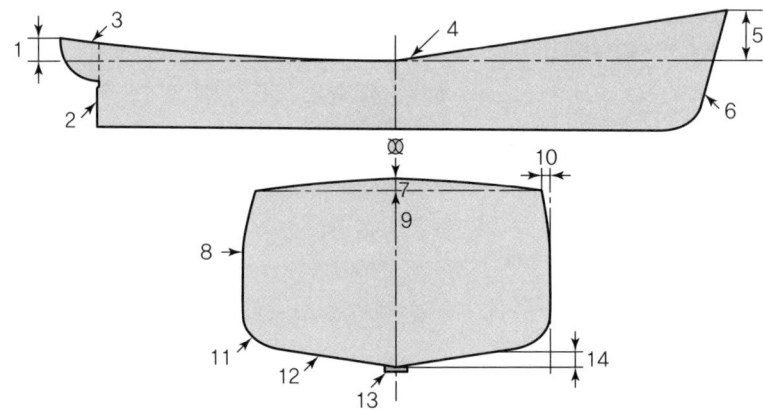

1. 선미 현호 2. 선미 3. 선미돌출부 4. 상갑판 5. 선수현호 6. 선수 7. 캠버 8. 선측 9. 선체중심선 10. 텀블홈 11. 빌지 12. 선저 13. 용골 14. 선저경사

〈선체의 명칭〉

⑮ 이중저(double bottom) 구조

   ㉠ 중심선 거더가 종방향으로 용골상을 종통하며, 횡방향으로 늑골의 위치에 늑판을 배치한다. 그리고 외판에는 선저 외판을, 내저에는 내저판을 덮고, 다시 내저의 빌지 부근에는 마진 플레이트(margin plate)를 덮어 탱크를 수밀 또는 유밀 구조로 한다.

   ㉡ 선저 파손 시 내저판에 의해 수밀 유지로 침수를 방지하고, 선체 종강도가 증가되어 호깅/새깅 상태에서도 잘 견디므로 화물·선박안전에 장점을 가진다.

   ㉢ 국제항해에 종사하는 여객선·국제항해에 종사하는 총톤수 500톤 이상의 화물선은 이중저 구조를 취해야 한다.

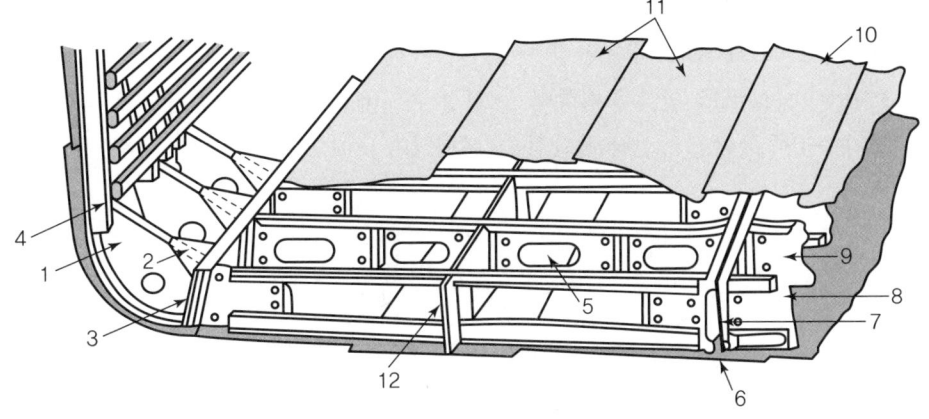

1. 이중저 외측 브래킷 2. 가셋판 3. 마진 플레이트 4. 늑골 5. 라이트닝 홀 6. 용골 7. 중심선 거더 8. 조립 늑판
9. 실체 늑판 10. 중심선 내저판 11. 내저판 12. 사이드 거더

〈이중저 구조〉

5. 선박의 복원성 등

(1) 복원성

① 선박의 복원성 또는 복원력은 선박이 물 위에 떠 있는 상태에서 외부로부터 힘을 받아 경사하려고 할 때의 저항, 또는 경사한 상태에서 그 외력을 제거하였을 때 원 상태로 돌아오려고 하는 힘을 말한다. 따라서 복원력은 해당 선박의 안정성을 판단하는 데 가장 중요한 기준이 된다.

② 과도한 복원력은 횡요가 심하여 선체·기관손상 등을 일으킬 수 있고, 복원력이 지나치게 없다면 전복 위험성이 높아지므로 적정한 복원력 유지가 중요하다.

(2) 관련 개념

① 개념

㉠ 무게 중심(G ; center of Gravity) : 선체의 전체 중량이 한 점에 모여 있다고 생각할 수 있는 가상의 점을 말한다. 물에 떠 있는 선체는 배의 무게와 같은 중력이 아래를 향해 작용하는데, 이러한 중력의 중심에 해당한다.

㉡ 부심(B ; center of Buoyancy) : 선체의 전체 부력이 한 점에 작용한다고 생각할 수 있는 점을 말한다. 중력과 상응하여 배가 밀어낸 물의 무게와 같은 부력이 위로 작용하며 이는 중력과 동일한 힘인데, 이 때 부력의 중심에 해당한다.

㉢ 메타센터(M ; Metacenter) : 배가 똑바로 떠 있을 때 부심을 통과하는 부력의 작용선과 경사된 때 부력의 작용선이 만나는 점을 말하며, 무게 중심에서 메타센터까지의 높이를 GM 또는 메타센터 높이라고 한다.

② 선박의 복원성 양호도와 안정성 판단
  ㉠ GM이 (+) 즉, M>G : 선박 안정 → 복원성이 좋다.
  ㉡ GM이 0 즉, M=G : 선박 중립상태 → 현상 유지하고자 하는 평형 상태로 외력에 좌우된다.
  ㉢ GM이 (−) 즉, M<G : 선박 불안정 → 복원성이 낮아 전복 위험성이 높다.

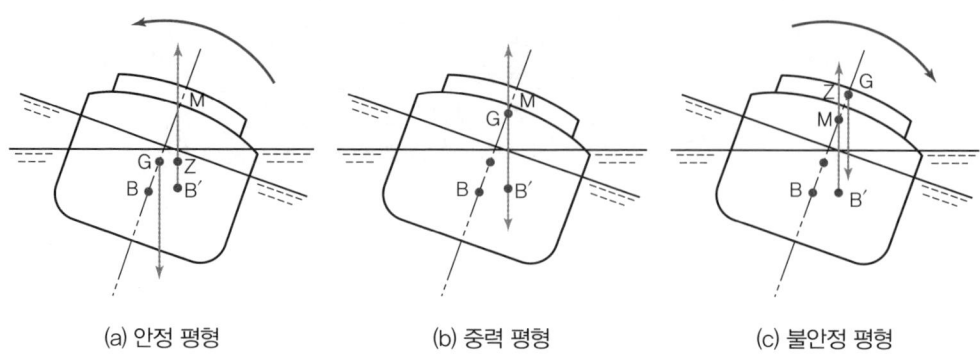

(a) 안정 평형   (b) 중력 평형   (c) 불안정 평형

(2) 호깅과 새깅

※ 선박 항해 시 중력과 부력 차, 파의 위치에 따른 종방향 굽힘 모멘트를 받게 되어 발생하는 상태이다.

① 호깅(hogging) : 파장의 크기가 배와 비슷할 때, 파의 파정이 선체의 중앙부에 오면 선체의 전·후단에서 중력이 크고 중앙부에는 부력이 크게 되는데 이러한 상태를 호깅이라 한다. 화물을 중앙부보다 전·후단부에 많이 적재할 경우에도 발생한다.

② 새깅(sagging) : 파의 파곡이 선체 중앙부에 오면 선체의 전·후단부에는 부력이, 중앙부에는 중력이 크게 되는데 이러한 상태를 새깅이라 한다. 새깅은 화물을 상대적으로 중앙부에 과적하는 경우에도 발생한다.

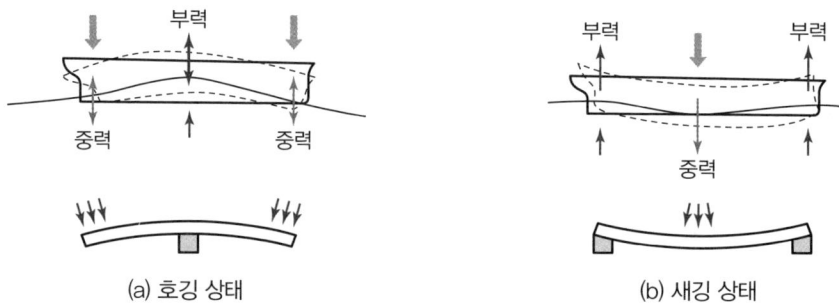

(a) 호깅 상태   (b) 새깅 상태

03 선박관리시스템 ★★

1. 개설

선박은 해상항행을 위한 물적 수단으로서 소모에 따른 필연적인 가치하락의 과정을 겪게 되는데, 특히 해양사고 발생과 관련한 위험성 등을 고려하여 그 정비·보수 및 법에 따른 검사 등은 적시에 적절한 방법으로 수행되어야 한다. 이러한 일련의 관리 체계를 "선박관리시스템"이라고 하며, 특히 선박정비는 관리시스템의 핵심적 요소라고 볼 수 있다.

2. 인적 요소 : 관리 주체

① 정비 감독, 해운 감독

② **선장** : 선박의 정비관리 업무와 대한 총괄책임자로 볼 수 있다.

③ 기관장

④ 담당 책임사관

3. 물적 요소

담당 책임사관은 관리 수단으로서의 주요정비·점검 기록부에 기초하여 담당기기 및 관련 시스템을 관리한다.

4. 대상

① 자체 정비항목

② **지원 정비항목** : 육상 정비조직의 지원이 필요한 사항이다.

③ **핵심 정비 관리항목** : 선박기기 중 그 기능상실 시 중대사고 발생 위험이 있는 기기의 경우, 인적 손상이나 해양오염 또는 재산상 손실을 방지하기 위해 사전에 핵심항목으로 지정하고 최소 보유 수량 등 필요한 사항을 해운기업의 육상조직(정비감독)과 협의하여 철저히 관리할 필요가 있다.

5. 관리 계획

(1) 예방 정비(Preventive Maintenance)

① **정의** : 선박 안전운항과 해양환경 보호를 위해 사전적으로 시행되는 정비·점검을 말하며, 기기고장에 따라 비로소 수리를 실시하는 수리 정비(corrective maintenance)와는 대비되는

개념이다. 크게 시간기반정비와 상태기반정비로 분류할 수 있다.

- ㉠ 시간기반정비(Time-Based Maintenance) : 일정 주기에 따라 규칙적·계획적으로 시행하는 정비를 말한다. 사전에 수시점검 항목을 마련하여 시행한다.
- ㉡ 상태기반정비(Condition-Based Maintenance) : 운전시간이 적거나 통상의 정비사항에 대하여, 현상관찰이나 상태감시 위주로 이루어지는 정비를 말한다. 수리와 같은 후속·추가작업은 상태감시 결과 그 필요성이 있다고 판단될 경우에 시행한다.

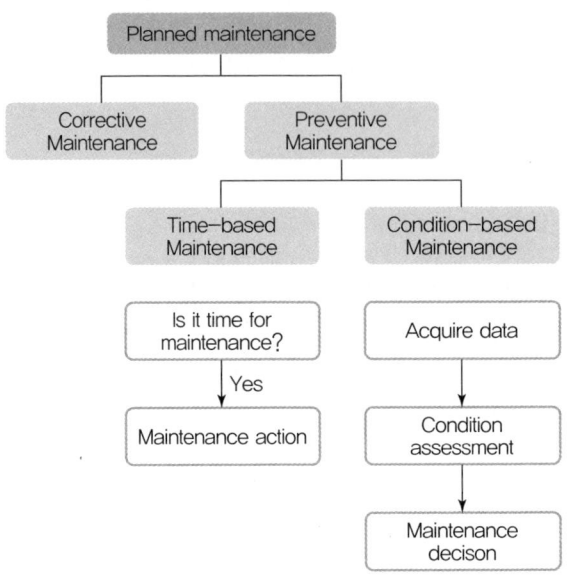

(2) 절차

① 「선박안전법」 등에 따른 각종 검사 : 건조검사, 정기검사, 중간검사, 임시검사, 임시항해검사, 국제협약검사

② 사전에 정한 주기·점검항목 등에 따라 실시하고 결과를 기록한다.

(3) 효과적인 선박정비 방안

① 효율적 선박정비를 위하여 대상인 기기, 장비가 포함된 선체, 의장 등 위주로 관리 계획을 수립 및 시행함이 바람직하다.

② 특히 핵심장비와 중요기능 등이 포함될 경우에는 충분한 시운전이나 강화된 정비 프로세스를 적용하여 사고를 철저히 예방할 필요성이 있다.

③ 계속적으로 운전되지 않는 핵심장비의 경우, 점검 후 해당 기록을 갑판 및 기관 로그북(log book) 등에 기재해 기록으로 관리하여야 한다.

④ 정비 시 관련 법규, 선급규정 및 사내 지침을 준수하여 시행하여야 한다.

6. 정비 지원

(1) 항차수리와 입거수리

① 항차수리 : 선박 운항 중 육상지원에 의해 시행되는 수리

② 입거수리 : 국제협약, 선박안전법 및 선급강선규칙(5년 정기검사기간 내 2회)에 기초하여 선박검사와 전반적 정비·보수를 목적으로 조선소에 입거하여 시행하는 수리

(2) 보상수리와 사고수리

① 보상수리 : 조선소에서 선박을 건조하면서 발생하는 수리, 신조선박에 대한 조선소 측의 하자로 인한 수리 및 제품하자는 신조선 취항 후 보통 1년이지만 별도 약정으로 연장수리도 가능하다.

② 사고수리 : 선박 운항 중 사고에 의해 시행되는 수리

7. 결과 관리 및 모니터링

① 결과 관리 : 선장은 「해상교통안전법」상 안전관리체제 수립·시행사항 등에 비추어 선박정비 결과의 부적합사항 발생여부를 수시로 점검하고, 해당 사항 확인 시 책임사관 입회에 따라 수리감독 기타 적절한 통제관리를 시행하여야 한다.

② 모니터링 : 선박정비의 이해관계자인 해운기업, 육상정비감독, 선장, 기관장, 책임사관은 본인의 역할과 책임을 충분히 인지하고 지정된 전달·공유체계에 따라 관련자에게 보고 및 통보하여야 하며 정비현황과 결과를 충분히 검증하여야 한다.

③ 정비기록부의 유지 및 활용 : 구명뗏목 정비기록, EPIRB 정비기록, 구명정과 구조정 정비기록, AIS 정비기록, VDR/S-VDR 정비기록, 소화기의 정비기록 등이 있다.

CHAPTER 02 | 선박관리

 기출 및 예상문제

01 다음이 가리키는 선박 장비는?

> 고속으로 회전하는 팽이를 이용해 지북을 확인할 수 있는 장비

① 자기 캠퍼스   ② 고속 캠퍼스
③ 자이로 캠퍼스   ④ 선회 캠퍼스

02 다음에 해당하는 선박 장비는?

> 기존 종이해도를 대신하여 항해용 전자해도정보를 디스플레이하고 그 밖에 GPS 등 각종 센서와 결합하여 다양한 정보를 보여주는 항해장비

① ARPA   ② ECDIS
③ RADAR   ④ AIS

해설 | 전자해도표시정보시스템(ECDIS ; Global Maritime Distress and Safety System)에 대한 설명이다.

03 다음에 의미하는 선박 장비는?

> 조난 선박의 근처에 있는 다른 선박은 물론이고 육상 수색/구조당국 역시 신속·정확히 조난신호를 감지하도록 하여 수색/구조작업을 지체없이 원활하게 임할 수 있도록 지원하는 장비이다. 기존 조난안전통신시스템의 단점을 보완하기 위해 1988년 IMO에 채택되어 기존의 모스 부호 시스템을 대체하였다.

① AIS   ② ECDIS
③ ARPA   ④ GMDSS

해설 | 전세계 해상조난 및 안전시스템(GMDSS)에 대한 설명이다.

04 다음 중 선박 기관실의 장비에 해당하지 않는 것은?

① Generator   ② Pulifer
③ Speed Log   ④ Air Compressor

해설 | 선속계(Speed Log)는 항해장비의 일종이다.

05 선박의 길이 중 다음이 가리키는 것은?

> 계획 만재 흘수선상의 선수재의 전면으로부터 타주의 후면(타주가 없는 선박은 타두재 중심선)까지의 수평 거리

① 전장   ② 수선간장
③ 수선장   ④ 등록장

06 다음 중 선박의 용적 톤수(volumn tonnage)에 해당하지 않는 것은?

① 총톤수   ② 정량톤수
③ 순톤수   ④ 국제 총톤수

07 다음 그림의 상황이 발생하였을 경우, 선박의 복원성 관련한 설명으로 옳은 것은?

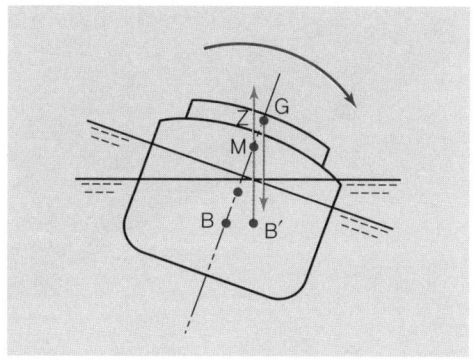

① 안정 ② 중립
③ 불안정 ④ 전복

08 선박 예방정비 유형 중 "운전시간이 적거나 통상의 정비사항에 대하여, 현상관찰이나 상태감시 위주로 이루어지는 정비"에 해당하는 것은?

① 시간기반정비
② 즉시실행정비
③ 상태기반정비
④ 발생기반정비

09 선박수리 중 보상수리와 관련한 설명으로 옳지 않은 것은?

① 선박 건조 시 발생하는 수리이다.
② 신조선박에 대한 조선소 측의 하자수리는 보통 1년이다.
③ 별도 약정에 따른 연장수리는 불가하다.
④ 선박 운항 중 사고에 따른 사고수리와는 구분된다.

해설 | 하자수리기간은 보통 1년이나, 당사자 간 약정으로 연장 등도 가능하다.

10 계속적으로 운전되지 않는 핵심장비의 관리 방법으로 적절한 것은?

① 점검 후 해당 기록을 갑판 및 기관 로그북(log book) 등에 기재해 기록으로 관리한다.
② 주기적 관리로 충분하다.
③ 고장의 가능성이 낮으므로 계속적으로 운전되는 보조장비를 먼저 관리·점검한다.
④ 계속적 운전 가능성은 선장의 주관적 판단에 의한다.

해설 | 핵심 장비이지만 계속적으로 운전되지 않는 경우, 주기를 떠나 가급적 자주 점검할 필요성이 있으며 고장의 가능성이 낮다고 하여 보조장비보다 등한시해서는 안된다. 계속적 운전 가능성은 선장의 주관적 판단이 아닌, 관계법령·매뉴얼 등 객관적·절차적 판단에 따라야 한다.

01 ③ 02 ② 03 ④ 04 ③ 05 ② 06 ② 07 ③ 08 ③ 09 ③ 10 ①

선박안전관리사

과목	내용	1급 객관식	1급 주관식	2급 객관식	3급 객관식
항해	1. 항해	8	2	11	12
항해	2. 상선전문	12	2	14	13
	합계	20	4	25	25
기관	1. 기관(1)	10	2	13	13
기관	2. 직무일반	10	2	12	12
	합계	20	4	25	25
산업안전관리	1. 산업안전 관련 법령	10	2	13	13
산업안전관리	2. 안전 및 비상대응	10	2	12	12
	합계	20	4	25	25

PART 05

선택과목

CHAPTER 01 | 항 해
CHAPTER 02 | 기 관
CHAPTER 03 | 산업안전관리

CHAPTER 01 항해

※ 최근 시행된 해기사시험 기출문제를 바탕으로 빈출된 지문 · 관련내용 정리

01 항해

1. 1회

Question	Check
선박자동식별장치(AIS)에 표시되는 정적 정보	선회율(ROT) : ×
육분의(Sextant)의 주된 용도	천체의 고도 측정
VDR 보호 캡슐	색상은 눈에 잘 띄는 흰색이어야 함 (×)
광파 야간 표지의 등색으로 사용되지 않는 색깔	회색
음파 음향 표지 중 무신호	주변 상황에 관계없이 시간 소리를 냄 (×)
전파를 한 방향에만 발사하여 일정한 항로를 지시하는 것(Radio range)	지향식 무선표지국
종이해도상 "WK"의 의미	수심측량으로 수심이 알려진 침선
축척이 1/50,000인 해도상 1cm의 실제 거리	500m
좁은 수로를 표시하거나 항박도와 같은 대축척 종이 해도에 많이 이용되는 해도 도법	평면도법
선박의 항해와 인명안전에 위급한 생겼을 경우 의사소통 지원수단	국제신호서
고조 때 조위와 저조 때 조위의 차	조차
빨라진 조류와 암초의 충돌 시 발생	와류
수심 측정에 의한 선위결정 시 구비되어야 할 요건	간만의 차가 클 것 (×)
진침로 공식	=나침로+자차+편차 ※ 동쪽(E)=(+), 서쪽(W)=(−)
풍압차가 있을 때 진침로	진자오선과 항적이 이루는 각
피험선	대각도 변침 시작점을 판단하는 데 활용됨 (×)
대권항법	자주 변침을 해야 하므로 항법계산이 복잡함
항성시각(SHA)	춘분점을 기준으로 하여 서쪽까지 측정한 것
고도차법에 의해서 천측 위치를 구할 때 주로 사용하는 위치	가정위치
레이더 화면상 선수 휘선이 진침로를 가리킴으로써 해도와 비교할 때 가장 편리한 지시방식	NORTH UP

레이더 플로팅을 하는 목적	본선의 속력과 침로를 알기 위하여 (×)
레이더 STC	우설 반사파를 없애기 위해 조정함 (×)
레이더의 마그네트론 역할	마이크로파의 발진
Loran–C 체인 송신국 구성	1개의 주국, 2~4개의 종국
대양항로 선정 시 고려사항	선정 항로의 일·출몰 시간 (×)

2. 2회

Question	Check
방위측정 시	동쪽(E)=(+), 서쪽(W)=(−)
자이로컴퍼스에서 발생하는 오차의 종류	편심오차 (×)
자동조타장치의 사용 방법	피항동작을 취할 경우 항상 자동조타상태에서 변침 (×)
형상 주간 표지	입표, 도표
등화의 색상이 백색이고 Fl(2)등질을 가진 등부표	고립장해표지
종이해도에 표시되는 서방위표지의 상부에서 하부까지 색깔을 순서대로 표시	YBY
종이해도상 St로 표시된 곳의 해저 저질	돌맹이
해도 중 평면도법	항박도
┼┼┼	수심을 알 수 없는 위험하지 않은 침선
하선·검역 등의 일반 기사 및 항로의 상황, 연안의 지형, 항만의 시설 등이 기재되어 있어 새로운 지역으로 항해하는 항해사에게 있어 해도와 함께 매우 유용한 자료	항로지
조류가 흐르면서 바다 밑의 장애물이나 반대방향의 수류에 부딪혀 생기는 파도 중 특히 심한 것	격조
우리나라 부근에 나타나는 최대의 해류로서 구조는 근사적으로 밀도류의 특성을 띠고 있는 것	쿠로시오
제1관측 시 물표를 관측한 선수각의 크기에 관계없이 제2관측 시의 선수각을 90도가 되게 하여 선위를 구할 수 있는 방법	정횡거리법
선위 오차가 발생하는 원인	상대 오차 (×)
풍압/유압 차가 있을 때 자오선과 항공기의 축선, 또는 자오선과 배의 앞뒤를 잇는 선이 이루는 각도	시침로
위치선으로 적합하지 않은 것	다른 선박의 방위 (×)
피험선을 선정할 때 이용하지 않는 것	전위 (×)
춘분점을 지나는 천의 자오선을 기준으로 측정한 시각	항성시각(SHA), 적경(RA)
황도와 천의 적도와의 각	23°27′

Question	Check
GPS 위치선의 오차	송신기 오차 (×)
레이더를 이용하여 선위를 결정할 때 가장 정확도가 높은 것	두 물표의 거리 이용
레이더 플로팅으로 구할 수 있는 것	상대선의 진침로
레이더의 진영상 방향에 같은 간격으로 거짓상이 생기는 원인	다중 반사
LORAN-C에서 주국 신호에 9번째 펄스를 두는 이유	주국 신호와 종국 신호를 구별하기 위하여
항로지정방식에서 선회 항행로를 통항(Round-abouts)하고자 할 때 통상적인 선박의 진행 방향	반시계 방향

3. 3회

Question	Check
자차가 변하는 원인	편차가 큰 지역을 항해 (×)
전자해도의 해도 내용, 표시 및 업데이트와 관련된 국제기구	IHO
국제항해에 종사하는 여객선에 설치하는 장비 중 VDR 고정식 기록장치	보호용기의 색상은 눈에 잘 띄는 흰색이어야 함 (×)
IALA 해상부표식의 고립장해표지	보호용기의 색상은 눈에 잘 띄는 흰색이어야 함 (×)
해상의 한 지점에 고정되어 있어 좌초 좌주의 방지와 항로 설정에 이용되는 것	등표
IALA 해상부표식	A지역에서의 우현부표는 적색임 (×)
등대표 수록 사항	광파표지 형상표지 전파표지
직접 항해 및 정박에 영향을 주는 사항들을 항해자에게 통보하여 주의를 환기시키고 해도와 수로서지를 정정할 목적으로 발간되는 소책자	항 번호 뒤에 표시한 'T'는 예고정보, 'P'는 일시정보를 뜻함 (×)
종이해도가 없는 선박의 전자해도표시장치(ECDIS)에서 반드시 사용하여야 하는 전자해도	ENC
모르는 항구에 처음 입항하기 위해 항해사가 항해계획을 수립할 때 안내서와 같은 역할을 하는 수로서지	항로지
우리나라 근해에 영향을 주는 해류 중 유속이 가장 빠른 것	쿠로시오
달이 어느 지점의 자오선을 통과하고 난 후 그 지점에서의 조위가 저조가 될 때까지 걸리는 시간	저조간격
격시관측에 의한 선위 결정법	양측방위법
교차방위법에 의한 선위결정 시 선수방향의 물표를 정횡방향의 물표보다 먼저 측정해야 하는 이유	정횡방향 물표의 방위변화가 빠르기 때문임
남북방향으로 항해 시 대권항법과 항정선항법의 항정 차이가 나지 않는 이유	자오선은 대권인 동시에 항정선이기 때문임

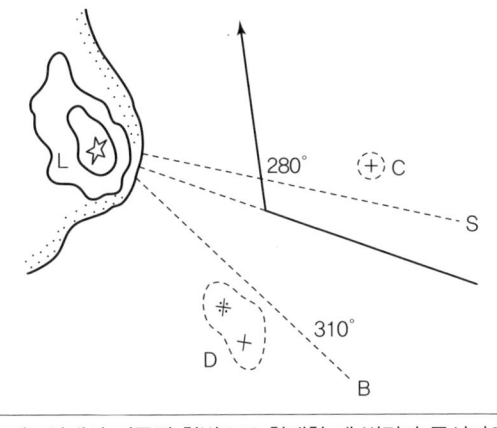	선박이 침로 도 속력 노트 (C) 290, (S) 12로 작도된 침로를 따라 항해할 때 C점과 D점 부근 수역을 안전하게 피해 가기 위하여 등대의 B방위가 280°보다 크게 보이면 위험물 C를 피하게 되고 310°보다 작게 보이면 수심이 얕은 D수역에 대해 안전하게 항해할 수 있도록 하는 피험선 선정법 → 선수 방향에 있는 물표의 방위선에 의한 것
적도상에서 거등권 항법으로 항해할 때 변경과 동서거의 관계	변경과 동서거는 같음
지방평시를 대시로 고치는 방법	관측자가 기준 자오선 동쪽에 있으면 경도차 만큼의 시간을 뺌
관측고도 개정 시 안고차는 항상 (−)값이어야 하는 이유	진수평에서의 고도보다 높게 측정되기 때문임
ARPA의 작동 경보	수동인지 경보 (×)
레이더의 거리 분해능	같은 방위에 있는 두 개의 가까운 물표를 분리해서 나타낼 수 있는 성능
LORAN–C에서 주국 신호에 9번째 펄스를 두는 이유	주국 신호와 종국 신호를 구별하기 위함
레이더의 간접 반사에 의한 거짓상을 없애려고 할 때 가장 좋은 방법	침로를 바꾸어 봄
GPS 위성항법	선박 위치를 구하려면 최소 3개 이상의 위성이 필요함
연안항해 시 변침 물표 선정	• 물표가 변침 후의 침로 방향에 있고 그 침로와 평행이거나 또는 거의 평행인 방향에 있으면서 가까운 것을 선정함 • 전타할 현 쪽의 정횡 부근에 있는 뚜렷한 물표 또는 중시 물표와 같이 정밀도가 높은 것을 선정함 • 변침 물표로는 등대 입표 섬 등과 같이 뚜렷하고 방위를 측정하기 좋은 것을 선정함

02 상선전문

1. 1회

Question	Check
화물과 관련하여 항해일지의 기사란에 기재하지 않아도 되는 사항	화물 적부에 따른 선속 및 연료소모량의 증감 내용
Topping lift의 역할	Derrick Boom의 앙각을 조절하기 위한 것
불활성가스장치	원유운반선의 주요 설비로 화물탱크 내 불활성가스를 공급하여 산소 농도를 낮추어 폭발을 방지하기 위한 장치
하기 만재배수톤수-경하배수톤수	Deadweight tonnage
구획 만재흘수선 표시선박	국제항해에 종사하는 여객선
선적화물 무게	기존 선박톤수에 만재흘수선 증가율을 적용하여 산정할 수 있음
만재흘수선 결정 시 영향을 주는 요소	트림 (×)
선박의 가동률을 높이고 이윤을 극대화하기 위한 선박 하역의 요점	본선 하역장치의 최신화 (×)
원유운반선에서 탱크 내에 폭발 범위가 조성되지 않도록 불활성가스를 불어 넣어 탄화수소가스 농도를 2% 이하까지 떨어뜨리는 작업	Purging
더니지의 사용 목적	복원성을 좋게 함 (×)
선창에 적재된 쌀, 콩 등과 같은 산적화물이 항해 중 선체 동요로 인하여 한 쪽으로 이동하는 것을 방지하는 역할을 하는 것	Shifting board
선창의 환기 실시 여부를 결정하는 가장 중요한 기준	이슬점
일반적으로 선창 내 청소 및 점검에 관한 사항을 기록하는 일지	Deck log book
원유운반선에서 규정 이상으로 압력이 상승할 때 자동으로 작동되는 밸브	Deck log book
원유운반선의 하역과 관련이 없는 것	LOLO
선박법상 한국선박의 표시 사항이 아닌 것	하역항 (×)
선박법상 선박국적증서의 말소등록을 하여야 할 경우가 아닌 것	선박의 존부가 일간 분명하지 아니한 경우 (×)
선박법상 선박국적증서 또는 임시선박국적증서를 선박 안에 갖추어 두지 아니하고 항행할 수 있는 경우가 아닌 것	국경일 또는 국가적 행사가 있는 경우 (×)
선박법상 선박국적증서	선박국적증서에는 유효기간 지정 (×)
선박국적증서 교부시기	선박 등록 시

선박법상 외국에서 취득한 선박을 외국항과 외국항 사이에서 항행시키는 경우 선박소유자가 선박톤수의 측정을 신청할 수 있는 대상	대한민국 영사
STCW 협약	선원의 훈련 자격증명 및 당직근무의 기준에 관한 국제협약
SOLAS 협약상 여객선	12인을 초과하는 여객을 운송하는 선박
MARPOL 협약상 쓰레기의 배출 또는 선내 소각 내역을 기록하는 서류	폐기물기록부
안전관리책임자	ISM code상, 각 선박의 안전운항을 보장하고 회사와 선박직원 사이의 연계를 확보하기 위하여 최고경영자에게 직접 보고할 수 있는 자

2. 2회

Question	Check
불활성가스장치의 산소 농도	8%
화표에 기입되지 않는 것	판매자 표시(Exporter mark) (×)
케미컬 탱커에서 X류 및 Y류 물질에 대한 탱크세정 후 세정수 배출로	수면하 배출구를 통하여 배출
화물 인수증(M/R)	검수사(Tally man)가 발급 (×)
선박의 플림솔 마크(Plimsoll Mark)	선박의 건현을 결정
Trim에 대한 배수량의 제1차 수정에 필요한 요소	매cm 트림모멘트 (×)
Mcm(MTC)	1톤의 모멘트를 생기게 하는 화물량 (×)
불명중량(Constnat)	출항 전 연료 탱크 내의 잔여연료량
선창 화물 적재 시 Broken space	잡화물 적재 후에 선창의 남은 공간 (×)
선적화물의 용적이나 중량을 측정하여 증명서를 발급하는 사람	검수사(Tally man)
원유운반선에서 탱크 내에 폭발 범위가 조성되지 않도록 불활성가스를 불어 넣어 탄화수소가스 농도를 2% 이하까지 떨어뜨리는 작업	Purging
북미재의 원목을 검재할 경우 일반적으로 사용하는 검재법	Brereton scale
원유운반선의 하역과 관련이 없는 것	LOLO (×)
컨테이너선에서 Cell Number를 표시하는 숫자	6자리
물질안전보건자료(MSDS)의 주요 항목	사용방법 및 주의사항 (×)
선박법상 선박톤수	배수톤수 (×)
선박법상 선박에 대한 관리행정의 관할권을 표시	선적항
선박법상 선박을 다른 선박과 구별하기 위한 식별사항	선박의 소유자 (×)

선박법상 선박국적증서의 말소등록을 하여야 할 경우	선박의 존재 여부가 60일간 분명하지 아니한 경우 (×)
선박국적증서가 가지는 효력	해기사 자격 증명 (×)
선박법상 길이 24미터 미만인 한국선박의 소유자가 그 선박을 국제항해에 종사하게 하려는 경우 해양수산부장관으로부터 발급받을 수 있는 증서	국제톤수확인서
SOLAS협약상 용어 정의	최대전진항해속력 : 선박이 최대흘수에서 항해 중에 유지할 수 있도록 계획된 최대속력
국제산적화학물규칙(IBC code)에 수록된 모든 액체 화학제품의 산적운송을 위하여 건조 또는 개조된 선박	케미컬 탱커
국제선박보안증서(ISCC)	국제선박보안증서는 최초심사, 중간심사, 갱신심사 후 발행됨 (×)
해사노동협약상 원칙적으로 야간 근로를 금지하는 선원의 최저연령 기준	18세 미만

3. 3회

Question	Check
Derrick 장치에서 Boom의 앙각을 조정하는 것	Topping lift
배수톤 산식	=길이×폭×비중
선박의 중량산정에서 불명중량에(Unknown constant) 포함되지 않는 것	더니지 및 화물이동 방지판 (×)
제품유 운반선에 적재되는 석유제품으로서 독특한 냄새를 가진 무색 또는 자황색의 기름이며 인화점은 상온보다 높지만 가열 등에 의해 온도가 인화점 이상이 되면 인화위험이 가솔린과 거의 같은 제품유	등유
유조선의 화물탱크 내에서 발생할 수 있는 화재 및 폭발사고 방지를 위해 주로 사용되는 방법	산소 농도 감소
선적항에서 발급되는 것	Stowage survey report
초대형 선박의 모멘트	주기관이 선미에 있는 초대형 선박은 공선 시에 Hogging moment, 만선 시는 Sagging moment가 작용함
선박의 플림솔 마크(Plimsoll mark)	선박의 건현을 결정하기 위하여
Trim 변화량 산출 공식	Trim변화량=(화물중량×이동거리)/MTC ※ MTC : 매 센티미터 트림 모멘트
원유운반선에서 탱크 내에 폭발 범위가 조성되지 않도록 불활성가스를 불어 넣어 탄화수소가스 농도를 2% 이하까지 떨어뜨리는 작업	Purging
갑판에 목재를 적재할 때 지주 중간쯤 적화했을 때 와이어로 지주와 지주 사이를 엮어놓는 고박 방법	Hog lashing
Hog/Sag에 대한 배수량 수정에 필요한 요소가 아닌 것	트림

적화계수	적화계수가 1보다 크다는 것은 체적에 비해 상대적으로 가벼운 화물임을 의미함
재화중량톤수	선박의 만재흘수에 해당하는 배수톤수에서 경하흘수에 해당하는 배수톤수를 빼어 구하는 그 선박이 적재할 수 있는 중량
곡물을 선창에 만재시키지 못했을 때 선창 내에서의 곡물 이동을 방지하게 하는 방법	Shoring
선박법상 외국선박이 불개항장에 기항할 수 있는 경우	불개항장의 세관장에 신고한 경우 (×)
선박법상 한국선박의 등기제도	선박 등기제도는 선박의 선적항을 증명하는 것임 (×)
선박법상 선박국적증서	선박국적증서에는 유효기간이 지정되어 있음 (×)
선박법상 정부대행기관이 수행하는 업무	선박국적증서 발급 업무 (×)
선박법에서 규정하는 선박톤수	배수톤수
국제톤수확인서	선박법상 길이 24미터 미만인 한국선박이 국제항해에 종사하고자 하는 경우 국제총톤수 및 순톤수를 기재하여 발급하는 증서
구명정 훈련	SOLAS 협약상 단거리 국제항해나 구조용을 겸용하지 않은 구명정에 대해서는 3개월에 한 번씩 구명정을 바다에 띄워 놓고 구명정 훈련을 실시해야 함
MARPOL 협약상 선박의 기관구역에서 행해진 작업의 내용 중 기름기록부에 기록하여야 할 사항	연료유 또는 청수의 수급 소모 (×)
항해당직을 담당하는 해기사가 준수하여야 할 사항	항해당직 중 선장이 선교에 있으면 항해안전에 대한 책임은 선장에게 있음 (×)
만재흘수선의 표시 중 TF가 뜻하는 것	열대 담수 만재흘수선

CHAPTER 02 기관

※ 최근 시행된 해기사시험 기출문제를 바탕으로 빈출된 지문 · 관련내용 정리

01 기관

1. 내연기관

(1) 1회

Question	Check
무기 분사식 사이클의 열효율 영향 요소	온도비 (×)
디젤기관에서 소기 후 실린더 급기 중량을 소기 후 실린더 내 전체가스 중량을 나눈 것	소기효율
디젤기관의 연소실 종류	기계분사식 (×)
4행정 사이클 기관에서 메인 베어링 캡에 최대 하중이 걸리는 시기	배기행정 종말
중대형 디젤기관에서 많이 사용되는 소기 방식	유니클로소기식
2행정 사이클 디젤기관에서 피스톤이 상사점 부근에 있는 경우	연료유 분사
디젤기관에서 피스톤링의 역할	피스톤 축압 저지 (×)
디젤기관의 운전 중 윤활유 온도가 올라가는 원인	윤활유 냉각기 오손
디젤기관에 사용되는 연료분사밸브의 종류 및 구조	직접분사식 기관에는 단공식이 많이 사용 (×)
디젤기관의 보슈식 연료분사펌프에서 조정 가능한 사항	분사기기와 분사량
무과급 기관 대비 과급 기관의 특성	출력이 증대함

(2) 2회

Question	Check
디젤기관의 밸브 개폐시기 선도상 밸브 개폐시기 표시 기준	크랭크축의 회전 각도
디젤기관에서 실린더 내의 배압이 높을 때 기관에 미치는 영향	평균유효압력이 높아짐 (×)
1kW의 PS 치환	1kW=1.36PS
디젤기관에서 메인 베어링의 주된 발열 원인	점도지수가 큰 윤활유 사용 (×)

디젤기관의 피스톤핀	크로스헤드형 피스톤 기관에는 부동식 사용 (×)
디젤기관의 착화지연에 영향을 주는 요소	연료유 공급펌프의 압력 (×)
4행정 사이클 디젤기관에서 흡입밸브와 배기밸브의 태핏 간극	• 배기밸브의 태핏 간극은 흡기밸브의 태핏 간극과 같거나 더 크게 조정함 • 흡기밸브의 태핏 간극은 기관 정지 중 플라이휠을 돌려서 압축행정의 위치일 때 조종해야 함
디젤기관에서 배기가 흑색이 되는 원인	연료유에 물이 혼입 (×)
과급 시 디젤기관 출력 증대이유	평균유효압력 증가
디젤기관에서 연료분사펌프 플런저가 기름압축 시작 후 분사밸브가 열리고 기름분사 시작할 시까지 기간	분사 지연
보슈식 연료분사펌프의 구성 요소	스필밸브 (×)

(3) 3회

Question	Check
무기 분사식 디젤기관의 기본 사이클	복합 사이클
디젤기관에서 피스톤링의 재질로 주철이 사용되는 데 주철 조직중 윤활작용을 보조하고 유막을 유지하게 하는 성분	흑연
회전수 증가에 따른 고정 피치 프로펠러가 설치된 디젤 주기관의 출력	세제곱에 비례하여 증가함
디젤기관에서 메인 베어링의 주된 발열 원인	점도지수가 큰 윤활유 사용 (×)
디젤기관에서 배기색이 흑색으로 되는 경우의 원인	소기 압력이 너무 높을 때 (×)
4행정 사이클 디젤기관에서 흡입밸브와 배기밸브의 태핏 간극	• 배기밸브의 태핏 간극은 흡기밸브의 태핏 간극과 같거나 더 크게 조정함 • 흡기밸브의 태핏 간극은 기관 정지 중 플라이휠을 돌려서 압축행정의 위치일 때 조종해야 함
보수형 연료분사펌프에서 연료유의 토출량 조절 방법	플런저를 회전시켜 조절
4행정 사이클 흡기기관의 밸브 겹침	=흡기밸브 상사점 열림 각도+배기밸브 상사점 닫힘 각도
4행정 디젤기관에서 사용되는 피스톤링의 역할	오일 스크레이퍼링은 윤활유를 라이너 내벽에 고르게 분포
디젤 주기관의 성능곡선 관련	연료분사압력 (×)
디젤 주기관에 공기 냉각기를 설치하는 주된 목적	실린더에 공급되는 공기의 밀도를 높이기 위함
터빈 내에서 팽창중인 증기의 일부를 터빈 밖으로 빼내어 그 열로 보일러의 급수를 가열하는 사이클	재생사이클

2. 외연기관

(1) 1회

Question	Check
연관 보일러 대비 수관 보일러의 장점	짧은 시간에 증기 발생
보일러 정지 시 최우선 조치	연료공급 차단
증기가 물로 변하는 현상	응축
증기터빈에서 배기압력을 대기압보다 낮게 유지하는 이유	터빈의 효율을 높이기 위함

(2) 2회

Question	Check
캐리오버 현상의 원인	보일러수의 PH 높을 때 (×)
증기터빈에 과열증기 사용 시 이점	온도차에 의한 터빈 블레이드의 변형을 막을 수 있음 (×)
보일러에서 진동연소 원인	착화되지 않은 상태에서 버너에 중유를 보냈을 경우 (×)
보일러 안전밸브 스프링이 상온 밀착 시 압축분간 방치 후의 영구 변형 상한(자유 높이 기준)	1%

(3) 3회

Question	Check
캐리오버의 의미	발생 증기와 함께 보일러물이 반출되는 현상
동일한 압력에서 증기의 온도가 가장 높은 것	과열증기
보일러 안전밸브의 스프링을 상온에서 밀착할 때까지 압축하여 10분간 방치 시 영구 변형의 자유 높이 기준 상한	1%

3. 추진장치 및 동력전달 장치

(1) 1회

Question	Check
축의 칼라에 대해 패드가 경사하여 기름이 쐐기 모양으로 들어가 높은 유압으로 추력을 받는 베어링	미첼형
디젤기관에서 스러스트 베어링 마멸 시 현상	배기밸브 및 밸브시트에서의 가스 누설 (×)
해수 윤활식 선미관 대비 기름 윤활식 선미비 장점	중력유 탱크가 필요 없음 (×)

프로펠러 피치비 공식	=프로펠러 피치/프로펠러 직경
고정피치 프로펠러 장착 1축선 선박의 출력과 속도 관계	출력은 속도의 세제곱에 비례함

(2) 2회

Question	Check
축의 칼라에 대해 패드가 경사하여 기름이 쐐기 모양으로 들어가 높은 유압으로 추력을 받는 베어링	미첼형
선박의 추진축계 구성 요소	캠축 (×)
스크루 프로펠러에 의한 축계 진동의 원인	날개의 전개면적이 작을 때 (×)
프로펠러의 공동현상	원호형 단면은 에어로포일형 단면보다 배면 공동현상을 일으키기 쉬움 (×)
선박의 전 저항과 속도 주기관의 회전수와 출력의 관계	출력=선체 저항×속도

(3) 3회

Question	Check
추진기관의 회전방향은 바꾸지 않고 프로펠러 날개 각도를 바꾸어 줌으로써 선박이 전진 또는 후진할 수 있는 추진기	가변 피치 프로펠러
물이나 공기의 저항에 대응하여 선체를 예인하는 경우 소요 마력	유효마력
스크루 프로펠러의 날개에 손상이 발생하면 나타나는 영향	반류가 증가함 (×)
축계의 탐상법 중 컬러 체크	침투 탐상법
선체와의 사이에 간격을 두기 위한 프로펠러 날개 끝 경사 각도	선미 방향으로 10~15°

4. 연료 및 윤활제

(1) 1회

Question	Check
연료유 연소 시 발생 물질	오존 (×)
연료유 성질	인화점은 외부에서 점화원 없어도 자연 발화하는 연료유의 최저 온도 (×)
윤활유 성질 중 연소에 의한 탄화물 퇴적 방지 성질	청정분산성
윤활유 탄화물 생성 이유	윤활유의 고온 접촉으로 열분해 시
윤활유의 온도변화에 따른 점도 변화	점도지수 (×)

(2) 2회

Question	Check
연료유의 비중에서 X/Y℃ 비중의 의미	같은 부피의 기름무게[X]/물의 무게[Y]
연료유의 청정 방법	백토처리법 (×)
연료유 성질 중 연료유의 저장 취급 및 운반 중에 화재의 위험을 방지하기 위한 목적으로 주의해야 하는 성질	유동점
윤활유의 온도변화에 따른 점도의 변화	점도지수
마찰의 종류	기체마찰 (×)

(3) 3회

Question	Check
수증기의 증발잠열을 제외한 연료유의 발열량	저위 발열량
선박용 연료유의 주성분	C와 H
내연기관에 사용하는 윤활유의 구비조건	응고점이 높을 것 (×)
연료유의 성분 중 탄소가 불완전 연소할 때 생기는 성분	CO
마찰부에서 발생하는 불순물을 흡수하여 깨끗하게 하는 윤활유의 기능	청정작용

02 직무일반

(1) 1회

Question	Check
밀폐된 공간의 산소 결핍 사고 원인	철판의 부식, 통풍 불량
디젤기관 피스톤 개방점검 시 필요 공구	브리지게이지 (×)
선박 입거수리 준비사항	기관 소모품의 재고량 확인 (×)
한국선급 선급유지 검사종류	임시항해검사 (×)
디젤 주기관 운활유 냉각기 양측 커버 패킹 교환 작업 시 증가되는 물질	선저폐수
기관실 기름여과장치 운전 요령	기름여과장치 입출구 간 압력차가 너무 작으면 내부필터가 막혀 필터 소제 (×)
해양환경관리법상 황산화물배출규제해역에서 사용할 수 있는 연료유의 최대 황함유량	0.1%
선박해양오염비상계획서 포함 사항	오존층파괴물질의 비상 차단에 관한 사항 (×)
분뇨오염방지시설 대상선박·종류 및 설치기준	승선인원과 관계없이 낚시 어선은 제외 (×)
체내 산소운반 혈액의 구성성분	적혈구
출혈 등에 따른 감염위험 부상자 응급처치 시 감염예방 방법	손씻기
열사병 환자 응급처치	소량의 알코올 음료를 마시게 하여 혈액순환에 도움이 되게 함 (×)
기관실 침수사고 발생 시 우선적 조치사항	기관실 수밀문을 폐쇄하고 모든 발전기를 정지시킴 (×)
항해 중 정전 시 기관실 내 비상전등 전원	축전지
주기관 급정지 요청 시 당직기관사 조치순서	주기관의 텔레그래프를 신속히 응답하고 연료핸들을 지시대로 조작함 ↓ 주기관의 조작 시간을 기록함 ↓ 기관장, 1등기관사에게 연락을 취함 ↓ 다음 명령에 응할 수 있게 만반의 준비를 함
기관실 화재 발생 시 유류 탱크 출구밸브 원격 차단장치	Quick closing valve
불활성 가스장치(inert gas system)를 설치 목적	폭발 방지
선내 전기화재 예방 목적	절연저항이 일정값 이상이 되지 않도록 할 것 (×)
열작업 시 화재 예방 방법	작업장의 통풍을 차단할 것 (×)
타 소화장치 설치와 무관하게 반드시 선박에 설치해야 하는 기본적 소화장치	수 소화장치
선박법의 내용 및 제정 목적	선박의 감항성 유지 (×)

Question	Check
유해액체물질에 의한 오염방지 규정상 X, Y, Z류 물질의 배출 기준	수면상의 배출구를 통하여 배출할 것 (×)
50톤≤총톤수<100톤 유조선이 아닌 선박의 기관구역용 폐유저장용기 용량	200L
해양환경관리법상 해양오염방지설비를 선박에 최초 설치하여 항해 사용 시 정밀하게 행하는 검사	정기검사

(2) 2회

Question	Check
선박 1회 항차 끝난 후 직전 항차의 주요 내용을 요약하여 작성하는 것	Abstract log
전기용접 작업 시 주의사항	화재 위험이 높은 장소에서는 미리 통풍을 차단한 후 작업 (×)
산소결핍이 예상되는 장소에서 작업할 경우의 안전조치	화재 예방을 위해 작업장소의 전원을 모두 미리 차단 (×)
선박의 배관에 사용되는 스톱밸브	완전히 개방되는 경우 다른 종류의 밸브에 비해 유체에너지 손실이 가장 적음 (×)
한국선급에 등록된 선박이 받아야 되는 검사의 종류와 기간	입거검사 : 정기검사 기간 이내에 적어도 3번 검사 (×)
항해 중 선내소각기 작동 시 주의사항	850℃≤소각기 출구 연소가스 온도<1,200℃
선박 설치된 해양오염방지장치의 종류	유청정기 (×)
오존층파괴물질기록부의 기재사항	오존층파괴물질의 보관장소 변경 (×)
기름여과장치의 구성 요소	유면 검출기는 탱크 내 기름 농도를 검출하고 자동으로 배유의 시작과 멈춤을 수행 (×)
선박 밑바닥에 고인 유성 혼합물을 처리하는 방법	청정기 비중판을 교환하여 청정 처리 (×)
화상을 입었을 경우의 일반적인 주의사항	화상 부위의 물집을 터뜨리고 소독을 행할 것 (×)
동상 부위에 대한 응급처치	미지근한 물에 넣었다가 꺼냄
개방성 상처에 대한 응급처치	출혈이 있으면 그 부위는 심장보다 낮게 위치시킴 (×)
기관실의 침수로 침몰할 우려가 있을 경우에 당직기관사가 해야 할 가장 우선적인 조치	선내 침수 상황을 전 승무원들에게 알림
보일러의 본체에서 발생되는 손상	노킹 (×)
항해 중 정전이 발생한 경우 기관실 내 비상전등의 발전 전원	축전지
디젤 발전기의 경보 및 정지 조건	소기 압력 저하 (×)
열작업 시의 화재 예방법	작업구역은 화재 확산을 방지하기 위해 개폐구를 닫아 둠 (×)
연기식 화재탐지기	차동식 (×)

기관실에 발생한 대형 화재를 진화하기 위해 고정식 CO_2 장치를 작동시키기 전에 취해야 할 조치	기관실 내 화재규모에 적정한 양의 CO_2 방출량을 계산할 것 (×)
전기기기의 사용 중 전기화재의 발생 위험도가 가장 높은 경우	과전류가 흐를 때
선박안전법에 의한 선박검사의 종류	프로펠러축검사 (×)
선박법의 내용, 제정 목적	선박의 안전설비에 관한 사항 (×)
선원법의 내용	선박직원의 승무기준 (×)
해양환경관리법령상 분뇨마쇄소독장치의 기술기준	보조탱크에는 발생가스의 고압경보장치를 갖출 것 (×)

(3) 3회

Question	Check
부식으로 얇아진 선체 외판의 두께를 측정하고자 하는 경우 주로 사용되는 방법	초음파 측정법
한국선급의 선급유지를 위한 검사 종류	임시항해검사
(아이볼트 그림)	아이볼트
(다이얼 게이지 그림)	다이얼 게이지
기관실에서 황천항해 시의 준비 및 운전 요령	주기관의 냉각수 팽창탱크를 가득 채움 (×)
선박에서 발생되는 대기오염물질	유기주석 화합물 (×)
연료유 수급 작업 시 유출에 대한 예방조치	• 방제 자재를 가까이에 비치함 • 탱크를 자주 측심하여 넘치지 않도록 함
기관구역 기름기록부에서 슬러지에 포함되지 않는 것	보일러 급수탱크의 하부 드레인
디젤기관에서 배출되는 배기가스 성분 중에 NOx	질소산화물

선박에서 발생하는 선저폐수 및 유성찌꺼기의 처리방법	승인된 소각설비가 설치된 경우 유성찌꺼기를 소각하여 처리
체내에서 산소를 운반하는 혈액의 구성 성분	적혈구
관절의 뼈가 제자리에서 물러난 상태를 말하며 혈관, 인대 신경에 손상을 가져오는 것	탈구
피부의 진피가 손상된 것으로 물집이 생기고 통증이 심한 화상	2도 화상
기관실 무인화 선박에서 항해 중 정전사고가 발생하였을 때 예비발전기 또는 비상발전기가 기동되어 전력이 공급되는 과정	정전과 동시에 비상발전기가 기동되고 약 45초 후 예비발전기가 기동됨 (×)
디젤 주기관의 또는 Crash astern(Crash reversing) 기능	전속 전진 항해 중 디젤기관을 긴급 후진시키는 기능
기관실의 침수로 침몰할 우려가 있을 경우에 당직기관사가 해야 할 가장 우선적인 조치	선내 침수 상황을 전 승무원들에게 알림
전기에 감전되었을 때의 응급조치법	전원 공급을 주발전기에서 비상발전기로 전환 (×)
정전기의 방지 대책	비전도성 물질을 사용 (×)
선박의 소화전에 비치되어 있는 장비	안전등 (×)
화재가 발생되기 위해 필요한 기본 요소	가연물질, 열, 산소
전기기기의 사용 중 전기화재의 발생 위험도가 가장 높은 경우	과전류가 흐를 때
해양환경관리법상 해양오염방지관리인의 업무내용이 아닌 것	해양시설 오염물질기록부의 기록 및 보관 (×)
선원법상 선원의 휴식시간(24시간 기준)	10시간
선박직원법령상 4급 기관사 면허 소지자가 기관장으로 승선할 수 없는 선박	예 무제한수역의 주기관 추진력이 이 1,500kW 이상인 총톤수 톤 이상의 어선
유조선에서 화물유가 섞인 선박평형수 세정수 등의 배출 기준	기선으로부터 12해리 이상 떨어진 곳에서 배출할 것

CHAPTER 03 산업안전관리

01 산업안전 관련 법령(산업안전보건법 : 2024.05.17. 시행)

> ※ 주요 산업안전 관련 법령
> - 산업안전보건법
> - 중대재해 처벌 등에 관한 법률(중대재해처벌법)
> - 재난 및 안전관리 기본법(재난안전법)
> - 시설물의 안전 및 유지관리에 관한 특별법(시설물안전법)

1. 총칙

(1) 목적

산업안전보건법은 산업 안전 및 보건에 관한 기준을 확립하고, 그 책임의 소재를 명확하게 하여 산업재해를 예방하고 쾌적한 작업환경을 조성함으로써 노무를 제공하는 사람의 안전 및 보건을 유지·증진함을 목적으로 한다.

(2) 정의

① **산업재해** : 노무를 제공하는 사람이 업무에 관계되는 건설물·설비·원재료·가스·증기·분진 등에 의하거나 작업 또는 그 밖의 업무로 인하여 사망 또는 부상하거나 질병에 걸리는 것을 말한다.

② **중대재해** : 산업재해 중 사망 등 재해 정도가 심하거나 다수의 재해자가 발생한 경우로 다음 각 재해를 말한다.
  ㉠ 사망자가 1명 이상 발생한 재해
  ㉡ 3개월 이상의 요양이 필요한 부상자가 동시에 2명 이상 발생한 재해
  ㉢ 부상자 또는 직업성 질병자가 동시에 10명 이상 발생한 재해

> **TIP** 중대재해처벌법상 재해의 정의
>
> • 중대산업재해
> 산업안전보건법에 따른 산업재해 중 다음에 해당하는 결과를 야기한 재해
> – 사망자 1명 이상 발생
> – 동일 사고로 6개월 이상 치료가 필요한 부상자가 2명 이상 발생
> – 동일 유해원인으로 급성중독 등 특정 직업성 질병자가 1년 이내에 3명 이상 발생
> • 중대시민재해
> 특정 원료 또는 제조물, 공중이용시설 또는 공중교통수단의 설계, 제조, 설치, 관리상의 결함을 원인으로 하여 발생한 재해로서 다음 결과를 야기한 재해
> – 사망자 1명 이상 발생
> – 동일 사고로 2개월 이상 치료가 필요한 부상자가 10명 이상 발생
> – 동일 원인으로 3개월 이상 치료가 필요한 질병자가 10명 이상 발생

③ **근로자** : 직업의 종류와 관계없이 임금을 목적으로 사업이나 사업장에 근로를 제공하는 사람

④ **사업주** : 근로자를 사용하여 사업을 하는 자를 말한다.

⑤ **근로자대표** : 근로자의 과반수로 조직된 노동조합이 있는 경우에는 그 노동조합을, 근로자의 과반수로 조직된 노동조합이 없는 경우에는 근로자의 과반수를 대표하는 자를 말한다.

⑥ **도급** : 명칭에 관계없이 물건의 제조·건설·수리 또는 서비스의 제공, 그 밖의 업무를 타인에게 맡기는 계약을 말한다.

⑦ **도급인** : 물건의 제조·건설·수리 또는 서비스의 제공, 그 밖의 업무를 도급하는 사업주를 말한다. 다만, 건설공사발주자는 제외한다.

⑧ **수급인** : 도급인으로부터 물건의 제조·건설·수리 또는 서비스의 제공, 그 밖의 업무를 도급받은 사업주를 말한다.

⑨ **관계수급인** : 도급이 여러 단계에 걸쳐 체결된 경우에 각 단계별로 도급받은 사업주 전부를 말한다.

⑩ **건설공사발주자** : 건설공사를 도급하는 자로서 건설공사의 시공을 주도하여 총괄·관리하지 아니하는 자를 말한다. 다만, 도급받은 건설공사를 다시 도급하는 자는 제외한다.

⑪ **건설공사** : 다음에 해당하는 공사를 말한다.
  ㉠ 「건설산업기본법」 제2조 제4호에 따른 건설공사
  ㉡ 「전기공사업법」 제2조 제1호에 따른 전기공사
  ㉢ 「정보통신공사업법」 제2조 제2호에 따른 정보통신공사
  ㉣ 「소방시설공사업법」에 따른 소방시설공사
  ㉤ 「국가유산수리 등에 관한 법률」에 따른 국가유산 수리공사

⑫ **안전보건진단** : 산업재해를 예방하기 위하여 잠재적 위험성을 발견하고 그 개선대책을 수립할 목적으로 조사·평가하는 것을 말한다.

⑬ **작업환경측정** : 작업환경 실태를 파악하기 위하여 해당 근로자 또는 작업장에 대하여 사업주가 유해인자에 대한 측정계획을 수립한 후 시료를 채취하고 분석·평가하는 것을 말한다.

(3) 적용 범위

모든 사업에 적용한다. 다만 유해·위험의 정도, 사업의 종류, 사업장의 상시근로자 수(건설공사의 경우에는 건설공사 금액) 등을 고려하여 특정 종류의 사업[광산안전법 적용 사업, 원자력안전법 적용 사업, 항공안전법 적용 사업, 선박안전법 적용 사업(선박 및 보트 건조업을 제외 : 법 일괄 적용), 소프트웨어 개발 및 공급업 등] 또는 사업장(상시 근로자 50명 미만의 농업·어업 등, 상시 근로자 5명 미만)에는 이 법의 전부 또는 일부를 적용하지 아니할 수 있다.

(4) 산업재해 발생건수 등의 공표

고용노동부장관은 산업재해를 예방하기 위하여 다음 각 사업장의 근로자 산업재해 발생건수, 재해율 또는 그 순위 등을 공표하여야 한다.

① 산업재해로 인한 사망자(사망재해자)가 연간 2명 이상 발생한 사업장

② 사망만인율(연간 상시근로자 1만 명당 발생하는 사망재해자 수의 비율)이 규모별 같은 업종의 평균 사망만인율 이상인 사업장

③ 중대산업사고 발생 사업장

④ 산업재해 발생사실 은폐 사업장

⑤ 산업재해 발생 관련보고를 최근 3년 이내 2회 이상 하지 않은 사업장

2. 안전보건관리체제

(1) 개설

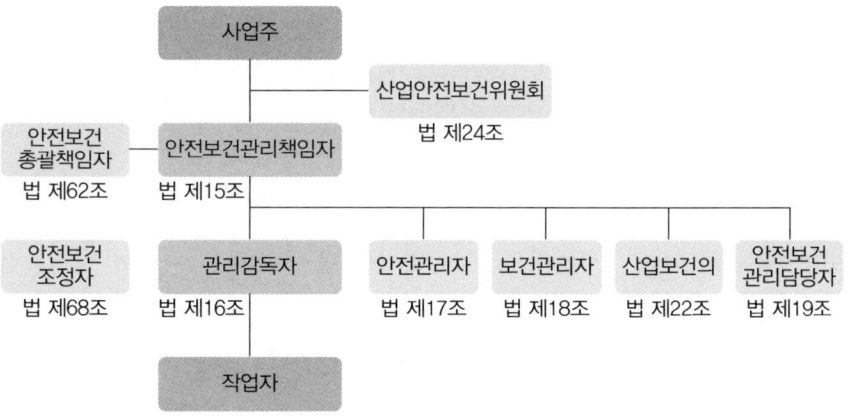

※ 출처 : 2023 새로운 위험성평가 안내서, 고용노동부, 2023

(2) 적용 대상

※ 기준 : 업종, 상시 근로자 수, 공사금액 및 매출액 등

① 안전보건관리책임자 선임 사업장
- ㉠ 토사석 광업, 식료품 제조업 등 : 50명 이상
- ㉡ 농업, 어업, 소프트웨어 개발 및 공급업 등 : 300명 이상
- ㉢ 건설업 : 공사금액 20억 원 이상
- ㉣ 기타 각 사업 : 100명 이상

② 산업안전보건위원회 구성·운영 사업장
- ㉠ 토사석 광업, 목재 및 나무제품 제조업 등 : 50명 이상
- ㉡ 농업, 어업, 소프트웨어 개발 및 공급업 등 : 300명 이상
- ㉢ 건설업 : 공사금액 120억 원 이상
- ㉣ 기타 각 사업 : 100명 이상

③ 안전보건관리규정 작성 사업장
- ㉠ 농업, 어업, 소프트웨어 개발 및 공급업 등 : 300명 이상
- ㉡ 기타 각 사업 : 100명 이상

(3) 주요 내용

① **이사회 보고 및 승인 등** : 「상법」 제170조에 따른 주식회사 중 상시근로자 500명 이상을 사용하는 회사, 「건설산업기본법」 제23조에 따라 시공능력의 순위 상위 1천 위 이내의 건설회사의 대표이사는 매년 회사의 안전 및 보건에 관한 계획을 수립하여 이사회에 보고하고 승인을 받아야 한다.

② **관리감독자** : 관리감독자는 근로자의 작업복, 보호구 및 방호장치의 점검, 착용 교육/작업의 지휘 감독, 교육 등을 실시하여야 한다.

③ **안전관리자·보건관리자·안전관리담당자** : 상시근로자의 인원과 건설공사의 규모별 안전관리자, 보건관리자, 안전보건관리담당자를 지정하거나 선임 또는 보건관리전문기관에 위탁하여 관리감독자에게 지도, 조언 업무를 수행한다.

※ 건설업과 상시근로자 300인 이상 사업장 : 보건관리전문기관 위탁 불가

④ **산업안전보건위원회** : 노사 동수로 구성되는 산업안전보건위원회를 구성·운영한다.

⑤ **안전보건관리규정 작성** : 사업장의 안전 및 보건을 유지하기 위하여 안전보건관리규정을 작성하여야 한다.

3. 안전보건교육

(1) 근로자에 대한 안전보건교육

교육과정	교육대상		교육시간
가. 정기교육	1) 사무직 근로자		매반기 6시간 이상
	2) 기타근로자	가) 판매업무 직접 종사자	매반기 6시간 이상
		나) 그 밖의 근로자	매반기 12시간 이상
나. 채용 시 교육	1) 일용근로자 및 근로계약기간이 1주일 이하인 기간제근로자		1시간 이상
	2) 근로계약기간이 1주일 초과 1개월 이하인 기간제근로자		4시간 이상
	3) 그 밖의 근로자		8시간 이상
다. 작업내용 변경 시 교육	1) 일용근로자 및 근로계약기간이 1주일 이하인 기간제근로자		1시간 이상
	2) 그 밖의 근로자		2시간 이상
라. 특별교육	1) 일용근로자 및 근로계약기간이 1주일 이하인 기간제근로자		2시간 이상
	2) "타워크레인" 일용근로자 및 근로계약기간이 1주일 이하인 기간제근로자		8시간 이상
	3) 그 밖의 근로자		가) 16시간 이상(최초 작업에 종사하기 전 4시간 이상 실시하고 12시간은 3개월 이내에서 분할하여 실시 가능) 나) 단기간 작업 또는 간헐적 작업인 경우에는 2시간 이상
마. 건설업 기초안전·보건 교육	건설 일용근로자		4시간 이상

(2) 안전보건관리책임자 등에 대한 직무교육

사업주는 안전보건관리책임자, 안전관리자, 보건관리자, 안전보건관리담당자, 관련 기관에서 안전과 보건에 관련된 업무에 종사하는 사람 등에게 직무와 관련한 안전보건교육을 이수하도록 해야 한다.

4. 유해·위험방지 및 예방 조치

(1) 일반

① 법령 요지 등의 게시 등 : 산업안전보건법 요지 및 안전보건관리규정을 게시하여 근로자로 하여금 알게 하여야 한다.

② 위험성평가의 실시
　㉠ 사업장의 위험요인을 찾아내어 평가하고 관련 조치를 한 후 기록을 보존하여야 한다.
　㉡ 안전보건관리책임자가 총괄 관리하여 해당 작업장의 근로자를 필수적으로 참여시켜야 한다.

③ **안전보건표지의 설치, 부착** : 사업주는 유해하거나 위험한 장소, 시설, 물질에 대한 경고 비상시 대처 등 안전 및 보건의식 고취를 위한 표지를 부착하여야 한다.
　㉠ 금지표지(출입금지, 사용금지 등), 경고표지(인화성, 산화성, 독성 물질 등)
　㉡ 외국인근로자는 외국인근로자의 모국어로 별도 작성하여 설치 및 부착

④ **안전조치** : 기계, 폭발성물질, 전기 및 굴착, 하역/중량물 취급 및 추락, 토사붕괴, 낙하물 등의 위험으로부터 적절한 조치를 취하여야 한다.

⑤ **보건조치** : 증기, 흄, 미스트 및 방사선, 소음진동 및 정밀공작, 단순반복 및 환기·채광·조명·보온 등 작업장과 근로자 근무조건 등의 환경에 의한 건강장해를 예방하여야 한다.

⑥ **공정안전보고서의 작성·제출**
　㉠ 유해하거나 위험한 설비를 보유한 사업주는 중대산업사고를 예방하기 위하여 공정안전보고서(PSM)를 작성하고 고용노동부장관에게 제출하여 심사를 받아야 하며, 공정안전보고서의 적합통보 전에는 유해하거나 위험한 설비 가동이 불가하다.
　㉡ 공정안전보고서 포함 필요사항 : 공정안전위험성평가서, 안전운전계획, 비상조치계획, 공정안전자료

⑦ **산업재해 발생은폐 금지 및 보고 등**
　㉠ 산재발생 시 은폐하지 않으며, 발생원인 등을 기록하여 3년간 보존하여야 한다.
　㉡ 사망자 발생 또는 3일 이상 휴업필요 부상 또는 질병자 발생 시, 해당 산업재해 발생일로부터 1개월 이내에 산업재해조사표를 관할 지방고용노동관서의 장에게 제출(전자문서 포함)해야 한다.

(2) 도급 시 산업재해 예방

① **유해한 작업의 도급금지** : 근로자의 안전 및 보건에 유해하거나 위험한 작업의 도급은 금지된다.

② **도급인의 안전조치 및 보건조치** : 도급인은 관계수급인 근로자가 도급인 사업장에서 작업하는 경우 모두의 산재를 예방하기 위하여 안전 및 보건 시설의 설치 등 필요한 조치를 해야 한다(보호구 착용 등 직접적 지시는 제외).

③ **도급에 따른 산업재해 예방조치**
　㉠ 도급인은 관계수급인 근로자가 도급인의 사업장에서 작업을 하는 경우, 도급인과 수급인을 구성원으로 하는 안전 및 보건에 관한 협의체의 구성 및 운영, 안전보건교육의 실시 확인 및 지원, 작업장 순회점검 등을 실시한다.

ⓒ 위생시설 등 고용노동부령으로 정하는 시설의 설치 등을 위하여 필요한 장소의 제공 또는 도급인이 설치한 위생시설의 이용에 협조한다.

④ 도급인의 안전 및 보건에 관한 정보 제공 등
  ㉠ 도급자는 해당 작업 시작 전에 수급인에게 안전 및 보건에 관한 정보를 문서로 제공한다.
  ㉡ 제공필요 정보 : 유해성·위험성이 있는 화학물질 또는 그 화학물질을 포함한 혼합물을 제조·사용·운반, 질식 또는 붕괴의 위험이 있는 작업 등

⑤ 건설공사의 산업재해 예방지도 : 대통령령으로 정하는 건설공사의 건설공사발주자 또는 건설공사의 시공을 주도하여 총괄·관리하는 자는 건설재해예방 전문지도기관과 건설 산업재해 예방 지도계약을 직접 체결하여야 한다. 계약을 체결한 건설재해예방 전문지도기관은 지도를 실시하고, 건설공사 도급인은 지도에 따라 적절히 조치하여야 한다.

⑥ 도급인의 안전 및 보건에 관한 정보 제공 등
  ㉠ 도급하는 자는 해당 작업 시작 전에 수급인에게 안전 및 보건에 관한 정보를 문서로 제공해야 한다.
  ㉡ 제공 대상 : 유해성·위험성이 있는 화학물질 또는 그 화학물질을 포함한 혼합물을 제조·사용·운반, 질식 또는 붕괴의 위험이 있는 작업 등

(3) 유해·위험 기계, 유해·위험물질

① 유해하거나 위험한 기계·기구에 대한 방호조치 : 누구든지 동력으로 작동하는 기계·기구로서 대통령령으로 정하는 것은 고용노동부령으로 정하는 유해·위험방지를 위한 방호조치를 하지 아니하고는 양도, 대여, 설치 또는 사용에 제공하거나 양도·대여의 목적으로 진열해서는 아니 된다.

② 안전인증
  ㉠ 대상 : 특정 "기계 또는 설비"(프레스, 전단기 및 절곡기, 크레인, 리프트, 압력용기, 롤러기, 사출성형기, 고소 작업대, 곤돌라 프레스 등의 "방호장치" 안전화, 안전모 등 "보호구")
  ㉡ 확인방법 및 주기

예비심사		7일
서면심사		15일(외국에서 제조한 경우는 30일)
기술능력 및 생산체계 심사		30일(외국에서 제조한 경우는 45일)
제품심사	개별 제품심사	15일
	형식별 제품심사	30일(방호장치와 특정 보호구는 60일)

③ 안전검사
  ㉠ 대상 : 프레스, 전단기, 크레인(2톤 이상), 리프트, 압력용기, 곤돌라, 국소배기장치(이동식 제외), 원심기(산업용만 해당), 롤러기(밀폐형 구조 제외), 사출성형기(형 체결력 294킬로뉴턴 이상), 고소작업대(화물 또는 특수자동차에 탑재 한정), 컨베이어, 산업용 로봇

ⓒ 검사 주기

크레인(이동식 크레인은 제외한다), 리프트(이삿짐운반용 리프트는 제외한다) 및 곤돌라	사업장에 설치가 끝난 날부터 3년 이내에 최초 안전검사를 실시하되, 그 이후부터 2년마다(건설현장에서 사용하는 것은 최초로 설치한 날부터 6개월마다)
이동식 크레인, 이삿짐운반용 리프트 및 고소작업대	「자동차관리법」에 따른 신규등록 이후 3년 이내에 최초 안전검사를 실시하되, 그 이후부터 2년마다
프레스, 전단기, 압력용기, 국소 배기장치, 원심기, 롤러기, 사출성형기, 컨베이어 및 산업용 로봇	사업장에 설치가 끝난 날부터 3년 이내에 최초 안전검사를 실시하되, 그 이후부터 2년마다(공정안전보고서를 제출하여 확인을 받은 압력용기는 4년마다)

④ **물질안전보건자료의 게시 및 교육** : 물질안전보건자료 대상물질을 취급하는 작업장 내에 이를 취급하는 근로자가 쉽게 볼 수 있는 장소에 게시하거나 갖추어 두어야 하며, 취급하는 작업공정별로 물질안전보건자료 대상물질의 관리 요령 게시 및 해당 근로자 교육을 실시하여야 한다.

※ 물질안전보건자료(MSDS) : 화학물질 또는 이를 포함한 혼합물로서, 고용노동부장관이 정한 근로자에게 건강장해를 일으키는 화학물질 및 물리적 인자 기타 유해인자의 유해성·위험성 분류기준에 해당하는 것

─TIP─ 물질보건안전자료 기재사항

- 제품명
- 물질안전보건자료대상물질을 구성하는 화학물질 중 유해성·위험성 분류기준에 해당하는 화학물질의 명칭 및 함유량
- 안전 및 보건상의 취급 주의사항
- 건강 및 환경에 대한 유해성, 물리적 위험성
- 물리·화학적 특성 등 다음 각 사항
  - 물리·화학적 특성
  - 폭발·화재 시의 대처방법
  - 독성에 관한 정보
  - 응급조치 요령 등

---

⑤ **물질안전보건자료 대상물질 용기 등의 경고 표시** : 물질안전보건자료 대상물질을 담은 용기 및 포장에 경고표시를 해야 한다.

⑥ **유해, 위험물질의 제조 등 허가** : a-나프틸아민, 디아니시딘, 디클로로베지딘 및 그 염, 베릴륨, 벤조트리클로라이드, 비소 및 그 무기화합물, 염화비닐, 콜타르피치 휘발물 등을 제조·사용·변경 시 고용노동부 장관의 허가가 필요하다.

⑦ **석면조사** : 건축물 등 철거 시 지정된 기관을 통한 석면조사를 실시하고 작업 기준을 준수해야 한다.

⑧ **석면해체, 제거** : 일정 면적 이상 석면 함유 건축물 철거 시 석면해체 제거업자를 통하여 해체해야 한다.

⑨ **작업환경측정** : 소음(8시간 시간가중평균 80dB 이상), 화학물질, 분진, 고열 등에 근로자가 노출되는 사업장은 작업환경측정 실시 및 결과를 보고하여야 한다.

5. 근로자 보건관리

(1) 휴게시설의 설치

사업주는 근로자(관계수급인의 근로자를 포함)가 휴식시간에 이용할 수 있는 휴게시설을 갖추도록 하고, 사업의 종류 및 상시 근로자 수 등 대통령령으로 정하는 기준에 해당하는 사업장의 사업주는 고용노동부령으로 정하는 설치, 관리기준에 맞는 휴게시설을 갖추어야 한다.

(2) 건강진단

① 일반건강진단 : 사무직(1회 이상/2년), 비사무직(1회 이상/1년)
② 특수건강진단 : 소음, 화학물질, 분진 등 노출 근로자(인자별로 1회 이상/6~24개월)
③ 배치 전 건강진단 : 특수건강진단 해당 작업 배치하기 전, 작업 전환 시 작업 전 실시

6. 기타 : 서류의 보존

사업주는 다음의 서류를 각 기간별로 보존하여야 한다.

(1) 2년 보존 서류

① 산업안전보건위원회, 노사협의체 회의록
② 자율안전기준 증명서류, 자율안전검사 검사결과에 대한 서류

(2) 3년 보존 서류

① 안전보건관리책임자 · 안전관리자 · 보건관리자 · 안전보건관리담당자 및 산업보건의의 선임에 관한 서류
② 안전조치 및 보건조치에 관한 사항을 적은 서류
③ 산업재해의 발생원인 등 기록
④ 화학물질의 유해성 · 위험성 조사에 관한 서류
⑤ 안전인증대상기계 등에 대하여 기록한 서류
⑥ 위험성평가 결과 · 조치에 관한 서류
⑦ 기관석면조사 결과서류(일반석면조사는 해체 · 제거작업 종료 시까지 보존)
⑧ 작업안전측정기관이 보존하는 작업환경측정 관련서류

(3) 5년 보존 서류

① 작업환경측정에 관한 서류/결과 : 석면, 고용노동부장관 별도고시 물질은 30년
② 건강진단에 관한 서류/결과 : 석면, 고용노동부장관 별도고시 물질 취급자는 30년

02 안전 및 비상대응

1. 안전

(1) 안전의 개념

안전(Safety)이란 사람의 사망, 상해 또는 설비나 재산의 손실 등 상실의 요인이 전혀 없는 상태, 즉 재해·질병·위험 및 손실(Loss)로부터 자유로운 상태를 의미한다. 재해 발생이 없는 동시에 위험 또한 없어야 한다는 것으로 사업장에서 위험 요인을 없애려는 노력 속에서 얻어진 무재해 상태를 가리킨다.

※ 재해(Disaster) : 안전사고의 결과로 일어난 인명과 재산의 손실을 말하며, '산업재해'란 근로자에게 업무에 관계되는 건설물·설비·원재료·가스·증기·분진 등이나 기타 업무에 기인하여 사망, 부상, 질병 등이 발생하는 것을 말한다.

(2) 안전관리

① 개념 : 안전관리란 모든 과정에 내포되어 있는 위험요소의 조기 발견, 예측으로 재해를 예방하려는 일련의 안전활동을 말한다.

② 대상(4M) : 인적요인(Man), 설비적 요인(Machine), 작업적 요인(Media), 관리적 요인(Management)

2. 비상대응

(1) 산업안전보건법 관련 규정

재해 발생우려, 중대재해 발생 등 비상대응과 관련하여 「산업안전보건법」은 제51조에서 제57조까지 관련 규정을 두고 있다.

① 재해발생 우려 시
  ㉠ 제51조(사업주의 작업중지)
  ㉡ 제52조(근로자의 작업중지)
  ㉢ 제53조(고용노동부장관의 시정조치 등)

② 중대재해 발생 시
  ㉠ 제54조(중대재해 발생 시 사업주의 조치)
  ㉡ 제55조(중대재해 발생 시 고용노동부장관의 작업중지 조치)
  ㉢ 제56조(중대재해 원인조사 등)
  ㉣ 제57조(산업재해 발생 은폐 금지 및 보고 등)

(2) 사고 발생 시 비상 대응(대한산업안전협회)

① 처리 절차
  ㉠ 피재기계의 정지
  ㉡ 피해자에 대한 응급 조치 및 119 연락을 통한 후송
  ㉢ 상급자, 관계자에게 즉시 보고·통보
  ㉣ 2차 재해 방지
  ㉤ 현장 보존

② 초기 대응
  ㉠ 사고가 발생하면 사이렌, 방송 등으로 사고를 전파하고 근로자 및 인근 주민을 안전한 장소로 대피시킨다.
  ㉡ 사업장 내 사고 발생 시 소방서, 경찰서, 관할지방고용노동관서, 관할지자체 등에 신속히 신고한다.
  ㉢ 신고내용은 언제, 어디서, 어떤 이유로 인해 사고가 발생했는지와 피해 상황 등 사고정보를 포함한다.
  ㉣ 가스, 위험물질 공급 밸브류는 신속히 닫아 위험물질 공급을 차단한다.
  ㉤ 급성중독 의심증상 발견 시 즉시 책임자에게 보고하고, 책임자의 지시에 따른다.
  ㉥ 질식사고 구조를 위해 밀폐공간에 출입할 때에는 반드시 환기조치를 하고 공기호흡기(송기마스크)를 착용한다.
  ㉦ 밀폐공간 내부의 공기상태를 확인할 수 없거나, 적절한 호흡용보호구가 없으면 밀폐공간 밖에서 119구급대가 도착할 때까지 기다린다.
  ㉧ 공사장이 붕괴된 경우에는 당황하지 말고 주변을 살펴 대피로를 찾아 안전한 장소로 이동한다.
  ㉨ 이동 중에는 장애물 등을 가급적 건드리지 말고 불가피하게 제거할 경우 추가 붕괴위험을 조심해야 한다.
  ㉩ 공사장 밖에 있는 근로자 및 주민들은 추가 붕괴 등의 위험이 사고 현장에 접근하지 않도록 통제한다.
  ㉪ 사고지역은 수습요원 이외에는 출입을 통제한다.

③ 사고 상황별 초기 대응요령

감전	즉시 전원 차단, 통전 차단여부 확인
화재	소화기를 이용한 초기 진화, 진압이 힘들 경우 신속히 대피
질식	작업중지, 신선한 공기가 있는 곳으로 대피
기계재해	재해 발생 기계 정지, 2차 피해 발생 방지
무너짐	해당 공정의 기계·장비 정지, 2차 피해 발생 방지
유해물질 누출	밸브 차단 후 신속히 대피

03 기타 법령 기출 주제별 정리

법령	기출 주제
중대산업재해 (중대재해 처벌 등에 관한 법률)	산업안전보건법에 따른 산업재해 중 다음에 해당하는 결과를 야기한 재해 • 사망자 1명 이상 발생 • 동일 사고로 6개월 이상 치료가 필요한 부상자가 2명 이상 발생 • 동일 유해원인으로 급성중독 등 특정 직업성 질병자가 1년 이내에 3명 이상 발생
중대시민재해 (중대재해 처벌 등에 관한 법률)	특정 원료 또는 제조물, 공중이용시설 또는 공중교통수단의 설계, 제조, 설치, 관리상의 결함을 원인으로 하여 발생한 재해로서 다음 결과를 야기한 재해 • 사망자 1명 이상 발생 • 동일 사고로 2개월 이상 치료가 필요한 부상자가 10명 이상 발생 • 동일 원인으로 3개월 이상 치료가 필요한 질병자가 10명 이상 발생
안전 및 보건 확보의무 위반 시 처벌 (중대재해 처벌 등에 관한 법률)	사업주와 경영책임자 등이 안전 및 보건 확보의무를 위반하였을 경우 아래와 같이 처벌 • 사망자 1명 이상 발생 : 1년 이상의 징역 또는 10억 원 이하의 벌금(해당 법인-50억 원 이하의 벌금) • 동일 사고로 6개월 이상 치료가 필요한 부상자가 2명 이상 발생/동일 유해원인으로 급성중독 등 특정 직업성 질병자가 1년 이내에 3명 이상 발생 : 7년 이하의 징역 또는 1억 원 이하의 벌금(해당 법인-10억 원 이하의 벌금)
재난관리 단계 (재난 및 안전관리 기본법)	예방 → 대비 → 대응 → 복구 「4단계」로 진행 1. 예방단계(Mitigation) 　• 재난예방조치 　• 재난사전 방지조치 　• 국가기반시설의 지정·관리 　• 특정관리대상지역의 지정·관리 　• 재난방지시설 관리 　• 재난관리 실태공사 2. 대비단계(Preparedness) 　• 재난관자원의 비축·관리 　• 국가재난관리기준의 제정·운용 　• 재난분야 위기관리 매뉴얼 작성·운용 　• 다중이용시설 등의 위기상황 매뉴얼 작성·관리·훈련 　• 안전기준 등록 및 심의 　• 재난안전통신망의 구축·운영 　• 재난대비훈련 실시 3. 대응단계(Response) 　• 응급조치 : 재난사태 선포, 위기경보 발령, 동원명령, 대피명령, 위험구역 설정, 통행제한 등 　• 긴급구조 : 중앙/지역 긴급구제단 구성, 긴급구조 실시 등 4. 복구단계(Recovery) 　• 피해조사 및 복구 　• 특별재난지역 선포 및 지원

재난대비훈련 (재난 및 안전관리 기본법)	• 사전통보 : 행정안전부 장관 등 훈련주관기관의 장은 재난대비훈련 시 훈련일 15일 전까지 훈련일시, 훈련장소, 훈련내용, 훈련방법, 훈련 참여 인력 및 장비, 그 밖에 훈련에 필요한 사항을 훈련참여기관의 장에게 통보 • 비용부담 : 해당 훈련비용은 훈련참여기관이 부담. but 민간 긴급 구조지원기관에 대해서는 훈련주관기관의 장이 부담할 수 있음
감염병 신고기한 (감염병의 예방 및 관리에 관한 법률)	• 제1급 : 즉시/음압처리와 같은 높은 수준의 격리 • 제2급 : 24시간 이내/격리 • 제3급 : 24시간 이내/격리 불필요 • 제4급 : 7일 이내/격리 불필요
위기경보 수준별 대응 (감염병의 예방 및 관리에 관한 법률)	• 관심(Blue) : 대책반 운영 • 주의(Yellow) : 중앙방역대책본부(질병청) 설치·운영 • 경계(Orange) : 대책본부 운영 지속 • 심각(Red) : 범정부적 총력 대응, 필요 시 중앙재난안전대책본부 운영
예보와 특보 (기상법)	• 예보 : 기상관측 결과를 기초로 한 예상을 발표하는 것 • 특보 : 기상현상으로 인하여 중대한 재해가 발생될 것이 예상될 때 이에 대하여 주의를 환기하거나 경고를 하는 예보

CHAPTER 03 | 산업안전관리

기출 및 예상문제

01 산업안전보건법령상 다음 설명이 가리키는 용어는?

> 도급이 여러 단계에 걸쳐 체결된 경우에 각 단계별로 도급받은 사업주 전부

① 원도급인 ② 원수급인
③ 관계도급인 ④ 관계수급인

02 산업안전보건법령상 중대재해와 관련해서 다음 ( )에 알맞은 숫자로 짝지어진 것은?

> 산업재해 중 ( )개월 이상의 요양이 필요한 부상자가 동시에 ( )명 이상 발생한 재해

① 2, 1 ② 3, 2
③ 4, 3 ④ 5, 4

03 산업안전보건법령상 산업재해발생건수 등의 공표대상 사업장에 해당하지 않는 것은?

① 산업재해로 인한 사망자가 연간 2명 이상 발생한 사업장
② 사망만인율이 규모별 같은 업종의 평균 사망만인율 이상인 사업장
③ 사업주가 산업재해 발생 사실을 은폐한 사업장
④ 사업주가 산업재해 발생에 관한 보고를 최근 3년 이내 1회 이상 하지 않은 사업장

해설 | 최근 3년 이내 2회 이상 하지 않은 사업장이 맞는 표현이다.

04 산업안전보건법령상 사업주의 의무 사항에 해당하는 것은?

① 산업 안전 및 보건 정책의 수립 및 집행
② 해당 사업장의 안전 및 보건에 관한 정보를 근로자에게 제공
③ 산업재해에 관한 조사 및 통계의 유지·관리
④ 산업 안전 및 보건 관련 단체 등에 대한 지원 및 지도·감독

05 산업안전보건법령상 안전보건관리체제에 관한 설명으로 옳지 않은 것은?

① 안전보건관리책임자는 안전관리자와 보건관리자를 지휘·감독한다.
② 사업주는 사업장을 실질적으로 총괄하여 관리하는 사람에게 해당 사업장의 작업환경 측정 등 작업환경의 점검 및 개선에 관한 업무를 총괄하여 관리하도록 하여야 한다.
③ 사업주는 안전관리자에게 산업 안전 및 보건에 관한 업무로서 해당작업에서 발생한 산업재해에 관한 보고 및 이에 대한 응급조치에 관한 업무를 수행하도록 하여야 한다.
④ 사업주는 안전보건관리책임자가 「산업안전보건법」에 따른 업무를 원활하게 수행할 수 있도록 권한·시설·장비·예산, 그 밖에 필요한 지원을 해야 한다.

06 산업안전보건법령상 식료품 제조업은 몇 명 이상일 때 안전보건관리책임자를 두어야 하는가?
① 50 ② 100
③ 200 ④ 300

07 산업안전보건법령상 유해하거나 위험한 기계·기구·설비로서 안전검사대상기계등에 해당하는 것은?
① 정격 하중 1톤인 크레인
② 이동식 국소 배기장치
③ 밀폐형 구조의 롤러기
④ 산업용 로봇

08 산업안전보건법령상 공정안전보고서에 포함되어야 할 내용으로 옳지 않은 것은?
① 공정안전자료
② 산업재해 예방에 관한 기본계획
③ 안전운전계획
④ 공정위험성평가서

09 산업안전보건법령상 작업환경측정 대상인 소음 기준은?
① 60dB ② 70dB
③ 80dB ④ 90dB

10 산업안전보건법령상 다음 내용이 가리키는 것은?

> 화학물질 또는 이를 포함한 혼합물로서, 고용노동부장관이 정한 근로자에게 건강장해를 일으키는 화학물질 및 물리적 인자 기타 유해인자의 유해성·위험성 분류기준에 해당하는 것

① 위험요소
② 안전성자료
③ 위해자료
④ 물질안전보건자료

11 산업안전보건법령상 산업재해 부상자 발생 시 사업주는 1개월 이내에 산업재해조사표를 보고하여야 하는 대상은?
① 3일 이상 휴무 부상자
② 10일 이상 휴무 부상자
③ 15일 이상 휴무 부상자
④ 1개월 이상 휴무 부상자

12 산업안전보건법령상 사무직 근로자는 몇 년마다 건강진단을 수검해야 하는가?
① 매년 ② 2년
③ 3년 ④ 5년

13 산업안전보건법령상 사업주가 보존해야 할 서류의 보존기간이 2년인 것은?
① 노사협의체의 회의록
② 안전보건관리책임자의 선임에 관한 서류
③ 화학물질의 유해성·위험성 조사에 관한 서류
④ 작업환경측정에 관한 서류

01 ④ 02 ② 03 ④ 04 ② 05 ③ 06 ① 07 ④ 08 ② 09 ③ 10 ④ 11 ① 12 ② 13 ①

14 안전관리 활동을 통해서 얻을 수 있는 긍정적인 효과가 아닌 것은?
① 근로자의 사기 진작
② 생산성 향상
③ 손실비용 증가
④ 신뢰성 유지 및 확보

해설 | 안전관리 활동의 지속은, 장기적으로 손실비용 절감효과를 가져온다.

15 산업재해발생의 기본 원인 4M에 해당하지 않는 것은?
① Man
② Method
③ Machine
④ Media

해설 | Man, Machine, Media, Management

16 재해조사의 1단계(사실의 확인)에서 수행하지 않는 것은?
① 재해의 직접원인 및 문제점 파악
② 사고 또는 재해 발생 시 조치
③ 작업 중 지도·지휘의 조사
④ 작업 환경·조건의 조사

해설 | 재해원인 및 문제점 파악은 다음 단계인 2단계에서 실시한다.

17 다음 중 안전사고 발생 시 대응절차에 해당하지 않는 것은?
① 피해기계 정지
② 피해자에 대한 응급 조치
③ 상급자, 관계자에게 즉시 보고·통보
④ 즉시 현장 이탈

해설 | 재해사고 원인규명을 위해 최대한 현장을 보존해야 한다.

18 무재해운동의 3원칙 중 다음에 해당하는 것은?

> 단순히 사망재해나 휴업재해만 없으면 된다는 소극적 사고가 아닌, 사업장 내 잠재위험요인을 적극적으로 사전에 발견하고 파악·해결함으로서 산업재해의 근원적 요소를 없앤다는 것을 의미한다.

① 무의 원칙
② 선취의 원칙
③ 보장의 원칙
④ 참가의 원칙

해설 | 무재해운동 3원칙은 "무의 원칙(산업재해 근원적 제거), 선취의 원칙(안전제일), 참가의 원칙(근로자 전원참가)"이다.

19 산업재해의 인적 요인이라고 볼 수 없는 것은?
① 작업 환경
② 불안전행동
③ 인간 오류
④ 사고 경향성

해설 | 작업 환경은 물적 요인이다.

20 산업안전보건법령상 크레인은 최초 안전검사 후 몇 년 이내에 정기검사를 실시하여야 하는가?
① 1년
② 2년
③ 3년
④ 4년

21 산업안전보건법령상 중대재해 발생 시 업무절차 및 원인조사에 대한 설명으로 맞는 것은?
① 사업주는 중대재해가 발행한 사실을 알게 된 경우, 대통령으로 정하는 바에 따라 지체 없이 한국산업안전공단에 보고하여야 한다.
② 고용노동부장관은 중대재해 발생 시 사업주가 자율적으로 안전보건개선계획 수립·시행 후 결과를 제출하면 중대재해 원인조사를 생략한다.
③ 누구든지 중대재해 발생 현장을 훼손하거나 고용노동부장관의 원인조사를 방해해서는 아니 된다.
④ 한국산업안전공단 이사장은 중대재해 발생 시 그 원인 규명 및 산업재해 예방대책 수립을 위해 그 발생 원인을 조사할 수 있다.

해설 | ① 고용노동부장관에게 보고하여야 한다.
② 고용노동부 장관은 사업주의 개선계획 자율 제출과 관계없이 중대재해 원인을 조사하여야 한다.
④ 발생원인 조사의 주체는 고용노동부장관이다.

22 다음 ( )에 들어갈 단어로 옳은 것은?

( )은/는 330건의 사고가 발생하는 가운데 중상 또는 사망 1건, 경상 29건, 무상해사고 300건의 비율로 재해가 발생한다는 법칙을 주장하였다.

① 버드(F.Bird)
② 하인리히(H.Heinrich)
③ 시몬스(R.Simonds)
④ 에덤스(E.Adams)

23 다음 중 각 사고 상황 별 초기 대응으로 틀린 것은?

① 감전 : 즉시 전원 차단
② 화재 : 즉시 외부로 대피
③ 기계재해 : 즉시 기계 정지
④ 질식 : 작업 중지

해설 | 화재의 경우 초기 진압을 우선 실시한다.

감전	즉시 전원 차단, 통전 차단여부 확인
화재	소화기를 이용한 초기 진화, 진압이 힘들 경우 신속히 대피
질식	작업중지, 신선한 공기가 있는 곳으로 대피
기계재해	재해 발생 기계 정지, 2차 피해 발생 방지
무너짐	해당 공정의 기계·장비 정지, 2차 피해 발생방지
유해물질 누출	밸브 차단 후 신속히 대피

24 '미끄러운 기름이 흘러 있는 복도 위를 걷다가 미끄러지면서 넘어져 기계에 머리를 부딪혀서 다쳤'고 가정 시 이러한 재해상황에 관한 내용으로 틀린 것은?

① 가해물 : 기계
② 가해물 : 기름
③ 기인물 : 기름
④ 사고유형 : 전도

해설 | 기름은 기인물에 해당한다.

25 산업안전보건법령상 산업안전보건위원회의 정기회의 소집주기는?

① 1개월   ② 분기
③ 반기   ④ 1년

해설 | 산업안전보건법 시행령 제37조(산업안전보건위원회의 회의 등) ① 법 제24조제3항에 따라 산업안전보건위원회의 회의는 정기회의와 임시회의로 구분하되, 정기회의는 분기마다 산업안전보건위원회의 위원장이 소집하며, 임시회의는 위원장이 필요하다고 인정할 때에 소집한다.

14 ③ 15 ② 16 ① 17 ④ 18 ① 19 ① 20 ② 21 ③ 22 ② 23 ② 24 ② 25 ②

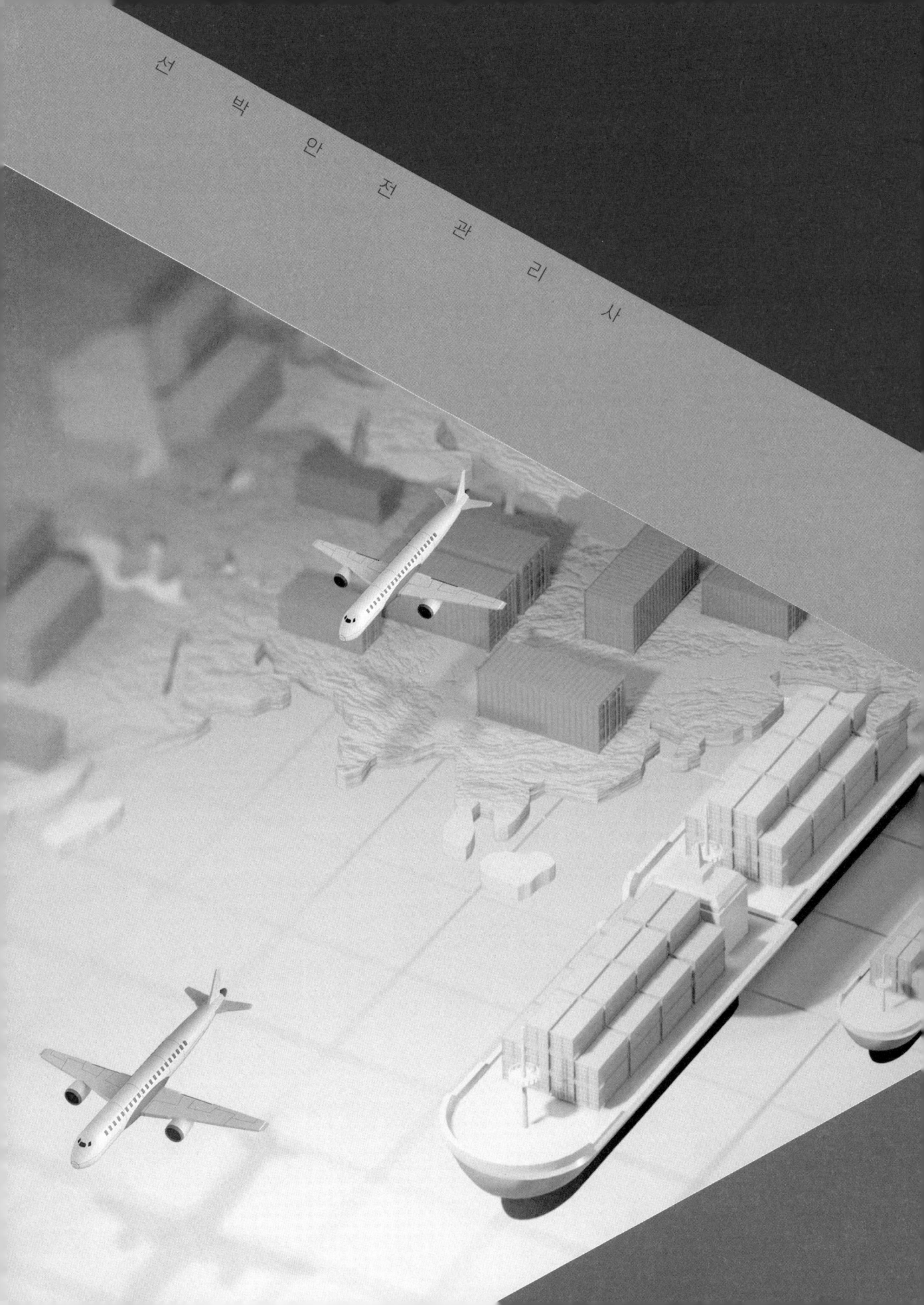

선박안전관리사

PART 06

최신 기출복원문제

CHAPTER 01 | 제1회 기출복원문제
CHAPTER 02 | 제2회 기출복원문제
CHAPTER 03 | 제3회 기출복원문제
CHAPTER 04 | 제1회 기출복원문제 정답 및 해설
CHAPTER 05 | 제2회 기출복원문제 정답 및 해설
CHAPTER 06 | 제3회 기출복원문제 정답 및 해설

PART 06 기출분석

제1회

01 선박관계법규

출제 영역	기출 사항
선박입출항법	• 선박수리 허가 : 요건 • 수로의 보전 : 폐기물 투기금지 범위
선원법	• 선원근로계약 해지의 예고 : 기간, 해지 시 보상범위 • 퇴직금제도 : 금액산정 • 예비원 : 확보비율, 임금 • 해사노동적합증서/해사노동적합선언서 : 적용대상
선박직원법	해기사 면허 : 요건
선박안전법	• 중간검사 : 생략가능 대상 • 임시검사 : 실시사유 • 임시항해검사 : 실시사유 • 국제협약검사 : 종류 • 항만국통제 : 의의(공통문제)
해양사고 조사심판법	• 조사관의 직무 • 심판의 기본원칙
해운법	여객운송사업 : 면허기준
해사안전기본법 및 해상교통안전법	• 국가해사안전기본계획, 해사안전시행계획 : 시행주기 • 교통안전 특정해역 : 설정가능 해역 • 거대선 등의 항행안전 확보조치 : 조치사항 • 유조선 통항 금지해역 : 예외적 항행 가능사유 • 선박의 안전관리체제 수립 : 대상
국제선박 항만보안법	선박보안심사 : 검사사유
SOLAS	• 선박의 방화구역 : 각 구획 • 비상훈련 및 연습 : 실시 사유 • 항해 선교의 시야 : 확보 범위 • 안전운항 관리 : ISM Code 개념/의의(공통문제) • 해상보안강화 특별관리 : ISPS Code 개념/의의(공통문제)
MARPOL	• 기름 배출 : 가능 사유 • 유해물질 배출 : 배출 시 선박 속력 • 폐기물 배출 : 음식찌꺼기 • 국제 대기오염 방지증서 : 발행 및 적용대상
STCW	근로시간 및 휴식시간 : 최소 부여시간(선원법, MCL과 중첩)

LL (LOADLINES)	만재 흘수선 : 흘수 표기
TONNAGE	총톤수 : 개념
MLC	• 건강진단서 : 유효기간 • 근로시간 및 휴식시간 : 최소 부여시간
KR (한국선급 규칙)	선급검사 : 정기검사, 입거검사 등 검사 주기

02 해사안전관리론

※ 영어문제는 제외함

출제 영역	기출 사항
항만국통제	• 항만국통제(PSC) : 의의 • 용어 : 명백한 증거(Clear Ground)
안전관리 · 비상대응 절차	• Heinrich의 도미노 이론 • Heinrich의 1 : 29 : 300 법칙 • IMO 공식 안전성 평가 기법(FSA) : 위험성 분석 및 평가 기법 • 국제안전관리규약(ISM Code) : 부적합사항, 인증심사 • 선박안전관리시스템(SMS) : DOC, SMC • 선박검사의 종류 : 「선박안전법」 규정 • 국제협약검사증서 : 대상선박별 유형 • 선박 운항에 관한 해양항만관청에 보고의무 : 「선원법」 관련규정 • 해양사고 발생 시 신고 의무 : 해상교통안전법 관련규정 • 선박 충돌 시 : 대응 실무 • 구명설비 : 보관장소 표시 • 선외 추락자 구조 방법
해양사고 발생원인 분석 및 재발방지	해양사고 발생원인 : 인적 과실
해양관할권 및 항행권	• 연안국의 주권 : 범위 • 통과통항권 : 정의, 행사선박 및 해협연안국의 의무 등 • 군도항로대 : 통항분리수역
공통문제 ※ 타 과목 범위중복 또는 범위 모호	• 해양사고조사심판법 : 조사관의 직무, 심판의 기본원칙 • 선박법 : 총톤수, 선박원부 등 관련증서, 선박등기
기타	KR(한국선급) 규칙

03 해사안전경영론

※ 영어문제는 제외함

출제 영역	기출 사항	
안전에 대한 법적 책임	• 중대재해와 중대시민재해 : 개념 • ILO 직업안전 및 보건 협약(C155) : 개념 • 안전보건 경영시스템(ISO 45001) : PDCA 관련내용	
안전정보의 확인	—	
안전경영정책의 수립 · 계획 · 측정 · 검사	위험성평가	• 위험도 : 정의 • 실시 주체 • 실시 시기 • PDCA 사이클 • 종류 : 정성적/정량적 방법
	안전보건관리 시스템 계획 (Plan)	• 계획 시 고려사항 • 바텀업(Bottom-up) : 개념
	안전보건관리 시스템 이행 (Do)	• 기계안전관리 : 회전 말림점 • 가스안전관리 : 연소 영향요소 • 특수작업관리 : 밀폐공간
안전조직 구성 · 운영	• 기업 조직과 개인 목표 : 목표달성 정도 • 직계식(라인) 조직 : 직능식 등 다른 조직과 비교 • 집단 : 개념적 요소 • 집단 : 갈등 및 해결방법	
안전경영정책 환류	휴먼 에러 : 발생요인	
공통문제 ※ 타 과목 범위중복 또는 범위모호	—	
기타	—	

04 선박자원관리론

출제 영역	기출 사항
인적자원관리	• 휴먼 에러 : Swain과 Reason의 분류 • Bird : 도미노 이론('관리'부재) • Heinrich : 도미노 이론 • 리더십 : 참여적 리더십(Participative Leadership)
과업 및 업무량 관리 적용 능력	• 과업 및 업무량 : 기획의 평가기준 • 인간의 한계(선상) : 원인 및 극복방안 • 시간제약 요인 : 인적, 물적 요소 등 • 시간제약 야기 요소 • 우선순위 결정 • 시간관리 매트릭스(아이젠하워) • 개인역량
의사소통	–
의사결정기술	• 합리적 의사결정 및 모형 • 의사결정 기법 • 문제해결 기법 : 상황분석(SA), 문제분석(PA), 결정분석(DA)
선박기기	• 레이더 : 레이더 영상의 방해 현상 • 연료분사펌프(보쉬형 등), 디젤엔진 튜브식 밸브 등 • 분뇨(오수)처리장치
선박구조	• 수선장(LWL) : 개념 • 선박충돌 시 비상조치 • 파공 시 유입량 결정 인자
선박관리시스템	선박정비 : 입거수리, 보상수리 유형 등
공통문제 ※ 타 과목 범위중복 또는 범위모호	• 위험성평가 : 위험성 정의 등 • 위험성평가 주체 • 위험성평가 절차 • 만재흘수선 : 「선박안전법」상 표시대상 선박
기타	–

제2회

01. 선박관계법규

출제 영역	기출 사항
선박입출항법	• 용어정의 : 정박, 정류 등 • 수로의 보전 : 폐기물 투기금지 범위
선원법	• 근로시간 및 휴식시간 : 최소 부여시간(STCW, MCL 각 중복) • 쟁의행위 • 선원근로계약 해지의 예고 : 기간, 해지 시 보상금액 • 퇴직금제도 : 금액산정 • 예비원 : 확보비율, 임금 • 의사 승무대상 • 해사노동적합증서 : 적용대상, 유효기간 • 해사노동적합선언서 : 인증검사
선박직원법	해기사 면허 : 요건
선박안전법	• 선박검사증서 : 유효기간 • 임시검사 : 실시사유 • 임시항해검사 : 실시사유 • 국제협약검사 등 각종검사 : 종류 • 선박위치발신장치 : 설치 대상선박 • 항만국통제 : 의의
해양사고조사심판법	• 조사관의 직무 • 징계 종류
해운법	여객선 운항명령 : 사유
해사안전기본법 및 해상교통안전법	• 용어정의 : 통항로 등 • 국가해사안전기본계획 : 시행주기 • 해사안전시행계획 : 시행주기 • 교통안전 특정해역 : 설정가능 해역 • 거대선 등의 항행안전 확보조치 : 명령 주체 • 항로 등 보전 : 항로상 금지행위 명령 주체
국제선박 항만보안법	• 임시선박보안심사 : 실시사유 • 총괄보안책임자 : 자격
SOLAS	• 용어정의 : 여객선 • 선원교체 시 비상훈련 : 사유 및 주기(선원법 중복)
MARPOL	• 기름 배출 : 가능 사유 • 부속서 1 관련 문서 : Oil Record Book
STCW	근로시간 및 휴식시간 : 최소 부여시간(선원법, MCL 각 중복)
LL(LOADLINES)	만재 흘수선 : 흘수 표기
TONNAGE	총톤수, 순톤수 : 개념
MLC	근로시간 및 휴식시간 : 최소 부여시간(선원법, STCW 각 중복)

02 해사안전관리론

※ 영어문제는 제외함

출제 영역	기출 사항
항만국통제	• 의의 • 근거협약 • 업무 • 협약상 점검사항 • 용어 : 공인단체(RO), 명백한 증거(Clear Ground) • 증서 • 출항정지 조치에 대한 이의신청
안전관리 · 비상대응 절차	• Heinrich의 도미노 이론 • Heinrich의 1:29:300 법칙 • 스위스 치즈 모델 : 각 단계 명칭 • 안전성평가 : 위험성 공식 • 안전성평가 : 분석기법 • 안전성평가 : 종류 → 정량/정성적 방법 • 기름유출 시 오염방제 : 선장/선박소유자 의무
해양사고 발생원인 분석 및 재발방지	해양사고 발생원인 : 인적 과실
해양관할권 및 항행권	영해, 접속수역
공통문제 ※ 타 과목 범위중복 또는 범위 모호	의사결정 : 델파이 기법 등 ※ 타 과목 중복문제 다수 출제

03 해사안전경영론

※ 영어문제는 제외함

출제 영역	기출 사항		
안전에 대한 법적 책임	• 중대재해와 중대시민재해 : 개념 • ISM Code : 개념 • ILO 직업안전 및 보건 협약(C155) : 개념 • 안전보건 경영시스템(ISO 45001) : 개념, PDCA 관련 내용		
안전정보의 확인	–		
안전경영정책의 수립 · 계획 · 측정 · 검사	위험성평가	• 추정공식 : 곱셈법 • 실시 주체 • 실시 시기 • PDCA 사이클 : 각 단계 • 종류 : 정성적/정량적 기법	
	안전보건관리 시스템 계획 (Plan)	바텀업(Bottom-up) : 개념	
안전조직 구성 · 운영	기업 조직과 개인 목표 : 목표달성 정도		
안전경영정책 환류	–		
공통문제 ※ 타 과목 범위중복 또는 범위모호	해사안전경영론의 경우, 해사안전관리론/선박자원관리론/산업안전관리론 타 과목과 중복되는 문제 다수 출제		
기타	–		

04 선박자원관리론

출제 영역	기출 사항
인적자원관리	• Bird : 도미노 이론('관리' 부재) • Heinrich : 도미노 이론 • 리더십 : 리더의 자질, 이상적 리더십, 변혁적 리더십
과업 및 업무량 관리 적용 능력	• 과업 및 업무량 : 기획의 평가기준 • 선교 업무 배정 : 고려 요소 • 시간 제약성 : 주지/극복방법 • 업무량 과다 : 발생 시 결과 • 피로 : 개념
의사소통	–
의사결정기술	• 의사결정 기법 : 브레인스토밍 • 문제해결 기법 : 상황분석(SA), 문제분석(PA), 결정분석(DA)
선박기기	• 레이더 : X밴드 레이더, S밴드 레이더 • 내연기관 밸브구동장치 : 밸브간극
선박구조	• 개념 : 총톤수/순톤수, 등록장, 건현, 현호, 폭 등 • 복원성
선박관리시스템	–
공통문제 ※ 타 과목 범위중복 또는 범위모호	• 위험성평가 : 위험성 정의 등 • 위험성평가 주체 • 위험성평가 절차 • 만재흘수선 : 「선박안전법」상 표시 대상 선박 • 도선사용사다리 : 설치 시 기준 높이 • 안전관리자 업무 범위 : 산업안전관리론과 중복
기타	–

제3회

01 선박관계법규

출제 영역	기출 사항
선박입출항법	무역항의 수상구역 : 금지행위 등
선원법	• 근로시간 및 휴식시간 : 최소 부여시간(STCW, MCL 각 중복) • 실업수당
선박직원법	• 해기사 면허
선박안전법	• 최대승선인원 산정 • 각종 검사 • 항만국통제
해양사고조사심판법	징계 종류
해사안전기본법 및 해상교통안전법	• 용어정의 • 충돌 피항동작 등
SOLAS	휴대용 소화기 : 최소비치 요구수량
MARPOL	부속서 1, 부속서 6 관련내용

02 해사안전관리론

※ 영어문제는 제외함

출제 영역	기출 사항
항만국통제	• 의의 • 지역별 MOU • 용어 • 시정조치 코드
안전관리 · 비상대응 절차	• Heinrich의 도미노 이론 • Heinrich의 1:29:300 법칙 • 안전성평가(위험성평가) : 산출 공식
해양관할권 및 항행권	대륙붕
공통문제 ※ 타 과목 범위중복 또는 범위 모호	의사결정 : 델파이 기법 등 ※ 타 과목 중복문제 다수 출제

03 해사안전경영론

※ 영어문제는 제외함

출제 영역	기출 사항	
안전에 대한 법적 책임	• 중대재해와 중대시민재해 : 개념 • ISM Code : 개념	
안전정보의 확인	–	
안전경영정책의 수립 · 계획 · 측정 · 검사	위험성평가	• 추정공식 • PDCA 사이클 각 단계 • 위험성 평가기법
공통문제 ※ 타 과목 범위중복 또는 범위모호	해사안전경영론의 경우, 해사안전관리론/선박자원관리론/산업안전관리론 타 과목과 중복되는 문제 다수 출제	

04 선박자원관리론

출제 영역	기출 사항
인적자원관리	• Bird의 도미노 이론 • Heinrich의 도미노 이론
과업 및 업무량 관리 적용 능력	• 시간 제약성 • 개인목표와 조직목표 간 갈등
의사결정기술	• 의사결정 기법 • 문제해결 기법
선박기기	레이더
선박구조	• 선박의 길이 • 개념 : 총톤수/순톤수, 등록장, 건현, 현호, 폭 등 • 복원성
공통문제 ※ 타 과목 범위중복 또는 범위모호	• 위험성 평가 : 정의 • 위험성 평가 주체 • 위험성 평가 절차 • 만재흘수선

CHAPTER 01 제1회 기출복원문제

※ 공통과목은 객관식 형태로, 선택과목(산업안전관리)은 키워드 형태로 복원하여 수록함. 주관식 문제와 영어 문제는 수록하지 않음

제1과목 선박관계법규

01 다음 중 「선박의 입항 및 출항 등에 관한 법률」상 수상구역 등에서 불꽃·열이 발생하는 용접 등의 방법으로 수리하고자 할 경우 그 선장이 허가를 받아야 하는 선박은?

① 총톤수 10톤 이상
② 총톤수 20톤 이상
③ 총톤수 30톤 이상
④ 총톤수 40톤 이상

02 다음 중 「선원법」상 선원근로계약 해지의 (1) 예고기간 (2) 미준수 시 지급해야 할 임금의 종류 및 지급일수로 옳은 것은?

① 30일 이상 / 통상임금 / 30일 이상
② 30일 이상 / 평균임금 / 30일 이상
③ 45일 이상 / 통상임금 / 45일 이상
④ 45일 이상 / 평균임금 / 45일 이상

03 다음 중 「선원법」상 국제항해 종사 항해선 중 해사노동적합증서와 해사노동적합선언서 적용대상 선박은?

① 총톤수 100톤 선박
② 총톤수 200톤 선박
③ 총톤수 300톤 선박
④ 총톤수 500톤 선박

04 다음 중 「선박직원법」상 해기사 시험 합격일로부터 몇 년이 경과하지 않아야 해기사 면허를 받을 수 있는가?

① 1년
② 2년
③ 3년
④ 5년

05 다음 중 「선박안전법」상 선박의 총톤수가 몇 톤 미만일 경우 중간검사 생략이 가능한가?

① 1
② 2
③ 3
④ 5

06 다음 중 「선박안전법」상 임시검사 실시사유에 해당하지 않는 것은?

① 선박시설의 개조·수리
② 선박검사증서 기재내용 변경(선박소유자 변경 등 선박시설 변경이 수반되지 않는 경미한 사항의 변경도 포함한다)
③ 선박용도 변경
④ 만재흘수선 변경

07 다음 중 「해양사고의 조사 및 심판에 관한 법률」상 조사관의 직무에 해당하지 않는 것은?

① 해양사고 조사
② 심판청구
③ 재결
④ 재결집행

08 다음 중 「해양사고의 조사 및 심판에 관한 법률」상 심판의 기본원칙 4가지에 해당하지 않는 것은?

① 자유심증주의
② 서면주의
③ 증거심판주의
④ 공개주의

09 다음 중 「해운법」상 내항 정기 또는 부정기 여객운송사업의 면허를 받기 위해서는 총톤수 몇 톤 이상의 여객선을 보유하여야 하는가?

① 100
② 200
③ 300
④ 500

10 다음 중 「해사안전기본법」 및 「해상교통안전법」상 해사안전시행계획은 몇 년마다 수립해야 하는가?

① 매년
② 3년
③ 5년
④ 10년

11 다음 중 「해사안전기본법」 및 「해상교통안전법」상 교통안전 특정해역의 범위에 해당하지 않는 것은?

① 인천구역
② 부산구역
③ 동해구역
④ 포항구역

12 다음 중 「해사안전기본법」 및 「해상교통안전법」상 거대선 등이 교통안전특정해역 항행 시, 해양경찰서장이 항행안전 확보를 위해 필요하다고 인정되면 명할 수 있는 항행안전 확보조치에 해당하지 않는 것은?

① 통항시각 변경
② 제한된 시계의 경우 선박항행 제한
③ 유도선 사용
④ 항로 변경

13 다음 중 「해사안전기본법」 및 「해상교통안전법」상 유조선이 유조선통항 금지해역을 항행할 수 있는 예외적 사유에 해당하지 않는 것은?

① 기상상황 악화로 선박안전에 현저한 위험 발생 우려
② 인명 · 선박 구조
③ 응급환자
④ 항만 입 · 출항, 이 경우 유조선통항 금지해역의 안쪽 해역으로부터 항구까지 거리가 가장 가까운 항로를 이용해야 함

14 다음 중 「해사안전기본법」 및 「해상교통안전법」상 선박안전관리체제 수립 대상에 해당하지 않는 것은?

① 해상여객운송사업 종사 선박
② 수면비행선박
③ 해상화물운송사업 종사 및 총톤수 500톤 이상
④ 국내 항행 종사 및 총톤수 500톤 이상 준설선

15 다음 중 「국제항해선박 및 항만시설의 보안에 관한 법률」상 특별선박보안심사 사유에 해당하지 않는 것은?

① 국제항해선박이 보안사건으로 외국의 항만당국에 의하여 출항정지 또는 입항거부를 당하거나 외국의 항만으로부터 추방된 때
② 외국의 항만당국이 보안관리체제의 중대한 결함을 지적하여 통보한 때
③ 그 밖에 국제항해선박 보안관리체제의 중대한 결함에 대한 신뢰할 만한 신고가 있는 등 해양수산부장관이 국제항해선박의 보안관리체제에 대하여 보안심사가 필요하다고 인정하는 때
④ 국제선박보안증서의 유효기간이 지난 국제항해선박을 국제선박보안증서가 교부되기 전에 국제항해에 이용하려는 때

16 다음 중 SOLAS 기술규정 제2-2장 제3규칙에서 규정하고 있는 선박의 방화구역과 관련한 설명으로 틀린 것은?

① A, B, C 3개 종류의 구획으로 구분한다.
② 방화/방열정도는 A＞B＞C 순이다.
③ A급 구획의 경우 강 또는 이와 동등한 재료로 건조해야 한다.
④ C급 구획의 경우 건조뿐만 아니라 제조 및 조립 시 재료도 불연성이어야 한다.

17 다음 중 SOLAS 기술규정 제5장 제22규칙에서 규정하고 있는 항해 선교의 시야와 관련하여 다음 (   )에 순서대로 들어갈 내용으로 옳은 것은?

> 선수 전방으로 선박 조종 위치에서부터 정선수를 기준으로 좌우 10도까지의 해면의 시야는 선박 길이의 (   )배 또는 (   )m 중 작은 수의 거리까지 가려져서는 아니 된다.

① 2, 300
② 2, 500
③ 3, 300
④ 3, 500

18 다음 중 MARPOL 부속서 2에 의해 유해물질 배출 시 자항선이 유지해야 하는 속력은?

① 3노트 이상
② 5노트 이상
③ 7노트 이상
④ 10노트 이상

19 다음 중 MARPOL 부속서 5에 의해 음식찌꺼기 배출 시 육지로부터 몇 해리 이상부터 가능한가?

① 10
② 12
③ 15
④ 20

20 다음 중 MARPOL 부속서 6에 의한 국제대기오염방지증서(IAPP) 발행/적용대상은?

① 총톤수 100톤 이상 선박
② 총톤수 200톤 이상 선박
③ 총톤수 300톤 이상 선박
④ 총톤수 400톤 이상 선박

21 다음 중 LL(LOADLINES)에 규정된 만재 흘수선 S가 의미하는 것은?

① 열대담수
② 하기담수
③ 하기
④ 동기

22 다음 설명이 가리키는 톤수는?

> 측정 갑판의 아랫부분 용적에, 측정 갑판보다 위의 밀폐된 모든 폐위장소 용적을 합한 것

① 총톤수
② 순톤수
③ 배수 톤수
④ 재화 중량 톤수

23 다음 중 MLC 기준에 따를 경우 18세 미만 건강진단서의 유효기간은?

① 1년
② 2년
③ 3년
④ 5년

24 다음 중 MLC 기준에 따를 경우 1일 24시간 중 최소휴식시간은?

① 8시간
② 9시간
③ 10시간
④ 12시간

25 다음 중 KR(한국선급) 규칙 중 입거검사에 관한 설명이다. ( )에 알맞은 것은?

> 선박은 5년의 정기검사기간 이내에 적어도 ( )회의 입거검사를 시행하여야 한다.

① 2
② 3
③ 4
④ 매

제2과목　해사안전관리론

※ 영어문제는 제외함

01 다음 중 항만국통제(PSC)와 관련한 설명으로 옳지 않은 것은?

① 자국의 관할 수역으로 진입하는 외국 선박에 대한 해당 항만국의 점검 절차이다.
② 기국통제의 예외적 사항이다.
③ 항만국은 국제기준 미달 선박에 대해 결함사항의 시정을 요구할 수 있다.
④ 중대한 결함 발견 시 출항정지 외에 직접 시정조치를 취할 수 있다.

02 다음 중 항만국통제(PSC) 실시에 따른 유효증서 확인에 있어, 선박·장비의 상태가 증서 기술 내용과 다르다고 믿을 만한 "명백한 증거(Clear Grounds)"로 볼 수 없는 것은?

① 관련 협약에서 요구하는 주요한 장비나 장치가 없을 때
② 선박 서류의 유효기간이 지났을 때
③ 잘못된 조난신호가 발령되었으나 적절한 취소절차가 없었을 때
④ 선박이 기준미달선으로 보인다는 정보가 담긴 보고나 불만사항의 의심이 드는 경우

03 다음 중 Heinrich의 사고원인 도미노이론 각 단계 중 "3단계"에 해당하는 것은?

① 사회환경 내력
② 불안전 행동 및 기계적, 물리적 위험상태
③ 인간의 결함
④ 사고

04 다음 ( )에 들어갈 단어로 옳은 것은?

하인리히는 330건의 사고가 발생하는 가운데 중상 또는 사망 1건, 경상 ( )건, 무상해사고 300건의 비율로 재해가 발생한다는 법칙을 주장하였다.

① 25
② 27
③ 29
④ 31

05 다음은 FSA에 따른 위험성 분석 및 평가 기법 중 무엇에 해당하는가?

새로운 시스템을 설계할 때 잠재적인 위험요소와 운영상의 문제점을 파악하기 위한 방법으로 주로 위험요소 식별 단계에서 사용되는 정성적 분석 방법

① HAZOP
② FTA
③ ETA
④ FMEA

06 다음 중 「해사안전기본법」 및 「해상교통안전법」에 따른 인증심사 시 부적합사항과 관련한 설명으로 옳지 않은 것은?

① 안전관리체제 내용이 적절하게 수립·시행되고 있지 않은 사항을 의미한다.
② 중부적합 사항, 경부적합 사항, 관찰사항으로 분류된다.
③ 해양환경에 중대한 위험을 일으킬 수 있는 사항은 중부적합 사항이다.
④ 중부적합 사항 외의 부적합사항이 경부적합 사항이다.

07 다음 중 국제안전관리규약(ISM Code)상 인증심사의 종류에 해당하지 않는 것은?

① 최초인증심사
② 갱신인증심사
③ 중간인증심사
④ 국제협약인증심사

08 다음 중 선박안전관리시스템(SMS)과 관련한 설명으로 옳지 않은 것은?

① ISO 9002를 원용한다.
② 선박과 선사의 안전관리 체계 기술문서 보유의무가 핵심이다.
③ 선박과 선사는 동일한 안전관리 체계 기술문서를 보유하여야 한다.
④ 선사는 안전관리적합증서(DOC), 선박은 선박안전관리증서(SMC)를 각각 갖추어야 한다.

09 다음 중 「선박안전법」상 선박검사에 해당하지 않는 것은?

① 최초검사
② 정기검사
③ 임시항해검사
④ 국제협약검사

10 다음 중 「선박안전법」상 총톤수 500톤 이상의 선박에게 교부하여야 하는 국제협약검사증서에 해당하지 않는 것은?

① 화물선안전무선증서
② 화물선안전구조증서
③ 화물선안전설비증서
④ 여객선안전증서

11 다음 중 「선원법」상 선박 운항에 관한 해양항만관청 보고사유에 해당하지 않는 것은?

① 선박의 충돌·침몰·멸실·화재·좌초, 기관의 손상 및 그 밖의 해양사고가 발생한 경우
② 인명이나 선박의 구조에 종사한 경우
③ 미리 정하여진 항로를 변경한 경우
④ 항해 중 다른 선박의 조난을 안 경우(무선통신으로 알게 된 경우도 포함한다)

12 다음 중 「해사안전기본법」 및 「해상교통안전법」상 해양사고 발생 시 신고와 관련한 내용으로 옳지 않은 것은?

① 사고를 당한 자는 해양경찰서장이나 지방해양수산청장에게 사고 사실과 조치한 내용을 신고해야 한다.
② 지방해양수산청장이 신고를 받은 경우 지체 없이 해양수산부 장관에게 통보하여야 한다.
③ 사고를 당한 자는 자선 또는 타선에 항행안전에 미치는 위험을 방지하기 위해 필요한 조치를 신속히 취하여야 한다.
④ 신고를 받은 해양경찰서장은 구역을 정해 해당 구역에 대한 다른 선박의 사용을 금지시킬 수 있다.

13 다음 중 선박 충돌 시 취해야 할 초기대응으로 옳지 않은 것은?

① 즉시 기관을 정지하고 비상경보를 울린다.
② 선장은 선교로 올라가 선박을 직접 지휘해야 한다.
③ 즉시 후진 등을 통해 사고부위를 확인해야 한다.
④ 선박이 조종불능상태일 경우 야간이면 조종불능선(NUC)임을 표시해야 한다.

14 다음 그림은 어떤 구명설비 보관장소를 표시하고 있는가?

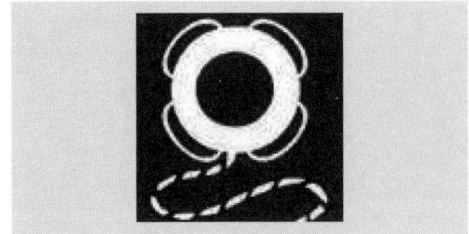

① 구조정
② 구명줄붙이 구명부환
③ 대빗진수장치용 구명뗏목
④ 구명조끼

15 다음 중 선외 추락자 구조 방법으로 옳지 않은 것은?

① 추락자 구조신호로 장음 2회의 기적을 올린다.
② 적절한 인명구조 조선법을 시행한다.
③ 추락자 시야 내 유지를 위해 감시원을 배치한다.
④ 기관을 Stand-by 상태로 준비한다.

16 다음 중 해양사고 발생의 가장 주된 원인은?

① 인적 과실
② 기관 고장
③ 천재지변
④ 황천

17 다음 중 통과통항과 관련한 설명으로 옳지 않은 것은?

① 국제항행용 해협에서 허용된다.
② 항공기의 상공비행은 허용되지 않는다.
③ 통과통항중인 선박은 오염방지 의무를 부담한다.
④ 해협연안국은 통과통항권을 방해하거나 정지할 수 없다.

18 다음 중 군도항로대 통항과 관련한 설명으로 옳지 않은 것은?

① 유엔해양법협약(UNCLOS)에 기초하여 인정된다.
② 군도항로대를 통항중인 선박과 항공기는 통항 중 통항로의 입~출구지점까지 일련의 축선 어느 쪽으로나 20해리 이상을 벗어날 수 없다.
③ 선박과 항공기는 통과통항과 유사한 통항권을 가진다.
④ 군도국가는 적합 항로대와 항공로를 지정할 수 있다.

19 다음 중 선박등록과 관련한 내용으로 옳지 않은 것은?

① 선적항을 관할하는 지방해양수산청에 등록한다.
② 선박원부라는 공부에 선박관련사항을 기재하는 방식이다.
③ 어선은 소유자 주소지의 시·군·구에 등록한다.
④ 어선은 어선원부에 등록한다.

20 다음 중 해양사고의 조사 및 심판에 관한 법률상 조사관의 직무에 해당하지 않는 것은?

① 해양사고 조사
② 심판청구
③ 재결
④ 재결집행

21 다음 중 해양사고의 조사 및 심판에 관한 법률상 심판의 기본원칙 4가지에 해당하지 않는 것은?

① 자유심증주의
② 서면주의
③ 증거심판주의
④ 공개주의

22 다음 중 특정 국가의 모든 주권행사가 가능한 해역은?

① 영해
② 접속수역
③ 배타적경제수역
④ 대륙붕

23 다음 내용이 가리키는 국제협약은?

> 선사에서 선박의 안전과 해양환경 보호를 위해 수립 및 실행하는 안전관리시스템(SMS)관련사항 규정

① IMO
② UNCLOS
③ ISM Code
④ ISPS Code

24 다음 중 수역 안전관리를 위해 「해상교통안전법」에서 규정하고 있는 관리해역이 아닌 것은?

① 해양시설보호수역
② 교통안전특정해역
③ 유조선통항 금지해역
④ 오염선박 항행금지해역

25 다음 내용이 가리키는 것은?

> 선사에서 선박의 안전과 해양환경 보호를 위해 수립 및 실행하는 안전관리시스템(SMS)관련사항 규정

① FSA
② FTA
③ ETA
④ CCA

제3과목　해사안전경영론

※ 영어문제는 제외함

01 다음 중 "중대시민재해"에 대한 설명으로 옳지 않은 것은?

① 특정 원료 또는 제조물, 공중이용시설 또는 공중교통수단의 설계, 제조, 설치, 관리상의 결함을 원인으로 하여 발생한 재해이다.
② 사망자 1명 이상 발생한 재해이다.
③ 동일 사고로 3개월 이상 치료가 필요한 부상자가 10명 이상 발생한 재해이다.
④ 동일 원인으로 3개월 이상 치료가 필요한 질병자가 10명 이상 발생한 재해이다.

02 다음 중 ILO 직업안전 및 보건 협약(C155)에 대한 설명으로 옳지 않은 것은?

① 공공부문을 포함한 모든 근로자들과 모든 경제활동에 적용된다.
② 협약비준 회원국은 어업과 같은 경제활동에 대하여 일부 또는 전부의 적용을 제외할 수 있으나 해상운송의 경우 전면 적용해야 한다.
③ 해당 기업뿐만 아니라 국가차원의 조치도 규정하고 있다.
④ 협약의 후속이행으로 우리나라에서는 「산업안전보건법」이 관련법으로 제정되었다.

03 다음 중 안전보건 경영시스템(ISO 45001)에 대한 설명으로 옳지 않은 것은?

① 직장 내 근로자의 안전과 보건을 위한 안전보건 목표를 설정하고 이를 심사·인증하는 제도이다.
② 그 적용을 위한 가장 중요한 개념은 PDCA 사이클로 볼 수 있다.
③ C는 확인(Check)에 해당한다.
④ A는 시행(Act)에 해당하며 계획된 대로 프로세스를 실행하는 것을 의미한다.

04 다음 중 위험성평가와 관련한 설명으로 옳지 않은 것은?
① PDCA 사이클에 따라 반복하여야 한다.
② 최초, 수시 및 정기평가로 구분한다.
③ 위험성 추정이란 유해·위험요인별로 부상 또는 질병으로 이어질 수 있는 위험성의 크기를 추정 및 산출하는 것을 말한다.
④ 위험성의 측정은 중대성(강도)으로 나타낸다.

05 다음 중 위험성평가의 실시에 있어 해당 작업에 종사하는 근로자가 참여하여야 하는 경우로 옳지 않은 것은?
① 관리감독자가 해당 작업의 유해·위험요인을 파악하는 경우
② 사업주가 위험성 감소대책을 수립하는 경우
③ 위험성평가 결과 위험성 감소대책 이행여부를 확인하는 경우
④ 안전·보건관리자가 선임되어 있지 않은 경우

06 다음 중 위험성평가의 실시시기와 관련한 설명으로 옳지 않은 것은?
① 최초, 수시 및 정기로 실시한다.
② 정기평가는 최초평가 후 매년 정기적으로 실시한다.
③ 각 평가는 사정에 따라 일부 작업만을 대상으로 할 수 있다.
④ 중대산업사고 또는 산업재해 발생에 해당하는 경우, 재해발생 작업을 대상으로 그 작업을 재개하기 전에 수시평가를 실시하여야 한다.

07 다음 중 위험성평가 실시 시 PDCA 사이클과 관련한 설명으로 옳지 않은 것은?
① 계획(Plan)은 위험성평가 절차 중 가장 중요한 절차로 볼 수 있다.
② 실행(Do)은 계획 단계에서 수립된 안전관리계획에 따른 이행 단계를 의미하며, 실행 결과에 대한 효율성 등을 검증하는 절차는 포함되지 아니한다.
③ 평가(Check) 단계에서는 실행결과를 목표와 비교하여 달성 가능성, 계획 실행성 등을 점검한다.
④ 개선(Act) 단계에서는 평가 단계에서 나타난 결과를 바탕으로 개선조치를 취한다.

08 다음의 위험성평가 기법 중 정량적 기법에 해당하지 않는 것은?
① FTA
② ETA
③ JSA
④ CCA

09 다음 중 안전보건관리 시스템 계획 시 고려사항이 아닌 것은?
① 이행 시 예상비용
② 조직의 안전보건관리 성과지표 달성 정도
③ 안전보건관리 목표
④ 목표 달성 방법

10 다음 중 안전보건관리 시스템 계획 방식과 관련한 내용으로 올바르지 않은 것은?

① 탑다운(Top-down)과 바텀업(Bottom-up) 방식이 있다.
② 바텀업은 현장에서 중대한 위험에 노출된 구성원들이 안전보건관리 시스템 계획을 설정하고 상위 그룹에 승인 및 조정을 거치는 방법이다.
③ 바텀업은 시스템 설계가 간단하다.
④ 해상과 같은 특수한 상황에서는 바텀업이 적절할 수 있다.

11 다음 내용이 가리키는 것은?

> 회전하는 물체나 튀어나온 회전부위에 의해 장갑, 작업복 등이 말려들어가는 위험점

① 절단점
② 회전 말림점
③ 회전 물림점
④ 끼임점

12 다음 중 화재(연소)의 3요소가 아닌 것은?

① 연료
② 산소
③ 열
④ 매개체

13 다음 중 특수작업관리 시 밀폐공간과 관련한 설명으로 옳지 않은 것은?

① 산소농도가 16% 미만
② 탄산가스 농도 1.5% 이상
③ 황화수소 농도 10ppm 이상
④ 일산화탄소 농도 30ppm 이상

14 다음 그림 중 기업 조직과 개인 목표 충돌과 관련해 가장 성공적으로 일치한 상태를 나타낸 것은? (Degree of Attainment : 달성 정도, Organization Goals : 조직 목표, Management Goals : 관리자 목표, Subordinate Goals : 부하) (※ 출처 : www.oocities.org)

①
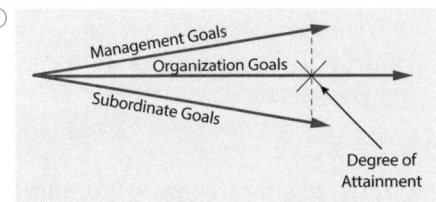

②
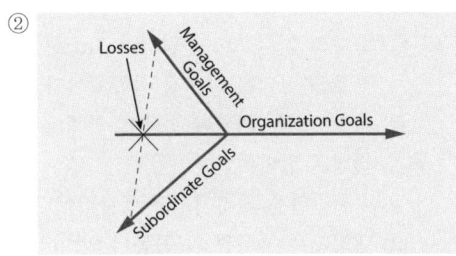

③
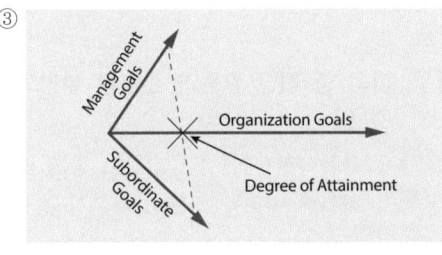

④
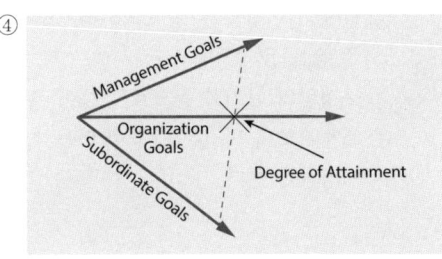

15 다음 중 직계식 조직과 관련한 설명으로 옳지 않은 것은?

① 최상위에서 최하위에 이르는 모든 직위가 단일 명령권한의 라인으로 연결된 조직이다.
② 종적 의사소통에 한계가 있다.
③ 책임과 권한의 귀속이 명확하다.
④ 상위자 1인에게 과중한 책임이 발생할 수 있다.

16 다음 중 집단의 개념적 요소와 관련한 설명으로 옳지 않은 것은?

① 소수의 인원으로 구성되며 최소한 2인 이상으로 구성되는 사회적 집합체이다.
② 이익사회는 의지나 선택에 의해 후천적으로 결성된 집단이다.
③ 2차 집단은 직접적이고 영구적이다.
④ 내집단은 구성원 간 공동체 의식이 강하다.

17 다음 중 집단 갈등과 관련한 설명으로 틀린 것은?

① 갈등이란 개인이나 집단이 함께 일을 수행하는데 애로를 겪는 상태로서 정상적인 활동이 방해되거나 파괴되는 상태를 말한다.
② 발생 원인으로는 상호의존성, 의사소통 부족 등을 들 수 있다.
③ 구성원의 이질화 등으로 갈등이 촉진된다.
④ 조직구조의 변경은 갈등을 더욱 촉진하므로 지양해야 한다.

18 다음 중 휴먼 에러(Human Error)관련 설명으로 옳지 않은 것은?

① 휴먼 에러를 발생시키는 요인은 인적 요인을 일으키는 요인들이다.
② 인간의 행동에 영향을 끼치는 원인요인들을 수행도 영향인자(PSF)라 한다.
③ 행동형성 요인은 외적 요인과 내적 요인으로 구분된다.
④ 작업과 직무특성은 행동형성 요인 중 내적 요인이다.

19 위험성 분석 및 평가 기법 중 다음 설명에 해당하는 것은?

> 새로운 시스템을 설계할 때 잠재적인 위험요소와 운영상의 문제점을 파악하기 위한 방법으로 주로 위험요소 식별단계에서 사용되는 정성적인 분석 방법

① HAZOP
② FTA
③ ETA
④ FMEA

20 위험성 분석 및 평가 기법 중 다음 설명에 해당하는 것은?

> 각 부품, 시스템 혹은 프로세스가 계획된 설계를 만족하는 데 실패할 수 있는 경우를 식별하기 위한 기법

① FTA
② ETA
③ FMEA
④ CCA

21 다음 중 Heinrich의 사고원인 도미노이론 각 단계 중 "4단계"에 해당하는 것은?

① 사회환경 내력
② 불안전 행동 및 기계적·물리적 위험상태
③ 인간의 결함
④ 사고

22 다음 각 ( )에 들어갈 단어로 옳은 것은?

> 하인리히는 ( )건의 사고가 발생하는 가운데 중상 또는 사망 1건, 경상 29건, 무상해사고 ( )건의 비율로 재해가 발생한다는 법칙을 주장하였다.

① 130, 101
② 230, 200
③ 330, 300
④ 430, 400

23 다음 중 위험성평가와 관련한 설명으로 옳지 않은 것은?

① 사전적으로 실시해야 하며, 설정된 주기에 따라 재평가하고 그 결과를 기록 및 유지하여야 한다.
② 규정된 위험성평가 절차에 따라 수행하며, 이에 명시되지 않은 사항은 통상례에 따라 수행한다.
③ 조직 내 유해·위험요인을 파악하고 내·외부 현안사항에 대해서 위험성평가를 실시하여 위험성을 결정하고 필요한 조치를 실시함을 목적으로 한다.
④ 사업장의 특성, 규모, 공정특성을 고려하여 적절한 위험성평가 기법을 활용하여 절차에 따라 실시하여야 한다.

24 다음 중 안전정보의 확인과 관련하여 옳지 않은 것은?

① 안전·보건정보란, 사업장에서 산업재해 위험을 야기하거나 근로자에게 건강장해를 일으킬 가능성이 있는 요인들과 관련한 정보를 지칭한다.
② 화학설비 및 그 부속설비에서 제조·사용·운반 또는 저장하는 위험물질 및 관리대상 유해물질의 명칭과 그 유해·위험성은 안전정보의 일종이다.
③ 산업안전보건법령상 원재료·가스·증기·분진·흄(fume, 열이나 화학반응에 의하여 형성된 고체증기가 응축되어 생긴 미세입자를 말한다)·미스트(mist, 공기 중에 떠다니는 작은 액체방울을 말한다)·산소결핍·병원체 등은 '관리대상 유해물질'로 분류된다.
④ 사업주보다는 정보를 수용하는 근로자의 적극적 확인·수용이 중요하다.

25 다음 내용이 가리키는 것은?

> 직장 내 근로자의 안전과 보건을 위한 안전보건 목표를 설정하고 이를 달성하기 위한 경영시스템을 갖추고 있는지를 제3자가 국제기준에 의거 심사 하고 인증해 주는 제도

① ILO C155
② ISM Code
③ ISO 45001
④ ISPS Code

제4과목 선박자원관리론

01 다음 중 휴먼 에러(Human Error)의 분류와 관련하여 옳지 않은 것은?
① 스웨인(Swain)은 행위 차원에서의 분류방식을 도입하였다.
② 스웨인에 따르면 작위오류, 누락오류, 순서오류, 시간오류, 불필요한 수행오류로 분류된다.
③ 리즌(Reason)은 원인 차원에서의 분류방식을 도입하였다.
④ 리즌에 따르면 실수나 건망증은 착오의 유형에 해당한다.

02 다음 중 버드(Bird)의 도미노 이론과 관련한 설명으로 옳지 않은 것은?
① 사고발생과 관련한 연쇄성을 주장하였다.
② 재해발생의 근본적 원인을 작업자의 불안전한 행동으로 보았다.
③ 5단계로 구분된다.
④ 2단계 기본원인의 4M은 Man, Machine, Media, Management이다.

03 다음 중 하인리히(Heinrich)의 사고원인 도미노이론 각 단계 중 "3단계"에 해당하는 것은?
① 사회환경 내력
② 불안전 행동 및 기계적, 물리적 위험상태
③ 인간의 결함
④ 사고

04 다음 설명이 가리키는 리더십 유형은?

> 업무중심적 방식과 사람중심적 방식이 조합된 형태로, 직원들이 기업의 의사결정과정과 업무 통제 과정에 참여하는 민주적 리더십 성격이다.

① 권위적 리더십
② 온정적 리더십
③ 참여적 리더십
④ 서번트 리더십

05 다음 중 기획(Planning)의 평가 기준이 아닌 것은?
① 완결성
② 충분성
③ 미래성
④ 유연성

06 다음 중 선상에서의 인간의 한계와 관련한 설명으로 옳지 않은 것은?
① 원인으로는 피로, 자기만족, 오해 등이 있다.
② 수면과 휴식이 극복방안으로 고려될 수 있다.
③ 선박의 경우 인체 시간과 일치하는 수면이 가능하다.
④ 휴식은 수면과 달리 신체적 활동 중단 또는 업무 변경 등을 통해서도 가능하다.

07 다음 중 시간제약 요인과 관련한 내용으로 옳지 않은 것은?

① 모든 사람에게 시간은 평등하게 주어지나 시간은 제한적이다.
② 시간은 무형의 자원이다.
③ 자투리 시간을 최대한 활용할 필요가 있다.
④ 시간의 흐름을 느끼는 정도는 대부분의 사람이 유사하다.

08 다음 중 시간제약 야기 요소에 해당하지 않는 것은?

① 업무 소요 시간을 실제보다 적게 잡음
② 업무수행을 서두름
③ 동시에 많은 일을 하려고 함
④ 업무에 대해 심사숙고함

09 다음 중 우선순위 결정 방법으로 보기 어려운 것은?

① 시간관리 매트릭스
② 단순 결정방법
③ 명목 또는 대표집단 방법
④ 최소비용 결정 방법

10 다음 중 아이젠하워의 시간관리 매트릭스를 나타낸 것이다. A~D중 최우선으로 진행하여야 하는 과업은?

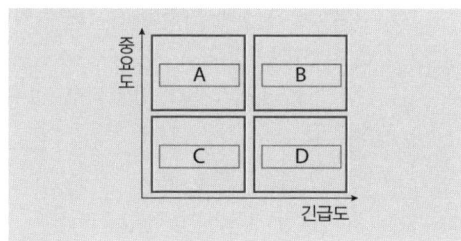

① A
② B
③ C
④ D

11 다음 중 개인의 역량으로 보기 어려운 것은?

① 전문적 기술
② 태도 및 가치관
③ 동기
④ 사회적 지위

12 다음 중 합리적 의사결정 모형 과정에 해당하지 않는 것은?

① 비용 최소화
② 문제정의와 진단, 상황의 인식 및 재평가
③ 정보 수집 분석, 목표의 수립
④ 대안의 비교와 평가

13 다음에 해당하는 의사결정 기법은?

> 토론이 아닌, 전문적인 의견을 설문을 통해 전하고 이를 다시 수정한 설문을 통해 의견을 받는 반복수정을 거쳐 최종결정을 내리는 방법

① 지명 반론자법
② 델파이법
③ 브레인 스토밍
④ 명목집단법

14 다음 중 문제해결 기법에 해당하지 않는 것은?

① 상황분석
② 결정분석
③ 효익분석
④ 문제분석

15 다음 중 레이더 영상의 방해 현상에 해당하지 않는 것은?

① 해면 반사
② 눈·비
③ 맹목구간
④ 조류(bird)

16 다음 중 선박의 길이와 관련한 "수선장(LWL)"의 정의로 옳은 것은?

① 선체에 고정적으로 붙어 있는 모든 돌출물을 포함한 선수의 최전단으로부터 선미의 최후단까지의 수평거리
② 계획 만재흘수선상의 선수재 전면과 타주의 후면에 각각 수선을 세워 양 수선 사이의 수평거리
③ 계획 만재흘수선상 물에 잠긴 선체의 선수재 전면으로부터 선미 후단까지의 수평거리
④ 상갑판 보의 선수재 전면으로부터 선미재 후면까지의 수평거리

17 다음 중 선박충돌 시 비상조치에 대한 설명으로 옳지 않은 것은?

① 파공에 의한 침수 시 구역제한을 위해 수밀문을 작동시킨다.
② 충돌회피 동작실패 시 신속한 추가회피를 위해 전속까지 가속한다.
③ 침몰위험이 있다면 인명을 우선적으로 대피시킨다.
④ 충돌 즉시 자선과 상대선의 선수방위 등을 확인하여 차후 원인규명에 사용한다.

18 다음 중 선박 파공에 의한 침수량(유입량) 결정 인자가 아닌 것은?

① 파공면적
② 유량계수
③ 선저에서 파공면까지 높이
④ 해수유입시간

19 다음 중 선박정비와 관련한 내용으로 옳지 않은 것은?

① 선급강선규칙에 의거, 5년 정기검사 기간 이내에 2회의 입거 검사를 시행한다.
② 선박의 입거수리는 조선소에 입거(상가)하여 시행하는 수리를 말한다.
③ 보상수리는 선박 건조 후 이루어지는 보증수리 유형이다.
④ 신조선박에 대한 조선소 측 하자로 인한 수리 및 제품하자는 신조선 취항 후 보통 1년까지 보증수리를 받을 수 있다.

20 다음 중 위험성평가와 관련한 설명으로 옳지 않은 것은?

① PDCA 사이클에 따라 반복하여야 한다.
② 최초, 수시 및 정기평가로 구분한다.
③ 위험성 추정이란 유해·위험요인별로 부상 또는 질병으로 이어질 수 있는 위험성의 크기를 추정 및 산출하는 것을 말한다.
④ 위험성의 측정은 중대성(강도)으로 나타낸다.

21 다음 중 위험성평가의 실시에 있어 해당 작업에 종사하는 근로자가 참여하여야 하는 경우로 옳지 않은 것은?

① 관리감독자가 해당 작업의 유해·위험요인을 파악하는 경우
② 사업주가 위험성 감소대책을 수립하는 경우
③ 위험성평가 결과 위험성 감소대책 이행여부를 확인하는 경우
④ 안전·보건관리자가 선임되어 있지 않은 경우

22 다음 중 위험성평가 실시 시 PDCA 사이클과 관련한 설명으로 옳지 않은 것은?

① 계획(Plan)은 위험성평가 절차 중 가장 중요한 절차로 볼 수 있다.
② 실행(Do)은 계획 단계에서 수립된 안전관리계획에 따른 이행 단계를 의미하며, 실행 결과에 대한 효율성 등을 검증하는 절차는 포함되지 아니한다.
③ 평가(Check) 단계에서는 실행결과를 목표와 비교하여 달성 가능성, 계획 실행성 등을 점검한다.
④ 개선(Act) 단계에서는 평가 단계에서 나타난 결과를 바탕으로 개선조치를 취한다.

23 다음 중 「선박안전법」상 만재흘수선을 표기해야 하는 선박에 해당하지 않는 것은?

① 국제항해 취항 선박
② 여객선
③ 선박길이가 12미터 미만인 일반화물 산적 운송선박
④ 선박길이가 12미터 이상인 선박

24 위험성 분석 및 평가 기법 중 다음 설명에 해당하는 것은?

> 부품, 장치, 설비 및 시스템의 고장 또는 기능상실에 따른 원인과 영향을 분석하여 치명도에 따라 분류하고, 각각의 잠재된 고장형태에 따른 피해 결과를 분석하여 이에 대한 적절한 개선조치를 도출하는 절차

① FTA
② ETA
③ CCA
④ FMECA

25 다음 중 위험성평가 실시 시 PDCA 사이클과 관련한 설명으로 옳지 않은 것은?

① P는 계획(Plan)을 의미한다.
② D는 실행(Do)을 의미한다.
③ C는 평가(Check)를 의미한다.
④ A는 점검(Assessment)을 의미한다.

선택과목: 산업안전관리

※ 선택과목(산업안전관리)은 키워드 형태로 복원하여 수록함

키워드	기출복원사항
중대재해	• 산업재해 중 재해 정도가 심하거나 다수의 재해자가 발생한 경우로서 고용노동부령으로 정하는 재해 • 사망자 1명 이상 발생 • 3개월 이상이 요양이 필요한 부상자가 동시에 2명 이상 발생 • 부상자 또는 직업성 질병자가 동시에 10명 이상 발생한 재해
중대산업재해	• 「산업안전보건법」에 따른 산업재해 중 다음에 해당하는 결과를 야기한 재해 • 사망자 1명 이상 발생 • 동일 사고로 6개월 이상 치료가 필요한 부상자가 2명 이상 발생 • 동일 유해원인으로 급성중독 등 특정 직업성 질병자가 1년 이내에 3명 이상 발생
중대시민재해	• 특정 원료 또는 제조물, 공중이용시설 또는 공중교통수단의 설계, 제조, 설치, 관리상의 결함을 원인으로 하여 발생한 재해로서 다음 결과를 야기한 재해 • 사망자 1명 이상 발생 • 동일 사고로 2개월 이상 치료가 필요한 부상자가 10명 이상 발생 • 동일 원인으로 3개월 이상 치료가 필요한 질병자가 10명 이상 발생
하인리히(Heinrich) 법칙	330건 사고 발생 시 중상 또는 사망 1건, 경상 29건, 무상해사고 300건의 비율로 재해가 발생한다는 법칙
안전보건교육	근로자 안전교육시간 : 표1 참고
안전보건표지	안전보건표지 종류 · 형태 : 표2 참고
물질안전보건자료(MSDS)	기재사항 : 표3 참고

[표 1] 근로자 안전보건교육 시간

교육과정	교육대상		교육시간
가. 정기교육	1) 사무직 근로자		매반기 6시간 이상
	2) 기타근로자	가) 판매업무 직접 종사자	매반기 6시간 이상
		나) 그 밖의 근로자	매반기 12시간 이상
나. 채용 시 교육	1) 일용근로자 및 근로계약기간이 1주일 이하인 기간제 근로자		1시간 이상
	2) 근로계약기간이 1주일 초과 1개월 이하인 기간제근로자		4시간 이상
	3) 그 밖의 근로자		8시간 이상
다. 작업내용 변경 시 교육	1) 일용근로자 및 근로계약기간이 1주일 이하인 기간제 근로자		1시간 이상
	2) 그 밖의 근로자		2시간 이상

라. 특별교육	1) 일용근로자 및 근로계약기간이 1주일 이하인 기간제 근로자	2시간 이상
	2) "타워크레인" 일용근로자 및 근로계약기간이 1주일 이하인 기간제근로자	8시간 이상
	3) 그 밖의 근로자	가) 16시간 이상(최초 작업에 종사하기 전 4시간 이상 실시하고 12시간은 3개월 이내에서 분할하여 실시 가능) 나) 단기간 작업 또는 간헐적 작업인 경우에는 2시간 이상
마. 건설업 기초안전·보건 교육	건설 일용근로자	4시간 이상

정기교육 내용

- 산업안전 및 사고 예방에 관한 사항
- 산업보건 및 직업병 예방에 관한 사항
- 위험성평가에 관한 사항
- 건강증진 및 질병 예방에 관한 사항
- 유해·위험 작업환경 관리에 관한 사항
- 산업안전보건법령 및 산업재해보상보험 제도에 관한 사항
- 직무스트레스 예방 및 관리에 관한 사항
- 직장 내 괴롭힘, 고객의 폭언 등으로 인한 건강장해 예방 및 관리에 관한 사항

[표 2] 안전보건표지 종류 및 형태
※ 기출사항은 별색 표시

1. 금지표지	101 출입금지	102 보행금지	103 차량통행금지	104 사용금지	105 탑승금지
	106 금연	107 화기금지	108 물체이동금지		
2. 경고표지	201 인화성물질 경고	202 산화성물질 경고	203 폭발성물질 경고	204 급성독성물질 경고	205 부식성물질 경고
	206 방사성물질 경고	207 고압전기 경고	208 매달린 물체 경고	209 낙하물 경고	210 고온 경고
	211 저온 경고	212 몸균형 상실 경고	213 레이저광선 경고	214 발암성 · 변이원성 · 생식독성 · 전신독성 · 호흡기 과민성 물질 경고	215 위험장소 경고

3. 지시표지	301 보안경 착용	302 방독마스크 착용	303 방진마스크 착용	304 보안면 착용	305 안전모 착용
	306 귀마개 착용	307 안전화 착용	308 안전장갑 착용	309 안전복 착용	
4. 안내표지	401 녹십자표지	402 응급구호표지	403 들것	404 세안장치	405 비상용기구
	406 비상구	407 좌측비상구	408 우측비상구		
5. 관계자외 출입금지	214 허가대상물질 작업장 관계자외 출입 금지 (허가물질 명칭) 제조/사용/보관 중 보호구/보호복 착용 흡연 및 음식물 섭취 금지	214 석면취급 /해체 작업장 관계자외 출입 금지 석면 취급/해체 중 보호구/보호복 착용 흡연 및 음식물 섭취 금지	214 금지대상물질의 취급 실험실 등 관계자외 출입 금지 발암물질 취급 중 보호구/보호복 착용 흡연 및 음식물 섭취 금지		
6. 문자추가 시 예시문		• 내 자신의 건강과 복지를 위하여 안전을 늘 생각한다. • 내 가정의 행복과 화목을 위하여 안전을 늘 생각한다. • 내 자신의 실수로써 동료를 해치지 않도록 안전을 늘 생각한다. • 내 자신이 일으킨 사고로 인한 회사의 재산과 손실을 방지하기 위하여 안전을 늘 생각한다. • 내 자신의 방심과 불안전한 행동이 조국의 번영에 장애가 되지 않도록 하기 위하여 안전을 늘 생각한다.			

[표 3] 물질안전보건자료 기재사항

1. 제품명
2. 물질안전보건자료대상물질을 구성하는 화학물질 중 유해성·위험성 분류기준에 해당하는 화학물질의 명칭 및 함유량
3. 안전 및 보건상의 취급 주의사항
4. 건강 및 환경에 대한 유해성, 물리적 위험성
5. 물리·화학적 특성 등 다음 각 사항
    - 물리·화학적 특성
    - 독성에 관한 정보
    - 폭발·화재 시의 대처방법
    - 응급조치 요령 등

CHAPTER 02 제2회 기출복원문제

※ 공통과목은 객관식 형태로, 선택과목(산업안전관리)은 키워드 형태로 복원하여 수록. 주관식 문제와 영어 문제는 수록하지 않음

제1과목 선박관계법규

01 다음 중 「선박의 입항 및 출항 등에 관한 법률」상 '정박'의 정의로 옳은 것은?

① 선박이 해상에서 닻을 바다 밑바닥에 내려놓고 운항을 멈추는 것
② 선박이 해상에서 일시적으로 운항을 멈추는 것
③ 선박을 다른 시설에 붙들어 매어 놓는 것
④ 선박이 운항을 중지하고 정박하거나 계류하는 것

02 다음 중 「선박의 입항 및 출항 등에 관한 법률」상 수상구역 밖 몇 km까지 폐기물 투하가 금지되는가?

① 10
② 20
③ 50
④ 100

03 다음 중 「선원법」상 규정된 선원의 휴식시간(1일 기준)으로 올바른 것은?

① 6시간 이상
② 8시간 이상
③ 10시간 이상
④ 12시간 이상

04 「선원법」상 선박소유자는 계속근로기간이 1년 이상인 선원이 퇴직하는 경우 계속근로기간 1년 이상에 대하여 승선평균임금의 며칠에 상당하는 금액을 퇴직금으로 지급하여야 하는가?

① 10일
② 20일
③ 30일
④ 60일

05 다음 중 「선원법」상 선박소유자가 그가 고용한 총승선 선원 수에서 확보해야 할 예비원의 비율로 옳은 것은?

① 5%
② 7%
③ 8%
④ 10%

06 다음 중 선원의 쟁의행위에 대한 설명으로 옳지 않은 것은?

① 선원법에서 선원의 근로관계 관련 쟁의행위에 대해 규정하고 있다.
② 선박이 외국항에 있을 경우 쟁의행위를 할 수 없다.
③ 여객선이 승객을 태우고 항해중인 경우 쟁의행위를 할 수 없다.
④ 쟁의행위는 원칙적으로 허용되지 않으며, 해양수산부의 허가를 받을 경우 가능하다.

07 다음 중 「선원법」상 의사 승무대상 선박요건으로 옳은 것은?
① 3일 이상 국내항해 종사/최대 승선인원 50명 이상
② 3일 이상 국제항해 종사/최대 승선인원 50명 이상
③ 3일 이상 국내항해 종사/최대 승선인원 100명 이상
④ 3일 이상 국제항해 종사/최대 승선인원 100명 이상

08 다음 중 「선원법」상 국제항해 종사 항해선 중 해사노동적합증서와 해사노동적합선언서 적용대상 선박은?
① 총톤수 100톤 선박
② 총톤수 200톤 선박
③ 총톤수 300톤 선박
④ 총톤수 500톤 선박

09 다음 중 「선원법」상 해사노동적합증서/해사노동적합선언서 관련한 인증검사에 해당하지 않는 것은?
① 최초인증검사
② 갱신인증검사
③ 중간인증검사
④ 특별인증검사

10 다음 중 「선박직원법」상 해기사 시험 합격일로부터 몇 년이 경과하지 않아야 해기사 면허를 받을 수 있는가?
① 1년
② 2년
③ 3년
④ 5년

11 다음 중 「선박안전법」상 국제협약검사에 해당하지 않는 것은?
① 최초검사
② 정기검사
③ 연차검사
④ 특별검사

12 다음 중 「선박안전법」상 '선박위치 발신장치' 설치가 필요한 선박에 해당하지 않는 것은?
① 총톤수 2톤 이상 여객선
② 총톤수 50톤 이상 유조선
③ 여객선이 아닌 총톤수 300톤 선박으로 국제항해에 종사하는 경우
④ 여객선이 아닌 총톤수 400톤 선박으로 국제항해에 종사하지 아니하는 경우

13 다음 중 「선박안전법」상 항만국통제에 의한 적합대상 국제협약에 해당하지 않는 것은?
① SOLAS
② LL
③ MARPOL
④ MLC

14 다음 중 「해양사고의 조사 및 심판에 관한 법률」상 징계의 종류에 해당하지 않는 것은?
① 면허취소
② 면허정지
③ 업무정지
④ 견책

15 다음 중 「해운법」상 해양수산부장관이 여객운송사업자에게 여객선의 운항을 명령할 수 있는 사유에 해당하지 않는 것은?

① 선령 20년 이상인 다른 선박의 대체운항이 필요한 경우
② 주변 해역에서의 재해 발생에 따른 도서주민 이동 등 긴급상황이 발생한 경우
③ 보조항로사업자가 없게 된 경우
④ 여객선 미운항 도서주민의 해상교통로 확보를 위해 주변운항 여객선으로 하여금 해당 도서를 경유운항하게 할 필요가 있는 경우

16 다음 중 「해사안전기본법」 및 「해상교통안전법」상 다음 내용에 대한 정의에 해당하는 것은?

> 선박 항행안전 확보를 위해 한쪽 방향으로만 항행가능한 일정범위 수역

① 통항로
② 분리대
③ 연안통항대
④ 일방로

17 다음 중 「해사안전기본법」 및 「해상교통안전법」상 항로상 금지행위 위반자에 대한 조치를 명할 수 있는 자는?

① 해양수산부장관
② 해양경찰청장
③ 해양경찰서장
④ 지방해양수산청장

18 다음 중 「해사안전기본법」 및 「해상교통안전법」상 해사안전기본계획은 몇 년마다 수립해야 하는가?

① 매년
② 3년
③ 5년
④ 10년

19 다음 중 「국제항해선박 및 항만시설의 보안에 관한 법률」상 총괄보안책임자와 관련한 설명으로 옳지 않은 것은?

① 관련 전문지식 등을 갖추어야 한다.
② 선박소유자는 총괄보안책임자 지정 시 7일 이내에 해양수산부장관에게 통보해야 한다.
③ 선박척수에 따라 필요 시 2인 이상 총괄보안책임자 지정도 가능하다.
④ 소속 선원 등 이해관계인 중 직무관련 경험 및 관련 지식이 풍부한 자를 지정한다.

20 다음 중 SOLAS에 따르면 운송여객이 몇 인 초과 시 해당 선박을 '여객선'으로 정의하는가?

① 10인
② 12인
③ 14인
④ 15인

21 SOLAS와 관련하여 다음 ( )에 순서대로 들어갈 내용으로 옳은 것은?

> 총선원의 ( )% 이상 교체 시 출항 후 ( )시간 이내에 비상훈련을 실시하여야 한다.

① 10/24
② 15/48
③ 25/24
④ 25/48

22 다음 중 MARPOL 부속서 1에 의해 탱커 기름 배출이 가능한 경우가 아닌 것은?

① 특별해역 외에서 항행 중
② 가장 가까운 육지부터의 거리가 50해리를 초과할 것
③ 해역 배출 기름총량이 최종운송 화물량의 1/30,000 이하일 것(1979.12.31. 이후 인도 선박에 한정)
④ 유분 순간배출율이 해리 당 40리터 이하일 것

23 다음 중 MARPOL 부속서 1과 관련된 문서로 옳은 것은?

① MLS
② IGPP
③ Oil Record Book
④ IAPP

24 다음 중 LL(LOADLINES)에 규정된 만재 흘수선 S가 의미하는 것은?

① 열대담수
② 하기담수
③ 하기
④ 동기

25 다음 설명이 가리키는 톤수는?

> 총톤수에서 선원실, 밸러스트 탱크, 갑판 창고, 기관실 등을 제외한 용적

① 총톤수
② 순톤수
③ 배수 톤수
④ 재화 중량 톤수

제2과목 해사안전관리론

01 다음 내용이 가리키는 것은?

> 외국선박의 구조·설비·화물운송방법 및 선원의 선박운항 지식 등이 다음 각 국제협약에 적합한지 여부를 확인하고 필요 조치를 취하는 것

① PSC
② SOLAS
③ ISM Code
④ ISPS Code

02 다음 중 항만국통제(PSC)와 관련한 설명으로 옳지 않은 것은?

① 자국의 관할 수역으로 진입하는 외국 선박에 대한 해당 항만국의 점검 절차이다.
② 결함 발견 시 출항정지 외에 직접 시정조치를 취할 수 있다.
③ 국제법적 근거로는 UNCLOS를 들 수 있다.
④ SOLAS 등의 국제협약에 적합한지 여부를 확인하는 절차이다.

03 다음 중 항만국통제(PSC) 실시에 따른 유효증서 확인에 있어, 선박·장비의 상태가 증서기술 내용과 다르다고 믿을 만한 "명백한 증거(Clear Grounds)"로 볼 수 없는 것은?

① 관련 협약에서 요구하는 주요한 장비나 장치가 없을 때
② 주요 선원들이 서로 또는 선내 다른 사람들과 대화가 곤란하다는 징조가 있을 때
③ 잘못된 조난신호가 발령되었으나 적절한 취소절차가 없었을 때
④ 선박 외관상 결함이 없을 때

04 항만국통제와 관련하여 다음 내용이 가리키는 것은?

> 기국국기 계양선박에 증서발급 및 필요한 법정 업무를 수행하도록 기국정부로부터 권한을 위임받은 기관

① RO
② Inspection
③ Detention
④ PSCO

05 다음 중 「선박안전법」에 규정된 항만국통제(PSC)의 적합성 근거협약에 해당되지 않는 것은?

① SOLAS
② COLREG
③ MLC
④ STCW

06 다음 중 항만국통제관(PSCO)와 관련한 설명으로 올바르지 않은 것은?

① 승선경력·관련교육 등 특정 자격을 갖추어야 한다.
② 상세 점검을 위한 명백한 근거 확인 시 즉시 선장에게 통보한다.
③ 선원 불만사항 접수에 따라 점검 시행 시 정보출처 공유는 금지된다.
④ 제복착용 등으로 신원확인이 가능할 경우 선장 또는 선원에게 통제관 신분증을 제시하지 않아도 된다.

07 다음 중 항만국통제 시 국제 만재흘수선 협약(LL)에 따른 수검사항으로 볼 수 없는 것은?

① 선박의 구조, 복원성, 구명설비
② 증서상 허용범위 적재 여부
③ 만재흘수선 위치
④ 불합리한 개조 여부

08 다음 중 항만국통제 초기 점검과 관련한 설명으로 틀린 것은?

① 국제협약 관련 증서/서류의 유효성을 확인한다.
② 선박, 설비 및 승무원의 전반적 상태를 확인한다.
③ 전자 증서로 제시될 경우 상세 점검이 필요하다.
④ 모든 증서가 유효하고 전반적으로 외관상 결함이 없다면 점검보고서 작성 후 점검을 종료한다.

09 다음 중 항만국통제에 따른 출항정지 조치에 대한 이의신청과 관련한 설명으로 틀린 것은?

① 출항정지 조치에 대한 이의가 가능하다.
② 항만당국에 대해 제기하여야 한다.
③ 항만당국에 대한 이의신청이 받아들여지지 않을 경우 Tokyo MOU 사무국에 재심을 신청할 수 있다.
④ 이의신청을 한 경우 기존 출항정지 조치는 결과 판정 시까지 연기된다.

10 다음 중 Heinrich의 사고원인 도미노이론 각 단계 중 "3단계"에 해당하는 것은?

① 사회환경 내력
② 인간의 결함
③ 불안전 행동 및 기계적, 물리적 위험상태
④ 사고

11 다음 ( )에 들어갈 단어로 옳은 것은?

> 하인리히는 330건의 사고가 발생하는 가운데 중상 또는 사망 1건, 경상 ( )건, 무상해사고 300건의 비율로 재해가 발생한다는 법칙을 주장하였다.

① 27
② 29
③ 31
④ 33

12 다음은 해양사고 발생과정과 관련한 '스위스 치즈 모델'을 나타낸 것이다. ( )에 알맞은 것은?

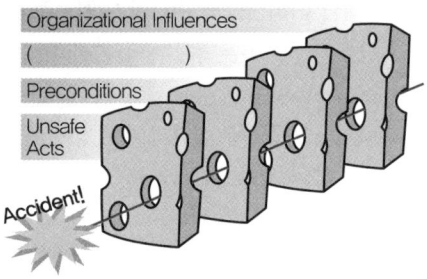

① Unsafe Supervision
② Product
③ Unusual act
④ Management

13 다음 중 IMO가 채택한 FSA(Formal Safety Assessment)에 대한 설명으로 틀린 것은?

① 위험도를 측정하는 공식이다.
② 사고빈도(Probability) 요소를 고려한다.
③ 영향도(Consequences) 요소를 고려한다.
④ 영향도를 사고빈도로 나누어 위험도를 산출한다.

14 위험성 분석 및 평가 기법 중 다음 설명에 해당하는 것은?

> 시스템에 내재되어 있는 위험 인자를 파악하고 위험성을 계산하기 위한 하향식(Top-down) 방식의 분석법

① HAZOP
② FTA
③ ETA
④ FMEA

15 위험성 분석 및 평가 기법 중 다음 설명에 해당하는 것은?

> 상향식(Bottom-up)방식을 이용해서 시작 사건으로부터 나올 수 있는 결과를 의사결정 나무를 이용하여 분석하는 방법이다. 특히 여러 개의 안전장치가 마련되어 있는 시스템의 위험성을 파악하기 위해 많이 사용된다.

① PHA
② CCA
③ ETA
④ HAZOP

16 위험성 분석 및 평가 기법 중 다음 설명에 해당하는 것은?

> 각 부품, 시스템 혹은 프로세스가 계획된 설계를 만족하는 데 실패할 수 있는 경우를 식별하기 위한 기법

① HAZOP
② FTA
③ ETA
④ FMEA

17 위험성 분석 및 평가 기법 중 다음 설명에 해당하는 것은?

> 특정한 작업을 주요 단계로 구분하여 각 단계별 유해위험 요인과 잠재적인 사고를 파악하고 유해위험요인과 사고를 제거, 최소화 및 예방하기 위한 대책을 개발하기 위해 작업을 연구하는 기법

① JSA
② FTA
③ ETA
④ FMECA

18 위험성 분석 및 평가 기법 중 다음 설명에 해당하는 것은?

> 브레인스토밍의 한 형태로, 전문가의 그룹으로부터 의견 일치를 얻는 과정

① HAZOP
② FTA
③ Delphi technique
④ FMEA

19 다음 중 FSA에 따른 위험성 분석 및 평가 기법 중 정량적 평가 기법에 해당하지 않는 것은?

① JSA
② FTA
③ ETA
④ CCA

20 다음 중 기름유출 시 선장 및 선박소유자의 조치사항으로 적합하지 않은 것은?

① 즉시 해양경찰청에 신고한다.
② 적절한 방제계획을 수립한다.
③ 유출 기름이 확산되지 않도록 유출방지 및 배출기름 제거를 위한 방제조치를 취해야 한다.
④ 해양경찰청의 요청과 지시사항에 적극 협조한다.

21 다음 중 국제안전관리규약(ISM Code)상 인증심사의 종류에 해당하지 않는 것은?

① 최초인증심사
② 국제협약인증심사
③ 중간인증심사
④ 갱신인증심사

22 다음 중 「선박안전법」상 선박검사에 해당하지 않는 것은?

① 국제협약검사
② 정기검사
③ 임시항해검사
④ 최초검사

23 다음 중 해양사고 발생의 가장 주된 원인은?

① 천재 지변
② 기관 고장
③ 인적 과실
④ 황천

24 다음 중 영해 및 접속수역과 관련한 설명으로 옳지 않은 것은?

① 영해는 기선에서 12해리까지의 수역에 해당한다.
② 영해를 항행하는 외국선박은 통과통항권을 갖는다.
③ 접속수역은 기선에서 24해리까지의 수역에 해당한다.
④ 우리나라는 접속수역에서 관세, 재정, 출입국 관리, 보건·위생 관련한 권한 행사가 가능하다.

25 다음 중 해양사고의 조사 및 심판에 관한 법률상 조사관의 직무에 해당하지 않는 것은?

① 해양사고 조사
② 심판청구
③ 재결집행
④ 재결

제3과목 해사안전경영론

※ 영어문제는 제외함

01 다음 중 "중대시민재해"에 대한 설명으로 옳지 않은 것은?

① 특정 원료 또는 제조물, 공중이용시설 또는 공중교통수단의 설계, 제조, 설치, 관리상의 결함을 원인으로 하여 발생한 재해로서 다음 결과를 야기한 재해를 가리킨다.
② 동일 사고로 3개월 이상 치료가 필요한 부상자가 10명 이상 발생한 재해이다.
③ 사망자 1명 이상 발생한 재해이다.
④ 동일 원인으로 3개월 이상 치료가 필요한 질병자가 10명 이상 발생한 재해이다.

02 다음 중 "중대산업재해"에 대한 설명으로 옳지 않은 것은?

① 중대재해처벌법에 규정되어 있다.
② 사망자 1명 이상 발생한 재해이다.
③ 동일 사고로 6개월 이상 치료가 필요한 부상자가 2명 이상 발생한 재해이다.
④ 동일 유해원인으로 급성중독 등 특정 직업성 질병자가 1년 이내에 10명 이상 발생한 재해이다.

03 다음 중 ILO 직업안전 및 보건 협약(C155)에 대한 설명으로 옳지 않은 것은?

① 해당 기업뿐만 아니라 국가차원의 조치도 규정하고 있다.
② 협약비준 회원국은 어업과 같은 경제활동에 대하여 일부 또는 전부의 적용을 제외할 수 있으나 해상운송의 경우 전면 적용해야 한다.
③ 공공부문을 포함한 모든 근로자들과 모든 경제활동에 적용된다.
④ 협약의 후속이행으로 우리나라에서는 산업안전보건법이 관련법으로 제정되었다.

04 다음 중 안전보건 경영시스템(ISO 45001)에 대한 설명으로 옳지 않은 것은?

① 직장 내 근로자의 안전과 보건을 위한 안전보건 목표를 설정하고 이를 심사·인증하는 제도이다.
② 그 적용을 위한 가장 중요한 개념은 PDCA 사이클로 볼 수 있다.
③ A는 시행(Act)에 해당하며 계획된 대로 프로세스를 실행하는 것을 의미한다.
④ C는 확인(Check)에 해당한다.

05 다음 중 Heinrich의 사고원인 도미노이론 각 단계 중 "1단계"에 해당하는 것은?

① 사회환경 내력
② 인간의 결함
③ 불안전 행동 및 기계적, 물리적 위험상태
④ 사고

06 다음 중 위험성평가와 관련한 설명으로 옳지 않은 것은?

① PDCA 사이클에 따라 반복하여야 한다.
② 최초, 수시 및 정기평가로 구분한다.
③ 위험성의 측정은 중대성(강도)으로 나타낸다.
④ 위험성 추정이란 유해·위험요인별로 부상 또는 질병으로 이어질 수 있는 위험성의 크기를 추정 및 산출하는 것을 말한다.

07 위험성 분석 및 평가 기법 중 다음 설명에 해당하는 것은?

> 시스템에 내재되어 있는 위험 인자를 파악하고 위험성을 계산하기 위한 하향식(Top-down) 방식의 분석법

① HAZOP
② ETA
③ FTA
④ FMEA

08 위험성 분석 및 평가 기법 중 다음 설명에 해당하는 것은?

> 상향식(Bottom-up)방식을 이용해서 시작 사건으로부터 나올 수 있는 결과를 의사결정 나무를 이용하여 분석하는 방법으로 특히 여러 개의 안전장치가 마련되어 있는 시스템의 위험성을 파악하기 위해 많이 사용됨

① PHA
② ETA
③ CCA
④ HAZOP

09 위험성 분석 및 평가 기법 중 다음 설명에 해당하는 것은?

> 부품, 장치, 설비 및 시스템의 고장 또는 기능상실의 형태에 따른 원인과 영향을 체계적으로 분류하고 필요한 조치를 수립하는 절차

① PHA
② FMEA
③ CCA
④ HAZOP

10 위험성 분석 및 평가 기법 중 다음 설명에 해당하는 것은?

> 기존의 위험 평가 혹은 과거의 고장의 결과 및 경험에 의해 발전되어 온 위험 혹은 통제 실패의 목록

① Checklist
② ETA
③ FTA
④ FMEA

11 다음의 위험성평가 기법 중 정량적 기법에 해당하지 않는 것은?

① FTA
② ETA
③ CCA
④ JSA

12 다음 중 위험성평가의 실시에 있어 해당 작업에 종사하는 근로자가 참여하여야 하는 경우로 옳지 않은 것은?

① 안전·보건관리자가 선임되어 있지 않은 경우
② 사업주가 위험성 감소대책을 수립하는 경우
③ 위험성평가 결과 위험성 감소대책 이행여부를 확인하는 경우
④ 관리감독자가 해당 작업의 유해·위험요인을 파악하는 경우

13 다음 중 위험성평가의 실시시기와 관련한 설명으로 옳지 않은 것은?

① 최초, 수시 및 정기로 실시한다.
② 정기평가는 필요시 일부 작업을 대상으로 진행할 수 있다.
③ 수시평가의 경우 사정에 따라 일부 작업만을 대상으로 할 수 있다.
④ 중대산업사고 또는 산업재해 발생에 해당하는 경우, 재해발생 작업을 대상으로 그 작업을 재개하기 전에 수시평가를 실시하여야 한다.

14 다음 중 위험성평가 실시 시 PDCA 사이클과 관련한 설명으로 옳지 않은 것은?

① 위험성평가의 순서를 의미한다.
② 실행은 계획 단계에서 수립된 안전관리계획에 따른 이행 단계를 의미하며, 실행 결과에 대한 효율성 등을 검증하는 절차는 포함되지 아니한다.
③ 평가 단계에서는 실행결과를 목표와 비교하여 달성 가능성, 계획 실행성 등을 점검한다.
④ 개선 단계에서는 평가 단계에서 나타난 결과를 바탕으로 개선조치를 취한다.

15 다음 중 위험성평가 실시 시 PDCA 사이클과 관련한 설명으로 옳지 않은 것은?

① P는 제안(Proposal)을 의미한다.
② D는 실행(Do)을 의미한다.
③ C는 평가(Check)를 의미한다.
④ A는 개선(Act)을 의미한다.

16 다음 중 위험성평가 실시주체에 해당하지 않는 것은?

① 사업주
② 도급인
③ 수급인
④ 선박소유자

17 다음 중 안전보건관리 시스템 계획 시 고려사항이 아닌 것은?

① 안전보건관리 목표
② 조직의 안전보건관리 성과지표 달성 정도
③ 이행 시 예상비용
④ 목표 달성 방법

18 다음 중 안전보건관리 시스템 계획 방식과 관련한 내용으로 올바르지 않은 것은?

① 탑다운(Top-down)과 바텀업(Bottom-up) 방식이 있다.
② 바텀업은 현장에서 중대한 위험에 노출된 구성원들이 안전보건관리 시스템 계획을 설정하고 상위 그룹에 승인 및 조정을 거치는 방법이다.
③ 바텀업은 시스템 설계가 간단하다.
④ 해상과 같은 특수한 상황에서는 바텀업이 적절할 수 있다.

19 다음 그림 중 기업 조직과 개인 목표 충돌과 관련해 조직성과가 없는 경우 나타낸 것은? (Degree of Attainment : 달성 정도, Organization Goals : 조직 목표, Management Goals : 관리자 목표, Subordinate Goals : 개인 목표)　　　(※ 출처 : www.oocities.org)

①
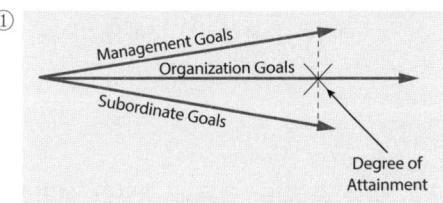

②
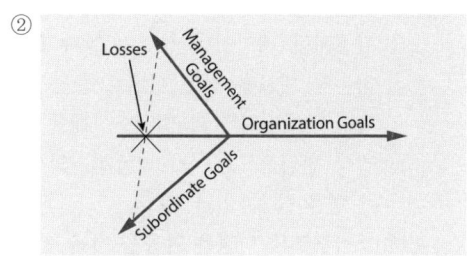

③
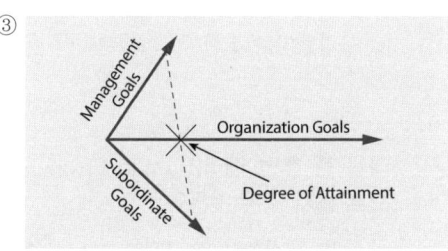

④
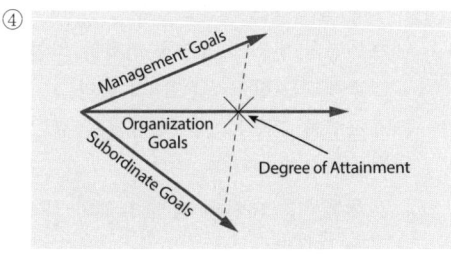

20 다음 중 집단의 개념적 요소와 관련한 설명으로 옳지 않은 것은?

① 소수의 인원으로 구성되며 최소한 2인 이상으로 구성되는 사회적 집합체이다.
② 이익사회는 의지나 선택에 의해 후천적으로 결정된 집단이다.
③ 내집단은 구성원간 공동체 의식이 강하다.
④ 2차 집단은 직접적이고 영구적이다.

21 다음 중 집단 갈등과 관련한 설명으로 틀린 것은?

① 갈등이란 개인이나 집단이 함께 일을 수행하는데 애로를 겪는 상태로서 정상적인 활동이 방해되거나 파괴되는 상태를 말한다.
② 발생 원인으로는 상호의존성, 의사소통 부족 등을 들 수 있다.
③ 조직구조의 변경은 갈등을 더욱 촉진하므로 지양해야 한다.
④ 구성원의 이질화 등으로 갈등이 촉진된다.

22 다음 중 휴먼 에러(Human Error) 관련 설명으로 옳지 않은 것은?

① 휴먼 에러를 발생시키는 요인은 인적 요인을 일으키는 요인들이다.
② 인간의 행동에 영향을 끼치는 원인요인들을 수행도 영향인자(PSF)라 한다.
③ 작업과 직무특성은 행동형성 요인 중 내적 요인이다.
④ 행동형성 요인은 외적 요인과 내적 요인으로 구분된다.

23 다음 중 휴먼 에러(Human Error)의 분류와 관련하여 옳지 않은 것은?

① 리즌(Reason)은 원인 차원에서의 분류방식을 도입하였다.
② 리즌에 따르면 실수나 건망증은 착오의 유형에 해당한다.
③ 스웨인(Swain)은 행위 차원에서의 분류방식을 도입하였다.
④ 스웨인에 따르면 작위오류, 누락오류, 순서오류, 시간오류, 불필요한 수행오류로 분류된다.

24 다음 중 버드(Bird)의 도미노 이론과 관련한 설명으로 옳지 않은 것은?

① 사고발생과 관련한 연쇄성을 주장하였다.
② 5단계로 구분된다.
③ 직접원인은 4단계에 해당한다.
④ 2단계 기본원인의 4M은 Man, Machine, Media, Management이다.

25 다음에 해당하는 의사결정 기법은?

> 토론이 아닌, 전문적인 의견을 설문을 통해 전하고 이를 다시 수정한 설문을 통해 의견을 받는 반복수정을 거쳐 최종결정을 내리는 방법

① 지명 반론자법
② 명목집단법
③ 브레인 스토밍
④ 델파이법

제4과목 선박자원관리론

01 다음 중 휴먼 에러(Human Error)의 분류와 관련하여 옳지 않은 것은?

① 스웨인(Swain)은 행위 차원에서의 분류방식을 도입하였다.
② 스웨인에 따르면 작위오류, 누락오류, 순서오류, 시간오류, 불필요한 수행오류로 분류된다.
③ 리즌에 따르면 실수나 건망증은 의도적 행동의 유형에 해당한다.
④ 리즌(Reason)은 원인 차원에서의 분류방식을 도입하였다.

02 다음 중 버드(Bird)의 도미노 이론과 관련한 설명으로 옳지 않은 것은?

① 사고발생과 관련한 연쇄성을 주장하였다.
② 재해발생의 근본적 원인을 작업자의 불안전한 행동으로 보았다.
③ 5단계로 구분된다.
④ 2단계 기본원인의 4M은 Man, Machine, Media, Management이다.

03 다음 중 하인리히(Heinrich)의 사고원인 도미노 이론 각 단계 중 "4단계"에 해당하는 것은?

① 사회환경 내력
② 불안전 행동 및 기계적, 물리적 위험상태
③ 인간의 결함
④ 사고

04 다음 중 리더의 자질과 관련한 설명으로 올바르지 않은 것은?

① 리더의 자질은 조직 내 업무활동에 대한 성패를 좌우하는 중요한 요소이다.
② 리더는 긍정적 자세와 높은 자존감을 가져야 한다.
③ 평상시에는 민주적 리더십이 바람직하다.
④ 위기시에도 절차를 고려한 단계적 리더십이 이상적이다.

05 다음 설명이 가리키는 리더십 유형은?

> 개별 직원을 한 명의 직원으로서가 아니라, 온전한 한 명의 개인으로 취급하며 각자에게 가장 잘 맞는 것을 할 수 있도록 각 개인의 재능과 지식 수준을 고려하는 리더십

① 권위적 리더십
② 온정적 리더십
③ 변혁적 리더십
④ 서번트 리더십

06 다음 중 선교에서의 업무배정에 해당하지 않는 것은?

① 안전운항설비 관리
② 당직 근무
③ 하역설비 관리
④ 기관 정비

07 다음 중 기획(Planning)의 평가 기준이 아닌 것은?

① 완결성
② 충분성
③ 유연성
④ 미래성

08 다음 중 선상에서의 인간의 한계와 관련한 설명으로 옳지 않은 것은?

① 원인으로는 피로, 자기만족, 오해 등이 있다.
② 선박의 경우 인체 시간과 일치하는 수면이 가능하다.
③ 수면과 휴식이 극복방안으로 고려될 수 있다.
④ 휴식은 수면과 달리 신체적 활동 중단 또는 업무 변경 등을 통해서도 가능하다.

09 다음 중 시간제약 야기 요소에 해당하지 않는 것은?

① 업무 소요 시간을 실제보다 적게 잡음
② 업무에 대해 심사숙고함
③ 동시에 많은 일을 하려고 함
④ 업무수행을 서두름

10 다음 중 우선순위 결정 방법으로 보기 어려운 것은?

① 시간관리 매트릭스
② 단순 결정방법
③ 명목 또는 대표집단 방법
④ 최소비용 결정 방법

11 다음 중 업무량 과다의 결과로 보기 어려운 것은?

① 업무 수행능력 저하
② 주의 집중력 하락
③ 업무 몰입도 향상
④ 업무 실수 야기

12 다음이 가리키는 것은?

> 장시간에 걸쳐진 정신적, 육체적인 노동의 결과로 지치고 탈진되며 에너지가 고갈된 느낌

① 스트레스
② 부상
③ 피로
④ 번아웃

13 다음에 해당하는 의사결정 기법은?

> 다수가 한 가지의 문제를 놓고 다양한 아이디어를 무작위 개진하여 그 중에서 최선의 대안을 찾아내는 방법

① 지명 반론자법
② 델파이법
③ 브레인 스토밍
④ 명목집단법

14 다음 중 문제해결 기법에 해당하지 않는 것은?

① 상황분석
② 결정분석
③ 문제분석
④ 효익분석

15 다음 중 X밴드 레이더와 S밴드 레이더에 대한 설명으로 올바르지 않은 것은?

① X밴드 레이더의 파장은 3.2cm, 주파수는 9,375MHz이다.
② X밴드 레이더는 작은 물체도 쉽게 탐지한다.
③ X밴드 레이더는 먼 거리 탐지가 가능한 반면에, S밴드 레이더는 근거리 탐지에 용이하다.
④ S밴드 레이더는 맹목구간이 좁은 편이다.

16 다음 중 총톤수와 순톤수에 대한 설명으로 올바르지 않은 것은?

① 총톤수는 측정 갑판의 아랫부분 용적에 측정 갑판보다 위의 밀폐된 모든 폐위장소(항해, 추진, 위생 등에 필요한 공간을 제외한다)의 용적을 합한 것이다.
② 총톤수는 관세 등의 산정 기준이 된다.
③ 순톤수는 총톤수에서 선원실, 밸러스트 탱크, 갑판 창고, 기관실 등을 제외한 용적이다.
④ 선박 국적증서에는 순톤수를 기재한다.

17 다음 중 건현과 관련한 설명으로 옳지 않은 것은?

① 예비부력 기준을 위한 측정요소이다.
② 물에 잠긴 선체의 깊이를 가리킨다.
③ 물에 잠기지 않은 선체의 높이를 말한다.
④ 국제 만재흘수선 협약(LL)에 따르면 A/B형 선박간 차이가 있다.

18 다음 그림의 "1, 5"가 가리키는 것은?

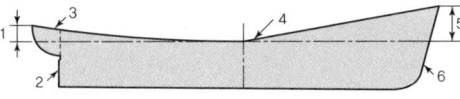

① 빌지
② 현호
③ 용골
④ 캠버

19 다음 내용이 가리키는 것은?

> 선체의 폭이 가장 넓은 부분에서 외판의 외면부터 맞은편 외판의 외면까지의 수평 거리

① 전폭
② 형폭
③ 깊이
④ 전장

20 다음 중 복원성과 관련한 설명으로 옳지 않은 것은?

① 선박이 물 위에 떠 있는 상태에서 외부로부터 힘을 받아 경사하려고 할 때의 저항, 또는 경사한 상태에서 그 외력을 제거하였을 때 원 상태로 돌아오려고 하는 힘을 말한다.
② 메타센터(M)란 배가 똑바로 떠 있을 때 부심을 통과하는 부력의 작용선과 경사된 때 부력의 작용선이 만나는 점을 가리키며, 무게 중심(G)은 선체의 전체 중량이 한 점에 모여 있다고 생각할 수 있는 가상의 점을 말한다.
③ GM이 0, 즉 M=G일 경우 선박은 중립상태가 된다.
④ GM이 (-), 즉 M<G일 경우 선박 안정상태로 복원성이 좋다.

21 다음 중 선박의 길이와 관련한 "등록장(register length)"의 정의로 옳은 것은?

① 선체에 고정적으로 붙어 있는 모든 돌출물을 포함한 선수의 최전단으로부터 선미의 최후단까지의 수평거리
② 계획 만재흘수선상의 선수재 전면과 타주의 후면에 각각 수선을 세워 이 양 수선 사이의 수평거리
③ 계획 만재흘수선상 물에 잠긴 선체의 선수재 전면으로부터 선미 후단까지의 수평거리
④ 상갑판 보의 선수재 전면으로부터 선미재 후면까지의 수평거리

22 다음 중 위험성평가와 관련한 설명으로 옳지 않은 것은?

① PDCA 사이클에 따라 반복하여야 한다.
② 최초, 수시 및 정기평가로 구분한다.
③ 위험성 추정이란 유해·위험요인별로 부상 또는 질병으로 이어질 수 있는 위험성의 크기를 추정 및 산출하는 것을 말한다.
④ 위험성의 측정은 중대성(강도)으로 나타낸다.

23 다음 중 「선원법」상 "상륙금지" 징계기간은 정박 중 최대 며칠인가?

① 7일
② 10일
③ 15일
④ 30일

24 도선사용 사다리 설치 시 국제해사기구(IMO)에서 권고한 수면 위 높이(m)는?

① 1.0~1.5
② 1.5~2.0
③ 2.0~2.5
④ 2.5~3.0

25 다음 중 「산업안전보건법」에 규정된 안전관리자의 업무에 해당하지 않는 것은?

① 사업장 순회점검, 지도 및 조치 건의
② 업무 수행 내용의 기록·유지
③ 위험성평가에 관한 보좌 및 지도·조언
④ 유해위험물질 관리

| 선택과목 | 산업안전관리론 |

※ 선택과목(산업안전관리론)은 키워드 형태로 복원하여 수록함

키워드	기출복원사항
산업안전보건법	각 정의규정/기본개념 정리 필요
중대재해 (산업안전보건법)	산업재해 중 재해 정도가 심하거나 다수의 재해자가 발생한 경우로서 고용노동부령으로 정하는 재해 • 사망자 1명 이상 발생 • 3개월 이상의 요양이 필요한 부상자가 동시에 2명 이상 발생 • 부상자 또는 직업성 질병자가 동시에 10명 이상 발생한 재해
중대산업재해 (중대재해 처벌 등에 관한 법률)	「산업안전보건법」에 따른 산업재해 중 다음에 해당하는 결과를 야기한 재해 • 사망자 1명 이상 발생 • 동일 사고로 6개월 이상 치료가 필요한 부상자가 2명 이상 발생 • 동일 유해원인으로 급성중독 등 특정 직업성 질병자가 1년 이내에 3명 이상 발생
중대시민재해 (중대재해 처벌 등에 관한 법률)	특정 원료 또는 제조물, 공중이용시설 또는 공중교통수단의 설계, 제조, 설치, 관리상의 결함을 원인으로 하여 발생한 재해로서 다음 결과를 야기한 재해 • 사망자 1명 이상 발생 • 동일 사고로 2개월 이상 치료가 필요한 부상자가 10명 이상 발생 • 동일 원인으로 3개월 이상 치료가 필요한 질병자가 10명 이상 발생
작업중지 (산업안전보건법)	사업주는 산업재해가 발생할 급박한 위험이 있을 때에는, 즉시 작업을 중지시키고 근로자를 작업장소에서 대피시키는 등 안전 및 보건에 관하여 필요한 조치를 하여야 한다. → 위반 시 5년 이하의 징역 또는 5천만 원 이하의 벌금
안전 및 보건 확보의무 위반 시 처벌 (중대재해 처벌 등에 관한 법률)	사업주와 경영책임자등이 안전 및 보건 확보의무를 위반하였을 경우 아래와 같이 처벌 1. 사망자 1명 이상 발생 : 1년 이상의 징역 또는 10억 원 이하의 벌금(해당 법인-50억 원 이하의 벌금) 2. 동일 사고로 6개월 이상 치료가 필요한 부상자가 2명 이상 발생/동일 유해원인으로 급성중독 등 특정 직업성 질병자가 1년 이내에 3명 이상 발생 : 7년 이하의 징역 또는 1억 원 이하의 벌금(해당 법인-10억 원 이하의 벌금)
재난관리 단계 (재난 및 안전관리 기본법)	'예방 → 대비 → 대응 → 복구'의 4단계로 진행 1. 예방단계(Mitigation) 　• 재난예방조치 　• 재난사전 방지조치 　• 국가기반시설의 지정 · 관리 　• 특정관리대상지역의 지정 · 관리 　• 재난방지시설 관리 　• 재난관리 실태공사 2. 대비단계(Preparedness) 　• 재난관자원의 비축 · 관리 　• 국가재난관리기준의 제정 · 운용 　• 재난분야 위기관리 매뉴얼 작성 · 운용 　• 다중이용시설 등의 위기상황 매뉴얼 작성 · 관리 · 훈련 　• 안전기준 등록 및 심의 　• 재난안전통신망의 구축 · 운영 　• 재난대비훈련 실시

키워드	기출복원사항
재난관리 단계 (재난 및 안전관리 기본법)	3. 대응단계(Response) • 응급조치 : 재난사태 선포, 위기경보 발령, 동원명령, 대피명령, 위험구역 설정, 통행제한 등 • 긴급구조 : 중앙/지역 긴급구제단 구성, 긴급구조 실시 등
재난대비훈련 (재난 및 안전관리 기본법)	• 사전통보 : 행정안전부 장관 등 훈련주관기관의 장은 재난대비훈련 시 훈련일 15일 전까지 훈련일시, 훈련장소, 훈련내용, 훈련방법, 훈련 참여 인력 및 장비, 그 밖에 훈련에 필요한 사항을 훈련참여기관의 장에게 통보 • 비용부담 : 해당 훈련비용은 <u>훈련참여기관</u>이 부담. but 민간 긴급 구조지원기관에 대해서는 훈련주관기관의 장이 부담할 수 있음
감염병 신고기한 (감염병의 예방 및 관리에 관한 법률)	• 제1급 : 즉시/음압처리와 같은 높은 수준의 격리 • 제2급 : 24시간 이내/격리 • 제3급 : 24시간 이내/격리 불필요 • 제4급 : 7일 이내/격리 불필요
위기경보 수준별 대응 (감염병의 예방 및 관리에 관한 법률)	• 관심(Blue) : 대책반 운영 • 주의(Yellow) : 중앙방역대책본부(질병청) 설치·운영 • 경계(Orange) : 대책본부 운영 지속 • 심각(Red) : 범정부적 총력 대응, 필요 시 중앙재난안전대책본부 운영
예보와 특보 (기상법)	• 예보 : 기상관측 결과를 기초로 한 예상을 발표하는 것 • 특보 : 기상현상으로 인하여 중대한 재해가 발생될 것이 예상될 때 이에 대하여 주의를 환기하거나 경고를 하는 예보
하인리히(Heinrich) 법칙	330건 사고 발생 시 중상 또는 사망 1건, 경상 29건, 무상해사고 300건의 비율로 재해가 발생한다는 법칙
기타	※ 해사안전관리론, 해사안전경영론, 선박자원관리론 등 타 과목 중복문제 다수 출제

CHAPTER 03 제3회 기출복원문제

※ 공통과목은 객관식 형태로 일부만 복원하여 수록함. 영어문제, 선택과목, 주관식 문제는 수록하지 않음

제1과목 선박관계법규

01 선박의 입항 및 출항 등에 관한 법률의 내용으로 옳지 않은 것은?
① 누구든지 무역항의 수상구역 등이나 무역항의 수상구역 부근에서 선박교통에 방해가 될 우려가 있는 강한 불빛을 사용하여서는 아니 된다.
② 선박은 무역항의 수상구역 등에서 특별한 사유 없이 기적 또는 사이렌을 울려서는 아니 된다.
③ 누구든지 무역항의 수상구역 등에서 선박교통에 방해가 될 우려가 있는 장소 또는 항로에서는 어로(어구 등 설치를 포함)를 하여서는 아니 된다.
④ 예인선이 무역항의 수상구역 등에서 다른 선박의 출입을 보조하는 경우 예인선 선수부터 피예인선 선미까지의 길이가 200미터를 초과하여서는 아니 된다.

02 선원법상 실업수당과 관련한 설명으로 옳지 않은 것은?
① 실업수당은 통상임금의 2개월분에 상당하는 금액이다.
② 선원근로계약에서 정한 근로조건이 사실과 달라 선원이 근로계약을 해지한 경우 실업수당을 지급한다.
③ 선원에게 책임을 돌릴 사유가 없음에도 불구하고 선원근로계약을 해지한 경우 실업수당을 지급한다.
④ 선박의 침몰, 멸실 등 부득이한 사유로 사업을 계속할 수 없어 근로계약을 해지할 경우에는 실업수당을 지급하지 아니할 수 있다.

03 선박안전법상 최대승선인원 산정 시 산입되는 자는?
① 하역작업 중 승선한 항만노동자
② 선원 교대자 등으로 해당선박 정박 중에만 승선하는 자
③ 실습 목적으로 승선한 실습선원
④ 관련업무 수행을 위해 승선한 검역공무원

04 해상교통안전법상 다른 선박과의 충돌을 피하기 위한 동작으로 옳지 않은 것은?
① 충돌회피 동작은 충분한 시간적 여유를 두고 적극적으로 행한다.
② 침로나 속력의 변경은 가급적 소폭으로 연속적으로 한다.
③ 침로 및 속력 변경 시 다른 선박이 쉽게 알아볼 수 있도록 충분히 크게 한다.
④ 필요시 속력을 줄이거나 기관을 정지후진하여 진행을 완전히 멈추도록 한다.

05 SOLAS협약상 총톤수 1,000톤 이상 선박에서 거주 구역과 업무구역 및 제어장소에 비치하여야 하는 휴대용 소화기의 최소수량은?
① 3개
② 4개
③ 5개
④ 10개

제2과목 해사안전관리론

01 항만국통제(Port State Control)를 위한 국제 지역별 MOU에 해당하지 않는 것은?
① Paris MOU(유럽)
② USA MOU(미국)
③ Tokyo MOU(아시아・태평양)
④ Black Sea MOU(흑해 지역)

02 다음 중 항만국통제(Port State Control)의 시정조치 코드 "10"에 해당하는 것은?
① 결함사항 없음
② 출항정지
③ 결함시정조치 완료
④ 출항 전 결함시정

03 다음 중 선박별 해사안전감독관의 종류에 해당하지 않는 것은?
① 여객선감독관
② 화물선감독관
③ 원양어선감독관
④ 근해어선감독관

04 다음 내용에 해당하는 위험성 분석기법은?

> 계획 중이거나 기존의 제품/프로세스/절차 또는 시스템 구조에 대한 체계적 조사를 실시해 사람・기기・환경・조직의 목적에 대한 위험을 특정하는 기법

① FTA
② ETA
③ HAZOP
④ FMECA

05 "유엔해양법협약"상 대륙붕은 기선으로부터 몇 해리까지 설정 가능한가?
① 200
② 250
③ 350
④ 400

제3과목 해사안전경영론

01 위험성평가 PDCA 사이클과 관련한 설명으로 다음 중 옳지 않은 것은?
① P는 계획(Plan)을 의미한다.
② D는 실행(Do)을 의미한다.
③ C는 평가(Check)를 의미한다.
④ A는 최종행동(Act)을 의미한다.

02 다음 위험성평가 기법 중 정성적 기법에 해당하지 않는 것은?
① HAZOP
② ETA
③ JSA
④ Check list

03 다음 ( )에 들어갈 단어로 옳은 것은?

> 하인리히는 330건의 사고가 발생하는 가운데 중상 또는 사망 1건, 경상 29건, 무상해사고 ( )건의 비율로 재해가 발생한다는 법칙을 주장하였다.

① 100
② 200
③ 300
④ 400

04 다음에 해당하는 의사결정 기법은?

> 참석자들로 하여금 서로 대화에 의한 의사소통을 금지하고, 서면으로 의견을 개진하게 하는 방법

① 지명 반론자법
② 명목집단법
③ 브레인 스토밍
④ 델파이법

05 다음 중 "중대재해"에 대한 설명으로 옳지 않은 것은?
① 산업재해 중 재해 정도가 심하거나 다수의 재해자가 발생한 경우로서 고용노동부령으로 정하는 재해를 가리킨다.
② 3개월 이상 요양이 필요한 부상자가 동시에 2명 이상 발생한 재해이다.
③ 사망자 1명 이상 발생한 재해이다.
④ 부상자 또는 직업성 질병자가 동시에 5명 이상 발생한 재해이다.

제4과목　선박자원관리론

01 선박조직에서 승무원 개인목표와 조직목표 간 갈등 발생 시 가장 바람직한 해결 방법은?
① 양 목표의 조정
② 개인목표의 양보
③ 조직목표의 양보
④ 개인목표의 일방적 수정

02 현대적 개념의 선내 인적자원관리의 본질이라고 볼 수 없는 것은?
① 생산성 향상을 우선으로 하는 승무원 관리
② 직무 만족을 통한 선주/승무원 간의 공동이익 추구
③ 조직목표의 양보
④ 개인차 인정 및 승무원의 존엄성을 중시한 인간관계 유지

03 다음 중 선박의 길이와 관련한 "수선간장(LBP)"의 정의로 옳은 것은?
① 선체에 고정적으로 붙어 있는 모든 돌출물을 포함한 선수의 최전단으로부터 선미의 최후단까지의 수평거리
② 계획 만재흘수선상의 선수재 전면과 타주의 후면에 각각 수선을 세워 이 양 수선 사이의 수평거리
③ 계획 만재흘수선상 물에 잠긴 선체의 선수재 전면으로부터 선미 후단까지의 수평거리
④ 상갑판 보의 선수재 전면으로부터 선미재 후면까지의 수평거리

04 선박의 복원성에 관한 각 용어 설명으로 옳지 않은 것은?
① 경심(Metacenter)은 경사각과 관계없이 항상 일정하다.
② GM은 무게중심으로부터 경심까지의 거리이다.
③ 부심은 선박의 전체 부력이 한 점에서 작용한다고 생각할 수 있는 점을 말한다.
④ 복원성은 선박이 경사한 상태에서 외력을 제거하였을 때 원위치로 돌아오려고 하는 성질을 말한다.

05 다음 중 선박 레이더의 허상 유형에 해당하지 않는 것은?
① 간접 반사
② 거울면 반사
③ 측엽
④ 해면 반사

CHAPTER 04 제1회 기출복원문제 정답 및 해설

제1과목 선박관계법규

01	02	03	04	05	06	07	08	09	10
②	①	④	③	②	②	③	②	①	①
11	12	13	14	15	16	17	18	19	20
③	③	④	④	④	④	②	③	②	④
21	22	23	24	25					
③	①	①	③	①					

01 정답 | ②
해설 | 위험물운송선박과 총톤수 20톤 이상 선박은 허가 대상이다.

02 정답 | ①
해설 | 선박소유자는 선원근로계약을 해지하고자 할 경우, 최소 30일 이상의 예고기간을 두고 해당 선원에게 서면으로 알려야 하며, 미준수 시 30일분 이상의 통상임금을 지급하여야 한다.

03 정답 | ④
해설 | 총톤수 500톤 이상 선박만 적용대상이다.

04 정답 | ③
해설 | 해기사 면허는 해기사 시험 합격 및 합격일로부터 3년이 지나지 않아야 받을 수 있다.

05 정답 | ②
해설 | 총톤수 2톤 미만, 추진기관·돛대 미설치 선박으로 연해구역을 운항하며 여객/화물운송에 사용되지 않는 선박은 중간검사를 생략할 수 있다.

06 정답 | ②
해설 | 선박소유자 변경 등 선박시설 변경이 수반되지 않는 경미한 사항의 변경은 해당되지 않는다.
임시검사 사유
- 선박시설의 개조·수리
- 선박검사증서 기재내용 변경, 다만 선박소유자 성명 등 선박시설 변경이 수반되지 않는 경미한 사항의 변경은 ×
- 선박용도 변경
- 선박 무선설비 설치 또는 변경
- 해양사고 등으로 선박 감항성 또는 인명안전 유지에 영향을 미칠 우려가 있는 선박시설 변경
- 해양수산부장관의 보완·수리필요 인정으로 임시검사 내용/시기 지정
- 만재흘수선 변경

07 정답 | ③
해설 | 재결은 심판관/심판부의 직무이다.

08 정답 | ②
해설 | 해양안전심판은 구두변론주의를 기본원칙으로 한다.

09 정답 | ①
해설 | 「해운법」상 해상여객운송사업 면허기준과 관련하여서는 다음 표를 참고한다. 다만 본 문항의 경우 지나치게 지엽적인 사항이 출제되었는데, 수험목적상 이러한 부분까지 세부적인 학습이 필요한지에 대해서는 의문이 있다.

해상여객운송사업의 여객선 보유량기준

사업의 종류	여객선 보유량
내항 정기 (부정기) 여객운송사업	여객선의 총톤수 합계가 100톤 이상일 것. 다만, 수면비행선박의 경우에는 해당 선박의 총톤수 합계가 30톤 이상 또는 최대승선인원 합계가 30명 이상이어야 한다.
외항 정기 (부정기) 여객운송사업	총톤수 500톤(속도가 30노트 이상의 선박인 경우에는 국제 총톤수 200톤) 이상의 여객선 1척 이상일 것
순항 여객 운송사업	총톤수 2천톤 이상의 선박이 1척 이상일 것
복합해상여객 운송사업	총톤수 2천톤 이상의 선박이 1척 이상일 것

해상여객운송사업의 자본금 기준

사업의 종류	자본금
내항 정기 (부정기) 여객운송사업	• 여객선의 총톤수 합계가 500톤 미만인 경우 : 2억 원 이상 • 여객선의 총톤수 합계가 500톤 이상 3천톤 미만인 경우 : 4억 원 이상 • 여객선 총톤수 합계가 3천톤 이상인 경우 : 10억 원 이상

외항 정기 (부정기) 여객운송사업	10억 원 이상
순항 여객 운송사업	50억 원 이상
복합해상여객 운송사업	50억 원 이상

10 **정답** | ①
   해설 | 해양수산부장관은 해사안전 증진을 위한 국가해사안전기본계획을 5년 단위로, 이를 시행하기 위한 해사안전시행계획을 매년 수립·시행하여야 한다.

11 **정답** | ③
   해설 | 「해사안전법」상 교통안전 특정해역은 '인천구역, 부산구역, 울산구역, 포항구역, 여수구역' 5개 구역이 지정되어 있다.

12 **정답** | ③
   해설 | 해양경찰서장은 다음과 같은 조치를 명할 수 있다.
   - 통항시각 변경
   - 항로 변경
   - 제한된 시계의 경우 선박항행 제한
   - 안내선 사용
   - 기타 해양수산부령으로 정하는 사항

13 **정답** | ④
   해설 | 항만 입·출항 시는 유조선통항 금지해역 바깥쪽 해역에서부터 항구까지 거리가 가장 가까운 항로를 이용해 입·출항하여야 한다.

14 **정답** | ④
   해설 | 해당 선박소유자가 안전관리체제를 수립·시행하여야 하는 선박은 다음과 같다.
   - 해상여객운송사업 종사
   - 해상화물운송사업 종사&총톤수≥500톤(기선 밀착상태 결합된 부선 포함)
   - 국제항해 종사&총톤수≥500톤& 어획물운반선 또는 이동식 해상구조물
   - 수면비행선박
   - 해상화물운송사업 종사&100톤≤총톤수＜500 유류·가스류 및 화학제품류 운송(기선 밀착상태결합된 부선 포함)
   - 평수구역 밖 운항&일정 총톤수·길이 충족하는 부선, 구조물을 끌거나 미는 선박
   - 국제항해 종사&총톤수≥500톤 준설선

15 **정답** | ④
   해설 | ④는 임시선박보안심사 사유이다. 선박보안심사 중 임시선박보안심사, 특별선박보안심사 실시사유는 다음과 같다.
   임시선박보안심사 사유
   - 새로 건조된 선박을 국제선박보안증서가 교부되기 전에 국제항해에 이용하려는 때
   - 국제선박보안증서의 유효기간이 지난 국제항해선박을 국제선박보안증서가 교부되기 전에 국제항해에 이용하려는 때
   - 외국 국제항해선박의 국적이 대한민국으로 변경된 때
   - 국제항해선박소유자가 변경된 때

   특별선박보안심사 사유
   - 국제항해선박이 보안사건으로 외국의 항만당국에 의하여 출항정지 또는 입항거부를 당하거나 외국의 항만으로부터 추방된 때
   - 외국의 항만당국이 보안관리체제의 중대한 결함을 지적하여 통보한 때
   - 그 밖에 국제항해선박 보안관리체제의 중대한 결함에 대한 신뢰할 만한 신고가 있는 등 해양수산부장관이 국제항해선박의 보안관리체제에 대하여 보안심사가 필요하다고 인정하는 때

16 **정답** | ④
   해설 | ④는 B급 구획에 대한 설명이다.

A급 구획	다음 기준에 적합한 격벽 또는 갑판으로 형성된 구획 • 강 기타 이와 동등한 재료로 건조 • 적절히 보강 • 최대 60분의 표준화재시간이 끝날 때까지 연기와 화염을 차폐/방열
B급 구획	다음 기준에 적합한 격벽, 갑판, 천정 또는 내장판으로 형성된 구획 • 승인된 불연성 재료로 건조 및 제조·조립 시 사용된 재료 역시 불연성 • 최대 30분의 표준화재시간이 끝날 때까지 연기와 화염을 차폐/방열
C급 구획	승인된 불연성 재료로 건조, 연기 및 화염과에 관한 요건 등의 제한 사항에 적합하지 않아도 무방함

17 **정답** | ②
   해설 | SOLAS 기술규정 제5장 제22규칙에서는 항해 선교의 시야와 관련하여 '선수 전방으로 선박 조종 위치에서부터 정선수를 기준으로 좌우 10도까지의 해면의 시야는 선박 길이의 2배 또는 500m 중 작은 수의 거리까지 가려져서는 아니 된다.'고 규정하고 있다.

18 정답 | ③
해설 | X, Y 또는 Z로 분류된 유해액체 물질을 포함한 밸러스트 배출 시 자항선은 7노트 이상, 비자항선은 4노트 이상 속력을 유지하여야 한다.

19 정답 | ②
해설 | 음식찌꺼기는 12해리, 던니지 및 포장재료는 25해리 이상부터 배출가능하다.

20 정답 | ④
해설 | 총톤수 400톤 이상 선박은 국제대기오염방지증서(IAPP) 발행·적용 대상이다.

21 정답 | ③
해설 | TF(열대담수)-F(하기담수)-T(열대)-S(하기)-W(동기)-WNA(동기 북대서양)이므로 S는 하기를 의미한다.

22 정답 | ①
해설 | 총톤수에 관한 설명이다.
  선박의 톤수
  1. 용적 톤수(volumn or space tonnage) : 선박의 용적을 톤으로 표시하는 것으로 용적 2,832m³ 또는 100ft³를 1톤으로 한다.
     - 총톤수(G.T ; gross tonnage) : 총톤수는 측정 갑판의 아랫부분 용적에, 측정 갑판보다 위의 밀폐된 모든 폐위장소(항해, 추진, 위생 등에 필요한 공간을 제외한다)의 용적을 합한 것이다. 관세, 등록세, 계선료, 도선료 등의 산정 기준이 되며 선박 국적 증서에 기재된다.
     ※ 국제 총톤수 : 국제항해 종사선박 크기를 나타내는 데 사용되는 톤수로, 국제 톤수 증서에 기재된다.
     - 순톤수(N.T ; net tonnage) : 순톤수는 총톤수에서 선원실, 밸러스트 탱크, 갑판 창고, 기관실 등을 제외한 용적으로 화물이나 여객 운송을 위해 사용되는 실제 용적이다. 입항세, 톤세, 항만 시설 사용료 등의 산정 기준이 된다.
  2. 중량 톤수(weight tonnage) : 선박의 중량을 톤으로 표시하는 것으로 1,000kg(metric ton)/1,016kg(longton) 또는 907.18kg(short ton)을 1톤으로 한다.
     - 배수 톤수(displacement tonnage)
       - 경하 배수 톤수(light loaded displacement tonnage) : 선박이 화물, 연료, 청수, 식량 등을 적재하지 않은 상태의 톤수이다.
       - 만재 배수 톤수(full loaded displacement tonnage) : 선박이 만재 흘수선까지 화물, 연료 등을 적재한 만재 상태의 톤수로 군함의 크기를 표시하는 데 이용된다.
     - 재화 중량 톤수(D.W.T ; dead weight tonnage) : 선박이 적재할 수 있는 최대의 무게를 나타내는 톤수로 만재 배수 톤수와 경하 배수 톤수의 차가 된다. 재화 중량 톤수는 적재 화물뿐만 아니라, 항해에 필요한 연료유 기타 선용품 등을 포함한다. 상선 매매와 용선료 산정 기준으로 사용된다.
     - 기타 : 운하 톤수(파나마 운하 톤수, 수에즈 운하 톤수)

23 정답 | ①
해설 | 18세 이상 성년자의 경우 2년(색각 : 최대 6년), 18세 미만의 경우 1년이다.

24 정답 | ③
해설 | 최소휴식시간의 경우 1일 24시간 중 10시간, 7일의 기간 중 77시간을 보장하여야 한다.

25 정답 | ①
해설 | 한국선급 규칙 제6절 601조를 참고하면 선박은 5년의 정기검사기간 이내에 적어도 2회의 입거검사를 시행하여야 한다.

제2과목 해사안전관리론

01	02	03	04	05	06	07	08	09	10
④	④	②	③	①	②	④	③	①	④
11	12	13	14	15	16	17	18	19	20
④	②	③	②	①	①	②	②	③	③
21	22	23	24	25					
②	①	③	④	①					

01 정답 | ④
해설 | 항만국이 대상 선박으로부터 안전과 환경에 중대한 영향을 미치는 결함을 발견한 경우 출항정지 조치를 취할 수는 있지만 직접 시정초치를 취할 수는 없다.

항만국통제
- 항만국통제는 외국선박의 구조 설비·화물운송방법 및 선원의 선박운항 지식 등이 다음 각 국제협약에 적합한지 여부를 확인하고 필요 조치를 취하는 것을 말한다.
  - SOLAS
  - LL(LOADLINES)
  - COLREG
  - TONNAGE
  - ILO 147
  - MARPOL
  - STCW

02 정답 | ④
해설 | 보고나 불만사항 접수 시 명백한 증거가 존재하는 것으로 본다.

명백한 증거(Clear Grounds)
- 관련 협약에서 요구하는 주요한 장비나 장치가 없을 때
- 선박 서류의 유효기간이 지났을 때
- 관련협약과 IMO 항만국통제 절차서 부록 12에서 요구하는 문서의 선내 부재·불완전·유지관리 부재 및 되어 있더라도 부실할 때
- 항만국통제관의 관찰과 전체적인 인상을 통해 안전, 오염방지 또는 항해장비에 중대한 결함이 있다고 보일 때
- 선장이나 선원이 선박의 안전과 오염방지에 관한 선내 필수장비의 작동에 서툴거나 그러한 작동을 수행한 적이 없다는 증거나 정보가 있을 때
- 주요 선원들이 서로 또는 선내 다른 사람들과 대화가 곤란하다는 징조가 있을 때
- 잘못된 조난신호가 발령되었으나 적절한 취소절차가 없었을 때
- 선박이 기준미달선으로 보인다는 정보가 담긴 보고나 불만사항이 접수되었을 때

03 정답 | ②
해설 | '사회환경 내력 → 인간의 결함 → 불안전 행동 및 기계적, 물리적 위험상태 → 사고 → 상해, 재산 손실' 순서이다.

04 정답 | ③
해설 | 하인리히는 재해발생과 관련한 1:29:300 법칙을 주장하였다.

05 정답 | ①
해설 | HAZOP(Hazard and Operability Studies)에 대한 설명이다.

위험성 분석 및 평가 도구
- 정성적 평가 기법 : Checklist, What-IF, HAZOP, FMECA, FMEA, PHA
- 정량적 평가 기법 : FTA, ETA, CCA, Human Error Analysis, LOPA, QRA

06 정답 | ②
해설 | 관찰사항은 아직 부적합사항이 된 것으로는 볼 수 없다.

부적합사항 :「해상교통안전법」규정
- 정의 :「해상교통안전법」에서 정한 안전관리체제의 내용이 적절하게 수립·시행되고 있지 아니한 사항
- 부적합사항의 분류 : 중부적합 사항, 경부적합 사항
- 중부적합 사항 : 안전관리체제 심사 중 확인된 인명·선박의 안전 또는 해양환경에 중대한 위험을 일으킬 수 있는 것으로서 즉각적인 시정조치가 요구되는 사항
- 경부적합 사항 : 부적합사항 중 중부적합 사항 외의 부적합사항
- 관찰 사항 : 어떤 조치가 취해지지 않으면 향후 부적합사항으로 될 수 있는 사항
  ※ 참고 : ISM code상 부적합사항
    - 1.1.8 관찰사항 : 안전경영심사 중 작성되고 객관적인 증거에 의하여 뒷받침되는 사실진술서
    - 1.1.9 부적합사항 : 특정 요건을 충족하지 못함이 객관적인 증거에 의하여 관찰된 사항
    - 1.1.10 중부적합사항 : 인명이나 선박안전에 중대한 위험을 주거나 환경에 심각한 위험을 초래하는 식별 가능한 상태를 의미, 즉각적 시정조치 요함. ISM code의 요건이 효과적이고 체계적으로 시행되지 않는 것도 중부적합으로 간주

07 정답 | ④
해설 | 인증심사 종류는 최초, 갱신, 중간, 임시 4가지가 있다.

08 정답 | ③
해설 | SMS 이행에 따라 선사는 안전관리적합증서(DOC), 선박은 선박안전관리증서(SMC)를 각각 갖출 의무가 있다.

09 정답 | ①
해설 | 「선박안전법」상 선박검사의 종류로는 건조검사, 정기검사, 중간검사, 임시검사, 임시항해검사, 국제협약검사가 있다.

10 정답 | ④
해설 | 총톤수 500톤 이상 선박에게는 화물선안전무선증서, 화물선안전구조증서, 화물선안전설비증서, 화물선안전증서를 각 교부하여야 한다.

11 정답 | ④
해설 | 무선통신으로 다른 선박의 조난을 안 경우는 보고사유에 포함되지 아니한다.

「선원법」상 선박 운항에 관한 해양항만관청에 보고사유
- 선박의 충돌 · 침몰 · 멸실 · 화재 · 좌초, 기관의 손상 및 그 밖의 해양사고가 발생한 경우
- 항해 중 다른 선박의 조난을 안 경우(무선통신으로 알게 된 경우는 제외한다)
- 인명이나 선박의 구조에 종사한 경우
- 선박에 있는 사람이 사망하거나 행방불명된 경우
- 미리 정하여진 항로를 변경한 경우
- 선박이 억류되거나 포획된 경우
- 그 밖에 선박에서 중대한 사고가 일어난 경우

12 정답 | ②
해설 | 지방해양수산청장이 신고를 받은 경우 수색구조 업무 개시를 위해 지체 없이 해양경찰서장에게 통보하여야 한다.

13 정답 | ③
해설 | 두 선박이 충돌로 서로 박혀 있을 경우 무리한 분리는 침수에 따른 침몰 등을 야기할 수 있으므로 필요시 최소 속력으로 두 척의 손상부위 연결을 유지한다.

14 정답 | ②
해설 | 해당 그림은 구명줄붙이 구명부환의 보관장소를 표시하고 있다.

선박구명설비기준 [별표13] 구명설비의 보관장소를 나타내는 표시

구조정	대빗진수장치용 구명뗏목	구명조끼

15 정답 | ①
해설 | 추락자 구조신호로 장음 3회의 기적을 울린다.

16 정답 | ①
해설 | 가장 주요한 해양사고 발행원인은 인적 과실이다.

17 정답 | ②
해설 | 통과통항권은 무해통항권과는 달리, 선박과 항공기 모두에게 인정된다.

18 정답 | ②
해설 | 항행유지가 필요한 거리는 25해리이다.

19 정답 | ③
해설 | 어선은 「어선법」에 따라 그 어선이 주로 입 · 출항하는 항구 또는 포구를 관할하는 시 · 군 · 구에 등록한다.
※ 등기는 법원 등기소에서 관할한다.

20 정답 | ③
해설 | 재결은 심판관/심판부의 직무이다.

21 정답 | ②
해설 | 해양안전심판은 구두변론주의를 기본원칙으로 한다.

22 정답 | ①
해설 | 접속수역, 배타적경제수역, 대륙붕의 경우 해당국의 완전한 주권행사는 허용되지 아니하고 관세 · 출입국관리 · 보건위생(접속수역) 또는 경제적 탐사 · 천연자원 탐사(배타적경제수역/대륙붕)와 같은 특정 사항에 대한 주권 또는 주권 유사한 권리영유가 허용된다.

23 정답 | ③
해설 | 해당 내용은 ISM Code(국제안전관리규약)에 대한 것이다.
① IMO : 국제해사기구
② UNCLOS : UN해양법협약
④ ISPS Code : 국제선박 및 항만시설보안규칙

24 정답 | ④
해설 | ④와 같은 금지해역은 별도로 규정되어 있지 않다.

25 정답 | ①
해설 | 해당 내용은 FSA(공식안전성평가)에 대한 것이다. 나머지 지문은 FSA에 따른 위험성평가 각 분석방법에 해당한다.

제3과목 해사안전경영론

01	02	03	04	05	06	07	08	09	10
③	②	④	④	④	③	②	③	①	③
11	12	13	14	15	16	17	18	19	20
②	④	①	①	②	③	④	④	①	③
21	22	23	24	25					
④	③	②	④	③					

01 정답 | ③
해설 | 동일 사고로 2개월 이상 치료가 필요한 부상자가 10명 이상 발생한 재해이다.

중대시민재해(Serious civil accident)
특정 원료 또는 제조물, 공중이용시설 또는 공중교통수단의 설계, 제조, 설치, 관리상의 결함을 원인으로 하여 발생한 재해로서 다음 결과를 야기한 재해
- 사망자 1명 이상 발생
- 동일 사고로 2개월 이상 치료가 필요한 부상자가 10명 이상 발생
- 동일 원인으로 3개월 이상 치료가 필요한 질병자가 10명 이상 발생

중대산업재해(Serious industrial accident)
「산업안전보건법」에 따른 산업재해 중 다음에 해당하는 결과를 야기한 재해
- 사망자 1명 이상 발생
- 동일 사고로 6개월 이상 치료가 필요한 부상자가 2명 이상 발생
- 동일 유해원인으로 급성중독 등 특정 직업성 질병자가 1년 이내에 3명 이상 발생

중대재해(Serious industrial accident)
산업재해 중 재해 정도가 심하거나 다수의 재해자가 발생한 경우로서 고용노동부령으로 정하는 재해
- 사망자 1명 이상 발생
- 3개월 이상이 요양이 필요한 부상자가 동시에 2명 이상 발생
- 부상자 또는 직업성 질병자가 동시에 10명 이상 발생한 재해

02 정답 | ②
해설 | 해상운송도 일부 또는 전부 적용 제외가 가능한 경제활동이다.

03 정답 | ④
해설 | A는 행동(Act)에 해당하는 것으로 의도한 결과를 달성하기 위해 안전보건 성과를 지속적으로 개선하기 위한 조치를 말한다. PDCA 사이클은 'P(Plan, 계획) → D(Do, 시행) → C(Check, 확인) → A(Act, 행동)'의 순서로 이루어진다.

04 정답 | ④
해설 | 위험성평가에서 위험성은 가능성(빈도)과 중대성(강도)을 조합하여 측정한다.

05 정답 | ④
해설 | ①~③은 근로자 참여가 필요한 사유이며, ④는 이에 해당하지 아니한다. 위험성평가의 실시주체는 사업주, 근로자, 정부로서 모두 관련책무를 부담한다.

06 정답 | ③
해설 | 위험성평가는 최초평가, 수시평가, 정기평가 3종류로 구분하여 실시하고, 이 경우 최초평가와 정기평가는 전체 작업을 대상으로 한다. 정기평가는 최초평가 후 매년 정기적으로 실시한다.
수시평가
다음 중 어느 하나의 계획이 있는 경우 해당 계획의 실행착수 전에 실시하여야 한다. 다만 중대산업사고 또는 산업재해 발생에 해당하는 경우에는 재해발생 작업을 대상으로 그 작업을 재개하기 전 수시평가를 실시하여야 한다.
- 사업장 건물의 설치·이전·변경 또는 해제
- 기계·기구, 설비, 원재료 등의 신규 도입 또는 변경
- 건물, 기계·기구, 설비 등의 정비 또는 보수(주기적·반복적 작업으로서 정기평가를 실시한 경우에는 제외)
- 작업방법 또는 작업절차의 신규 도입 또는 변경
- 중대산업사고 또는 산업재해(휴업 이상의 요양을 요하는 경우에 한정한다) 발생

07 정답 | ②
해설 | 실행은 실행 결과의 효율성 검증 절차를 포함한다.

08 정답 | ③
해설 | 직업안전분석(JSA)은 정성적 기법에 해당한다.
- 정량적 기법: 결함수 분석기법(FTA), 사건수 분석기법(ETA), 원인결과 분석기법(CCA)
- 정성적 기법: 위험과 운전분석(HAZOP), 직업안전분석(JSA), 체크리스트(Check list), 사고예상질문(What-If), 이상위험도 분석(FMECA), 예비위험분석(PHA)

09 정답 | ①
해설 | ②~④의 3가지가 고려사항이다.

10 정답 | ③
해설 | 바텀업은 만약 참여 구성원의 노력이 없다면 그 설계에 시간이 오래 소요될 수 있다.

11 정답 | ②
해설 | 회전 말림점에 대한 설명이다.

12 정답 | ④
해설 | 화재의 3요소는 연료(가연물), 산소(산화제), 열(활성화 에너지)이다.

13 정답 | ①
해설 | 산소농도 18% 미만인 경우 밀폐공간에 해당한다.
밀폐구역의 정의
- 산소농도가 16% 미만
- 탄산가스 농도 1.5% 이상
- 황화수소 농도 10ppm 이상
- 일산화탄소 농도 30ppm 이상
- 기타 유해가스: 작업환경측정 노출기준에 따라 측정하여 초과되는 공간
- 자연 통풍이 순조롭지 않고, 출입이 제한된 공간

14 정답 | ①
해설 | 각 그림에 해당하는 달성 정도는 다음과 같다.
① 성공적 일치
② 조직성과 없음
③ 조직성과 낮음
④ 조직성과 보통(중간)

15 정답 | ②
해설 | 직계식 조직은 횡적(수평적) 의사소통에 한계가 있다. 종적 의사소통에 한계를 가지는 것은 직능식 조직이다.

16 정답 | ③
해설 | 2차 집단은 간접적이고 형식적인 접촉 방식을 가진다. 직접적이고 영구적인 집단은 1차 집단이다.

17 정답 | ④
해설 | 적절한 조직구조 변경은 갈등의 해소방안이 될 수도 있다.

18 정답 | ④
해설 | 작업과 직무특성은 외적 요인에 해당한다.
- 외적 요인(예시): 환경 특성, 작업 시간과 휴식 시간, 인원배치와 관리, 보수와 복지, 작업과 직무특성, 공간적 설비배치, 설비종류
- 내적 요인(예시): 개인의 능력과 기술력, 지식수준, 개성 및 지능, 감정, 스트레스, 건강상태, 경력, 피로

19 정답 | ①
해설 | HAZOP(Hazard and Operability Studies)에 대한 설명이다.

20 정답 | ③
해설 | FMEA(FaHure Modes and Effects Analysis)에 대한 설명이다.

21 정답 | ④
해설 | '1. 사회환경 내력 → 2. 인간의 결함 → 3. 불안전 행동 및 기계적, 물리적 위험상태 → 4. 사고 → 5. 상해, 재산 손실' 순서이다.

22 정답 | ③
해설 | 하인리히는 재해발생과 관련한 1:29:300 법칙을 주장하였다.

23 정답 | ②
해설 | 명시되지 않은 사항은 사업장 위험성평가에 관한 지침(고용노동부 고시)을 준수하여 수행한다.

24 정답 | ④
해설 | 정보보유·제공자인 사업주의 1차적 의무가 강조된다.

25 정답 | ③
해설 | ISO 45001에 대한 설명이다.

제4과목 선박자원관리론

01	02	03	04	05	06	07	08	09	10
④	②	②	③	③	③	④	④	④	②
11	12	13	14	15	16	17	18	19	20
④	①	②	③	④	③	②	③	③	④
21	22	23	24	25					
④	②	③	④	④					

01 정답 | ④
해설 | 실수나 건망증은 비의도적 행동(Skill-based error)에 해당하며, 착오는 의도적 행동에 해당한다.
Swain식 분류
작위오류, 누락오류, 순서오류, 시간오류, 불필요한 수행오류
Reason식 분류
• 비의도적 행동(Skill-based error, 무의식적 상황) : 실수(slip), 건망증(lapse)
• 의도적 행동
  – 착오 : 규칙기반 착오(Rule-based mistake, 친숙한 상황), 지식기반착오(Knowledge based mistake, 생소하고 특수한 상황)
  – 고의(Violation)

02 정답 | ②
해설 | 버드는 재해발생의 근본적 원인을 경영자의 관리소홀로 보았다.
연쇄단계
• 1단계 : 제어부족(관리부재)
• 2단계 : 기본원인(4M-Man, Machine, Media, Management)
• 3단계 : 직접원인(불안전한 행동, 불안전한 상태)
• 4단계 : 사고
• 5단계 : 재해
※ 버드의 사고빈도 법칙(↔ 하인리히)
  1(중상 또는 폐질) : 10(경상해) : 30(무상해 사고, 물적손실) : 600(무상해, 무사고, 위험 순간)

03 정답 | ②
해설 | '사회환경 내력 → 인간의 결함 → 불안전 행동 및 기계적, 물리적 위험상태 → 사고 → 상해, 재산 손실' 순서이다.

04 정답 | ③
해설 | 참여적 리더십에 대한 설명이다.
리더십 종류
- 권위적 리더십 : 전체업무달성을 보증하기 위해 디자인된 리더십, 일방적 권력 행사
- 온정적 리더십 : "열심히 일하라, 그러면 회사가 그대를 돌봐줄 것(ibid)"
- 참여적 리더십 : 업무중심적 발식과 사람중심적 방식이 조합된 형태로, 직원들이 기업의 의사결정과정과 업무통제 과정에 참여하는 민주적 리더십
- 자유 방임 리더십 : "일하도록 가만히 내버려 둬라"
- 카리스마 리더십 : 리더의 카리스마 있는 자질과 역량을 통해 직원들을 독려 및 고무
- 관료적 리더십 : 철저히 규칙과 절차에 따라서 작업을 지시하고, 조직의 모든 상황을 규칙과 절차에 따라 이해하고 수행하는 리더십
- 거래적 리더십 : 리더-팔로워 관계에 대한 암묵적 믿음, 보상과 처벌을 통한 동기부여, 이상적 영향, 영감적 동기부여, 지적인 자극, 개별적 배려 4가지 특성을 가짐. 선상에서 전통적 리더십 유형
- 변혁적 리더십 : 각 개인의 재능과 지식수준을 고려
- 과업 지향적 리더십 : 업무 중심, 인간관계보다는 작업수행과 결과에 집중
- 인간 지향적 리더십 : 과업 지향적에 상반되는 리더십
- 서번트 리더십 : 인간 존중을 가장 기본으로 구성원 잠재력에 주목, 로버트 그린리프가 주장

05 정답 | ③
해설 | 기획의 평가 기준 5가지는 완결성, 선명성, 충분성, 현시성, 유연성이다.

06 정답 | ③
해설 | 선박이 경우 당직교대, 국제적 시간차 등의 사유로 인체 시간 일치 수면이 어렵다.

07 정답 | ④
해설 | 사람마다 시간이 흐름을 느끼는 정도가 다르다.

08 정답 | ④
해설 | 늑장을 부리는 경우는 시간제약 야기 요소로 볼 수 있으나, 업무에 대한 심사숙고가 시간제약 야기 요소라고 보기는 어렵다.

09 정답 | ④
해설 | 우선순위 결정 기준으로 기타 효익을 배제하고 단지 비용측면만을 고려하여서는 아니 된다.

10 정답 | ②
해설 | 중요도와 긴급도를 고려했을 때 우선순위는 B-A-D-C 순이다.

11 정답 | ④
해설 | 일반적으로 개인의 역량은 전문적 지식 및 기술, 태도 및 자세, 동기 등으로 구성된다.

12 정답 | ①
해설 | 비용 최소화는 합리적 의사결정 모형 과정에 포함되지 않는다.
합리적 의사결정 모형의 과정
- 문제정의와 진단, 상황의 인식 및 재평가
- 정보 수집 분석, 목표의 수립
- 대안의 탐색 및 확인
- 대안의 비교와 평가
- 대안의 선택
- 결정사항의 이행
- 피드백

13 정답 | ②
해설 | 델파이법에 대한 설명이다.
의사결정 기법의 종류
- 델파이법 : 토론이 아닌, 전문적인 의견을 설문을 통해 전하고 이를 다시 수정한 설문을 통해 의견을 받는 반복수정을 거쳐 최종결정을 내리는 방법
- 지명 반론자법 : 집단을 둘로 나누어 한 집단이 제시한 의견에 반론자로 지명된 집단의 의견을 듣고 토론을 벌여 본래의 안을 수정·보완하는 일련의 과정을 거친 후 최종 대안을 도출
- 브레인 스토밍 : 다수가 한 가지의 문제를 놓고 다양한 아이디어를 무작위로 개진하여 그 중에서 최선의 대안을 찾아내는 방법
- 명목집단법 : 참석자들로 하여금 서로 대화에 의한 의사소통을 금지하고, 서명으로 의견을 개진하게 하는 방법, 참석자들의 솔직한 의견을 도출할 수 있음

14 정답 | ③
해설 | 문제해결 기법에는 상황분석(SA), 문제분석(PA), 결정분석(DA) 등이 있다.

15 정답 | ④
해설 | 레이더 영상의 방해 현상으로는 해면 반사에 의한 잡음, 우설에 의한 방해잡음, 맹목구간 및 그늘구간, 타 선박의 레이더 간섭. 레이더의 허상(간접 반사, 거울면 반사, 다중 반사, 측엽, 2차 소인 반사) 등을 들 수 있다.

16 정답 | ③
해설 | ① 전장(LOA)
② 수선간장(LBP)
④ 등록장(Registered Length)

17 정답 | ②
해설 | 충돌회피 동작실패 시에는 가능한 선박의 속력을 줄이도록 한다.

18 정답 | ③
해설 | 파공부로부터 수면까지의 높이가 침수량 결정 인자로 작용한다.

19 정답 | ③
해설 | 보상수리에 포함되는 수리유형은 선박을 건조하면서 발생하는 수리이다.

20 정답 | ④
해설 | 위험성평가에서 위험성은 가능성(빈도)과 중대성(강도)을 조합하여 측정한다.

21 정답 | ④
해설 | ①~③은 근로자 참여가 필요한 사유이며 ④는 이에 해당하지 아니한다. 위험성평가의 실시주체는 사업주, 근로자, 정부로서 모두 관련책무를 부담한다.

22 정답 | ②
해설 | 실행은 실행 결과의 효율성 검증 절차를 포함한다.

23 정답 | ③
해설 | 선박길이가 12미터 미만일 경우 만재흘수선을 표시해야 하는 선박은 여객선과 위험물 산적 운송선박이다.

24 정답 | ④
해설 | 이상위험도 분석기법(Failure modes, effects and criticality analysis ; FMECA)에 대한 설명이다.

25 정답 | ④
해설 | 'P(Plan, 계획) – D(Do, 실행) – C(Check, 평가) – A(Act, 개선)' 순서이다.

CHAPTER 05 제2회 기출복원문제 정답 및 해설

제1과목 선박관계법규

01	02	03	04	05	06	07	08	09	10
①	①	③	③	④	④	④	④	④	③
11	12	13	14	15	16	17	18	19	20
④	④	④	②	①	①	③	③	④	②
21	22	23	24	25					
③	④	③	③	②					

01 정답 | ①
해설 | ②는 정류, ③은 계류, ④는 계선에 대한 설명이다.

02 정답 | ①
해설 | 수상구역 및 수상구역 밖 10km 이내는 수면 안전운항을 해칠 우려가 있는 폐기물 투하가 금지된다.

03 정답 | ③
해설 | 「선원법」상 선원에게 1일 10시간 이상(연속으로는 6시간), 1주 77시간 이상의 휴식시간을 부여하여야 한다(STCW, MLC 중복문제).

04 정답 | ③
해설 | 선박소유자는 퇴직선원에게 계속근로기간 1년에 대하여 승선평균임금 30일분 상당금액을 지급하는 퇴직금제도를 마련하여야 한다.

05 정답 | ④
해설 | 선박소유자는 총승선 선원 수의 10%를 예비원으로 확보해야 하며, 통상임금의 70%를 임금으로 지급하여야 한다.

06 정답 | ④
해설 | 「선원법」상 쟁의행위는 원칙적으로 허용되며 단지 제한사유만을 정하고 있을 뿐이다.

07 정답 | ④
해설 | 「선원법」상 '3일 이상 국제항해 종사 및 최대 승선인원 100명 이상' 선박은 의사 승무대상이다.

08 정답 | ④
해설 | 총톤수 500톤 이상 선박만 적용 대상이다.

09 정답 | ④
해설 | 특별인증검사는 증서/선언서 관련한 검사종류에 포함되지 않는다.

10 정답 | ③
해설 | 해기사 면허는 해기사 시험 합격 및 합격일로부터 3년이 지나지 않아야 받을 수 있다.

11 정답 | ④
해설 | 국제협약검사는 최초검사, 정기검사, 중간검사, 연차검사, 임시검사 5종류가 있다.

12 정답 | ④
해설 | 여객선이 아니며 국제항해에 종사하지 않는 선박의 경우, 총톤수 500톤 이상부터 선박위치 발신장치를 의무적으로 설치하여야 한다.

13 정답 | ④
해설 | 「선박안전법」에 규정된 적합대상 국제협약은 SOLAS, LL, COLREG, TONNAGE, ILO 147, MARPOL, STCW 총 7개 협약이다.

14 정답 | ②
해설 | 「해양사고심판법」상 징계의 종류는 면허취소, 업무정지(1개월 이상 1년 이하), 견책의 3종류가 있다.

15 정답 | ①
해설 | 「해운법」에는 여객선 운항명령 사유로 ②~④의 3가지만을 규정하고 있다.

16 정답 | ①
해설 | 「해상교통안전법」상 '분리선'은 상이한 방향의 진행 통항로를 나누는 일정 폭의 수역을, '연안통항대'는 통항분리수역의 육지 쪽 경계선과 해안 사이 수역을 가리킨다. 「해상교통안전법」상 일방로란 용어는 별도 규정되어 있지 않다.

17 정답 | ③
해설 | 해양경찰서장은 선박방치·어망 등 어구설치/투기와 같은 항로상 금지행위 위반 시 그 위반자에게 선박이동, 어구제거와 같은 조치를 명할 수 있다.

18 정답 | ③
해설 | 해양수산부장관은 해사안전 증진을 위한 국가해사안전기본계획을 5년 단위로, 이를 시행하기 위한 해사안전시행계획을 매년 수립·시행하여야 한다.

19 정답 | ④
해설 | 총괄보안책임자는 소속 선원을 비롯한 이해관계인 외의 자 중에서 전문지식 등 자격요건을 갖춘 자로 지정한다.

20 정답 | ②
해설 | 선박 운송여객이 12인을 초과할 경우 여객선으로 분류한다.

21 정답 | ③
해설 | SOLAS 기술규정 제3장에서는 총 선원의 25% 이상 교체 시 출항 후 24시간 이내에 비상훈련을 실시하도록 규정하고 있다.

22 정답 | ④
해설 | 탱커의 경우 유분 순간배출율이 해리 당 30리터 이하 시 기름배출이 가능하다.

탱커
- 특별해역 외에서 항행 중
- 가장 가까운 육지부터의 거리>50해리
- 유분 순간배출율≤30L/해리
- 해역 배출 기름총량이 다음 각 경우에 해당
  - 현존 탱커(1979.12.31.이전 인도) : ≤최종 운송 화물량의 1/15,000
  - 신조 탱커(1979.12.31.이후 인도) : ≤최종 운송 화물량의 1/30,000

탱커 외 선박(총톤수≥400톤)
- 특별해역 외에서 항행 중
- 유출액 중의 유분이 희석 X&≤15PPM
- 기름배출감시제어시스템, 유수분리장치, 기름필터시스템 또는 기타 장치를 작동시키고 있어야 함

23 정답 | ③
해설 | MARPOL 부속서 1은 기름에 의한 오염방지를 규정하고 있는 부속서로서 기름취급내역을 기록한 '기름기록부(Oil Record Book)'와 관련이 있다.
- NLS : 유해액체물질에 의한 해양오염 방지증서 → 부속서 2(산적 액체유해물질)
- IGPP : 국제폐기물오염방지증서 → 부속서 5(폐기물)
- IAPP : 국제대기오염방지증서 → 부속서 6(대기오염물질)

24 정답 | ③
해설 | LL(LOADLINES)
- TF(열대담수)
- F(하기담수)
- 4T(열대)
- S(하기)
- W(동기)
- WNA(동기 북대서양)

25 정답 | ②
해설 | 순톤수에 관한 설명이다.

선박의 톤수
1. 용적 톤수(volumn or space tonnage) : 선박의 용적을 톤으로 표시하는 것으로 용적 $2,832m^3$ 또는 $100ft^3$를 1톤으로 한다.
   - 총톤수(G.T ; gross tonnage) : 총톤수는 측정 갑판의 아랫부분 용적에, 측정 갑판보다 위의 밀폐된 모든 폐위장소(항해, 추진, 위생 등에 필요한 공간을 제외한다)의 용적을 합한 것이다. 관세, 등록세, 계선료, 도선료 등의 산정 기준이 되며 선박 국적 증서에 기재된다.
   ※ 국제 총톤수 : 국제항해 종사선박 크기를 나타내는 데 사용되는 톤수로, 국제 톤수 증서에 기재된다.
   - 순톤수(N.T ; net tonnage) : 순톤수는 총톤수에서 선원실, 밸러스트 탱크, 갑판 창고, 기관실 등을 제외한 용적으로 화물이나 여객 운송을 위해 사용되는 실제 용적이다. 입항세, 톤세, 항만 시설 사용료 등의 산정 기준이 된다.
2. 중량 톤수(weight tonnage) : 선박의 중량을 톤으로 표시하는 것으로 1,000kg(metric ton)/1,016kg(longton) 또는 907.18kg(short ton)을 1톤으로 한다.
   - 배수 톤수(displacement tonnage)
     - 경하 배수 톤수(light loaded displacement tonnage) : 선박이 화물, 연료, 청수, 식량 등을 적재하지 않은 상태의 톤수
     - 만재 배수 톤수(full loaded displacement tonnage) : 선박이 만재 흘수선까지 화물, 연료 등을 적재한 만재 상태의 톤수로 군함의 크기를 표시하는 데 이용된다.
   - 재화 중량 톤수(D.W.T ; dead weight tonnage) : 선박이 적재할 수 있는 최대의 무게를 나타내는 톤수로, 만재 배수 톤수와 경하 배수 톤수의 차가 된다. 재화 중량 톤수는 적재 화물뿐만 아니라, 항해에 필요한 연료유 기타 선용품 등을 포함한다. 상선 매매와 용선료 산정 기준으로 사용된다.
   - 기타 : 운하 톤수(파나마 운하 톤수, 수에즈 운하 톤수)

제2과목 해사안전관리론

01	02	03	04	05	06	07	08	09	10
①	②	④	①	③	④	①	③	④	③
11	12	13	14	15	16	17	18	19	20
②	①	④	②	③	①	③	①	③	②
21	22	23	24	25					
②	④	③	②	④					

01 정답 | ①
해설 | 해당 내용은 PSC(항만국통제)의 정의를 기술한 것이다.
② SOLAS : 해상에서의 인명 안전을 위한 국제 협약
③ ISM Code : 국제안전관리규약
④ ISPS Code : 국제선박 및 항만시설보안규칙

02 정답 | ②
해설 | 항만국이 대상 선박으로부터 안전과 환경에 중대한 영향을 미치는 결함을 발견한 경우 출항정지 조치를 취할 수는 있지만, 직접 시정초치를 취할 수는 없다.

03 정답 | ④
해설 | 명백한 증거(Clear Grounds)
• 관련 협약에서 요구하는 주요한 장비나 장치가 없을 때
• 선박 서류의 유효기간이 지났을 때
• 관련협약과 IMO 항만국통제 절차서 부록 12에서 요구하는 문서의 선내 부재·불완전·유지관리 부재 및 되어 있더라도 부실할 때
• 항만국통제관의 관찰과 전체적인 인상을 통해 안전, 오염방지 또는 항해장비에 중대한 결함이 있다고 보일 때
• 선장이나 선원이 선박의 안전과 오염방지에 관한 선내 필수장비의 작동에 서툴거나 그러한 작동을 수행한 적이 없다는 증거나 정보가 있을 때
• 주요 선원들이 서로 또는 선내 다른 사람들과 대화가 곤란하다는 징조가 있을 때
• 잘못된 조난신호가 발령되었으나 적절한 취소 절차가 없었을 때
• 선박이 기준미달선으로 보인다는 정보가 담긴 보고나 불만사항이 접수되었을 때

04 정답 | ①
해설 | 해당 내용은 RO(공인단체)와 관련된 것이다.
② Inspection : 점검(임검)
③ Detention : 출항정지
④ PSCO : 항만국통제관(Port State Control Officer)

05 정답 | ③
해설 | 항만국통제의 정의
항만국통제는 외국선박의 구조·설비·화물운송 방법 및 선원의 선박운항 지식 등이 다음 각 국제협약(「선박안전법」 규정 : 민사협약 등 기타협약 : ×)에 적합한지 여부를 확인하고 필요 조치를 취하는 것을 말한다.
• SOLAS
• LL(LOADLINES)
• COLREG
• TONNAGE
• ILO 147
• MARPOL
• STCW

06 정답 | ④
해설 | 신원확인을 위한 신분증 제시는 필수이다.

07 정답 | ①
해설 | ①은 SOLAS협약에 따른 수검사항이다.

08 정답 | ③
해설 | 전자 증서로 제시되더라도 유효성 확인 수단을 구비하는 등 요건을 갖출 시 초기 점검 대상이 된다.

09 정답 | ④
해설 | 이의제기를 하더라도 기존 출항정지 조치의 효력에는 영향이 없고 연기되지 않는다.

10 정답 | ③
해설 | '사회환경 내력 → 인간의 결함 → 불안전 행동 및 기계적, 물리적 위험상태 → 사고 → 상해, 재산 손실' 순서이다.

11 정답 | ②
해설 | 하인리히는 재해발생과 관련한 1:29:300 법칙을 주장하였다.

12 정답 | ①
해설 | 스위스 치즈 모델의 사고발생 'Unsafe Act(불안전한 행위) → Preconditions(선행조건) → Unsafe Supervision(불안전한 관리감독) → Organization Influences(잘못된 조직문화의 영향)'의 4단계 원인으로 연결된다.

13 정답 | ④
해설 | FSA 적용 시, 사고빈도와 영향도의 곱으로 위험도를 산출한다.

CHAPTER 05 제2회 기출복원문제 정답 및 해설

14 정답 | ②
해설 | 결함수 분석기법(FTA ; Fault Tree Analysis)에 대한 설명이다.

15 정답 | ③
해설 | 사건수 분석기법(ETA ; Event Tree Analysis)에 대한 설명이다.

16 정답 | ④
해설 | Failure Modes and Effects Analysis(FMEA)에 대한 설명이다.

17 정답 | ①
해설 | 작업안전분석(JSA ; Job Safety Analysis)에 대한 설명이다.

18 정답 | ③
해설 | 델파이법에 대한 설명이다.

19 정답 | ①
해설 | 위험성 분석 및 평가 도구
- 정성적 평가 기법 : Checklist, What-IF, HAZOP, FMECA, FMEA, PHA, JSA
- 정량적 평가 기법 : FTA, ETA, CCA, Human Error Analysis, LOPA, QRA

20 정답 | ②
해설 | 방제계획 수립은 사고 전 예비적으로 고려될 사항이다.

21 정답 | ②
해설 | 인증심사 종류는 최초, 갱신, 중간, 임시 4가지가 있다.

22 정답 | ④
해설 | 「선박안전법」상 선박검사의 종류는 건조검사, 정기검사, 중간검사, 임시검사, 임시항해검사, 국제협약검사가 있다.

23 정답 | ③
해설 | 가장 주요한 해양사고 발생원인은 인적 과실이다.

24 정답 | ②
해설 | 영해를 항행하는 외국선박의 경우 무해통항권을 갖는다.

25 정답 | ④
해설 | 재결은 심판관/심판부의 직무이다.

제3과목 해사안전경영론

01	02	03	04	05	06	07	08	09	10
②	④	②	③	①	③	③	②	②	①
11	12	13	14	15	16	17	18	19	20
④	①	②	②	①	③	③	③	②	④
21	22	23	24	25					
③	③	②	③	④					

01 정답 | ②
해설 | 동일 사고로 2개월 이상 치료가 필요한 부상자가 10명 이상 발생한 재해이다.
- 중대시민재해(Serious civil accident) : 특정 원료 또는 제조물, 공중이용시설 또는 공중교통수단의 설계, 제조, 설치, 관리상의 결함을 원인으로 하여 발생한 재해로서 다음 결과를 야기한 재해
  - 사망자 1명 이상 발생
  - 동일 사고로 2개월 이상 치료가 필요한 부상자가 10명 이상 발생
  - 동일 원인으로 3개월 이상 치료가 필요한 질병자가 10명 이상 발생
- 중대산업재해(Serious industrial accident) : 「산업안전보건법」에 따른 산업재해 중 다음에 해당하는 결과를 야기한 재해
  - 사망자 1명 이상 발생
  - 동일 사고로 6개월 이상 치료가 필요한 부상자가 2명 이상 발생
  - 동일 유해원인으로 급성중독 등 특정 직업성 질병자가 1년 이내에 3명 이상 발생
- 중대재해(Serious industrial accident) : 산업재해 중 재해 정도가 심하거나 다수의 재해자가 발생한 경우로서 고용노동부령으로 정하는 재해
  - 사망자 1명 이상 발생
  - 3개월 이상이 요양이 필요한 부상자가 동시에 2명 이상 발생
  - 부상자 또는 직업성 질병자가 동시에 10명 이상 발생한 재해

02 정답 | ④
해설 | 동일 유해원인으로 급성중독 등 특정 직업성 질병자가 1년 이내에 3명 이상 발생한 재해이다.

중대산업재해(Serious industrial accident)
「산업안전보건법」에 따른 산업재해 중 다음에 해당하는 결과를 야기한 재해
- 사망자 1명 이상 발생
- 동일 사고로 6개월 이상 치료가 필요한 부상자가 2명 이상 발생
- 동일 유해원인으로 급성중독 등 특정 직업성 질병자가 1년 이내에 3명 이상 발생

03 정답 | ②
해설 | 해상운송도 일부 또는 전부 적용 제외가 가능한 경제활동이다.

04 정답 | ③
해설 | A는 행동(Act)에 해당하는 것으로 의도한 결과를 달성하기 위해 안전보건 성과를 지속적으로 개선하기 위한 조치를 말한다. PDCA 사이클은 'P(Plan, 계획) → D(Do, 시행) → C(Check, 확인) → A(Act, 행동)'의 순서로 이루어진다.

05 정답 | ①
해설 | '사회환경 내력 → 인간의 결함 → 불안전 행동 및 기계적, 물리적 위험상태 → 사고 → 상해, 재산 손실' 순서이다.

06 정답 | ③
해설 | 위험성평가에서 위험성은 가능성(빈도)과 중대성(강도)을 조합하여 측정한다(곱셈법).

07 정답 | ③
해설 | 결함수 분석기법(FTA ; Fault Tree Analysis)에 대한 설명이다.

08 정답 | ②
해설 | 사건수 분석기법(ETA ; Event Tree Analysis)에 대한 설명이다.

09 정답 | ②
해설 | 고장형태에 따른 영향분석(FMEA ; Failure Modes and Effects Analysis)에 대한 설명이다.

10 정답 | ①
해설 | 체크리스트(Check list)에 대한 설명이다.

11 정답 | ④
해설 | 직업안전분석(JSA)은 정성적 기법에 해당한다.
- 정량적 기법 : 결함수 분석기법(FTA), 사건수 분석기법(ETA), 원인결과 분석기법(CCA)
- 정성적 기법 : 위험과 운전분석(HAZOP), 직업안전분석(JSA), 체크리스트(Check list), 사고예상질문(What-If), 이상위험도 분석(FMECA), 예비위험분석(PHA)

12 정답 | ①
해설 | 고용노동부 사업장 위험성평가에 관한 지침 제6조에 의하면 ①은 해당 작업종사 근로자가 위험성평가에 참여해야 할 경우에 해당하지 아니한다. 보기 3가지가 근로자 참여가 필요한 사유이며 ④는 이에 해당하지 아니한다. 위험성평가의 실시주체는 사업주, 근로자, 정부로서 모두 관련책무를 부담한다.

13 정답 | ②
해설 | 최초평가와 정기평가는 전체 작업을 대상으로 한다. 수시평가는 일부 작업을 대상으로 할 수 있다.
수시평가
다음 중 어느 하나의 계획이 있는 경우 해당 계획의 실행착수 전에 실시하여야 한다. 다만 중대산업사고 또는 산업재해 발생에 해당하는 경우에는 재해발생 작업을 대상으로 그 작업을 재개하기 전 수시평가를 실시하여야 한다.
- 사업장 건설물의 설치·이전·변경 또는 해제
- 기계·기구, 설비, 원재료 등의 신규 도입 또는 변경
- 건설물, 기계·기구, 설비 등의 정비 또는 보수(주기적·반복적 작업으로서 정기평가를 실시한 경우에는 제외)
- 작업방법 또는 작업절차의 신규 도입 또는 변경
- 중대산업사고 또는 산업재해(휴업 이상의 요양을 요하는 경우에 한정한다) 발생

14 정답 | ②
해설 | 실행은 실행 결과의 효율성 검증 절차를 포함한다.

15 정답 | ①
해설 | P(Plan, 계획) − D(Do, 실행) − C(Check, 평가) − A(Act, 개선) 순서이다.

16 정답 | ③
해설 | 수급인은 위험성평가의 실시주체로 볼 수 없다.

17 정답 | ③
해설 | 나머지 보기 3가지가 고려사항이다.

18 정답 | ③
해설 | 바텀업은 만약 참여 구성원의 노력이 없다면 그 설계에 시간이 오래 소요될 수 있다.

19 정답 | ②
해설 | 각 그림에 해당하는 달성 정도는 다음과 같다.
① 성공적 일치
② 조직성과 없음
③ 조직성과 낮음
④ 조직성과 보통(중간)

20 정답 | ④
해설 | 2차 집단은 간접적이고 형식적인 접촉 방식을 가진다. 직접적이고 영구적인 집단은 1차 집단이다.

21 정답 | ③
해설 | 적절한 조직구조 변경은 갈등의 해소방안이 될 수도 있다.

22 정답 | ③
해설 | 작업과 직무특성은 외적 요인에 해당한다.
- 외적 요인(예시) : 환경 특성, 작업 시간과 휴식시간, 인원배치와 관리, 보수와 복지, 작업과 직무특성, 공간적 설비배치, 설비종류
- 내적 요인(예시) : 개인의 능력과 기술력, 지식수준, 개성 및 지능, 감정, 스트레스, 건강상태, 경력, 피로

23 정답 | ②
해설 | 실수나 건망증은 비의도적 행동(Skill-based error)에 해당하며, 착오는 의도적 행동에 해당한다.
Swain식 분류
작위오류, 누락오류, 순서오류, 시간오류, 불필요한 수행오류
Reason식 분류
- 비의도적 행동(Skill-based error, 무의식적 상황) : 실수(slip), 건망증(lapse)
- 의도적 행동
  - 착오 : 규칙기반 착오(Rule-based mistake, 친숙한 상황), 지식기반착오(Knowledge based mistake, 생소하고 특수한 상황)
  - 고의(Violation)

24 정답 | ③
해설 | 직접원인은 3단계에 해당한다.
연쇄단계
- 1단계 : 제어부족(관리부재)
- 2단계 : 기본원인(4M-Man, Machine, Media, Management)
- 3단계 : 직접원인(불안전한 행동, 불안전한 상태)
- 4단계 : 사고
- 5단계 : 재해
※ 버드의 사고빈도 법칙(↔ 하인리히)
  1(중상 또는 폐질):10(경상해):30(무상해사고, 물적손실):600(무상해, 무사고, 위험순간)

25 정답 | ④
해설 | 델파이법에 대한 설명이다.
의사결정 기법의 종류
- 델파이법 : 토론이 아닌, 전문적인 의견을 설문을 통해 전하고 이를 다시 수정한 설문을 통해 의견을 받는 반복수정을 거쳐 최종결정을 내리는 방법
- 지명 반론자법 : 집단을 둘로 나누어 한 집단이 제시한 의견에 반론자로 지명된 집단의 의견을 듣고 토론을 벌여 본래의 안을 수정·보완하는 일련의 과정을 거친 후 최종 대안을 도출
- 브레인 스토밍 : 다수가 한 가지의 문제를 놓고 다양한 아이디어를 무작위 개진하여 그 중에서 최선의 대안을 찾아내는 방법
- 명목집단법 : 참석자들로 하여금 서로 대화에 의한 의사소통을 금지하고, 서명으로 의견을 개진하게 하는 방법. 참석자들의 솔직한 의견을 도출할 수 있음

제4과목 선박자원관리론

01	02	03	04	05	06	07	08	09	10
③	②,④	④	④	③	③	④	②	②	④
11	12	13	14	15	16	17	18	19	20
③	③	③	④	③	④	②	②	①	④
21	22	23	24	25					
④	④	②	②	④					

01 정답 | ③
해설 | 실수나 건망증은 비의도적 행동(Skill-based error)에 해당하며, 착오는 의도적 행동에 해당한다.

Swain식 분류
작위오류, 누락오류, 순서오류, 시간오류, 불필요한 수행오류

Reason식 분류
- 비의도적 행동(Skill-based error, 무의식적 상황) : 실수(slip), 건망증(lapse)
- 의도적 행동
  - 착오 : 규칙기반 착오(Rule-based mistake, 친숙한 상황), 지식기반착오(Knowledge based mistake, 생소하고 특수한 상황)
  - 고의(Violation)

02 정답 | ②, ④
해설 | 버드의 도미노이론(신이론)을 하인리히의 구이론과 비교해 정리하자면, 작업자의 불안정 등 작업자 개인요소를 재해의 직접원인으로 본 것은 동일하나 그 이전에 관리부재와 같은 "기본원인"이 재해의 더욱 본질적인 발생원인으로 가능하며 선제적 예방의 필요성을 강조한 점이 차이라고 할 수 있다.

연쇄단계
- 1단계 : 제어부족(관리부재)
- 2단계 : 기본원인(4M-Man, Machine, Media, Management)
- 3단계 : 직접원인(불안전한 행동, 불안전한 상태)
- 4단계 : 사고
- 5단계 : 재해

※ 버드의 사고빈도 법칙(→ 하인리히)
1(중상 또는 폐질):10(경상해):30(무상해사고, 물적손실):600(무상해, 무사고, 위험순간)

03 정답 | ④
해설 | '사회환경 내력 → 인간의 결함 → 불안전 행동 및 기계적, 물리적 위험상태 → 사고 → 상해, 재산 손실' 순서이다.

04 정답 | ④
해설 | 위기 시에는 상황에 따라 권위적 리더십이 요구될 수 있다.

05 정답 | ③
해설 | 변혁적 리더십에 대한 설명이다.

리더십 종류
- 권위적 리더십 : 전체업무달성을 보증하기 위해 디자인된 리더십, 일방적 권력 행사
- 온정적 리더십 : "열심히 일하라, 그러면 회사가 그대를 돌봐줄 것(ibid)"
- 참여적 리더십 : 업무중심적 발식이 사람중심적 방식이 조합된 형태로, 직원들이 기업의 의사결정과정과 업무통제 과정에 참여하는 민주적 리더십
- 자유 방임 리더십 : "일하도록 가만히 내버려 둬라"
- 카리스마 리더십 : 리더의 카리스마 있는 자질과 역량을 통해 직원들을 독려 및 고무
- 관료적 리더십 : 철저히 규칙과 절차에 따라서 작업을 지시하고, 조직의 모든 상황을 규칙과 절차에 따라 이해하고 수행하는 리더십
- 거래적 리더십 : 리더-팔로워 관계에 대한 암묵적 믿음, 보상과 처벌을 통한 동기부여, 이상적 영향, 영감적 동기부여, 지적인 자극, 개별적 배려 4가지 특성을 가짐. 선상에서이 전통적 리더십 유형
- 변혁적 리더십 : 각 개인의 재능과 지식수준을 고려
- 과업 지향적 리더십 : 업무 중심, 인간관계보다는 작업수행과 결과에 집중
- 인간 지향적 리더십 : 과업 지향적에 상반되는 리더십
- 서번트 리더십 : 인간 존중을 가장 기본으로 구성원 잠재력에 주목, 로버트 그린리프가 주장

06 정답 | ③
해설 | 하역설비 관리의 경우 일반적인 선교 배정업무에 해당하지 않는다.

07 정답 | ④
해설 | 기획의 평가 기준 5가지는 완결성, 선명성, 충분성, 현시성, 유연성이다.

08 정답 | ②
해설 | 선박의 경우 당직교대, 국제적 시간차 등의 사유로 인체시간 일치 수면이 어렵다.

09 정답 | ②
해설 | 늑장을 부리는 경우는 시간제약 야기 요소로 볼 수 있으나, 업무에 대한 심사숙고가 시간제약 야기 요소라고 보기는 어려울 수 있다.

10 정답 | ④
해설 | 우선순위 결정 기준으로 기타 효익을 배제하고 단지 비용측면만을 고려하여서는 아니 된다.

11 정답 | ③
해설 | 업무량 과다는 업무 몰입을 방해하여 안전사고를 유발할 수 있다.

12 정답 | ③
해설 | 해당 내용은 피로의 개념이다.

13 정답 | ③
해설 | 해당 내용은 브레인 스토밍법에 대한 설명이다.
의사결정 기법의 종류
- 델파이법 : 토론이 아닌, 전문적인 의견을 설문을 통해 전하고 이를 다시 수정한 설문을 통해 의견을 받는 반복수정을 거쳐 최종결정을 내리는 방법
- 지명 반론자법 : 집단을 둘로 나누어 한 집단이 제시한 의견에 반론자로 지명된 집단의 의견을 듣고 토론을 벌여 본래의 안을 수정·보완하는 일련의 과정을 거친 후 최종 대안을 도출
- 브레인 스토밍 : 다수가 한 가지의 문제를 놓고 다양한 아이디어를 무작위 개진하여 그 중에서 최선의 대안을 찾아내는 방법
- 명목집단법 : 참석자들로 하여금 서로 대화에 의한 의사소통을 금지하고, 서명으로 의견을 개진하게 하는 방법, 참석자들의 솔직한 의견을 도출할 수 있음

14 정답 | ④
해설 | 문제해결 기법에는 상황분석(SA), 문제분석(PA), 결정분석(DA) 등이 있다.

15 정답 | ③
해설 | X밴드 레이더는 근거리 탐지에, S밴드 레이더는 원거리 탐지에 용이하다.

항목	X밴드 레이더	S밴드 레이더
사용파장/주파수	3.2cm/9375MHz	10cm/3000MHz
화면선명도	양호	다소 흐림
방위/거리	양호	다소 부정확
물체 크기	작은 물체까지 감지	작은 물체 감지 어려움
탐지 거리	근거리 국한	원거리까지 가능
기상악화 시 탐지 (눈·비·안개)	탐지 어려움	탐지 가능
맹목구간	넓음	좁음
해면반사	영향 높음	영향 낮음

16 정답 | ④
해설 | 선박 국적증서에는 총톤수를 기재한다.
선박의 톤수
1. 용적 톤수(volumn or space tonnage) : 선박의 용적을 톤으로 표시하는 것으로 용적 $2,832m^3$ 또는 $100ft^3$를 1톤으로 한다.
   - 총톤수(G.T ; gross tonnage) : 총톤수는 측정 갑판의 아랫부분 용적에 측정 갑판보다 위의 밀폐된 모든 폐위장소(항해, 추진, 위생 등에 필요한 공간을 제외한다)의 용적을 합한 것이다. 관세, 등록세, 계선료, 도선료 등의 산정 기준이 되며 선박 국적증서에 기재된다.
   - ※ 국제 총톤수 : 국제항해 종사선박 크기를 나타내는 데 사용되는 톤수로, 국제 톤수 증서에 기재된다.
   - 순톤수(N.T ; net tonnage) : 순톤수는 총톤수에서 선원실, 밸러스트 탱크, 갑판 창고, 기관실 등을 제외한 용적으로 화물이나 여객 운송을 위해 사용되는 실제 용적이다. 입항세, 톤세, 항만 시설 사용료 등의 산정 기준이 된다.
2. 중량 톤수(weight tonnage) : 선박의 중량을 톤으로 표시하는 것으로 1,000kg(metric ton)/ 1,016kg(longton) 또는 907.18kg(short ton)을 1톤으로 한다.
   - 배수 톤수(displacement tonnage)
     - 경하 배수 톤수(light loaded displacement tonnage) : 선박이 화물, 연료, 청수, 식량 등을 적재하지 않은 상태의 톤수이다.
     - 만재 배수 톤수(full loaded displacement tonnage) : 선박이 만재 흘수선까지 화물, 연료 등을 적재한 만재 상태의 톤수로 군함의 크기를 표시하는 데 이용된다.
   - 재화 중량 톤수(D.W.T ; dead weight tonnage) : 선박이 적재할 수 있는 최대의 무게를 나타내는 톤수로, 만재 배수 톤수와 경하 배수 톤수의 차가 된다. 재화 중량 톤수는 적재 화물뿐만 아니라, 항해에 필요한 연료유 기타 선용품 등을 포함한다. 상선 매매와 용선료 산정 기준으로 사용된다.
   - 기타 : 운하 톤수(파나마 운하 톤수, 수에즈 운하 톤수)

17 정답 | ②
해설 | ②는 흘수에 대한 설명이다.

18 정답 | ②
해설 | 해당 그림은 현호(Sheer)에 대한 것이다.
※ 1-(선미)현호, 2-선미, 3-선미돌출부, 4-상갑판, 5-(선수)현호, 6-선수

19 정답 | ①
해설 | 해당 내용은 전폭에 대한 것이다.
② 형폭 : 선체의 폭이 가장 넓은 부분에서 늑골의 외면부터 맞은편 늑골의 외면까지의 수평 거리
③ 깊이 : 선체 중앙에서 용골의 상면부터 건현갑판 또는 상갑판 보의 현측 상면까지의 수직 거리
④ 전장 : 선체에 붙어 있는 모든 돌출물을 포함하여 선수의 최전단부터 선미의 최후단까지의 수평 거리

20 정답 | ④
해설 | GM이 (−), 즉 M<G일 경우 복원성이 낮아 전복 위험성이 높다.

선박의 복원성 양호도와 안정성 판단
※ G(무게 중심), B(부심), M(메타센터)
• M이 (+), 즉 M>G : 선박 안정 → 복원성 양호
• GM이 0, 즉 M=G : 선박 중립상태 → 현상 유지하고자 하는 평형 상태로 외력 좌우
• GM이 (−), 즉 M<G : 선박 불안정 → 복원성 낮음

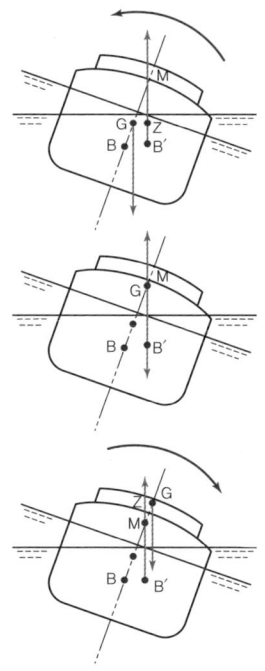

21 정답 | ④
해설 | ① 전장(LOA)
② 수선간장(LBP)
③ 수선장(LWL)

22 정답 | ④
해설 | 위험성평가에서 위험성은 가능성(빈도)과 중대성(강도)을 조합하여 측정한다(곱셈법).

23 정답 | ②
해설 | 상륙금지 징계기간은 정박 중 최대 10일 이내이다.

24 정답 | ②
해설 | 국제해사기구에서는 수면 위 1.5~2.0m 설치를 권고하고 있다.

25 정답 | ④
해설 | 유해위험물질 관리는 보건관리자의 업무에 해당한다.

CHAPTER 06 제3회 기출복원문제 정답 및 해설

제1과목	선박관계법규			
01	02	03	04	05
④	④	③	②	③

01 정답 | ④
해설 | 선박출입 보조 시에는 예인선열 길이제한(200미터)이 적용되지 않는다.

02 정답 | ④
해설 | 선박의 침몰, 멸실 등 부득이한 사유로 사업을 계속할 수 없어 근로계약을 해지할 경우 선박소유자는 선원에게 실업수당을 지급하여야 한다.

03 정답 | ③
해설 | 승선인원에 산입되지 않는 자
- 선내 관람과 관련하여 승선하는 사람, 하역·수리작업·해상공사 등을 위한 작업원 또는 선원 교대자 등으로서 해당 선박의 정박 중에만 승선하는 자
- 선박의 입항, 출항 및 정박 중에 관련 업무를 수행하기 위하여 승선하는 도선사, 운항관리자, 세관공무원, 검역공무원, 선박검사관 및 선박검사원 등

04 정답 | ②
해설 | 침로나 속력을 소폭으로 연속적으로 변경하여서는 아니 된다.

05 정답 | ③
해설 | SOLAS협약상 총톤수 1,000톤 이상 선박에서 거주 구역과 업무구역 및 제어장소에는 5개 이상의 승인된 휴대용 소화기가 비치되어야 한다.

제2과목	해사안전관리론			
01	02	03	04	05
②	③	④	③	③

01 정답 | ②
해설 | 미국은 지역별 MOU가 아니라 U.S.C.G로 단독 시행한다.

02 정답 | ③
해설 | ① 결함사항 없음 : 00
② 출항정지 : 30
④ 출항 전 결함시정 : 17

03 정답 | ④
해설 | 해사안전감독관은 여객선, 화물선, 원양어선 3가지 선종에 따라 둘 수 있다.

04 정답 | ③
해설 | 해당 설명에 해당하는 기법은 HAZOP이다.

05 정답 | ③
해설 | 대륙붕은 배타적경제수역(200해리)으로부터 350해리 지점까지 확장 설정할 수 있다.

제3과목 해사안전경영론

01	02	03	04	05
④	②	③	②	④

01 정답 | ④
해설 | 위험성평가 PDCA 사이클
- P(Plan) : 계획
- D(Do) : 실행
- C(Check) : 평가
- A(Act) : 개선

02 정답 | ②
해설 | 사건수 분석기법(ETA)은 정량적 기법에 해당한다.
- 정량적 기법 : 결함수 분석기법(FTA), 사건수 분석기법(ETA), 원인결과 분석기법(CCA)
- 정성적 기법 : 위험과 운전분석(HAZOP), 직업안전분석(JSA), 체크리스트(Check list), 사고예상질문(What-If), 이상위험도 분석(FMECA), 예비위험분석(PHA)

03 정답 | ③
해설 | 하인리히는 재해발생과 관련한 1:29:300 법칙을 주장하였다.

04 정답 | ②
해설 | 해당 내용은 명목집단법에 대한 설명이다.
의사결정 기법의 종류
- 델파이법 : 토론이 아닌, 전문적인 의견을 설문을 통해 전하고 이를 다시 수정한 설문을 통해 의견을 받는 반복수정을 거쳐 최종결정을 내리는 방법
- 지명 반론자법 : 집단을 둘로 나누어 한 집단이 제시한 의견에 반론자로 지명된 집단의 의견을 듣고 토론을 벌여 본래의 안을 수정·보완하는 일련의 과정을 거친 후 최종 대안을 도출
- 브레인스토밍 : 다수가 한 가지의 문제를 놓고 다양한 아이디어를 무작위 개진하여 그 중에서 최선의 대안을 찾아내는 방법
- 명목집단법 : 참석자들로 하여금 서로 대화에 의한 의사소통을 금지하고, 서명으로 의견을 개진하게 하는 방법, 참석자들의 솔직한 의견을 도출할 수 있다.

05 정답 | ④
해설 | 부상자 또는 직업성 질병자가 동시에 10명 이상 발생한 재해이다.
중대시민재해(Serious civil accident)
특정 원료 또는 제조물, 공중이용시설 또는 공중교통수단의 설계, 제조, 설치, 관리상의 결함을 원인으로 하여 발생한 재해로서 다음 결과를 야기한 재해
- 사망자 1명 이상 발생
- 동일 사고로 2개월 이상 치료가 필요한 부상자가 10명 이상 발생
- 동일 원인으로 3개월 이상 치료가 필요한 질병자가 10명 이상 발생

※ 비교 : 중대산업재해(Serious industrial accident)
산업안전보건법에 따른 산업재해 중 다음에 해당하는 결과를 야기한 재해
- 사망자 1명 이상 발생
- 동일 사고로 6개월 이상 치료가 필요한 부상자가 2명 이상 발생
- 동일 유해원인으로 급성중독 등 특정 직업성 질병자가 1년 이내에 3명 이상 발생

※ 비교 : 중대재해(Serious industrial accident)
산업재해 중 재해 정도가 심하거나 다수의 재해자가 발생한 경우로서 고용노동부령으로 정하는 재해
- 사망자 1명 이상 발생
- 3개월 이상 요양이 필요한 부상자가 동시에 2명 이상 발생
- 부상자 또는 직업성 질병자가 동시에 10명 이상 발생한 재해

제4과목 　 선박자원관리론

01	02	03	04	05
①	①	②	①	④

01 정답 | ①
　　해설 | 승무원 개인목표와 조직목표 간 갈등 발생 시 가장 바람직한 방법은 양 목표를 적절히 조정하는 것이다.

02 정답 | ①
　　해설 | 현대적 인적자원관리는 전통적인 생산성 향상과 더불어 승무원의 인격과 존엄성을 고려해야 한다.

03 정답 | ②
　　해설 | ① 전장(LOA)
　　　　　③ 수선장(LWL)
　　　　　④ 등록장

04 정답 | ①
　　해설 | 대각도 경사 시에는 경심이 일정하지 않다.

05 정답 | ④
　　해설 | 해면 반사는 레이더 영상의 방해 요소 중 하나이다.
　　　　　레이더의 허상
　　　　　간접 반사, 거울면 반사, 다중 반사, 측엽, 2차 소인 반사

선박안전관리사

PART 07

실전모의고사

CHAPTER 01 | 실전모의고사
CHAPTER 02 | 실전모의고사 정답 및 해설

CHAPTER 01 실전모의고사

제1과목 선박관계법규

01 다음 중 「선박의 입항 및 출항 등에 관한 법률」상 출입신고를 하지 아니할 수 있는 선박으로 옳지 않은 것은?

① 총톤수 5톤 미만 선박
② 공공의 목적으로 운영하는 해양경찰함정
③ 피난을 위하여 긴급히 출항하여야 하는 선박
④ 외국항으로 운항하는 모터보트 및 동력요트

02 「선박의 입항 및 출항 등에 관한 법률」에 따른 각 항법에 대한 설명 중 옳지 않은 것은?

① 무역항의 수상구역 등에 입항하는 선박이 방파제 입구 등에서 출항하는 선박과 마주칠 우려가 있는 경우에는 방파제 밖에서 출항하는 선박의 진로를 피하여야 한다.
② 항로에서 다른 선박과 마주칠 우려가 있는 경우에는 오른쪽으로 항행하여야 한다.
③ 선박이 무역항의 수상구역 등에서 해안으로 길게 뻗어 나온 육지 부분, 부두, 방파제 등 인공시설물의 튀어나온 부분 또는 정박 중인 선박을 왼쪽 뱃전에 두고 항행할 때에는 부두 등에 접근하여 항행하여야 한다.
④ 범선이 무역항의 수상구역 등에서 항행할 때에는 돛을 줄이거나 예인선이 범선을 끌고가게 하여야 한다.

03 다음 중 「선원법」에서 규정하는 내용으로 옳지 않은 것은?

① 선원의 직무
② 선박에 근무하는 선원의 자격
③ 선원의 근로조건의 기준
④ 선원의 직업안정

04 다음 중 「선원법」에 관한 내용으로 옳지 않은 것은?

① 18세 미만인 소년선원의 근로시간은 1일 8시간, 1주간 40시간을 초과하지 못한다.
② 소방훈련 등 비상시에 대비한 훈련은 매월 1회 선장이 실시하되, 여객선의 경우에는 7일마다 실시하여야 한다.
③ 선장은 당해선박의 해원 4분의 1 이상이 교체된 때에는 출항 후 24시간 이내에 선내 비상훈련을 실시하여야 한다.
④ 「선원법」은 특별한 규정이 있는 경우를 제외하고는 국내 항과 국내 항 사이만을 항해하는 외국선박에 승무하는 선원과 그 선박의 소유자에 대하여 적용한다.

05 여객선의 선장은 탑승한 모든 여객에 대하여 비상시에 대비할 수 있도록 비상신호와 집합장소의 위치, 구명기구의 비치 장소를 선내에 명시하여야 한다. 「선원법」에 따른 비상신호의 방법으로 옳은 것은?

① 장음 1회+단음 6회
② 장음 1회+단음 7회
③ 단음 6회+장음 1회
④ 단음 7회+장음 1회

06 다음 중 「선박직원법」에 규정되지 않은 해기사 면허는?

① 5급 항해사
② 5급 기관사
③ 5급 통신사
④ 소형선박조종사

07 다음 중 「선박안전법」상 용어의 정의로 옳지 않은 것은?

① "감항성"이란 선박이 자체의 안정성을 확보하기 위하여 갖추어야 하는 능력으로서 인정한 기상이나 항해조건에서 안전하게 항해할 수 있는 성능을 말한다.
② "만재흘수선"이란 선박이 안전하게 항해할 수 있는 적재한도의 흘수선으로서 여객이나 화물을 승선하거나 싣고 안전하게 항해할 수 있는 최대한도를 나타내는 선을 말한다.
③ "여객선"이라 함은 13인 이상의 여객을 운송할 수 있는 선박을 말한다.
④ "소형선박"이라 함은 총톤수 20톤 미만인 선박을 말한다.

08 「선박안전법」상 항해구역이 아닌 것은?

① 평수구역
② 연해구역
③ 연안구역
④ 원양구역

09 다음 중 「해양사고의 조사 및 심판에 관한 법률」에 따른 징계에 해당하지 않는 것은?

① 면허취소
② 면허정지
③ 업무정지
④ 견책

10 다음 중 「해운법」에 따른 해상여객운송사업에 해당하지 않는 것은?

① 내항 정기 여객운송사업
② 내항 부정기 여객운송사업
③ 외항 순회 여객운송사업
④ 순항 여객운송사업

11 「해사안전기본법」 및 「해상교통안전법」상 다음 내용이 가리키는 것은?

> 항로표지, 해저전선 또는 해저파이프라인의 부설·보수·인양 작업에 종사하고 있어 다른 선박의 진로를 피할 수 없는 선박

① 조종불능선
② 조종제한선
③ 흘수제약선
④ 항행장애선

12 「해사안전기본법」 및 「해상교통안전법」상 다음 ( ) 안에 들어갈 내용으로 맞는 것은?

> 누구든지 수역 등 또는 수역 등의 밖으로부터 ( )km 이내의 수역에서 선박 등을 이용하여 수역 등이나 항로를 점거·차단하는 행위를 함으로써 선박 통항을 방해하여서는 아니 된다.

① 5
② 10
③ 15
④ 20

13 「해사안전기본법」 및 「해상교통안전법」상 술에 취한 상태의 기준으로 맞는 것은?

① 혈중알코올농도 0.03퍼센트 이상
② 혈중알코올농도 0.04퍼센트 이상
③ 혈중알코올농도 0.05퍼센트 이상
④ 혈중알코올농도 0.06퍼센트 이상

14 다음 중 「국제항해선박 및 항만시설의 보안에 관한 법률」의 적용대상이 아닌 것은?

① 대한민국국적 국제항해선박으로서 총톤수 500톤 이상의 화물선
② 대한민국국적 국제항해선박으로서 이동식 해상구조물
③ 대한민국국적 국제항해선박으로서 총톤수 100톤 이상의 여객선
④ 법 적용대상 선박과 연계활동이 가능한 항만시설

15 「국제항해선박 및 항만시설의 보안에 관한 법률」상 선박보안책임자는 해당 국제항해선박 승선인원이 얼마 이상 교체 시 선원 교체일부터 일주일 내 그 선원에 대한 보안훈련·교육을 하여야 하는가?

① 1/4
② 1/2
③ 1/8
④ 1/5

16 다음 중 해상에서의 인명 안전을 위한 국제협약의 적용대상이 아닌 것은?

① 국제항해선박으로서 총톤수 500톤 미만의 여객선
② 국제항해선박으로서 총톤수 500톤 이상의 여객선
③ 국제항해선박으로서 총톤수 500톤 미만의 여객선 외 선박
④ 국제항해선박으로서 총톤수 500톤 이상의 여객선 외 선박

17 다음 중 해상에서의 인명 안전을 위한 국제협약의 목적으로 볼 수 없는 것은?

① 선박안전을 위한 선박 구조 최저기준 설정
② 국제적 통일 원칙과 그에 따른 규칙설정에 의한 해상 인명안전 증진
③ 선박안전을 위한 풍우밀과 수밀 보전성 확보
④ 선박안전을 위한 선박 설비 최저기준 설정

18 다음 중 해상에서의 인명 안전을 위한 국제협약상 구명설비와 관련하여 화물선에 추가적으로 적용되는 요건은?

① A편
② B편
③ C편
④ D편

19 다음 중 선박으로부터의 오염방지를 위한 국제협약이 적용되지 않는 선박으로 옳은 것은? (협약당사국 국기계양 권한을 보유한 것으로 전제한다)

① 상업용 선박
② 여객선
③ 예선
④ 군함

20 선박으로부터의 오염방지를 위한 국제협약상 탱커 외 선박의 경우 기름배출이 가능한 요건이 아닌 것은?

① 특별해역 외에서 항행 중
② 유출액 중의 유분이 희석되지 않을 것
③ 유출액 중의 유분이 16PPM 이하일 것
④ 기름배출감시제어시스템, 유수분리장치, 기름필터시스템 또는 기타 장치를 작동시키고 있어야 함

21 다음 중 STCW 협약에 대한 설명으로 옳지 않은 것은?

① 모든 규정은 강행 규정이다.
② 국내법 중 선박직원법으로 수용되었다.
③ 선원의 훈련, 자격증명, 당직근무의 기준에 관한 국제협약이다.
④ 본문, 부속서, 결의서로 구성되어 있다.

22 다음 중 국제 만재흘수선 협약상 흘수선 표시 순서(위 → 다음)로 옳은 것은?

① TF-F-S-T-W-WNA
② TF-S-T-F-W-WNA
③ TF-F-T-S-W-WNA
④ TF-S-T-F-WNA-W

23 다음 중 선박톤수 측정에 관한 국제협약상 국제톤수증서의 유효기간은?

① 1년
② 2년
③ 5년
④ 재측도시까지

24 해사노동협약 적용선박 관련 권한당국이 관계 선박소유자 및 선원 단체와 협의를 거치는 경우 국제항해 미종사 선박 중 총톤수 몇 톤 미만의 선박까지 규정 일부제외가 가능한가?

① 100톤
② 200톤
③ 300톤
④ 400톤

25 해사노동협약의 특징으로서 다음이 가리키는 것은?

> 협약 미비준국의 경우도 항만국통제를 통해 개입할 수 있게 하여 다수 국가의 비준을 용이하게 하는 것이며 유리처우불가원칙이라고도 한다.

① 비차별조항
② 우선권조항
③ 개입권
④ 유보조항

제2과목 해사안전관리론

01 다음 중 항만국통제(PSC) 도입과 관련이 깊은 선박을 가리키는 것은?
① 대형여객
② 유조선
③ 편의치적선
④ 무해통항선

02 다음 중 항만국통제 지역별 MOU가 아닌 것은?
① Paris MOU(유럽)
② Tokyo MOU(아시아·태평양)
③ Riyadh MOU(아라비아)
④ U.S.C.G(미국·캐나다)

03 해상인명안전협약(SOLAS)상 항만국통제와 관련한 설명으로 틀린 것은?
① 선박의 안전과 관련된 선박의 구조, 복원성, 구명설비, 소화설비 및 무선설비를 비롯한 항해장비 등에 관한 사항을 규정하고 있다.
② 협약증서 유효성과 일치성을 기준으로 한다.
③ 물적 범위에 한정하여 통제한다.
④ 결함 확인 시 조사관의 조치권한이 인정된다.

04 항만국통제의 국내법적 근거가 아닌 것은?
① 선박안전법
② 해상교통안전법
③ 해양환경관리법
④ 해운법

05 다음 내용이 가리키는 것은?

> 선체, 기계, 장비 또는 선박운항과 관련한 안전 요건이 관련 협약의 기준에 실질적으로 미달되거나, 선박의 승무원이 승무원정원증서에 따른 최소 승무원 기준에 적합하지 않은 경우

① Clear Ground
② Detention
③ RO
④ Substandard Ship

06 항만국통제 제도상의 'RO'와 관련하여 옳지 않은 것은?
① Reconized Organization의 약자이다.
② 기국정부로부터 포괄적 권한을 위임받았다.
③ IMO 총회결의서 A.739(18)의 관련 요건을 충족하여야 한다.
④ 기국 국기를 계양한 선박이 그 대상이다.

07 국제해사기구(IMO)에서 항만국통제 절차의 통일화를 위하여 항만국통제와 관련한 이전 결의서들을 통합한 것으로, 1995년 채택되었으며 이를 통해 항만국통제 시행절차에 관한 기본지침을 비롯하여 점검수행 및 통제 절차와 선박, 설비 및 승무원에 대한 결함 인지 등에 대한 일반적인 지침을 제공하는 것은?
① 통제 절차서(Procedures for Port State Control)
② 유효증서(Valid Certificates)
③ 작업 지시서(job order)
④ 공정안전보고서(PSM)

08 다음 중 대상협약에 가입하지 않은 선박(비체약국 선박)에 대한 항만국통제와 관련한 설명으로 맞는 것은?

① 체약국과 동일한 우대조치가 가능하다.
② 일반적인 항만국통제 절차가 적용된다.
③ 기국이나 대행기관이 발행한 증서 확인 수준에서 일반적인 환경·안전 측면에서의 점검에 그친다.
④ 결함 발견 시 일반적인 항만국통제를 넘어선 조치 예방적 조치도 가능하다.

09 다음 중 항만국통제의 초기점검과 관련한 설명으로 틀린 것은?

① 기본적으로 국제협약 관련 증서/서류의 유효성과 선박, 설비 및 승무원의 전반적 상태를 확인하는 방식으로 이루어진다.
② 관련 국제협약에 따른 증서 및 서류의 유효성 확인도 그 범위이다.
③ 모든 증서가 유효하고 전반적으로 외관상 결함이 없으면 점검보고서 작성 후 점검을 종료한다.
④ 필요 시 형식적 사항을 제외한 세부적 정밀 점검도 가능하다.

10 다음 중 항만국통제의 상세점검의 사유가 아닌 것은?

① 관련 협약에서 요구하는 주요한 장비나 장치가 없을 때
② 관련협약과 IMO 통제절차서에서 요구하는 문서가 선내에 없거나, 불완전하거나, 유지관리가 되어 있지 않거나 되어 있더라도 부실한 때
③ 선박 서류의 유효기간이 경과한 때
④ PSCO의 관찰과 전체적인 인상을 통해 안전, 오염방지 또는 항해장비에 통상의 결함이 있다고 보일 때

11 다음 중 시정조치를 위한 기준미달선박 확인(Identification of a Substandard Ship)에 해당하지 않는 것은?

① 협약이 요구하는 주요한 장비나 장치가 없을 때
② 정비불량 등으로 장비나 선박이 현저히 노후화된 때
③ 협약에 따른 장비와 장치의 성능이 기준과 다를 때
④ 선원이나 선원증서의 수가 부족하거나 초과될 때

12 항만국통제 시정조치 코드 중 '17'에 해당하는 것은?

① 결함사항 없음
② 차항에서 결함시정
③ 출항전 결함시정
④ 출항정지

13 다음 중 해사안전감독관과 관련한 설명으로 틀린 것은?

① 임기제이다.
② 수상레저시설에는 적용이 없다.
③ 유·도선장도 대상이 된다.
④ 관제사나 항만국통제관보다 그 자격요건이 더 엄격하다.

14 다음 중 해사안전감독관이 선장, 선박소유자, 안전진단대행업자, 안전관리대행업자, 기타 관계인에게 출석·진술을 하게 할 경우 사전고지는 며칠 전까지 하여야 하는가?

① 7일
② 10일
③ 14일
④ 15일

15 다음 중 유조선통항 금지해역에서 항행이 금지되는 선박의 유해액체물질 운송량은?
① 500kl 이상
② 1,000kl 이상
③ 1,500kl 이상
④ 2,000kl 이상

16 다음 중 안전관리 3요소 중 그 성질이 다른 것은?
① 선원의 능력
② 선주의 관심
③ 선장의 통제력
④ 선박의 복원성

17 다음이 가리키는 것은?

> 스위스의 대표적 치즈인 에멘탈 치즈와 같이, 크고 작은 불규칙한 구멍이 뚫린 치즈 조작을 여러 장 겹쳐 놓았을 때 각 조각의 구멍을 일렬로 관통하는 경우는 사고가 일어나고 어느 한 조각에서라도 막히면 사고가 일어나지 않는다는 발생 이론이다.

① 스위스 치즈 모델
② SHEL 모델
③ 하인리히 모델
④ 연속적 과실 모델

18 국제해사기구(IMO)의 위험도(Risk)공식과 관련한 설명으로 옳지 않은 것은?
① 사고 빈도(Frequency, Probability)를 이용한다.
② 영향(Severity, Consequences)을 이용한다.
③ 사고 빈도와 영향의 곱으로 산출한다.
④ 기타 평가방법은 고려하지 않는다.

19 다음 중 기름 유출 시 오염방제 방법으로 적절하지 않은 것은?
① 오일펜스(Oil fence)
② 유흡착제(Adsorbent)
③ 유처리제(Dispersant)
④ 유전환기(Oil converter)

20 다음 중 해양사고 발생 시의 일반적인 공법상 의무를 규정하고 있는 법령은?
① 선원법
② 선박안전법
③ 선박의 입항 및 출항 등에 관한 법률
④ 해양사고의 조사 및 심판에 관한 법률

21 다음 그림에 해당하는 인명구조 조선법은?

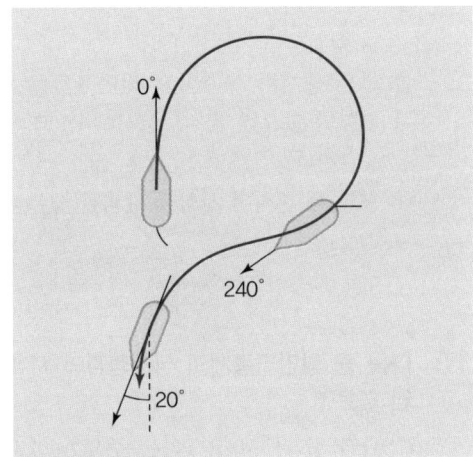

① Williamson's Turn
② Single Turn
③ Scharnov Turn
④ Double Turn

22 다음 중 해양사고 원인분석 및 재발방지와 관련한 설명으로 틀린 것은?

① 인적 과실에 해당하는 운항과실이 해양사고 발행원인의 대부분을 차지하고 있다.
② 해상상태 및 기상 등의 자연적 요인과 같은 해상고유의 위험은 예측이 불가능하거나, 불가항력적인 경우가 많기 때문에 사전에 위험을 인지하고 예방하는 것은 한계가 있을 수밖에 없다.
③ 해사법규의 준수, 선원의 건강상태, 안전의식 등과 같은 인적 요인, 항로, 항로표지, 각종 항만시설 등 해상교통 요인, 선박의 구조나 설비 불량 및 노후화 등 선박 자체의 결함으로 인한 해양사고는 충분한 정비 점검 개선, 교육 및 훈련 등을 통해 사전에 예방할 수 있는 것들로 볼 수 있다.
④ 해양사고의 사전적 예방조치들은, 선박의 운항을 지원하는 선사의 관리시스템보다는 선박에 승선하여 선박의 운항에 직·간접적으로 관여하는 선원의 관리에 중점을 두어야 한다.

23 다음 중 해양법에 관한 국제연합 협약과 관련한 설명으로 틀린 것은?

① 우리나라에는 1996년 발효되었다.
② 영해, 접속수역과 관련한 규정을 두고 있다.
③ 영해에서의 무해통항권과 관련한 규정을 두고 있다.
④ 배타적경제수역과 대륙붕 관련한 명확한 경계획정 기준을 두어 국가 간 분쟁을 사전에 방지하고 있다.

24 다음 중 영해와 관련한 설명으로 틀린 것은?

① 영해 및 접속수역법에서는 기선에서 12해리로 규정하고 있다.
② 영해 및 접속수역법에서는 기준으로 통상기선만을 인정하고 직선기선은 인정하지 않는다.
③ 영해 내에서는 우리나라의 모든 주권행사가 가능하다.
④ 외국적 선박의 경우 무해통항권을 갖는다.

25 영해 및 접속수역법상 대륙붕은 대륙변계 기선으로부터 200해리 밖까지 확장 시 어디까지 설정할 수 있는가?

① 250해리
② 300해리
③ 350해리
④ 400해리

제3과목 해사안전경영론

01 다음 내용에 해당하는 것은?

> 선원의 근로 및 생활조건 개선을 위해 2006.02. 개최된 국제노동총회 해사총회에서 채택 및 2013.08. 발효되어 2014.08.부터 시행되고 있다.

① 해사노동협약(MLC)
② 국제산업안전보건기준
③ ILO노동협약
④ 선원의 훈련, 자격증명 및 당직근무의 기준에 관한 국제협약(STCW)

02 해사노동협약 규정 4.3조에서 규정하고 있는 것은?

① 선원의 근로시간
② 선원의 휴게시간
③ 노사협의회 제도
④ 선내 안전보건제도 구축

03 해사노동협약상 다음 내용과 관련한 설명으로 틀린 것은?

> Each Member shall develop and promulgate national guidelines for the management of occupational safety and health on board ships that fly its flag, after consultation with representative shipowners' and seafarers' organizations and taking into account applicable codes, guidelines and standards recommended by international organizations, national administrations and maritime industry organizations.

① 선박에서의 산업 안전 및 건강관리를 위한 국내 지침 관련한 내용이다.
② 각 회원국은 선박소유자 및 선원 단체의 대표와 협의하여야 한다.
③ 국제기구, 주관청 및 해사산업단체가 권고한 적용 가능한 코드, 지침 및 기준을 고려하여야 한다.
④ 외국적 선박의 안전관련 사항도 포함하여야 한다.

04 해사노동협약 규정 4.3조를 국내로 수용한 법규는?

① 선박직원법
② 선원법
③ 해상교통안전법
④ 선박안전법

05 「선원법」상 선원안전 관련사항과 관련한 내용으로 옳지 않은 것은?

① 선박소유자는 선원에게 보호장구와 방호장치 등을 제공하여야 하며, 방호장치가 없는 기계의 사용을 금지하여야 한다.
② 선박소유자는 선원의 직무상 사고 등이 발생하였을 때에는 즉시 고용노동부장관에게 보고하여야 한다.
③ 선박소유자는 선내 작업 시의 위험 방지, 의약품의 비치와 선내위생의 유지 및 이에 관한 교육의 시행 등에 관하여 해양수산부령으로 정하는 사항을 지켜야 한다.
④ 선장은 특별한 사유가 없으면 선박이 기항하고 있는 항구에서 선원이 의료기관에서 부상이나 질병의 치료를 받기를 요구하는 경우 거절하여서는 아니 된다.

06 다음 중 안전정보의 확인과 관련하여 옳지 않은 것은?

① 안전 · 보건정보란, 사업장에서 산업재해 위험을 야기하거나 근로자에게 건강장해를 일으킬 가능성이 있는 요인들과 관련한 정보를 지칭한다.
② 화학설비 및 그 부속설비에서 제조 · 사용 · 운반 또는 저장하는 위험물질 및 관리대상 유해물질의 명칭과 그 유해성 · 위험성은 안전정보의 일종이다.
③ 산업안전보건법령상 원재료 · 가스 · 증기 · 분진 · 흄(fume, 열이나 화학반응에 의하여 형성된 고체증기가 응축되어 생긴 미세입자를 말한다) · 미스트(mist, 공기 중에 떠다니는 작은 액체방울을 말한다) · 산소결핍 · 병원체 등은 '관리대상 유해물질'로 분류된다.
④ 사업주보다는 정보를 수용하는 근로자의 적극적 확인 · 수용이 중요하다.

07 다음 중 안전경영정책의 일반적 실행과정에 해당하지 않는 것은?

① 계획수립(Plan)
② 점검(Check)
③ 사전고려(Consideration)
④ 개선(Action)

08 위험성평가 방법 중 다음 산식을 적용하는 것은?

> (곱셈법) 위험성(Risk)=가능성×중대성

① 빈도 · 강도법
② 체크리스트(Checklist)법
③ 위험성 수준 3단계(저 · 중 · 고) 판단법
④ 핵심요인 기술(One Point Sheet)법

09 다음 중 위험성평가와 관련한 설명으로 옳지 않은 것은?

① 사전적으로 실시해야 하며, 설정된 주기에 따라 재평가하고 그 결과를 기록 및 유지하여야 한다.
② 규정된 위험성평가 절차에 따라 수행하며, 이에 명시되지 않은 사항은 통상례에 따라 수행한다.
③ 조직 내 유해 · 위험요인을 파악하고 내 · 외부 현안사항에 대해서 위험성평가를 실시하여 위험성을 결정하고 필요한 조치를 실시함을 목적으로 한다.
④ 사업장의 특성, 규모, 공정특성을 고려하여 적절한 위험성평가 기법을 활용하여 절차에 따라 실시하여야 한다.

10 다음 중 위험성평가 대상으로 적절하지 않은 것은?

① 조직 내부 또는 외부에서 작업장에 제공되는 유해위험시설
② 조직에서 보유 또는 취급하고 있는 모든 유해위험물질
③ 일상적인 작업(협력업체는 제외한다)
④ 일상적인 작업(수리 또는 정비 등)

11 위험성평가 단계 중 다음에 해당하는 것은?

> 유해위험요인의 발생 가능성과 중대성을 평가하여 각 단계로 구분하고, 평가점수가 높은 순서대로 관리우선 순위를 결정한다.

① 위험성 추정
② 위험성 추론
③ 위험성 결정
④ 위험성 대책

12 다음 중 안전보건목표 수립 시 고려사항에 해당하지 않는 것은?

① 구체성
② 측정가능성
③ 달성가능성
④ 미래지향성

13 다음 중 안전보건목표 추진 시 포함되어야 할 사항이 아닌 것은?

① 추진계획이 구체적일 것
② 추진경과를 측정할 지표를 포함할 것
③ 목표와 안전보건활동 추진계획과의 독립성이 있을 것
④ 목표달성을 위한 안전보건활동 추진계획 책임자를 지정할 것

14 안전경영정책 process 중 '점검 및 성과평가(Check)' 단계에 해당하는 것으로 볼 수 없는 것은?

① 모니터링
② 내부심사
③ 경영자 검토
④ 위험성평가

15 산업안전보건법령상 안전보건관리체계 구성요소에 해당하지 않는 것은?

① 안전보건총괄책임자
② 안전보건관리책임자
③ 산업안전보건위원회
④ 노사위원회

16 산업안전보건법령상 제조업은 상시근로자가 몇 명 이상일 때 산업안전보건위원회를 의무적으로 구성해야 하는가?

① 50명
② 100명
③ 200명
④ 300명

17 산업안전보건법령상 안전보건관리책임자의 총괄 업무사항이 아닌 것은?

① 사업장의 산업재해 예방계획의 수립에 관한 사항
② 해당작업에서 발생한 산업재해에 관한 보고 및 이에 대한 응급조치
③ 안전보건교육에 관한 사항
④ 산업재해의 원인 조사 및 재발 방지대책 수립에 관한 사항

18 산업안전보건법령상 근로자대표는 산업안전보건위원회 위원으로 해당 사업장의 근로자 중 몇 명 이내의 자를 지명할 수 있는가?

① 7명
② 8명
③ 9명
④ 10명

19 「선원법」상 선내안전보건기준상 선원을 사용하는 사업과 그 사업장에 별도 설치해야 하는 기구는?

① 선내위험방지위원회
② 선내안전위원회
③ 선박관리위원회
④ 선박안전위원회

20 다음 중 안전경영정책의 환류에 해당하지 않는 것은?

① 측정
② 부적합 시 시정조치
③ 지속적 개선
④ 현업 피드백

21 다음 중 안전경영정책 환류 시 참고자료에 해당하지 않는 것으로 가장 옳은 것은?

① 위험성평가 결과
② 경영자검토 자료
③ 내부심사 결과 및 시정 및 예방조치 요구 (결과)서
④ 산업안전보건 관련 법령

22 안전경영정책 환류 시 지속적 개선사항에 해당하지 않는 것은?

① 안전보건 성과 향상
② 안전보건시스템 지원 조직문화 개발 촉진
③ 구성원 참여 촉진
④ 관련비용 절감 노력

23 「선원법」상 선내안전보건기준에 포함되어야 할 사항이 아닌 것은?

① 선원의 안전·건강 관련 교육훈련 및 위험성평가 정책
② 선내 직무상 사고 등의 조사 및 보고
③ 선내 안전저해요인의 검사·보고와 시정
④ 선박안전위원회의 설치 및 운영

24 산업안전보건법령 등에 따른 사업무와 근로자의 의무로서 틀린 것은?

① 사업주 : 법령에 따른 산업재해 예방을 위한 기준 준수
② 근로자 : 노사협의회 활동
③ 근로자 : 안전보건 교육에 적극 참여
④ 사업주 : 해당 사업장 안전 및 보건에 관한 정보 제공

25 위험성평가 절차 중 다음에 해당하는 단계는?

> 위험요인을 심사하여 정량화하는 단계로 곱셈법을 활용하여 가능성과 중대성을 조합

① 위험성 결정
② 위험성 확정
③ 위험성 추정
④ 위험성 측정

제4과목 선박자원관리론

01 현장이나 직장에서 직속상사가 부하직원에게 일상 업무를 통하여 지식, 기능, 문제해결능력 및 태도 등을 교육 훈련하는 방법으로 개별 교육에 적합한 것은?

① TWI(Training Within Industry)
② OJT(On the Job Training)
③ ATP(Administration Training Program)
④ Off JT(Off the Job Training)

02 다음 중 업무기획의 평가 기준으로 적절하지 않은 것은?

① 완결성
② 충분성
③ 미래성
④ 유연성

03 다음 중 선교 업무 배정 시 고려사항에 해당하지 않는 것은?

① 선종과 장비·시설 등의 상태
② 선박, 인명, 화물 및 항만 안전과 환경 및 보안
③ 기상 등 대외적·불가항적 조건에 의해 지배되는 특수한 운항 형태
④ 고용노동부 지침의 최우선 적용

04 다음이 가리키는 것은?

> 간이 신체적 또는 심리적으로 감당하기 어려운 상황에 처했을 때 느낄 수 있는 개인의 불안과 위험의 감정 또는 개인 능력을 초과하는 요구가 있거나 요구를 충족시켜주지 못하는 환경과의 불균형 상태에 대한 적응적 반응

① 스트레스
② 업무과다
③ 심리적 방황
④ 공황장애

05 스트레스 해소를 위한 "3R"기법에 해당하지 않는 것은?

① Reduce(정신활동)
② Recognize(긴장)
③ Reduce(호흡수)
④ Relax(마음가짐)

06 아이젠하워의 시간관리 매트릭스상 "급하지만 중요하지 않은 일"에 대한 적절한 업무처리 방식은?

① 실행
② 제거
③ 숙고
④ 위임

07 다음 중 마이어스-브릭스 유형 지표(MBTI)에 해당하지 않는 것은?

① Introversion(내향)/Extroversion(외향)
② Sensing(감각)/iNtuition(직관)
③ Thinking(사고)/Feeling(감정)
④ Judging(판단)/Considering(숙고)

08 다음 중 업무 수행을 위한 우선순위 결정 방법으로 틀린 것은?

① 시간관리 매트릭스
② 점수합계 최고법
③ 명목법
④ 최소비용법

09 다음 중 업무량에 따른 선교 상태 중 "근심 상태"를 가리키는 것은?

① 0
② +1
③ +2
④ +3

10 다음 중 선내 업무 시 피로와 관련한 설명으로 옳지 않은 것은?

① 일에 시간과 힘을 지나치게 많이 사용하여 정신 또는 육체가 지쳐서 심신의 기능이 저하된 상태를 의미한다.
② 선박자동화에 따른 승무원 수 감소 및 그에 기인한 업무량 증가 등이 주요 원인이다.
③ 집중력 감소, 의사결정 능력 저하 등이 나타난다.
④ 수면·휴식부여와 같은 개별적 해결책을 다른 요소보다 최우선적으로 적용하여야 한다.

11 다음 중 해사 커뮤니케이션 과정을 올바른 순서로 나열한 것은?

① Sender-Channel-Encoding-Decoding-Receiver
② Sender-Encoding-Channel-Decoding-Receiver
③ Sender-Encoding-Channel-Decoding-Receiver
④ Sender-Encoding-Decoding-Channel-Receiver

12 다음이 가리키는 것은?

> 어떠한 요인으로 인해 인적상해 또는 물적손상을 발생시키는 원인으로서의 잠재적 유해성

① 인과관계
② 위험성
③ 치명성
④ 귀책사유

13 다음 내용이 의미하는 개념은?

> 국제해사기구가 원자력 발전소를 비롯한 육상산업분야에서 사용하던 위험분석(risk analysis)을 해사산업분야에 적용할 때 도입한 평가방법으로, 해상에서의 인명안전과 해양환경 보호를 위한 안전평가 체제

① SOLAS
② COLREG
③ FSA
④ SMCP

14 FSA의 수행 단계로서 적절하지 않은 것은?

① 위해요소 식별(hazard identification)
② 위험성 제어 방안에 대한 비용-이익 평가(cost-benefit assessment)
③ 위험성 제어 방안(risk control option)
④ 경영자 의사결정(decision of shipowner)

15 선택사항 식별을 위한 의사결정 유형에 해당하지 않는 것은?

① 구조적 의사결정
② 반구조적 의사결정
③ 비구조적 의사결정
④ 형성적 의사결정

16 다음 그림에 해당하는 선박 장비는?

① 자기 컴퍼스
② 고속 컴퍼스
③ 자이로 컴퍼스
④ 선회 컴퍼스

17 다음에 해당하는 선박 장비는?

> 기존 종이해도를 대신하여 항해용 전자해도정보를 디스플레이하고 그 밖에 GPS 등 각종 센서와 결합하여 다양한 정보를 보여주는 항해장비

① ARPA
② ECDIS
③ RADAR
④ AIS

18 다음에 의미하는 선박 장비는?

> 조난 선박의 근처에 있는 다른 선박은 물론이고 육상 수색/구조당국 역시 신속·정확히 조난신호를 감지하도록 하여 수색/구조작업을 지체없이 원활하게 임할 수 있도록 지원하는 장비로, 기존 조난안전통신시스템의 단점을 보완하기 위해 1988년 IMO에 채택되어 기존의 모스 부호 시스템을 대체하였다.

① AIS
② ECDIS
③ ARPA
④ GMDSS

19 다음 중 선박 기관실의 장비에 해당하지 않는 것은?

① Generator
② Pulifer
③ Speed Log
④ Air Compressor

20 선박의 길이 중 다음이 가리키는 것은?

> 각 흘수선상의 물에 잠긴 선체의 선수재 전면부터 선미 후단까지의 수평 거리

① 전장
② 수선장
③ 수선간장
④ 등록장

21 다음 중 선박의 용적 톤수(volumn tonnage)에 해당하지 않는 것은?

① 총톤수
② 정량톤수
③ 순톤수
④ 국제 총톤수

22 다음 그림의 상황이 발생하였을 경우, 선박의 복원성 관련한 설명으로 옳은 것은?

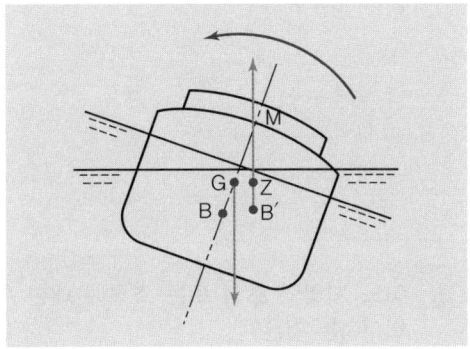

① 불안정
② 불안
③ 안정
④ 전복

23 선박 예방정비 유형 중 운전시간이 적거나 통상의 정비사항에 대하여, 현상관찰이나 상태감시 위주로 이루어지는 정비에 해당하는 것은?

① 시간기반정비
② 즉시실행정비
③ 상태기반정비
④ 발생기반정비

24 선박수리 중 보상수리와 관련한 설명으로 옳지 않은 것은?

① 신조선박에 대한 조선소 측의 하자수리는 보통 1년이다.
② 선박 건조 시 발생하는 수리이다.
③ 별도 약정에 따른 연장수리는 불가하다.
④ 선박 운항 중 사고에 따른 사고수리와는 구분된다.

25 계속적으로 운전되지 않는 핵심장비의 관리 방법으로 적절한 것은?

① 점검 후 해당 기록을 갑판 및 기관 로그북(log book) 등에 기재해 기록으로 관리한다.
② 주기적 관리로 충분하다.
③ 고장의 가능성이 낮으므로 계속적으로 운전되는 보조장비를 먼저 관리·점검한다.
④ 계속적 운전 가능성은 선장의 주관적 판단에 의한다.

선택과목 항해

01 지자기 관련 설명으로 옳은 것은?
① 지자기 편차는 매년 변화가 없다.
② 지자기의 양 극에서는 수직자력만이 작용한다.
③ 지자기의 극과 지구의 자전축은 일치한다.
④ 지구표면의 지구 자장은 규칙적이다.

02 다음 중 육분의 기차 정밀측정 시 사용하는 것은?
① 태양
② 뚜렷한 물표
③ 달
④ 높은 산의 봉우리

03 등대의 광달거리에 대한 설명으로 옳지 않은 것은?
① 등대 위치가 높을수록 길어진다.
② 등의 광력이 강할수록 길어진다.
③ 수온과 기온의 차와도 관계된다.
④ 관측자 위치가 낮을수록 길어진다.

04 해도도식의 저질표시 중 'S'가 의미하는 것은?
① 자갈
② 해조류
③ 모래
④ 조개 껍질

05 항해용 종이해도 중 항만, 정박지, 협수로와 같은 좁은 구역을 상세히 그린 평면도에 해당하는 것은?
① 점장도
② 항박도
③ 항역도
④ 항해도

06 어느 지역의 조석 또는 조류에 대한 특징을 의미하는 것은?
① 조고
② 조령
③ 조신
④ 조승

07 다음 중 난류는?
① 오야시오
② 쿠만 해류
③ 쿠로시오
④ 래브라도 해류

08 위치선 형태가 곡선인 것끼리 묶인 것은?
① 수평거리에 의한 위치선, 방위에 의한 위치선
② 수평거리에 의한 위치선, 수평협각에 의한 위치선
③ 중시선에 의한 위치선, 수평협각에 의한 위치선
④ 방위에 의한 위치선, 중시선에 의한 위치선

09 자오선 사이 거등권에 대한 설명으로 옳은 것은?
① 극에 접근할수록 짧아진다.
② 본초자오선에 근접할수록 짧아진다.
③ 적도에서 중위도에 접근할수록 늘어난다.
④ 위도에 따른 거등권의 크기는 차이가 없다.

10 다음 중 항정선 항법에 해당하지 않는 것은?
① 점장위도항법
② 평면항법
③ 대권항법
④ 진중분위도항

11 GPS 항법에 대한 설명으로 옳은 것은?
① 중고도인 12개의 인공위성을 사용한다.
② 통상 6개의 위성을 계속 관측하여 선위를 결정한다.
③ 위성에서 발사한 전파의 도달 시간을 측정하여 선위를 결정한다.
④ 위성에서 발사한 전파의 주파수 변화량을 측정하여 선위를 결정한다.

12 입항항로 선정과 관련한 주의 사항으로 맞는 것은?
① 지정된 항로를 따르지 않는다.
② 정박지 진입 시 선미 쪽에 있는 물표를 선정한다.
③ 수심의 분포가 고르지 못한 지역은 피한다.
④ 정박지 진입 시 항로는 예정 묘박지 부근을 멀리서 볼 수 있고 우회할 수 있어야 한다.

13 Topping lift의 역할은?
① Cargo fall 보강
② Derrick boom 선회
③ Derrick boom의 양각 조절
④ Derrick boom의 하단과 Derrick post 연결

14 화표(Cargo mark) 불기입 사항은?
① 주의 표시(Care mark)
② 품질 기호(Quality mark)
③ 중량 기호(Quantity mark)
④ 판매자 표시(Exporter mark)

15 적화중량톤수 계산 시 사용 도면은?
① 강재 배치도
② 배수량등곡선도
③ 일반 배치도
④ 하역 현황 배치도

16 통풍환기 관련 설명으로 옳은 것은?
① 대부분의 화물은 저온 건조할 때 통풍 환기가 필요하다.
② 자동차운반선의 선창은 별도의 통풍 환기가 필요하지 않다.
③ 통풍 환기의 방법은 자연 통풍법과 기계 통풍법이 있다.
④ 곡물 야채 등의 화물은 신선도를 유지를 위해 통풍 환기가 필요 없다.

17 선박건조 완료 시 또는 선박 대규모 개조공사로 인해 선체중심상 큰 변화가 발생한 경우 GM을 구하는 방법에 해당하는 것은?
① 경사 시험법
② 흘수 감정법
③ 해수밀도 시험법
④ 횡요주기 계산법

18 갑판면에서 압축응력 선저부 인장응력 발생 상태를 지칭하는 용어는?
① Sagging
② Hogging
③ Twisting
④ Shearing

19 유조선에서 화물탱크 구조가 열 종격벽인 이유로 틀린 것은?
① 종강력의 증가
② 하역능률의 향상
③ 화물유와의 구분
④ 자유표면 효과 감소

20 냉동 컨테이너 적입작업 시 주의사항에 해당하지 않는 것은?
① 적입할 화물을 미리 소정 온도까지 냉각시켜 둔다.
② 덕트(Duct)의 출입구에 적절한 공간을 확보해 둔다.
③ 냉기 출구 쪽 청과물은 동해를 입지 않게 각별히 유의한다.
④ 사용될 더니지(Dunnage)는 충분한 수분을 함유하도록 한다.

21 선창 내 청소 및 점검에 관한 사항을 기록하는 일반적인 일지는?
① Deck log-book
② Oil record book
③ Bell-book
④ Abstract log book

22 「선박법」상 기선에 해당하지 않는 선박은?
① 수면비행선박
② 주로 돛을 사용하여 운항하는 선박디젤기관으로 추진하는 어선
③ 가스터빈엔진으로 운항하는 선박
④ 디젤기관으로 추진하는 어선

23 「선박법」상 모든 선박은 선박국적증서 또는 임시선박국적증서를 선박 내에 갖추고 항행하여야 한다. 그 예외적인 경우가 아닌 것은?
① 시험운전 시
② 불개항장을 출입 시
③ 총톤수 측정을 받으려는 경우
④ 자력항행능력이 없어 다른 선박에 의하여 끌리거나 밀려서 항행되는 선박

24 MARPOL 협약상 유조선 외 총톤수 400톤 이상 선박에 적용되는 유성혼합물의 배출요건으로 틀린 것은?
① 선박이 항해 중일 것
② 기름필터링장치를 통하여 처리될 것
③ 유출물의 유분함유량이 15ppm을 초과하지 아니할 것
④ 유분의 순간 배출률이 해리에 2,500리터를 넘지 아니할 것

25 SOLAS 협약에 따른 화물선 안전설비증서 유효기간은?

① 5년
② 2년
③ 3년
④ 1년

선택과목   **기 관**

01 디젤기관에서 플라이휠에 대한 설명으로 틀린 것은?

① 회전속도 균일성 유지를 위해 지름을 크게 하는 것보다 두께를 크게 하는 것이 더욱 효과적이다.
② 플라이휠은 저속 회전을 가능하게 해 준다.
③ 실린더 수가 적은 기관에서는 더 크고 무거운 것이 필요하다.
④ 고속기관에서는 저속기관에 비해 지름을 작게 해도 된다.

02 디젤기관의 후연소가 길어질 경우 나타나는 현상으로 옳은 것은?

① 배기가스의 온도가 내려간다.
② 기관이 과열된다.
③ 배기가스의 색이 무색으로 된다.
④ 연료소비율이 감소한다.

03 디젤기관에서 메인 베어링의 발열 원인이 아닌 것은?

① 과부하 운전
② 크랭크축 중심선 어긋남
③ 윤활유 공급 부족 현상
④ 점도지수가 큰 윤활유 사용

04 디젤기관에서 배기밸브의 고착 원인으로 볼 수 없는 것은?

① 밸브 스핀들과 가이드의 열전도가 나쁠 때
② 밸브 박스를 너무 많이 냉각할 때
③ 밸브 스핀들의 열팽창계수가 클 때
④ 밸브 스핀들과 가이드와의 간격이 너무 작을 때

05 디젤기관의 성능 곡선에 포함되지 않는 것은?
① 연료분사시기
② 매분 회전수
③ 압축압력
④ 연료소비율

06 보일러 안전밸브 방출능력 확인 목적의 시험은?
① 진공시험
② 압력시험
③ 축기시험
④ 수압시험

07 보일러에서 증기 발생에 실제사용 전체 열량과 소비연료의 총 발열량 비율을 나타내는 것은?
① 전열면적
② 증발율
③ 보일러 마력
④ 보일러 효율

08 디젤기관 역전장치에 대한 설명으로 틀린 것은?
① 직/간접 역전방식이 있다.
② 캠축 이동식 역전장치는 직접 역전방식에 포함된다.
③ 대형 선박에서는 주로 간접 역전방식이 사용된다.
④ 가변 피치 프로펠러는 간접 역전방식에 포함된다.

09 스크루 프로펠러에 의한 축계 진동의 원인으로 볼 수 없는 것은?
① 날개의 피치가 불균일할 때
② 날개의 전개면적이 작을 때
③ 캐비테이션 현상이 발생할 때
④ 정적 또는 동적 불평형이 되었을 때

10 대형 선박에 주로 사용되는 추력 베어링에 해당하는 것은?
① 미첼형
② 상자형
③ 말굽형
④ 개방형

11 추진 축계 구성 요소에 해당하지 않는 것은?
① 프로펠러축
② 추력축
③ 중간축
④ 캠축

12 디젤기관 사용 윤활유로 가장 적절한 것은?
① 점도지수가 큰 윤활유
② 점도가 큰 윤활유
③ 항유화성이 작은 윤활유
④ 산화안정도가 작은 윤활유

13 연료유의 온도를 서서히 높일 때 자가 연소를 시작하는 최저온도를 표현하는 것으로 옳은 것은?
① 유동점
② 인화점
③ 발화점
④ 응고점

14 연료유 수급 전 점검 및 준비 사항에 해당하지 않는 것은?
① 기름기록부의 작성 후 비치
② 갑판의 스커퍼 폐쇄 확인
③ 지정 신호기 게양 또는 등화점등 확인
④ 오염방제자재 및 휴대용 소화기의 적정 비치

15 황천항해 시의 조치사항으로 틀린 것은?
① 침수 우려가 있는 외부 출입문은 사전에 잠근다.
② 황천항해가 시작되면 주기관 부하변동에 유의한다.
③ 주기관의 노킹 방지를 위해 과급공기의 압력을 낮춘다.
④ 황천항해가 시작되기 전 움직일 수 있는 물건은 미리 고정시킨다.

16 부식으로 얇아진 선체외판 두께 측정 시 주로 사용되는 방법은?
① 침투탐상 측정법
② 자기탐상 측정법
③ 다이체크 측정법
④ 초음파 측정법

17 한국선급의 검사 종류에 포함되지 않는 것은?
① 연차검사
② 중간검사
③ 정기검사
④ 특별검사

18 연료유의 수급 후 기관일지에 기록항목에 해당하지 않는 것은?
① 점도 비중 등의 사양
② 수급량
③ 선장과 책임사관의 성명
④ 수급시간

19 선박에서 연료유 연소에 기인해 발생하는 대기오염물질은?
① 염화불화탄소
② 수증기
③ 오존층파괴물질
④ 질소산화물

20 디젤 주기관의 Crash Astern 기능에 대한 설명으로 맞는 것은?
① 디젤기관의 위험회전수를 자동 또는 수동으로 회피하는 기능이다.
② 전속 전진 항해 중 디젤기관을 긴급 후진시키는 기능이다.
③ 디젤기관의 급격한 부하 변동 시 기관을 일시 정지시키는 기능이다.
④ 윤활유 압력 저하 시 디젤기관을 급하게 정지 및 후진시키는 기능이다.

21 항해 중 정전 시 예비발전기 자동기동으로 주배전반 전원 공급 시, 수동 기동 없이 자동으로 전동기를 기동시키는 기능은?
① Sequential start program
② Reverse power function
③ Preferential trip program
④ Manual start function

22 다음 소화제 중 최고의 냉각효과를 가진 것은?

① 분말
② 포말
③ 물
④ 드라이파우더

23 수소화 장치 만능노즐을 사용하여 소화 작업 시, 제1번 사수를 화염으로부터 보호하기 위한 것은?

① 애플리케이터
② 스프링클러 헤드
③ 포말방사기
④ 이산화탄소 노즐

24 「선박직원법」상 해기사 면허 유효기간은?

① 2년
② 3년
③ 4년
④ 5년

25 총톤수 50톤 이상 100톤 미만인 유조선이 아닌 선박 기관구역용 폐유저장용기의 용량에 해당하는 것은?

① 50 ℓ
② 60 ℓ
③ 100 ℓ
④ 200 ℓ

선택과목 산업안전관리

01 산업안전보건법령상 다음 설명이 가리키는 용어는?

> 산업재해를 예방하기 위하여 잠재적 위험성을 발견하고 그 개선대책을 수립할 목적으로 조사·평가하는 것

① 안전보건평가
② 위험성측정
③ 위험성평가
④ 안전보건진단

02 산업안전보건법령상 중대재해 관련 다음 ( )에 들어갈 숫자의 합은?

> 산업재해 중 ( )개월 이상의 요양이 필요한 부상자가 동시에 ( )명 이상 발생한 재해

① 4
② 5
③ 6
④ 7

03 산업안전보건법령상 산업재해발생건수 등의 공표대상 사업장에 해당하지 않는 것은?

① 산업재해로 인한 사망자가 연간 2명 이상 발생한 사업장
② 사망만인율이 규모별 같은 업종의 평균 사망만인율 이상인 사업장
③ 사업주가 산업재해 발생 사실을 은폐한 사업장
④ 사업주가 산업재해 발생에 관한 보고를 최근 3년 이내 1회 이상 하지 않은 사업장

04 산업안전보건법령상 사업주의 의무 사항에 해당하는 것은?

① 산업 안전 및 보건 정책의 수립 및 집행
② 해당 사업장의 안전 및 보건에 관한 정보를 근로자에게 제공
③ 산업재해에 관한 조사 및 통계의 유지·관리
④ 산업 안전 및 보건 관련 단체 등에 대한 지원 및 지도·감독

05 산업안전보건법령상 안전보건관리체제에 관한 설명으로 옳지 않은 것은?

① 안전보건관리책임자는 안전관리자와 보건관리자를 지휘·감독한다.
② 사업주는 사업장을 실질적으로 총괄하여 관리하는 사람에게 해당 사업장의 작업환경측정 등 작업환경의 점검 및 개선에 관한 업무를 총괄하여 관리하도록 하여야 한다.
③ 사업주는 안전관리자에게 산업 안전 및 보건에 관한 업무로서 해당작업에서 발생한 산업재해에 관한 보고 및 이에 대한 응급조치에 관한 업무를 수행하도록 하여야 한다.
④ 사업주는 안전보건관리책임자가 「산업안전보건법」에 따른 업무를 원활하게 수행할 수 있도록 권한·시설·장비·예산, 그 밖에 필요한 지원을 해야 한다.

06 산업안전보건법령상 건설업은 공사금액이 얼마 이상일 때 안전보건관리책임자를 두어야 하는가?

① 10억 원
② 20억 원
③ 30억 원
④ 120억 원

07 산업안전보건법령상 유해하거나 위험한 기계·기구·설비로서 안전검사대상기계 등에 해당하는 것은?

① 정격 하중 1톤인 크레인
② 이동식 국소배기장치
③ 밀폐형 구조의 롤러기
④ 산업용 로봇

08 산업안전보건법령상 공정안전보고서에 포함되어야 할 내용으로 옳지 않은 것은?

① 공정안전자료
② 산업재해 예방에 관한 기본계획
③ 안전운전계획
④ 공정위험성평가서

09 산업안전보건법령상 작업환경측정 대상인 소음 기준은?

① 60dB
② 70dB
③ 80dB
④ 90dB

10 산업안전보건법령상 다음 내용이 가리키는 것은?

> 화학물질 또는 이를 포함한 혼합물로서, 고용노동부장관이 정한 근로자에게 건강장해를 일으키는 화학물질 및 물리적 인자 기타 유해인자의 유해성·위험성 분류기준에 해당하는 것

① 위험요소
② 안전성자료
③ 위해자료
④ 물질안전보건자료

11 산업안전보건법령상 산업재해 부상자 발생 시 사업주는 1개월 이내에 산업재해조사표를 보고하여야 하는 대상은?
① 3일 이상 휴무 부상자
② 10일 이상 휴무 부상자
③ 15일 이상 휴무 부상자
④ 1개월 이상 휴무 부상자

12 산업안전보건법령상 사무직 근로자는 몇 년마다 건강진단을 수검해야 하는가?
① 매년
② 2년
③ 3년
④ 5년

13 산업안전보건법령상 사업주가 보존해야 할 서류의 보존기간이 2년인 것은?
① 노사협의체의 회의록
② 안전보건관리책임자의 선임에 관한 서류
③ 화학물질의 유해성·위험성 조사에 관한 서류
④ 작업환경측정에 관한 서류

14 안전관리 활동을 통해서 얻을 수 있는 긍정적인 효과가 아닌 것은?
① 근로자의 사기 진작
② 생산성 향상
③ 손실비용 증가
④ 신뢰성 유지 및 확보

15 산업재해발생의 기본 원인 4M에 해당하지 않는 것은?
① Man
② Method
③ Machine
④ Media

16 재해조사의 1단계(사실의 확인)에서 수행하지 않는 것은?
① 재해의 직접원인 및 문제점 파악
② 사고 또는 재해 발생 시 조치
③ 작업 중 지도·지휘의 조사
④ 작업 환경·조건의 조사

17 다음 중 안전사고 발생 시 대응절차에 해당하지 않는 것은?
① 피재기계 정지
② 피해자에 대한 응급 조치
③ 상급자, 관계자에게 즉시 보고·통보
④ 즉시 현장 이탈

18 무재해운동의 3원칙 중 다음에 해당하는 것은?

단순히 사망재해란 휴업재해만 없으면 된다는 소극적 사고가 아닌, 사업장 내 잠재위험요인을 적극적으로 사전에 발견하고 파악·해결함으로써 산업재해의 근원적 요소를 없앤다는 것을 의미한다.

① 무의 원칙
② 선취의 원칙
③ 보장의 원칙
④ 참가의 원칙

19 산업재해의 인적 요인이라고 볼 수 없는 것은?

① 작업 환경
② 불안전행동
③ 인간 오류
④ 사고 경향성

20 산업안전보건법령상 크레인의 안전검사는 설치일로부터 몇 년 내에 실시하여야 하는가?

① 1년
② 2년
③ 3년
④ 4년

21 산업안전보건법령상 중대해재 발생 시 업무절차 및 원인조사에 대한 설명으로 맞는 것은?

① 사업주는 중대재해가 발행한 사실을 알게 된 경우, 대통령령으로 정하는 바에 따라 지체 없이 한국산업안전공단에 보고하여야 한다.
② 고용노동부장관은 중대재해 발생 시 사업주가 자율적으로 안전보건개선계획 수립·시행 후 결과를 제출하면 중대재해 원인조사를 생략한다.
③ 누구든지 중대재해 발생 현장을 훼손하거나 고용노동부장관의 원인조사를 방해해서는 아니 된다.
④ 한국산업안전공단 이사장은 중대재해 발생시 그 원인 규명 및 산업재해 예방대책 수립을 위해 그 발생 원인을 조사할 수 있다.

22 다음 (   )에 들어갈 단어로 옳은 것은?

(   )는 330건의 사고가 발생하는 가운데 중상 또는 사망 1건, 경상 29건, 무상해사고 300건의 비율로 재해가 발생한다는 법칙을 주장하였다.

① 버드(F.Bird)
② 하인리히(H.Heinrich)
③ 시몬스(R.Simonds)
④ 에덤스(E.Adams)

23 다음 중 각 사고 상황별 초기 대응으로 틀린 것은?

① 감전 : 즉시 전원 차단
② 화재 : 즉시 외부로 대피
③ 기계재해 : 즉시 기계 정지
④ 질식 : 작업 중지

24 '기름이 흘러져 있는 복도 위를 걷다가 미끄러지면서 넘어져 기계에 머리를 부딪혀서 다쳤다'고 가정 시 이러한 재해상황에 관한 내용으로 틀린 것은?

① 가해물 : 기계
② 가해물 : 기름
③ 기인물 : 기름
④ 사고유형 : 전도

25 산업안전보건법령상 산업안전보건위원회의 정기회의 소집주기는?

① 1개월
② 분기
③ 반기
④ 1년

CHAPTER 02 실전모의고사 정답 및 해설

제1과목		선박관계법규							
01	02	03	04	05	06	07	08	09	10
④	③	②	②	④	③	④	③	②	③
11	12	13	14	15	16	17	18	19	20
②	②	①	③	①	③	③	③	④	③
21	22	23	24	25					
①	③	④	②	①					

01 정답 | ④
해설 | 신고면제 대상은 국내항 간을 운항하는 모터보트 및 동력요트이다.

02 정답 | ③
해설 | 선박이 무역항의 수상구역 등에서 해안으로 길게 뻗어 나온 육지 부분, 부두, 방파제 등 인공시설물의 튀어나온 부분 또는 정박 중인 선박을 오른쪽 뱃전에 두고 항행할 때에는 부두 등에 접근하여 항행하여야 한다.

03 정답 | ②
해설 | 선박에 근무하는 선원의 자격은 「선박직원법」에서 규정되어 있다.

04 정답 | ②
해설 | 「선원법」상 여객선의 비상훈련은 10일(국내항을 운항하는 경우는 7일)마다 실시하여야 한다.

05 정답 | ④
해설 | 「선원법」에 따르면 여객선 비상신호는 단음 7회 및 장음 1회이다.

06 정답 | ③
해설 | 통신사와 운항사는 4급까지만 해당한다.

07 정답 | ④
해설 | 소형선박은 12미터 미만의 선박을 말한다.

08 정답 | ③
해설 | 「선박안전법」상 항해구역은 평수구역, 연해구역, 근해구역, 원양구역이다.

09 정답 | ②
해설 | 「해양사고심판법」상 징계 종류는 면허취소, 업무정지 및 견책의 3종류가 있다.

10 정답 | ③
해설 | 「해운법」상 해상여객운송사업은 내항 정기/부정기, 외항 정기/부정기, 순항, 복합이 해당한다.

11 정답 | ②
해설 | 조종제한선에 대한 설명이다.
① 조종불능선 : 선박의 조종성능을 제한하는 고장이나 그 밖의 사유로 조종을 할 수 없게 되어 다른 선박의 진로를 피할 수 없는 선박을 말한다.
③ 흘수제약선 : 가항(可航)수역의 수심 및 폭과 선박의 흘수와의 관계에 비추어 볼 때 그 진로에서 벗어날 수 있는 능력이 매우 제한되어 있는 동력선을 말한다.

12 정답 | ②
해설 | 10km 이내 수역에서는 선박통항 방해행위가 금지된다.

13 정답 | ①
해설 | 술에 취한 상태의 기준은 혈중알코올농도 0.03 퍼센트 이상으로 한다.

14 정답 | ③
해설 | 여객선은 톤수와 관계없이 국제항해선박 및 항만시설의 보안에 관한 법률의 적용대상에 해당한다.

15 정답 | ①
해설 | 선박보안책임자는 해당 국제항해선박 승선인원이 1/4 이상 교체 시 7일 이내 훈련ㆍ교육 실시해야 한다.

16 정답 | ③
   해설 | 여객선 외 선박의 경우 총톤수 500톤 이상 선박만 SOLAS 적용 대상이다.

17 정답 | ③
   해설 | 선박안전을 위한 풍우밀과 수밀 보전성 확보는 국제 만재흘수선 협약의 목적이다.

18 정답 | ③
   해설 | C편은 화물선 추가요건으로, 여객선 대비 다소 완화된 요건이다.
   ① A편 : 일반규정으로 여객선 · 화물선 공통이다.
   ② B편 : 여객선 추가요건이다.

19 정답 | ④
   해설 | 군함과 같은 공공용 선박은 선박으로부터의 오염방지를 위한 국제협약 적용 대상이 아니다.

20 정답 | ③
   해설 | 유출액 중의 유분이 15PPM 이하이어야 기름배출이 가능하다.

21 정답 | ①
   해설 | 임의 규정과 강행 규정이 병존한다.

22 정답 | ③
   해설 | 국제 만재흘수선 협약상 흘수선 표시순서는 TF(열대담수)-F(하기담수)-T(열대)-S(하기)-W(동기)-WNA(동기 북대서양)이다.

23 정답 | ④
   해설 | 국제톤수증서 유효기간은 별도 정함이 없고, 재측도시까지 영구하다.

24 정답 | ②
   해설 | 국제항해 미종사 선박 중 총톤수 200톤 미만의 선박까지 규정 일부제외가 가능하다.

인적 범위	원칙	모든 선원
	예외	별도규정 시 해당범위
물적 범위	원칙	상업적 활동 종사 모든 선박
	제외	• 어업 · 유사목적 종사 선박 • 삼각돛 붙이 범선 및 밑이 평평한 범선과 같은 전통적 구조의 선박 • 전함 · 해군보조함
	일부 제외	권한당국이 관계 선박소유자 및 선원단체와 협의를 거치는 경우에 국제항해 미종사 총톤수 200톤 미만 선박

25 정답 | ①
   해설 | 선원노동 관련한 항만국통제의 통일적 적용을 위함이다.

제2과목 해사안전관리론

01	02	03	04	05	06	07	08	09	10
③	④	③	④	④	②	①	③	④	④
11	12	13	14	15	16	17	18	19	20
④	③	③	①	③	④	①	④	④	①
21	22	23	24	25					
③	④	④	②	③					

01 정답 | ③
   해설 | 편의치적선의 범람은 결국 후진국 위주인 해당 기국 통제 미비에 따라 각종 해양환경 대형사고를 불러일으키게 되었다. 그에 따라 기국 외 제3국 또는 제3자에 의한 적절한 통제 필요성이 대두되어 항만국통제 제도를 도입하는 계기가 되었다.

02 정답 | ④
   해설 | 미국은 단독 시행 중이다.

03 정답 | ③
   해설 | 기존의 선박 물적 관리에 추가해 인적 관리까지 항만국통제 범위로 포함하고 있다.

04 정답 | ④
   해설 | 「해운법」은 여객선/화물선 등 해운산업 관리를 위한 기본법으로 항만국통제 관련사항은 규정하고 있지 않다.

05 정답 | ④
   해설 | 기준미달선(Substandard Ship)에 대한 설명이다.

06 정답 | ②
   해설 | 그 권한은 증서발급 및 필요한 권한에 한정된다.

07 정답 | ①
   해설 | 통제 절차서에 대한 설명이다.

08 정답 | ③
   해설 | 협약에 가입하지 않은 비체약국 선박에게는 더 우대적인 조치를 제공할 수 없기 때문에 항만국통제 절차에 따라 그에 상응하는 조사가 이루어져야 한다. 점검은 안전과 해양환경 보호를 위한 수준에서 시행되며, 절차 역시 증서확인 등의 형식적 범위에 한정된다.

09 정답 | ④
해설 | 세부적 점검은 상세점검의 영역이다.

10 정답 | ④
해설 | "중대한" 결함이 있는 경우가 상세점검 사유에 해당한다.

11 정답 | ④
해설 | 선원이나 선원증서의 수가 부족한 경우 기준미달선박에 해당한다.

12 정답 | ③
해설 | 항만국통제 시정조치 코드

Code	시정조치	비고
00	결함사항 없음	
10	결함시정조치 완료	결함된 시정사항에 대하여 처리 완료
15	차항에서 결함시정	지적항구에서 미처리되어 다음 입항항구까지 보증해주는 경우
16	14일 이내 결함시정	선박에 위험을 초래하지 않고 즉시 수리가 필요하지 않은 경우, 보통 17code보다 사소한 결함일 경우
17	출항전 결함시정	• 일반적으로 Follow Up Inspection을 수반 • 출항 전 시정조치 완료하지 않을 경우 15/16/99 각 Code로 수정될 수 있음
30	출항정지	감항성에 영향을 미치는 중대한 결함, 선원 및 여객의 안전을 저해하거나 해양오염을 발생시킬 수 있는 위험이 있는 결함사항이 발견되는 경우, 시정조치 완료 전까지 출항정지
99	기타	위의 Code 사용이 적합하지 않은 경우, 구체적인 요구사항을 PSC report에 기록

13 정답 | ③
해설 | 유·도선과 같은 선박이나 유·도선장과 같은 사업장에는 적용되지 않는다.

14 정답 | ①
해설 | 해사안전감독관이 선장, 선박소유자, 안전진단대행업자, 안전관리대행업자, 기타 관계인에게 출석·진술을 하게 할 경우 사전 고지는 7일 전까지 해야 한다.

15 정답 | ③
해설 | 유조선통항 금지해역에서 항행이 금지되는 선박의 유해액체물질 운송량 1,500kl 이상이며 원유도 동일한 기준이다.

16 정답 | ④
해설 | 선박의 복원성은 물적 요소이고, 나머지는 인적 요소에 해당한다.

17 정답 | ①
해설 | 스위스 치즈 모델에 대한 설명이다.

18 정답 | ④
해설 | 유의미한 기타 평가방법의 병용도 가능하다.

19 정답 | ④
해설 | 유전환기는 방제방법의 일종이 아니라, 임의적 조어이다. 기름유출 시 방제방법으로는 오일펜스, 유흡착제, 유처리제, 유회수기가 있다.

20 정답 | ①
해설 | 「선원법」에서 공법상 의무를, 상법에서 사적 의무를 각 규정하고 있다.

21 정답 | ③
해설 | 해당 그림은 Scharnov Turn을 도해한 것이다. Scharnov Turn이란 해상 조난자 인명구조 조선법의 일종으로 선박의 항적을 찾아가며 사고발생 시점과 조선 시점의 시간차가 있을 때 효과적으로 사용할 수 있는 방법이다.

22 정답 | ④
해설 | 선사를 통한 관리시스템 유지·보수도 선원관리 못지 않게 중요한 예방요소이다.

23 정답 | ④
해설 | 배타적경제수역·대륙붕 관련한 경계획정은 '공평의 원칙'을 천명하면서 이해 당사국들 간 합의사항으로 위임하고 있다.

24 정답 | ②
해설 | 서해, 남해 등에서는 직선기선을 기준으로 삼고 있다.

25 정답 | ③
해설 | 대륙붕은 대륙변계 기선으로부터 200해리 밖까지 확장 시 350해리까지 설정할 수 있다. 이는 배타적경제수역(200해리)과 구분해야 한다.

제3과목 해사안전경영론

01	02	03	04	05	06	07	08	09	10
①	④	④	②	②	④	③	①	②	③
11	12	13	14	15	16	17	18	19	20
③	④	③	④	④	①	②	③	②	①
21	22	23	24	25					
④	④	④	②	③					

01 정답 | ①
해설 | 해사노동협약(MLC)에 대한 설명이다.
② 국제산업안전보건기준 : 국제노동기구(ILO)는 ILO협약을 통해 건설업 등 각 산업군별안전보건 기준을 제시하고 있다.
③ ILO노동협약 : 일반적으로 국제노동기구(ILO)의 "ILO 전체협약"을 가리킨다.
④ 선원의 훈련, 자격증명 및 당직근무의 기준에 관한 국제협약(STCW) : 선원 훈련, 자격증명 및 당직근무 기준을 국제적으로 통일함으로써 해상에서의 인명·재산의 안전과 해양환경의 보전하기 위해 1978.07.07. 채택된 국제해사기구(IMO) 협약이다.

02 정답 | ④
해설 | 선내 안전보건제도 구축과 이를 수용한 각 체약국의 기준설정 의무를 부과하고 있다.

03 정답 | ④
해설 | 해당 내용은 자국국기 계양선박에 한정된다.

04 정답 | ②
해설 | 해사노동협약 규정 4.3조를 국내로 수용한 법규는 선원법 규정으로 협약내용을 반영하고 있다.

05 정답 | ②
해설 | 선박소유자는 선원의 직무상 사고 등이 발생하였을 때 즉시 보고대상은 해양항만관청이다.

06 정답 | ④
해설 | 정보보유·제공자인 사업주의 1차적 의무가 강조된다.

07 정답 | ③
해설 | 일반적으로 실행계획 수립(Plan) → 운영(Do) → 점검 및 시정조치(Check) → 개선(Action) 과정을 따른다.

08 정답 | ①
해설 | 빈도·강도법에 따른 산출공식이다.

09 정답 | ②
해설 | 명시되지 않은 사항은 사업장 위험성평가에 관한 지침(고용노동부 고시)을 준수하여 수행한다.

10 정답 | ③
해설 | 협력업체의 작업도 포함되어야 한다.

11 정답 | ③
해설 | 위험성 결정에 대한 내용이다.

12 정답 | ④
해설 | 안전보건목표는 현재의 안전을 유지하는데 중점을 두어야 한다.

13 정답 | ③
해설 | 안전보건목표 추진 시 포함되어야 할 사항
- 추진계획이 구체적일 것(방법, 일정, 소요자원 등)
- 목표달성을 위한 안전보건활동 추진계획 책임자를 지정할 것
- 추진경과를 측정할 지표를 포함할 것
- 목표와 안전보건활동 추진계획과의 연계성이 있을 것

14 정답 | ④
해설 | 위험성평가는 실행(Do)단계에서 실행된다.

15 정답 | ④
해설 | 노사위원회는 안전보건관리체계 구성요소에 해당하지 않는다.

16 정답 | ①
해설 | 제조업은 상시근로자가 50명 이상일 때 산업안전보건위원회를 의무적으로 구성해야 한다. 이는 서비스업(300명)과 구분해야 한다.

17 정답 | ②
해설 | ②는 관리감독자의 업무사항이다.

18 정답 | ③
해설 | 「산업안전보건법」상 산업안전보건위원회 위원구성은 다음과 같다.
- 근로자대표
- 근로자대표가 지명하는 1명 이상의 명예산업안전 감독관
- 근로자대표가 지명하는 9명 이내 해당 사업장의 근로자

19 **정답 |** ②
   해설 | 선내안전위원회는 선원법 고유의 안전체제이다.

20 **정답 |** ①
   해설 | 측정은 점검 및 성과평가 단계에 해당하는 사항이다.

21 **정답 |** ④
   해설 | 산업안전보건 관련 법령은 계획수립이나 실행 단계에서 충분히 검토되어야 하는 사항이다.

22 **정답 |** ④
   해설 | 안전경영정책 유지·개선을 위해 적정 수준의 비용지출이 요구될 수 있다.

23 **정답 |** ④
   해설 | 「선원법」상 선내안전보건기준에 따르면 선내안전위원회의 설치 및 운영이 포함되어야 한다.

24 **정답 |** ②
   해설 | 노사협의회 활동은 개선사항과는 직접적 연관성이 없다.

25 **정답 |** ③
   해설 | 위험성 추정에 해당하는 설명이다.

제4과목 선박자원관리론

01	02	03	04	05	06	07	08	09	10
②	③	④	①	④	④	④	④	③	④
11	12	13	14	15	16	17	18	19	20
③	②	③	④	④	③	②	④	③	②
21	22	23	24	25
②	③	③	③	①

01 **정답 |** ②
   해설 | OJT에 대한 설명이다.
   ① TWI(Training Within Industry) : 제일선 감독자에게 기본적인 감독자 기능을 숙달시켜 감독능력 발휘를 목적으로 하는 정형적 훈련법이다. 일반 근로자가 아닌, 제일선 감독자(직장, 반장, 조장 등)를 대상으로 하는 점이 특징이다.
   ③ ATP(Administration Training Program) : 경영자에 대한 정형적 훈련법이다.
   ④ Off JT(Off the Job Training) : 근로자를 직무로부터 분리해 별도의 스탭 또는 외부기관에 의한 교육에 투입하는 것으로 집단시행 형태가 일반적이며 OJT의 대척점에 있는 훈련법이다.

02 **정답 |** ③
   해설 | 업무기획은 미래가 아닌 현실적으로 평가되어야 한다.

03 **정답 |** ④
   해설 | 선교업무 기타 선내 업무에 있어서는 선장이 1차적 판단 권한을 가진다.

04 **정답 |** ①
   해설 | 스트레스에 대한 설명이다.
   ② 업무과다 : 해당 인원에게 과다한 업무량이 배정된 상태로 스트레스의 원인이 된다.
   ③ 심리적 방황 : 겉과 달리 내면적으로는 불안함과 공허함을 느끼는 심리상태로 스트레스의 후속으로 발현하는 경우가 잦다.
   ④ 공황장애 : 갑자기 극도의 두려움과 불안을 느끼는 불안 장애의 일종으로, 의식적 작용에서 발현하는 스트레스와는 구분되는 현상이다.

05 **정답 |** ④
   해설 | 3R 기법은 Reduce(정신활동), Recognize(긴장), Reduce(호흡수)이다.

06 정답 | ④
해설 | **시간관리 매트릭스**
- 급하고 중요한 일 → 실행
- 급하지만 중요하지 않은 일 → 위임
- 급하진 않지만 중요한 일 → 숙고 후 결정
- 급하지도 중요하지도 않은 일 → 제외

07 정답 | ④
해설 | Judging과 대치되는 유형은 Perceiving(인식)이다.

08 정답 | ④
해설 | 최소비용보다는 적정비용하의 최대성과가 우선 시되어야 한다.

09 정답 | ③
해설 | +1이 "최적"상태로, 증가는 부정적 강도가 올라감을 의미한다.

10 정답 | ④
해설 | 선박소음·온도·조명 등 환경적/시스템적 요소의 관리 및 개선을 통한 접근방식도 수면·휴식부여와 같은 개별책 해결책과 동등한 비중으로 함께 고려되어야 한다.

11 정답 | ③
해설 | **해사 커뮤니케이션 과정**

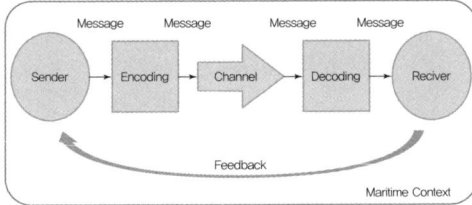

12 정답 | ②
해설 | 위험성에 대한 설명이다.
① 인과관계 : 어떠한 현상에 있어 그 원인과 결과의 규칙적인 관계
③ 치명성 : 어떠한 현상의 효과가 다른 현상에 미치는 정도를 나타내는 기준
④ 귀책사유 : 일정한 결과를 발생에 대한, 법률 상 책임의 원인과 그 행위

13 정답 | ③
해설 | FSA(Formal Safety Assessment)에 대한 설명이다.
① SOLAS : 국제해사기구(IMO)의 국제해사인 명안전 협약을 말한다.
② COLREG : 국제해사기구(IMO)의 국제해상 충돌예방 규칙을 말한다.
④ SMCP : 표준해사통신용어의 약어이다.

14 정답 | ④
해설 | FSA의 마지막 단계로서 '의사결정을 위한 권고 (recommendations for decision making)'가 수행된다.

15 정답 | ④
해설 | 의사결정 유형으로는 구조적, 반구조적, 비구조 적 3가지가 있다.

16 정답 | ③
해설 | 해당 그림은 자이로 컴퍼스에 해당한다. 컴퍼스는 선박의 위치 및 침로 유지를 위한 방위를 측정하기 위한 항해 설비로서, 전통적으로는 지구의 자장을 이용한 자기 캠퍼스를 사용해 왔으며 그 외 고속 팽이회전을 응용한 자이로 컴퍼스 등이 있다.

17 정답 | ②
해설 | 전자해도표시정보시스템(ECDIS, Global Maritime Distress and Safety System)에 대한 설명이다.
① ARPA : 종래의 레이더 기능에 컴퓨터 연상 기능을 결합하여 항해자로 하여금 각종 물표의 영상 정보들을 디스플레이 측면에서 쉽고 정확하게 파악할 수 있게 한 장비
③ RADAR : 전파의 이동속도를 이용하여 목적물 까지의 거리를 측정하는 장비
④ AIS : 선박과 선박 간, 선박과 육지 간 항해 관련 데이터 통신을 가능하게 한 시스템으로 선박의 자동추적 및 관제를 가능하게 하여 상대선박의 호출 및 상대선박과의 피항조치 등을 원활하게 할 수 있도록 하는 장비

18 정답 | ④
해설 | 전세계 해상조난 및 안전시스템(GMDSS)에 대한 설명이다.
① AIS : 선박과 선박 간, 선박과 육지 간 항해 관련 데이터 통신을 가능하게 한 시스템으로 선박의 자동추적 및 관제를 가능하게 하여 상대선박의 호출 및 상대선박과의 피항조치 등을 원활하게 할 수 있도록 하는 장비
② ECDIS : 기존 종이해도를 대신하여 항해용 전자해도정보를 디스플레이하고 그 밖에 GPS 등 각종 센서와 결합하여 다양한 정보를 보여주는 항해장비
③ ARPA : 종래의 레이더 기능에 컴퓨터 연상 기능을 결합하여 항해자로 하여금 각종 물표의 영상 정보들을 디스플레이 측면에서 쉽고 정확하게 파악할 수 있게 한 장비

19 정답 | ③
해설 | 선속계(Speed Log)는 항해장비의 일종이다.
① Generator : 발전기(선박 내 전력 생성·유지)
② Pulifer : 유청정기(선내 발생 연료유 등 불순물 제거)
④ Air Compressor : 공기 압축기(선박 구동기능)

20 정답 | ②
해설 | 수선장에 대한 설명이다.
① 전장 : 선체에 붙어 있는 모든 돌출물을 포함하여, 선수의 최전단부터 선미의 최후단까지의 수평 거리
③ 수선간장 : 계획 만재 흘수선상의 선수재의 전면으로부터 타주의 후면(타주가 없는 선박은 타두재 중심선)까지의 수평 거리
④ 등록장 : 상갑판 보의 선수재 전면부터 선미재 후면까지의 수평 거리

21 정답 | ②
해설 | 용적톤수의 종류는 총톤수, 순톤수, 국제 총톤수 3가지가 있다.

22 정답 | ③
해설 | GM이 (+), 즉 M>G으로 선박 안정적 상태이며, 복원성이 좋다.

23 정답 | ③
해설 | 주어진 설명은 상태기반정비에 해당한다.
① 시간기반정비 : 일정 주기에 따라 규칙적·계획적으로 시행하는 정비를 말한다.

24 정답 | ③
해설 | 하자수리기간은 보통 1년이나, 당사자 간 약정으로 연장 등도 가능하다.

25 정답 | ①
해설 | 핵심 장비이지만 계속적으로 운전되지 않는 경우, 주기를 떠나 가급적 자주 점검할 필요성이 있으며 고장의 가능성이 낮다고 하여 보조장비보다 등한시해서는 안 된다. 계속적 운전 가능성은 선장의 주관적 판단이 아닌, 관계법령·매뉴얼 등 객관적·절차적 판단에 따라야 한다.

선택과목		항 해							
01	02	03	04	05	06	07	08	09	10
②	①	④	③	②	③	③	②	①	③
11	12	13	14	15	16	17	18	19	20
③	③	③	④	②	③	①	①	②	④
21	22	23	24	25					
①	②	②	④	①					

01 정답 | ②
해설 | 지자기는 "지구 자기장"의 준말로, 그 편차는 매년 다소 간의 변동이 있다. 지자기의 극인 자북과 자남은 지구의 자전축과 정확히 일치하지 않고, 지구표면의 지구 자장은 다소 불규칙적이다.

02 정답 | ①
해설 | 육분의로 정오 태양의 고도를 측정함으로써 현 위도를 파악한다.

03 정답 | ④
해설 | 등대의 광달거리는 등대에 접근하는 배에서 등대빛을 감지하기 시작하는 거리를 말한다. 광달거리는 안고, 즉 관측자의 위치가 높아질수록 커진다.

04 정답 | ③
해설 | S는 모래를 의미하며, 자갈은 G, 조개 껍질은 Sh로 표시한다.

05 정답 | ②
해설 | 항박도(Harbour chart)는 항만, 투묘지, 어항, 해협과 같은 좁은 구역을 대상으로 선박이 접안할 수 있는 시설 등을 상세히 표시한 해도를 말한다.

06 정답 | ③
해설 | 어느 지역의 조석(Tide, 해수면의 수직방향 운동)과 조류(해수면의 수평방향 운동)에 대한 특징을 조신이라 한다.

07 정답 | ③
해설 | 대표적인 난류로 쿠로시오 해류(북태평양), 걸프 해류(북대서양) 등이 있다.

08 정답 | ②
해설 | 방위와 중시선에 의한 위치선은 직선 형태로 표시된다.

09 정답 | ①
해설 | 자오선은 양극을 지나는 모든 대권으로 적도와 직교하며, 거등권은 적도에 평행한 소권으로 극에 가까울수록 짧아진다.

10 정답 | ③
해설 | 항정선 항법으로는 평면항법, 거등권항법, 진중분위도항법, 점장위도항법이 있다.

11 정답 | ③
해설 | GPS 항법 운용을 위해서는 최소 3개 이상의 위성이 필요하다.

12 정답 | ③
해설 | 정박지 진입 시 기준 물표는 선수쪽을 선정하며, 항로는 예정 묘박지를 가까이에서 직접 접근이 가능해야 한다.

13 정답 | ③
해설 | Topping Lift는 Boom을 위쪽으로 들어올려 양각을 조절하는 기능을 수행한다.

14 정답 | ④
해설 | 화표에 판매자는 별도 표시하지 않는다.

15 정답 | ②
해설 | 적화중량톤수 계산 시 배수량등곡선도를 사용한다.

16 정답 | ③
해설 | 대부분의 화물은 고온 건조 시 통풍 환기가 필요하다.

17 정답 | ①
해설 | 선박건조 완료 시 또는 선박 대규모 개조공사로 인해 선체중심상 큰 변화가 발생한 경우 경하상태의 중량 및 무게중심, 즉 GM을 구하는 방법으로 경사 시험을 사용한다.

18 정답 | ①
해설 | 갑판면에서 누르는 힘인 압축응력을 받고 선저면에서 상하로 당기는 힘인 인장응력을 받을 경우 새깅(Sagging)현상이 발생한다.

19 정답 | ②
해설 | 유조선에서 화물탱크 구조가 열 종격벽인 이유는 내부 구조적 문제로 외부작업인 하역능률과는 상관이 없다.

20 정답 | ④
해설 | 더니지의 안정성을 위해 많은 수분함유는 지양해야 한다.

21 정답 | ①
해설 | ③ BELL BOOK : 갑판부에서 입·출항 시 엔진 사용 기타 발생하는 모든 사건시간을 기록하는 노트
④ Abstract log book : 1등 항해사가 항해 종료 시 선용 항해일지로부터 선박 항해시간, 정박시간, 평균속력, 평균RPM, 기름소모량 등 중요 사항을 발췌 작성하는 노트

22 정답 | ②
해설 | 주로 돛을 사용하는 선박은 보조기관에 상관없이 범선으로 분류된다.

23 정답 | ②
해설 | 불개항장 입·출항 시 각 증서 구비가 요구된다.

24 정답 | ④
해설 | **총톤수 400톤 이상의 탱커 외 선박의 기름(유성혼합물) 배출 가능 요건**
- 특별해역 외에서 항행 중
- 유출액 중의 유분이 희석되어 있지 않고 15PPM 이하일 것
- 기름배출감시제어시스템, 유수분리장치, 기름 필터 시스템 또는 기타 장치를 작동시키고 있어야 함

25 정답 | ①
해설 | SOLAS협약상 안전설비증서 유효기간은 5년이다.

선택과목	기관								
01	02	03	04	05	06	07	08	09	10
①	②	④	②	①	③	④	③	②	①
11	12	13	14	15	16	17	18	19	20
④	①	③	①	③	④	④	③	④	②
21	22	23	24	25					
①	③	①	④	④					

01 정답 | ①
해설 | 가동 효율성을 위해서는 두께보다 지름을 크게 하여야 한다.

02 정답 | ②
해설 | 디젤기관의 후연소가 길어질 시 배압 상승으로 배기가스 온도가 올라가고, 색이 탁해지며 연료 소비율이 증가하여 가동 효율성이 낮아진다.

03 정답 | ④
해설 | 점도가 적당히 높아야 기관효율성이 상승한다.

04 정답 | ②
해설 | 밸브 박스의 온도가 높을 경우 배기벨브 고착 가능성이 높다.

05 정답 | ①
해설 | 연료분사시기는 성능 곡선의 요소가 아니다.

06 정답 | ③
해설 | 안전밸브 방출능력 측정은 축기시험에 해당한다.

07 정답 | ④
해설 | ① 전열면적 : 연소실에서 연료 연소 시 발생하는 열에 따라서 한쪽이 가열되고, 그 반대쪽에 물이 접근하여 열을 물에 전하게 되는 상태의 면적
③ 보일러 마력 : 보일러의 증발능력, 1보일러 마력은 1시간에 100℃물 15.65kg을 증기로 증발시키는 능력

08 정답 | ③
해설 | 대형 선박에서는 주로 직접 역전방식을 사용한다.

09 정답 | ②
해설 | 전개면적은 프로펠러의 비틀어진 날개 면을 평평하게 편 상태에서 날개 면과 수직 방향으로 바라보았을 때의 면적으로, 면적이 적을 경우 축계 진동 발생 가능성은 낮아진다.
③ 캐비테이션(cavitation, 공동현상) : 유체 속도 변화에 의한 압력변화로 인해 유체 내 공동 발생 현상

10 정답 | ①
해설 | 추력 베어링은 형태에 따라 상자형, 미첼형, 말굽형이 있는데 대형 선박은 미첼형을 사용한다.

11 정답 | ④
해설 | 캠축은 추진축계 구성요소에 해당하지 않는다.

12 정답 | ①
해설 | 디젤기관의 윤활유로는 점도지수가 큰 것이 좋다.

13 정답 | ③
해설 | 발화점에 대한 설명이다. 인화점은 점화원 접촉 시의 연소온도이다.

14 정답 | ①
해설 | 기름기록부는 수급 완료 시 또는 주기적으로 작성한다.

15 정답 | ③
해설 | 과급공기의 압력을 높여 출력을 증대시켜 황천 시 선체유동에 대비해야 한다.

16 정답 | ④
해설 | 부식으로 얇아진 선체외판의 경우 안정성을 위해 그 측정 시 초음파 측정법을 사용한다.

17 정답 | ④
해설 | 특별검사는 대형사고 발생 등 예외적 상황에서의 선박안전 관련해 시행하는 검사로 한국선급에서 실시하는 일반적 검사의 종류에는 해당되지 않는다.

18 정답 | ③
해설 | 선장과 책임사관의 성명은 연료유 수급일지 기재사항으로 볼 수 없다.

19 정답 | ④
해설 | 연료유 연소에 따른 대기오염물질에 해당하는 것은 질소산화물이다.

20 정답 | ②
해설 | Crash Astern(비상후진)은 정상적인 항해 중 선박의 전진 방향에 돌발 사고로 인해 긴급한 정지 및 후진 필요시, 엔진 Control Lever를 전속전진에서 전속후진으로 전환하는 것을 말한다.

21 정답 | ①
해설 | ② Reverse power function : 선박 자체발전력이 과도할 경우 그 역송전을 방지하는 역전력 기능을 말한다.
③ Preferential trip program : 우선차단 기능을 나타내는 용어로, 발전기 과부하 또는 과부하 우려 시 중요부하 급전을 위해 덜 중요한 부하를 자동 차단하는 것을 말한다.
④ Manual start function : 선박가동에 있어 비상스위치 기능을 가리킨다.

22 정답 | ③
해설 | 화재 시 최고의 소화·냉각효과가 나타나는 것은 물이다.

23 정답 | ①
해설 | 애플리케이터(applicator, 방출장치)는 화염을 향해 포나 물분무를 방출하는 특수한 파이프 또는 노즐 부착물이다.

24 정답 | ④
해설 | 해기사 면허 유효기간은 5년이다.

25 정답 | ④
해설 | 「해양환경관리법」상 총톤수 50톤 이상 100톤 미만인 유조선이 아닌 선박 기관구역용 폐유저장용기의 용량은 200ℓ이다.

선택과목 산업안전관리

01	02	03	04	05	06	07	08	09	10
④	②	④	②	③	②	④	②	③	④
11	12	13	14	15	16	17	18	19	20
①	②	①	③	②	①	④	①	①	③
21	22	23	24	25					
③	②	②	②	②					

01 정답 | ④
해설 | ① 안전보건평가 : 산업안전보건법령상 규정된 용어는 아니며, 정답인 안전보건진단과의 변별력을 두기 위한 임의적 조어입니다.
② 위험성측정 : 위험성평가의 진행단계 중 하나로서, 위험요소를 측정하는 단계이다.
③ 위험성평가 : 산업안전보건에 규정된 사업장의 위험요인을 찾아내어 평가하는 일련의 절차를 말한다.

02 정답 | ②
해설 | 산업재해 중 2개월 이상의 요양이 필요한 부상자가 동시에 3명 이상 발생한 재해를 중대재해라고 한다.

03 정답 | ④
해설 | 최근 3년 이내 1회가 아닌 2회 이상 하지 않은 사업장이다.

04 정답 | ②
해설 | ①, ③, ④는 정부 등 타 기관의 법령상 의무에 해당한다.

05 정답 | ③
해설 | 안전관리자의 업무
1. 산업안전보건위원회 또는 노사협의체에서 심의·의결한 업무와 해당 사업장의 안전보건관리규정 및 취업규칙에서 정한 업무
2. 위험성평가에 관한 보좌 및 지도·조언
3. 안전인증대상기계 등과 자율안전확인대상기계 등 구입 시 적격품의 선정에 관한 보좌 및 지도·조언
4. 해당 사업장 안전교육계획의 수립 및 안전교육 실시에 관한 보좌 및 지도·조언
5. 사업장 순회점검, 지도 및 조치 건의
6. 산업재해 발생의 원인 조사·분석 및 재발방지를 위한 기술적 보좌 및 지도·조언
7. 산업재해에 관한 통계의 유지·관리·분석을 위한 보좌 및 지도·조언
8. 법 또는 법에 따른 명령으로 정한 안전에 관한 사항의 이행에 관한 보좌 및 지도·조언

9. 업무 수행 내용의 기록·유지
10. 그 밖에 안전에 관한 사항으로서 고용노동부장관이 정하는 사항

06 정답 | ②
해설 | **안전보건관리책임자 선임대상 사업장**
- 토사석 광업, 식료품 제조업 등 : 50명 이상
- 농업, 어업, 소프트웨어 개발 및 공급업 등 : 300명 이상
- 건설업 : 공사금액 20억 원 이상
- 기타 각 사업 : 100명 이상

07 정답 | ④
해설 | **안전검사대상기계**
프레스, 전단기, 크레인(2톤 이상), 리프트, 압력용기, 곤돌라, 국소배기장치(이동식 제외), 원심기(산업용만 해당), 롤러기(밀폐형 구조 제외), 사출성형기(형 체결력 294킬로뉴턴 이상), 고소작업대(화물 또는 특수자동차에 탑재 한정), 컨베이어, 산업용 로봇

08 정답 | ②
해설 | **공정안전보고서에 포함되어야 할 내용**
공정안전자료, 공정위험성평가서, 안전운전계획, 비상조치계획

09 정답 | ③
해설 | 소음(80dB 이상), 화학물질, 분진, 고열 등에 근로자가 노출되는 사업장은 작업환경측정 실시 및 결과를 보고하여야 한다.

10 정답 | ④
해설 | 물질안전보건자료에 대한 설명이다.

11 정답 | ①
해설 | 휴무기간이 짧은 근로자도 보고 대상임을 유의해야 한다.

12 정답 | ②
해설 |
- 일반건강진단 : 사무직(1회 이상/2년), 비사무직(1회 이상/1년)
- 특수건강진단 : 소음, 화학물질, 분진 등 노출 근로자(인자별로 1회 이상/6~24개월)
- 배치 전 건강진단 : 특수건강진단 해당 작업 배치하기 전, 작업 전환 시 작업 전 실시

13 정답 | ①
해설 | **서류 보존 기간 2년**
- 산업안전보건위원회, 노사협의체 회의록
- 자율안전기준 증명서류, 자율안전검사를 검사 결과에 대한 서류

서류 보존 기간 3년
- 안전보건관리책임자·안전관리자·보건관리자·안전보건관리담당자 및 산업보건의 선임에 관한 서류
- 안전조치 및 보건조치에 관한 사항을 적은 서류
- 산업재해의 발생 원인 등 기록
- 화학물질의 유해성·위험성 조사에 관한 서류
- 안전인증대상기계 등에 대하여 기록한 서류
- 위험성평가 결과·조치에 관한 서류

14 정답 | ③
해설 | 안전관리 활동의 지속은, 장기적으로 손실비용 절감효과를 가져온다.

15 정답 | ②
해설 | 산업재해발생의 기본 원인 4M
Man, Machine, Media, Management

16 정답 | ①
해설 | 재해원인 및 문제점 파악은 다음 단계인 2단계에서 실시한다.

17 정답 | ④
해설 | 재해사고 원인규명을 위해 최대한 현장을 보존해야 한다.

18 정답 | ①
해설 | 무재해운동 3원칙은 "무의 원칙(산업재해 근원적 제거), 선취의 원칙(안전제일), 참가의 원칙(근로자 전원참가)"이다.

19 정답 | ①
해설 | 작업 환경은 물적 요인이다.

20 정답 | ③
해설 | **크레인의 안전검사**

크레인(이동식 크레인은 제외한다), 리프트(이삿짐운반용 리프트는 제외한다) 및 곤돌라	사업장에 설치가 끝난 날부터 3년 이내에 최초 안전검사를 실시하되, 그 이후부터 2년마다(건설현장에서 사용하는 것은 최초로 설치한 날부터 6개월마다)
이동식 크레인, 이삿짐운반용 리프트 및 고소작업대	「자동차관리법」에 따른 신규등록 이후 3년 이내에 최초 안전검사를 실시하되, 그 이후부터 2년마다

프레스, 전단기, 압력용기, 국소 배기장치, 원심기, 롤러기, 사출성형기, 컨베이어 및 산업용 로봇	사업장에 설치가 끝난 날부터 3년 이내에 최초 안전검사를 실시하되, 그 이후부터 2년마다(공정안전보고서를 제출하여 확인을 받은 압력용기는 4년마다)

21 정답 | ③
해설 | 보고의 객체/조사의 주체는 모두 고용노동부 장관이다.

22 정답 | ②
해설 | 하인리히(H.Heinrich)가 주창한 이론이다.
① 버드(F.Bird) : 산업재해 발생의 연쇄관계와 관련한 도미노 이론을 주장하였다.
③ 시몬스(R.Simonds) : 재해코스트 이론을 주창하였다.
④ 에덤스(E.Adams) : 산업재해 발생의 연쇄관계와 관련한 사고 연쇄성 이론을 주장하였다.

23 정답 | ②
해설 | 화재의 경우 초기 진압을 우선 실시한다.

감전	즉시 전원 차단, 통전 차단여부 확인
화재	소화기를 이용한 초기 진화, 진압이 힘들 경우 신속히 대피
질식	작업중지, 신선한 공기가 있는 곳으로 대피
기계재해	재해 발생 기계 정지, 2차 피해 발생 방지
무너짐	해당 공정의 기계·장비 정지, 2차 피해 발생방지
유해물질 누출	밸브 차단 후 신속히 대피

24 정답 | ②
해설 | 기름은 기인물에 해당한다.

25 정답 | ②
해설 | 산업안전보건위원회의 정기회의 소집주기는 분기이다. 그 외 해당 위원회의 의무적 설치가 필요한 적용 대상이나 위원구성 등도 유의하여야 한다.
• 의무적 설치 적용 대상
  - 제조업 : 상시근로자 50명 이상 사업장
  - 서비스업 : 상시근로자 300명 이상 사업장
• 위원구성
  - 근로자대표
  - 근로자대표가 지명하는 1명 이상의 명예산업안전감독관
  - 근로자대표가 지명하는 9명 이내 해당 사업장의 근로자

「산업안전보건법 시행령」
제37조(산업안전보건위원회의 회의 등) ① 법 제24조제3항에 따라 산업안전보건위원회의 회의는 정기회의와 임시회의로 구분하되, 정기회의는 분기마다 산업안전보건위원회의 위원장이 소집하며, 임시회의는 위원장이 필요하다고 인정할 때에 소집한다.

선박안전관리사

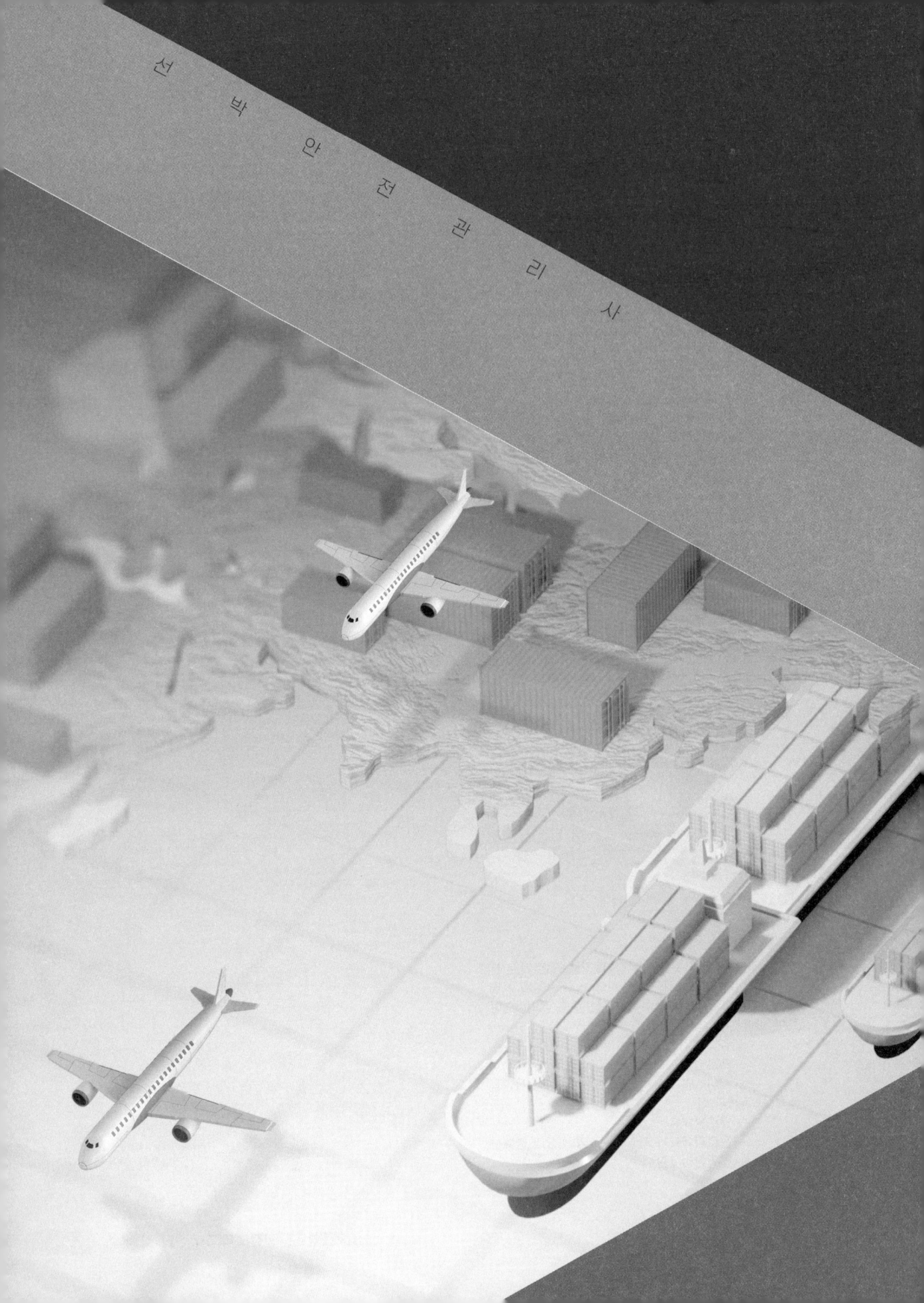

특별부록

선박안전관리사 자격시험
면접 족보

CHAPTER 01 | 면접 Point
CHAPTER 02 | 면접 기출복원문제
CHAPTER 03 | 면접 기출예상문제

CHAPTER 01 면접 Point

※ 급수 구분 없이 복원문제 일부 수록

① 질문의 요지를 파악하라.

　⋯› '**무엇**'을 묻는지 정확히 파악하는 것이 첫 번째임

② 물어본 내용만 대답하라.

　⋯› '**사족**'은 오히려 독이 될 수 있음

③ 두괄식으로 답변하라.

　⋯› '**핵심사항(정의, 개념)**' 위주로 먼저 답변하고 부수적인 사항(절차, 비교사항 등)은 간략히 덧붙임

④ 부분점수 획득을 위해 최선을 다하라.

　⋯› '**부분점수**'도 주어질 수 있으므로 기억나는 내용은 최대한 끄집어내어 끝까지 최선을 다하는 모습을 보이는 것이 중요함

CHAPTER 02 면접 기출복원문제

※ 급수 구분 없이 복원문제 일부 수록

1. 「선원법」상 선장의 직무와 권한에 대하여 5가지 이상

    - 지휘명령권
    - 출항 전의 검사·보고의무
    - 항로에 의한 항해
    - 선장의 직접 지휘
    - 재선의무
    - 선박 위험 시의 조치
    - 선박 충돌 시의 조치
    - 조난 선박 등의 구조
    - 기상 이상 등의 통보
    - 비상배치표 및 훈련
    - 항해의 안전 확보
    - 수장
    - 유류품의 처리
    - 재외국민의 송환
    - 서류의 비치
    - 선박 운항에 관한 보고

2. 「선원법」상 해원의 징계 사유 및 종류

    (1) 해원의 징계 사유
    - 상급자의 직무상 명령에 따르지 아니하였을 경우
    - 선장의 허가 없이 선박을 떠났을 경우
    - 선장의 허가 없이 흉기나 「마약류 불법거래 방지에 관한 특례법」에 따른 마약류를 선박에 들여왔을 경우
    - 선내에서 싸움, 폭행, 음주, 소란행위를 하거나 고의로 시설물을 파손하였을 경우
    - 직무를 게을리하거나 다른 해원의 직무수행을 방해하였을 경우
    - 정당한 사유 없이 선장이 지정한 시간까지 선박에 승선하지 아니하였을 경우
    - 그 밖에 선내 질서를 어지럽히는 행위로서 단체협약, 취업규칙 또는 선원근로계약에서 금지하는 행위를 하였을 경우

    (2) 징계의 종류
    - 훈계
    - 상륙금지
    - 하선

3. 항만국통제(PSC)에 있어 기준미달선(Substandard ship)의 정의와 요건

    (1) 정의

    선체, 기계, 장비 또는 선박운항과 관련한 안전 요건이 관련 협약의 기준에 실질적으로 미달되거나, 선박의 승무원이 승무원정원증서에 따른 최소 승무원 기준에 적합하지 않은 경우

(2) 요건

일반적으로 선체, 기계류, 장비 및 작동상태가 관련 협약에서 요구수준에 현저히 낮거나, 선원들이 안전승무정원서(Safe manning document)와 일치하지 않는 등 다음에 해당하는 경우 기준미달선으로 봄
- 협약이 요구하는 주요한 장비나 장치가 없을 때
- 협약에 따른 장비와 장치의 성능이 기준과 다를 때
- 정비불량 등으로 장비나 선박이 현저히 노후화된 때
- 선원의 설비 작동능력이 미흡하거나 필수 작동절차에 익숙하지 않을 때
- 선원이나 선원증서의 수가 부족할 때

4. 항만국통제(PSC) 특별점검 조건 3가지 이상

「선박안전법」 제69조

해양수산부장관은 다음 각 호의 대한민국 선박에 대하여 외국항만에 출항정지를 예방하기 위한 조치가 필요하다고 인정되는 경우 관련되는 선박의 구조·설비 등에 대하여 특별점검을 할 수 있다.
- 선령이 15년을 초과하는 산적화물선·위험물운반선
- 최근 3년 이내에 외국 항만당국의 항만국통제로 인하여 출항이 정지된 선박
- 최근 3년간 외국 항만당국의 항만국통제로 인하여 소속 선박의 출항정지율이 대한민국 선박의 평균 출항정지율을 초과하는 선박소유자의 선박
- 그 밖에 외국 항만당국의 항만국통제로 인하여 출항정지율이 특별히 높은 선박 등 해양수산부장관이 정하여 고시하는 선박

5. FSA의 정의 및 절차

(1) FSA 정의
- 국제해사기구(IMO)에서 사고 위험성(Risk)을 측정하기 위해 사용하는 공식 안전성 평가기법(Formal Safety Assessment)을 말하며 아래의 위험성 공식을 적용함
  - Risk=Probability×Consequence
- 사고의 발생 가능성(Probability)과 사고의 영향(Consequence)을 곱하여 나타낸 값으로 위험성을 낮추기 위한 여러 방안 중에서 어느 하나를 선택해야 하는 경우에 위험성이 낮은 쪽을 확인할 때 유용함

(2) 절차
위험성 분석 및 평가에 사용되는 대표적인 기법으로는 HAZOP, TA, ETA, FMEA 등이 있음

6. 위험성평가(Risk assessment)의 정의 및 절차

(1) 위험성평가의 정의
위험(Hazard)을 미리 찾아내어 사전에 그것이 얼마나 위험한 것인지 평가하고, 그 평가의 크기에 따라 확실한 예방대책을 세우는 것

(2) 위험성평가 절차
- 위험·위험요인 파악(Hazard identification)
- 위험요인의 발생 가능성 및 결과(심각성 정도) 예측
- 위험성 추정(Risk estimation)

- 위험성 경감조치 시행
- 위험성 결정(Risk evaluation)

7. 위험성평가 절차 중 문서 및 기록화하여야 할 사항

위험성평가를 실시한 내용 및 결과는 문서화하여야 하며, 위험성평가의 결과와 조치사항을 기록·보존할 때에는 아래 사항을 포함하여야 함
- 위험성평가 대상의 유해·위험요인
- 위험성 결정의 내용
- 위험성 결정에 따른 조치의 내용
- 그 밖에 위험성평가의 실시내용을 확인하기 위하여 필요한 사항으로서 고용노동부 장관이 정하여 고시하는 다음 각 사항
  - 위험성평가를 위해 사전조사한 안전보건자료
  - 기타 사업장에서 필요하다고 정한 사항

8. 선박이력기록부 표시내용 15가지

※「국제항해선박 및 항만시설의 보안에 관한 법률」제16조
- 적용일자
- 기국
- 기국등록일
- 선박명
- 선적항
- 선박회사 명칭/주소
- 선박회사 식별번호
- 나용선인 경우 나용선주 명칭/주소
- 안전관리회사 명칭/본사주소/주사업장소
- 안전관리회사 식별번호
- 선급명
- DOC발급기관명/발급기관과 다른 경우 심사기관명
- SMC발급기관명/발급기관과 다른 경우 심사기관명
- SSC발급기관명/발급기관과 다른 경우 심사기관명
- 말소등록일

9. 유엔해양법협약(UNCLOS)상 공해의 개념

- UNCLOS 제7편에서 규정하고 있음
- 협약상 '공해'는 모든 국가에 개방되며 해당 해역의 선박에 대해서는 각 기국이 관할권을 행사
- 공해에서의 항행, 상공비행, 해저전선 부설, 어로, 과학조사 등 공해의 사유는 협약과 국제법 규칙에 따라 행사
- 다만 공해의 전국가적 개방은 평화적 목적을 위해 유보될 수 있고, 해석 행위, 노예매매, 불법방송의 혐의가 있는 선박이나 무국적선박에 대해서는 어느 국가의 군함이라도 검문·검색·나포권을 행사할 수 있음

10. 선원의 작업 과부하 시 조치사항

- 선원의 작업 과부하 시 현 업무상황 인식이 어렵고 집중력 저하, 노력의 기중 및 잦은 실수 등이 문제 될 수 있음
- 작업 과부하 시 대책 및 조치사항은 다음과 같음
  - 작업 과부하를 방지하기 위한 사전계획 수립 필요
  - 해당 선원에게 부과되는 작업 수와 작업 내용을 줄이고 작업소요 시간을 넉넉히 부여
  - 다른 선원에게 업무위임을 통해 업무량 분산
  - 중요성이 낮은 작업은 제외 또는 연기하고 또는 사전작업 수행으로 간접적 시간조율안 활용

11. 리더의 7가지 역할

- **개혁자** : 조직비전과 사명의 설정·제시
- **감독자** : 조직전략 방향 선택, 과업 실행 계획·분배
- **생산자** : 조직목표 달성을 위한 구성원 동기부여
- **조언자** : 구성원의 기술, 지식 및 과업지도
- **촉진자** : 조직변화 및 미래지향적 업무 방향 촉진
- **감시자** : 조직 업무 방향 및 구성원 과업실행 모니터링
- **중개자** : 조직 내 갈등 해소, 상호신뢰, 팀워크 등 일체감 구축

12. 선박 복원성

- 선박이 물 위에 떠 있는 상태에서 외부로부터 힘을 받아 경사하려고 할 때의 저항 또는 경사한 상태에서 그 외력을 제거하였을 때 원 상태로 돌아오려고 하는 힘을 말함
- 따라서 복원력은 해당 선박의 안정성을 판단하는 데 가장 중요한 기준이 됨

※ 연계하여 출제 가능한 주제들
  - 각 용어의 정의(예 무게중심, 부심, 메타센터, 복원정 등)
  - 복원성 양호도와 안정성 판단
  - 곡선 등 데이터에 대한 설명(예 정적 복원력, 동적 복원력)

13. 중대산업재해와 중대시민재해의 정의와 기준

※ 「중대재해 처벌 등에 관한 법률」에서 규정

(1) 중대산업재해

「산업안전보건법」에 따른 산업재해 중 다음에 해당하는 결과를 야기한 재해
  - 사망자 1명 이상 발생
  - 동일 사고로 **6개월 이상** 치료가 필요한 부상자가 **2명** 이상 발생
  - 동일 유해원인으로 급성중독 등 특정 직업성 **질병자가 1년 이내에 3명** 이상 발생

(2) 중대시민재해

<u>특정 원료 또는 제조물, 공중이용시설 또는 공중교통수단의 설계, 제조, 설치, 관리상의 결함</u>을 원인으로 하여 발생한 재해로서 다음 결과를 야기한 재해
  - 사망자 1명 이상 발생
  - 동일 사고로 **2개월 이상** 치료가 필요한 부상자가 **10명** 이상 발생
  - 동일 원인으로 **3개월 이상** 치료가 필요 질병자가 **10명** 이상 발생

CHAPTER 03 면접 기출예상문제

※ 출처 : 해기사 국가자격 면접시험 기출문제집(2023.3.)

---

1. 「해상교통안전법」상 선장이 선박의 안전속력을 결정함에 있어 고려사항 5가지 이상

- 시계의 상태
- 해상교통량의 밀도
- 선박의 정지거리·선회성능, 그 밖의 조종성능
- 야간의 경우에는 항해에 지장을 주는 불빛 유무
- 바람·해면 및 조류의 상태와 항행장애물의 근접상태
- 선박의 흘수와 수심과의 관계
- 레이더의 특성 및 성능
- 해면상태·기상, 그 밖의 장애요인이 레이더 탐지에 미치는 영향
- 레이더로 탐지한 선박의 수·위치 및 동향

---

2. 「선박안전법」상 항해구역의 종류 및 지정 항해구역 외 구역의 예외적 항해 가능 사유

(1) 항해구역의 종류
  - 평수구역
  - 연해구역
  - 근해구역
  - 원양구역

(2) 항해구역 외의 구역을 항해하는 경우
  - 외국에 선박매각 등을 하기 위하여 예외적으로 단 한 번의 국제 항해를 하는 경우
  - 선박을 수리하거나 검사를 받기 위하여 수리할 장소 또는 검사를 받을 장소까지 항해하는 경우
  - 항해구역 밖에 있는 선박을 그 해당 항해구역 안으로 항해시키는 경우
  - 항해구역의 변경을 위하여 변경하려는 항해구역으로 선박을 항해시키는 경우
  - 접적지역(대연평도, 소연평도, 대청도, 소청도 및 백령도 부근 해역을 말함)을 항해하는 선박으로서 해당 선박의 항해구역 중 일부가 군사 목적상 항해금지구역으로 설정되어 있어 그 구역을 우회하기 위하여 일시적으로 항해구역 외의 구역을 항해하는 경우
  - 그 밖에 위와 비슷한 사유로서 선박이 임시로 항해할 필요가 있다고 인정되는 경우

---

3. 「해상교통안전법」상 항행장애물을 발생시킨 선박의 선장, 선박소유자 또는 선박운항자가 해양수산부장관에게 지체 없이 보고하여야 하는 사항 5가지 이상

- 선박의 명세에 관한 사항
- 선박소유자 및 선박운항자의 성명(명칭) 및 주소에 관한 사항
- 항행장애물의 위치에 관한 사항
- 항행장애물의 크기·형태 및 구조에 관한 사항
- 항행장애물의 상태 및 손상의 형태에 관한 사항
- 선박에 선적된 화물의 양과 성질에 관한 사항(항행장애물이 선박인 경우만 해당)
- 선박에 선적된 연료유 및 윤활유를 포함한 기름의 종류와 양에 관한 사항(항행장애물이 선박인 경우만 해당)

4. 「선박의 입항 및 출항 등에 관한 법률」상 항로에서의 항법에 대한 규정 5가지 이상

- 항로 밖에서 항로에 들어오거나 항로에서 항로 밖으로 나가는 선박은 항로를 항행하는 다른 선박의 진로를 피하여 항행할 것
- 항로에서 다른 선박과 나란히 항행하지 아니할 것
- 항로에서 다른 선박과 마주칠 우려가 있는 경우에는 오른쪽으로 항행할 것
- 항로에서 다른 선박을 추월하지 아니할 것. 다만, 추월하려는 선박을 눈으로 볼 수 있고 안전하게 추월할 수 있다고 판단되는 경우에는 「해상교통안전법」에 따른 방법으로 추월할 것
- 항로를 항행하는 위험물운송선박(급유선 제외) 또는 「해상교통안전법」상 흘수제약선의 진로를 방해하지 아니할 것
- 「선박법」상 범선은 항로에서 지그재그로 항행하지 아니할 것

5. 「선박의 입항 및 출항 등에 관한 법률」상 우선피항선의 정의 및 종류 4개 이상

(1) 우선피항선의 정의
  주로 무역항의 수상구역에서 운항하는 선박으로서 다른 선박의 진로를 피하여야 하는 선박을 말함

(2) 우선피항선의 종류
  - 「선박법」상 부선(예인선에 결합되어 운항하는 압항부선 제외)
  - 주로 노와 삿대로 운전하는 선박
  - 예선
  - 항만운송관련사업 등록자 소유 선박
  - 해양환경관리업 등록자 소유 선박 또는 해양폐기물관리업 등록자소유 선박(폐기물해양배출업 등록선박 제외)
  - 위에 해당하지 아니하는 총톤수 20톤 미만의 선박

6. 「선원법」상 해원의 징계 사유 및 종류

(1) 해원의 징계 사유
  - 상급자의 직무상 명령에 따르지 아니하였을 경우
  - 선장의 허가 없이 선박을 떠났을 경우
  - 선장의 허가 없이 흉기나 「마약류 불법거래 방지에 관한 특례법」에 따른 마약류를 선박에 들여왔을 경우
  - 선내에서 싸움, 폭행, 음주, 소란행위를 하거나 고의로 시설물을 파손하였을 경우
  - 직무를 게을리하거나 다른 해원의 직무수행을 방해하였을 경우
  - 정당한 사유 없이 선장이 지정한 시간까지 선박에 승선하지 아니하였을 경우
  - 그 밖에 선내 질서를 어지럽히는 행위로서 단체협약, 취업규칙 또는 선원근로계약에서 금지하는 행위를 하였을 경우

(2) 징계의 종류
  - 훈계
  - 상륙금지
  - 하선

7. 「선원법」상 선장이 선박의 조종을 직접 지휘하여야 하는 경우 5가지 이상

- 항구를 출입할 때
- 좁은 수로를 지나갈 때
- 선박의 충돌·침몰 등 해양사고가 빈발하는 해역을 통과할 때
- 안개, 강설 또는 폭풍우 등으로 시계가 현저히 제한되어 선박의 충돌 또는 좌초의 우려가 있는 때
- 조류, 해류 또는 강한 바람 등의 영향으로 선박의 침로 유지가 어려운 때
- 선박이 항해 중 어선군을 만나거나 운항 중인 항로의 통행량이 크게 증가하는 때
- 선박의 안전항해에 필요한 설비 등의 고장으로 정상적인 선박 운항이 곤란하게 된 때

8. 「선박안전법」상 항만국통제에서 그 적합성 여부를 확인하는 선박안전에 관한 국제협약 5개 이상

- 해상에서의 인명안전을 위한 국제협약
- 만재흘수선에 관한 국제협약
- 국제해상충돌예방규칙 협약
- 선박톤수 측정에 관한 국제협약
- 상선의 최저기준에 관한 국제협약
- 선박으로부터의 오염방지를 위한 국제협약
- 선원의 훈련 자격증명 및 당직 근무에 관한 국제협약

9. 「선박안전법」상 선박에 비치하여야 할 항해용 간행물 종류 5가지

- 해도
- 조석표
- 등대표
- 항로지
- 항행통보

10. 「선박안전법」상 총톤수 500톤 이상이고, 선박의 길이가 24미터 이상인 화물선이 국제협약검사에 합격한 후 교부받아야 하는 5가지 증서

- 화물선안전무선증서(Safety radio certificate for cargo ships)
- 화물선안전구조증서(Safety construction certificate for cargo ships)
- 화물선안전설비증서(Safety equipment certificate for cargo ships)
- 화물선안전증서(Safety certificate for cargo ships)
- 국제만재흘수선증서(International load line certificate)

11. 「선박직원법」상 해기사와 선박직원의 정의

(1) 해기사의 정의

「선박직원법」에 따른 면허를 받은 사람을 말함

(2) 선박직원의 정의

해기사(「선박직원법」에 따른 외국 해기사를 포함)로서 선박에서 선장·항해사·기관장·기관사·전자기관사·통신장·통신사·운항장 및 운항사의 직무를 수행하는 사람을 말함

12. 선박이 항해 중 화재가 발생한 경우 소화 작업을 효과적으로 이행하기 위한 조선방법 및 조치사항

- 상대풍속이 최소가 되도록 조선하여야 함. 다만 조선을 하면서 소화 작업에 임하기는 힘들기 때문에 기관을 정지하고 전적으로 소화에 임하는 것이 일반적임
- 바람이 강할 때에는 화재의 확산을 막는 방향으로 조선하여야 함. 선미에 화재 발생 시는 풍상측으로 감속 조선하고, 선수에 화재 발생 시는 풍하측으로 감속 조선함
- 화재가 확산되어 자체적으로 진화가 곤란하면 육상 또는 주변 선박에 구조요청을 함
- 최악의 경우 대양에선 퇴선 조치를 하고, 연안에선 Beaching시킴

13. 선수요(Yawing)의 발생원인 및 경감방법

(1) Yawing 발생원인
- 보침성능이 나쁜 선박이 타각 조작으로 침로를 유지하여야 하므로 Yawing이 발생함
- 파랑 중 선박의 동요에 의한 선체 주위에 형성된 정수압의 차이로 인하여 Yawing이 발생함
- 파랑수립자의 궤도운동에 의하여 선체가 파에 사행하고 있을 때 파의 상대주기와 같은 주기로 Yawing이 발생함
- 횡동요(Rolling)와 종동요(Pitching)가 동시에 일어나면 세차운동에 의한 Yawing이 발생함
- 항주 중 Rolling에 의하여 선체에는 양력과 불안정 모멘트가 생기게 되므로 Yawing이 발생함

(2) Yawing 경감방법
- 선미 트림을 갖도록 화물을 적재
- 조타 횟수를 증가함
- Skeg를 붙임
- 타면적을 증가시킴
- 선속을 증가시킴

14. 선박 부면심

(1) 부면심의 정의
선박이 등흘수로 떠 있다가 외력에 의하여 배수량의 변화 없이 트림이 발생한 경우, 경사하기 전의 수선면과 경사 후의 수선면이 교차하는 점

(2) 보통선형에서 부면심의 위치(선체 중앙을 기준으로 어느 정도에 위치하는지로 표현)
선체 중앙에서 선박 길이의 1/30~1/60 정도 전·후방에 위치함

(3) 부면심의 수직선상에 소량의 화물을 적·양화하는 경우 트림 변화
부면심은 경사의 중심이기 때문에 적은 양의 중량물을 부면심의 수직선상에 적·양화하게 되면 트림의 변화는 없음

15. Tank 내 유동수의 영향

(1) 유동수의 영향이 크게 발생하는 경우
유동수가 Tank 내에 가득차거나 비워져 있지 아니한 경우

(2) 유동수가 복원성에 미치는 영향
선박 전체의 중심을 상승시키는 것과 같은 효과를 주어 복원성이 감소함

(3) 유동수의 영향을 줄일 수 있는 방법
- 유동수를 Tank에 가득 채우거나 비우는 방법
- Tank 내 구획을 나누는 방법

16. 정적 복원력과 동적 복원력의 정의

(1) 정적 복원력
선박이 어느 각도까지 경사하였을 경우 원위치로 되돌리려고 하는 우력의 크기

(2) 동적 복원력
어떤 위치에서 어느 각도까지 경사하는 데 필요한 일의 양. 즉 경사로 인한 위치 에너지의 증대량

17. 항해 중 사람이 해상으로 떨어졌을 경우 취해야 할 긴급조치

- 구명부환 및 자기발연부 신호의 즉시 투하
- 기관의 긴급정지 및 낙수자쪽으로 전타
- 선내경보, 인명구조부서의 소집 및 구명정 준비
- 낙수자의 방위 및 거리를 알 수 있도록 경계원 배치
- 신호기(O기) 게양

18. 위험(Hazard)과 위험성(Risk)의 정의와 예

(1) 위험(Hazard)의 정의와 예
- 위험요인으로 본질적으로 위험을 초래할 수 있는 상황이나 조건을 의미함
- 예를 들어 전기, 기름, LNG, LPG 등은 위험이 높다고 할 수 있음

(2) 위험성(Risk)의 정의와 예
- 위험(Harzard)요인이 일어날 수 있는 가능성(빈도)과 결과(심각성)의 조합을 의미하며 이에 따라 위험성의 수준이 결정됨
- 예를 들어 문어발식으로 사용하는 전기콘센트는 위험성이 높다고 할 수 있으며, 과부하가 걸리지 않도록 바른 방법으로 사용되는 전기콘센트는 위험성이 낮다고 할 수 있음
- 따라서 위험성의 수준을 결정하기 위해서는 빈도와 결과를 판단할 수 있는 상황이 주어져야 함

19. 위험성평가(Risk assessment)의 정의 및 절차

(1) 위험성평가의 정의
위험(Hazard)을 미리 찾아내어 사전에 그것이 얼마나 위험한 것인지 평가하고, 그 평가의 크기에 따라 확실한 예방대책을 세우는 것

(2) 위험성평가 절차
- 위험·위험요인 파악(Hazard identification)
- 위험요인의 발생 가능성 및 결과(심각성 정도) 예측
- 위험성 추정(Risk estimation)
- 위험성 경감조치 시행
- 위험성 결정(Risk evaluation)

참고문헌 · 자료

PART 01
법제처, 국가법령정보센터.
이윤철, 국제해사협약 이론과 실무, 다솜출판사, 2019.
선박검사관 해사법규, 론박스터디, 2022.
해사법규 기출문제집, 김진, 서울고시각, 2023.
4·5급 항해사 이론과 문제, 해기사시험연구회, 해광출판사, 2023.

PART 02
해사안전행정론, 김인철 외1, 도서출판 두남, 2020.
해사안전실무, 고한석, 해광출판사, 2022.
선박검사론, 임정빈, 해광출판사, 2023.
선박검사관 해상안전론, 론박스터디, 2022.
선박검사관 해사법규, 론박스터디, 2022.
공식안전평가를 이용한 선박의 안전성 평가, 김종호, 2009.
선박의 해양사고 원인분석 및 해양사고 예방에 관한 연구, 최진이, 2021.

PART 03
산업안전관리론 : 이론과 실제, 정진우, 중앙경제, 2022.
산업안전지도사(1차), 한경보 외1, 예문사, 2023.
선박소유자의 안전배려의무와 선내 안전·보건 및 사고예방 제도개선 연구, 김기선 외1, 2018.
해사노동협약 국/영문, 외교통상부 누리집.
2023 새로운 위험성평가 안내서, 고용노동부.
Kosha 안전보건경영체계·운영 시스템, 안전보건공단, 2022.08.

PART 04
선박자원관리론, 이창희 외 3명, 인터비전, 2023.
황규대, 인적자원관리, 박영사, 2008.
최진철, 해사문화교섭과 승선사관 해사커뮤니케이션 역량 교육 방향 연구, 2008.
공식안전평가를 이용한 선박의 안전성 평가, 김종호, 2009.
고등학교 선박운용, 교육과학기술부, 2009.
4·5급 항해사 이론과 문제, 해기사시험연구회, 해광출판사, 2023.

PART 05
산업안전관리론 : 이론과 실제, 정진우, 중앙경제, 2022.
산업안전지도사(1차), 한경보 외1, 예문사, 2023.
고등학교 선박운용, 교육과학기술부, 2009.
4·5급 항해사 이론과 문제, 해기사시험연구회, 해광출판사, 2023.

MEMO

MEMO

선박안전관리사 2·3급 초단기완성 [필기+면접]

초 판 발 행	2023년 11월 20일
개정3판1쇄	2025년 03월 10일
편　　　저	이정욱
발 행 인	정용수
발 행 처	(주)예문아카이브
주　　　소	서울시 마포구 동교로 18길 10, 2층
T E L	02) 2038-7597
F A X	031) 955-0660
등 록 번 호	제2016-000240호
정　　　가	33,000원

- 이 책의 어느 부분도 저작권자나 발행인의 승인 없이 무단 복제하여 이용할 수 없습니다.
- 파본 및 낙장은 구입하신 서점에서 교환하여 드립니다.

홈페이지 http://www.yeamoonedu.com

ISBN 979-11-6386-441-7　　[13550]